普通高等教育土建学科专业"十二五"规划教材
国家示范性高职院校工学结合系列教材

# 建 筑 力 学

（建筑工程技术专业）

沈养中　主编
徐振源　主审

中国建筑工业出版社

图书在版编目（CIP）数据

建筑力学/沈养中主编．—北京：中国建筑工业出版社，2010.9
普通高等教育土建学科专业"十二五"规划教材
国家示范性高职院校工学结合系列教材
ISBN 978-7-112-12429-9

Ⅰ.①建… Ⅱ.①沈… Ⅲ.①建筑力学 Ⅳ.①TU311

中国版本图书馆CIP数据核字（2010）第180641号

本书是在创建国家级示范高职院校和建筑工程技术示范专业的过程中教学实践的总结。本书紧密结合建筑工程实际，重视建筑结构的计算简图，突出建筑结构的内力，尝试将计算软件引进教学。本书强调基本概念、减少理论推导、重视宏观分析、降低计算难度、突出工程应用、注重职业技能和素质的培养。本书叙述深入浅出、通俗易懂，语言流畅、文字简练，图文配合紧密，具有针对性、适用性和实用性。

本书内容包括：绪论、结构的计算简图、几何组成分析、力系的平衡、静定杆件的内力、静定结构的内力、静定结构的位移、力法与位移法、渐近法与近似法、用PKPM软件计算平面杆件结构、影响线、拉压杆的强度、连接件的强度、受扭杆的强度和刚度、梁的强度和刚度、应力状态与强度理论、组合变形杆件的强度和刚度、压杆稳定、截面的几何性质。每章前有内容提要，每章后有小结和学习要求、思考题、习题，并附习题参考答案。

本书可作为高等职业学校、高等专科学校、成人高校及本科院校举办的二级职业技术学院和民办高校的建筑工程类专业，道桥、市政、水利等专业的建筑力学课程的教材，专升本考试用书以及有关工程技术人员的参考用书。

责任编辑：朱首明　李　明
责任设计：赵明霞
责任校对：姜小莲　刘　钰

普通高等教育土建学科专业"十二五"规划教材
国家示范性高职院校工学结合系列教材
**建 筑 力 学**
（建筑工程技术专业）
沈养中　主编
徐振源　主审

\*

中国建筑工业出版社出版、发行（北京西郊百万庄）
各地新华书店、建筑书店经销
北京红光制版公司制版
北京市密东印刷有限公司印刷

\*

开本：787×1092毫米　1/16　印张：29½　字数：702千字
2010年9月第一版　2011年10月第二次印刷
定价：**60.00元**
ISBN 978-7-112-12429-9
(19690)

**版权所有　翻印必究**
如有印装质量问题，可寄本社退换
（邮政编码100037）

# 本系列教材编委会

**主　任**：袁洪志

**副主任**：季　翔

**编　委**：沈士德　王作兴　韩成标　陈年和　孙亚峰　陈益武
　　　　　张　魁　郭起剑　刘海波

# 序

20世纪90年代起,我国高等职业教育进入快速发展时期,高等职业教育占据了高等教育的半壁江山,职业教育迎来了前所未有的发展机遇,特别是国家启动示范性高职院校建设项目计划,促使高职院校更加注重办学特色与办学质量、深化内涵、彰显特色。我校自2008年成为国家示范性高职院校建设单位以来,在课程体系与教学内容、教学实验实训条件、师资队伍、专业及专业群、社会服务能力等方面进行了深化改革,探索建设具有示范特色的教育教学体制。

本系列教材是在工学结合思想指导下,结合"工作过程系统化"课程建设思路,突出"实用、适用、够用"特点,遵循高职教育的规律编写的。本系列教材的编者大部分具有丰富的工程实践经验和较为深厚的教学理论水平。

本系列教材的主要特点有:(1)突出工学结合特色。邀请施工企业技术人员参与教材的编写,教材内容大多采用情境教学设计和项目教学方法,所采用案例多来源于工程实践,工学结合特色显著,以培养学生的实践能力。(2)突出实用、适用、够用特点。传统教材多采用学科体系,将知识切割为点。本系列教材以工作过程或工程项目为主线,将知识点串联,把实用的理论知识和实践技能在仿真情境中融会贯通,使学生既能掌握扎实的理论知识,又能学以致用。(3)融入职业岗位标准、工作流程,体现职业特色。在本系列教材编写中根据行业或者岗位要求,把国家标准、行业标准、职业标准及工作流程引入教材中,指导学生了解、掌握相关标准及流程。学生掌握最新的知识、熟知最新的工作流程,具备了实践能力,毕业后就能够迅速上岗。

根据国家示范性建设项目计划,学校开展了教材编写工作。在编写工程中得到了中国建筑工业出版社的大力支持,在此,谨向支持或参与教材编写工作的有关单位、部门及个人表示衷心感谢。

本系列教材的付梓出版也是学校示范性建设项目成果之一,欢迎提出宝贵意见,以便在以后的修订中进一步完善。

徐州建筑职业技术学院

2010.9

# 前　言

本书是在创建国家级示范高职院校和建筑工程技术示范专业的过程中教学实践的总结。

本书遵循高职教育的教学规律，对教材内容进行新的调整和编排，紧密结合建筑工程实际，重视建筑结构的计算简图，突出建筑结构的内力，尝试将计算软件引进教学。

本书根据高等教育大众化的特点，强调基本概念、减少理论推导、重视宏观分析、降低计算难度、突出工程应用、注重职业技能和素质的培养。

本书叙述深入浅出、通俗易懂，语言流畅、文字简练，图文配合紧密，具有针对性、适用性和实用性。

参加本书编写工作的有：徐州建筑职业技术学院沈养中（单元1至单元6），常州工程职业技术学院徐秀维（单元7至单元9、单元11、附录Ⅰ），杨梅（单元10、单元12至单元18）。全书由沈养中统稿，由江南大学徐振源教授担任主审。

在本书的编写过程中，徐州建筑职业技术学院建筑工程技术学院的领导和老师给予了大力支持，兄弟院校的老师也提出了很好的意见和建议，在此一并表示衷心感谢。

鉴于编著者水平有限，书中难免有不妥之处，敬请同行和广大读者批评指正。

# 目 录

单元 1　绪论 ································································· 1
　1.1　建筑力学的研究对象 ··········································· 1
　1.2　建筑力学的基本任务 ··········································· 5
　单元小结 ································································· 6
　思考题 ···································································· 6

## 第一篇　结构的力学计算模型

单元 2　结构的计算简图 ············································· 10
　2.1　力与力偶 ························································· 10
　2.2　约束与约束力 ··················································· 17
　2.3　结构的计算简图 ················································ 20
　2.4　受力分析与受力图 ············································· 24
　2.5　变形固体的基本假设 ·········································· 28
　2.6　杆件的变形形式 ················································ 29
　单元小结 ································································ 31
　思考题 ··································································· 33
　习题 ······································································ 35

单元 3　几何组成分析 ················································ 41
　3.1　概述 ································································ 41
　3.2　几何不变体系的基本组成规则 ······························· 44
　3.3　几何组成分析举例 ············································· 46
　3.4　体系的几何组成与静定性的关系 ··························· 48
　3.5　平面杆件结构的分类 ·········································· 48
　单元小结 ································································ 50
　思考题 ··································································· 51
　习题 ······································································ 52

## 第二篇 刚体的静力分析

**单元4 力系的平衡** ································································ 56
    4.1 平面汇交力系的合成 ······················································ 56
    4.2 平面力偶系的合成 ·························································· 59
    4.3 平面力系向一点的简化 ···················································· 60
    4.4 平面力系的平衡方程及其应用 ········································· 65
    4.5 空间力系的平衡方程及其应用 ········································· 73
    4.6 重心与形心 ····································································· 79
    单元小结 ················································································ 82
    思考题 ··················································································· 84
    习题 ······················································································ 85

## 第三篇 静定结构的内力和位移

**单元5 静定杆件的内力** ························································· 94
    5.1 拉压杆 ············································································ 94
    5.2 受扭杆 ············································································ 97
    5.3 单跨梁 ·········································································· 101
    单元小结 ·············································································· 116
    思考题 ················································································· 117
    习题 ···················································································· 119

**单元6 静定结构的内力** ······················································· 124
    6.1 多跨静定梁 ··································································· 124
    6.2 静定平面刚架 ······························································· 128
    6.3 静定平面桁架 ······························································· 134
    6.4 静定平面组合结构 ························································ 142
    6.5 三铰拱 ·········································································· 145
    6.6 静定结构的特性 ··························································· 152
    单元小结 ·············································································· 153
    思考题 ················································································· 155
    习题 ···················································································· 156

**单元7 静定结构的位移** ······················································· 160

7.1 概述 ………………………………………………………………………… 160
7.2 变形体的虚功原理 …………………………………………………………… 162
7.3 结构位移计算的一般公式 …………………………………………………… 164
7.4 静定结构在荷载作用下的位移计算 ………………………………………… 166
7.5 图乘法 ………………………………………………………………………… 171
7.6 静定结构由于支座移动、温度改变引起的位移计算 ……………………… 179
单元小结 …………………………………………………………………………… 182
思考题 ……………………………………………………………………………… 183
习题 ………………………………………………………………………………… 184

# 第四篇　超静定结构的内力

## 单元8　力法与位移法 …………………………………………………………… 190
8.1 概述 ………………………………………………………………………… 190
8.2 力法的基本原理和典型方程 ………………………………………………… 193
8.3 力法的计算步骤和举例 ……………………………………………………… 197
8.4 结构对称性的利用 …………………………………………………………… 206
8.5 支座移动与温度改变时超静定结构的内力计算 …………………………… 214
8.6 位移法的基本原理和典型方程 ……………………………………………… 217
8.7 超静定结构的特性 …………………………………………………………… 224
单元小结 …………………………………………………………………………… 225
思考题 ……………………………………………………………………………… 227
习题 ………………………………………………………………………………… 228

## 单元9　渐近法与近似法 ………………………………………………………… 234
9.1 力矩分配法的基本原理 ……………………………………………………… 234
9.2 多节点的力矩分配法 ………………………………………………………… 240
9.3 多层多跨刚架的近似计算 …………………………………………………… 246
单元小结 …………………………………………………………………………… 253
思考题 ……………………………………………………………………………… 254
习题 ………………………………………………………………………………… 254

## 单元10　用PKPM软件计算平面杆件结构 …………………………………… 257
10.1 PKPM系列软件简介 ……………………………………………………… 257
10.2 用PKPM软件计算示例 …………………………………………………… 259

| 单元小结 | 275 |
| 思考题 | 275 |
| 习题 | 276 |

## 第五篇　移动荷载的作用效应

### 单元 11　影响线 … 278

- 11.1　影响线的概念 … 278
- 11.2　用静力法绘制静定梁的影响线 … 279
- 11.3　用机动法绘制静定梁的影响线 … 284
- 11.4　影响线的应用 … 286
- 11.5　简支梁的内力包络图和绝对最大弯矩 … 291
- 11.6　连续梁的影响线和内力包络图 … 295
- 单元小结 … 300
- 思考题 … 301
- 习题 … 302

## 第六篇　杆件的强度、刚度和稳定性

### 单元 12　拉压杆的强度 … 306

- 12.1　拉压杆的应力 … 306
- 12.2　拉压杆的变形 … 309
- 12.3　材料在拉压时的力学性能 … 312
- 12.4　拉压杆的强度计算 … 318
- 12.5　应力集中的概念 … 322
- 单元小结 … 324
- 思考题 … 325
- 习题 … 325

### 单元 13　连接件的强度 … 329

- 13.1　工程中杆件的连接方式 … 329
- 13.2　连接件的剪切和挤压强度计算 … 330
- 单元小结 … 334
- 思考题 … 334
- 习题 … 335

| 单元 14 | 受扭杆的强度和刚度 | 337 |

14.1 圆轴扭转时的应力和强度计算 337
14.2 圆轴扭转时的变形和刚度计算 341
14.3 矩形截面杆自由扭转时的应力和变形 343
单元小结 345
思考题 346
习题 347

| 单元 15 | 梁的强度和刚度 | 349 |

15.1 梁弯曲时的应力 349
15.2 梁弯曲时的强度计算 357
15.3 提高梁弯曲强度的主要措施 360
15.4 梁弯曲时的变形和刚度计算 362
单元小结 368
思考题 369
习题 369

| 单元 16 | 应力状态与强度理论 | 372 |

16.1 应力状态的概念 372
16.2 平面应力状态分析 373
16.3 强度理论及其应用 378
单元小结 383
思考题 385
习题 385

| 单元 17 | 组合变形杆件的强度和刚度 | 388 |

17.1 概述 388
17.2 斜弯曲 389
17.3 拉伸（压缩）与弯曲的组合变形 393
17.4 偏心压缩（拉伸） 396
单元小结 400
思考题 401
习题 401

| 单元 18 | 压杆稳定 | 404 |

- 18.1 压杆稳定的概念 …… 404
- 18.2 压杆的临界力与临界应力 …… 406
- 18.3 压杆的稳定计算 …… 409
- 18.4 提高压杆稳定性的措施 …… 415
- 单元小结 …… 416
- 思考题 …… 417
- 习题 …… 418

**附录 Ⅰ 截面的几何性质** …… 421

- Ⅰ.1 静矩与形心 …… 421
- Ⅰ.2 惯性矩与惯性积 …… 424
- Ⅰ.3 平行移轴公式 …… 427
- Ⅰ.4 形心主轴与形心主矩 …… 428
- 单元小结 …… 430
- 思考题 …… 431
- 习题 …… 431

**附录 Ⅱ 型钢规格表** …… 434

**附录 Ⅲ 习题参考答案** …… 446

**主要参考文献** …… 458

# 单元1 绪 论

本单元介绍了结构的概念及分类,建筑力学的研究对象和基本任务。

## 1.1 建筑力学的研究对象

### 1.1.1 结构的概念

建筑工程中的各类建筑物,在建造及使用过程中都要承受各种力的作用。工程中习惯把主动作用于建筑物上的外力称为**荷载**。例如重力、风压力、水压力、土压力、车辆对桥梁的作用力和地震对建筑物的作用力等都属于荷载。**在建筑物中承受和传递荷载时起骨架作用的部分或体系称为建筑结构,简称结构**。最简单的结构可以是一根梁或一根柱,例如图 1-1 中的吊车梁、柱等。但往往一个结构是由多个结构元件所组成,这些结构元件称为**构件**。图 1-1 所示由屋架、柱、吊车梁、屋面板及基础等构件组成了工业厂房结构。

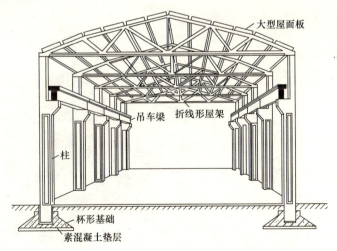

图 1-1

### 1.1.2 结构的分类

工程中结构的类型是多种多样的,可按不同的观点进行分类。

1. 按几何特征分类

(1) 杆件结构

由杆件组成的结构称为**杆件结构**。杆件的几何特征是它的长度 $l$ 远大于其横截面的宽度 $b$ 和高度 $h$（图 1-2a）。**横截面**和**轴线**是杆件的两个主要几何因素，前者指的是垂直于杆件长度方向的截面，后者则为所有横截面形心的连线（图1-3）。如果杆件的轴线为直线，则称为**直杆**（图 1-3a）；若为曲线，则称为**曲杆**（图 1-3b）。图 1-1 所示工业厂房、图 1-4 所示房屋框架、图 1-5 所示楼盖中主次梁、图 1-6 所示桥梁和图 1-7 所示钢筋混凝土屋架等都是杆件结构。

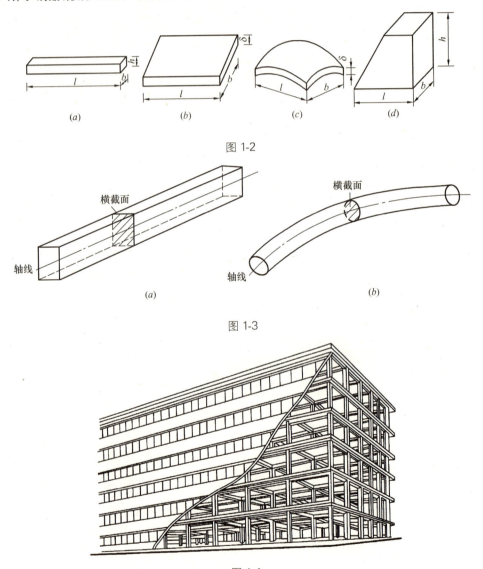

图 1-2

图 1-3

图 1-4

(2) 板壳结构

由薄板或薄壳组成的结构称为**板壳结构**。薄板和薄壳的几何特征是它们的长度 $l$ 和宽度 $b$ 远大于其厚度 $\delta$（图 1-2b、c）。当构件为平面状时称为薄板（图 1-2b）；当构

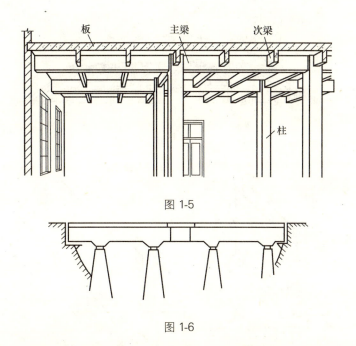

图 1-5

图 1-6

件为曲面状时称为**薄壳**（图 1-2c）。板壳结构也称为**薄壁结构**。图 1-5 所示楼盖中的平板就是薄板，图 1-8 所示蓄水池是由平板和柱壳组成的板壳结构，图 1-9 和图 1-10 所示屋顶分别是三角形折板结构和长筒壳结构，图 1-11 所示体育馆屋顶是薄壳结构。

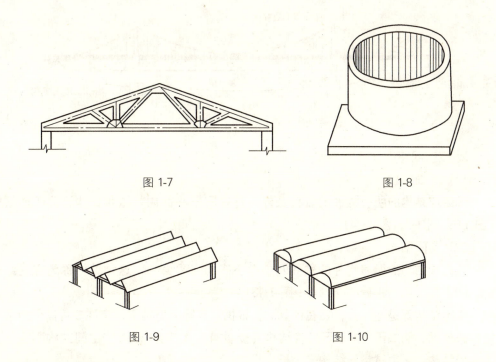

图 1-7　　　　　　　　图 1-8

图 1-9　　　　　　　　图 1-10

(3) 实体结构

如果结构的长 $l$、宽 $b$、高 $h$ 三个尺度为同一量级，则称为**实体结构**（图 1-2d）。例如挡土墙（图 1-12）、水坝（图 1-13）和块形基础等都是实体结构。

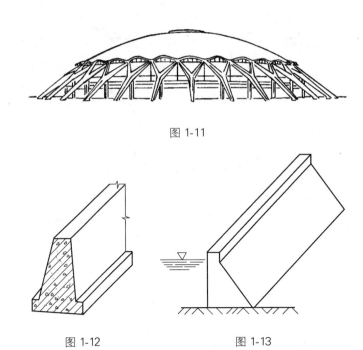

图 1-11

图 1-12　　　　　　图 1-13

除了上面三类结构外,在工程中还会遇到悬索结构(图 1-14)、充气结构等其他类型的结构。

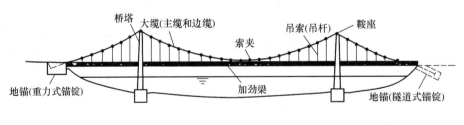

图 1-14

2. 按空间特征分类

(1) 平面结构

凡组成结构的所有构件的轴线及外力都在同一平面内,这种结构称为**平面结构**(图 1-6,图 1-7,图 1-14)。

(2) 空间结构

凡组成结构的所有构件的轴线及外力不在同一平面内,这种结构称为**空间结构**(图 1-1,图 1-4,图 1-5,图 1-8~图 1-13)。

实际结构都是空间的,但在计算时,根据其实际受力特点,有许多可简化为平面结构来处理,例如图 1-1 所示厂房结构(参看第 2.3 节)。但有些空间结构不能简化为平面结构,必须按空间结构来分析。

## 1.1.3　建筑力学的研究对象

在建筑工程中,杆件结构是应用最为广泛的结构形式。杆件结构可分为**平面杆件**

结构和**空间杆件结构**两类。建筑力学的主要研究对象是杆件结构，本书主要研究平面杆件结构。

## 1.2 建筑力学的基本任务

各种建筑物在正常工作时总是处于**平衡状态**。所谓平衡状态是指**物体相对于地球处于静止或做匀速直线运动的状态**。一般的，处于平衡状态的物体上所受的力不止一个而是若干个，我们把这若干个力总称为**力系**。能使物体保持平衡状态的力系称为**平衡力系**。平衡力系所必须满足的条件称为力系的**平衡条件**。

结构在荷载作用下处于平衡状态，作用于结构及各构件上的外力构成了各种力系。建筑力学首先要研究各种力系的简化及平衡条件。根据这些平衡条件，可以由作用于结构上的已知力求出各未知力，这个过程称为**静力分析**。静力分析是对结构和构件进行其他力学计算的基础。

结构的主要作用是承受和传递荷载。在荷载作用下结构的各构件内部会产生内力并伴有变形。要使建筑物按预期功能正常工作，必须满足以下基本要求：

(1) 结构和构件应具有**足够的强度**。所谓强度是指材料抵抗破坏的能力。如果结构在预定荷载作用下能安全工作而不破坏，则认为它满足了强度要求。

(2) 结构和构件应具有**足够的刚度**。所谓刚度是指结构和构件抵抗变形的能力。一个结构受荷载作用，虽然有了足够的强度，但变形过大，也会影响正常使用。例如屋面檩条变形过大，屋面会漏水；吊车梁变形过大，吊车就不能正常行驶。如果结构在荷载作用下的变形在正常使用允许的范围内，则认为它满足了刚度要求。

(3) 结构和构件应具有**足够的稳定性**。所谓稳定性是指结构和构件保持原有平衡状态的能力。例如受压的细长柱，当压力增大到一定数值时，柱就不能维持原来直线形式的平衡状态，就会突然弯曲，从而导致结构破坏，这种现象称为"**失稳**"。如果结构的各构件在荷载作用下能够保持其原有的平衡状态，则认为它满足了稳定性要求。

(4) 构件必须按一定几何组成规律组成结构，以确保在预定荷载作用下，结构能维持其原有的几何形状。

综合上述，建筑力学的基本任务就是研究结构的强度、刚度和稳定性问题，为此提供相关的计算方法和实验技术，为构件选择合适的材料、合理的截面形式及尺寸，以及研究结构的几何组成规律和合理形式，以确保安全和经济两方面的要求。

建筑力学是建筑工程类专业的一门重要的技术基础课程，是研究建筑结构力学计算理论和方法的科学,也是从事建筑设计和施工的工程技术人员应具备的必不可少的基础理论。

## 单元小结

1. 了解结构的概念和结构的分类,了解建筑力学的主要研究对象。
(1) 在建筑物中承受和传递荷载而起骨架作用的部分或体系称为结构。
(2) 结构按其几何特征可分为杆件结构、板壳结构和实体结构,按其空间特征可分为平面结构和空间结构。
(3) 建筑力学的主要研究对象是杆件结构。本课程主要研究平面杆件结构。
2. 了解平衡状态和平衡力系等概念。
(1) 平衡状态是指物体相对于地球处于静止或做匀速直线运动的状态。
(2) 能使物体保持平衡状态的力系称为平衡力系。
3. 了解结构的静力分析、强度、刚度、稳定性和几何组成的含义,了解建筑力学的基本任务。
(1) 根据平衡条件,由作用于结构上的已知力求出各未知力的过程称为静力分析。
(2) 强度是指结构和构件材料抵抗破坏的能力。刚度是指结构和构件抵抗变形的能力。稳定性是指结构和构件保持原有平衡状态的能力。
(3) 构件必须按一定几何组成规律组成结构,以确保在预定荷载作用下,结构能维持其原有的几何形状。
(4) 建筑力学的基本任务是研究结构的强度、刚度和稳定性问题。为此提供相关的计算方法和实验技术。为构件选择合适的材料、合理的截面形式及尺寸。以及研究结构的几何组成规律和合理形式。以确保安全和经济两方面的要求。

## 思考题

1-1 何为结构?结构按其几何特征可分为几类?结构按其空间特征可分为几类?建筑力学的主要研究对象是哪类结构?

1-2 试举出几个结构的实例。
1-3 什么叫做静力分析?
1-4 结构正常工作必须满足哪些基本要求?
1-5 建筑力学的基本任务是什么?

# 第一篇
# 结构的力学计算模型

# 单元2　结构的计算简图

本单元介绍刚体、变形固体，力、力矩和力偶等基本概念，以及静力学公理等基本定理与工具。分析工程中常见约束的特点和约束力的性质，重点介绍结构计算简图的选取，结构的受力分析方法和受力图的画法。

## 2.1　力与力偶

### 2.1.1　刚体和变形体

**所谓刚体是指在外力的作用下，其内部任意两点之间的距离始终保持不变的物体**。这是一个理想化的力学模型。实际上物体在受到外力作用时，其内部各点间的相对距离都要发生改变，从而引起物体形状和尺寸的改变，即物体产生了变形。当物体的变形很小时，变形对研究物体的平衡和运动规律的影响很小，可以略去不计，这时可把物体抽象为刚体，从而使问题的研究大为简化。但当研究的问题与物体的变形密切相关时，即使是极其微小的变形也必须加以考虑，这时就必须把物体抽象为**变形体**这一力学模型。例如，在研究结构或构件的平衡问题时，我们可以把它们视为刚体；而在研究结构或构件的强度、刚度和稳定性问题时，虽然结构或构件的变形非常微小，但必须把它们看作可以变形的物体。

### 2.1.2　力的概念

1. 力的概念

**力是物体间的相互机械作用，这种作用使物体的运动状态或形状发生改变。**

力的概念是从劳动中产生的。人们在生活和生产中，由于对肌肉紧张收缩的感觉，逐渐产生了对力的感性认识。随着生产的发展，又逐渐认识到：物体运动状态和形状的改变，都是由于其他物体对该物体施加力的结果。这些力有的是通过物体间的直接接触产生的，例如风对物体的作用力、物体之间的压力、摩擦力等；有的是通过"场"对物体的作用，如地球引力场对物体产生的重力、电场对电荷产生的引力或斥力等。虽然物体间这些相互作用力的来源和和产生的物理本质不同，但它们对物体作用的结果都是使物体的运动状态或形状发生改变，因此，将它们概括起来加以抽象而形成了"力"的概念。

2. 力的效应

力对物体的作用结果称为**力的效应**。力使物体运动状态发生改变的效应称为**运动效应**或**外效应**；力使物体的形状发生改变的效应称为**变形效应**或**内效应**。

力的运动效应又分为**移动效应**和**转动效应**。例如，球拍作用于乒乓球上的力如果不通过球心，则球在向前运动的同时还绕球心转动。前者为移动效应，后者为转动效应。

3. 力的三要素

实践证明，力对物体的作用效应取决于力的大小、方向和作用点，称为**力的三要素**。

在国际单位制（SI）中，力的单位为 N（牛顿）或 kN（千牛顿）。

力的方向包含方位和指向。例如，力的方向"铅垂向下"，其中"铅垂"是说明力的方位，"向下"是说明力的指向。

力的作用点是力在物体上的作用位置。实际上，力的作用位置不是一个点而是一定的面积，但当力作用的面积与物体表面的尺寸相比很小以至可以忽略时，就可近似地看成一个点。作用于一点上的力称为**集中力**。

当力分布在一定的体积内时，称为**体分布力**，例如物体自身的重力。当力分布在一定面积上时，称为**面分布力**；当力沿狭长面积或体积分布时，称为**线分布力**。分布力的大小用**力的集度**表示。体分布力集度的单位为 $N/m^3$ 或 $kN/m^3$；面分布力集度的单位为 $N/m^2$ 或 $kN/m^2$；线分布力集度的单位为 $N/m$ 或 $kN/m$。

4. 力的表示

力既有大小又有方向，因而力是矢量。对于集中力，我们可以用带有箭头的直线段表示（图2-1）。该线段的长度按一定比例尺绘出表示力的大小；线段的箭头指向表示力的方向；线段的始端（图2-1a）或终端（图2-1b）表示力的作用点；矢量所沿的直线（图2-1中的虚线）称为**力的作用线**。规定用黑体字母 $\boldsymbol{F}$ 表示力，而用普通字母 $F$ 表示力的大小。

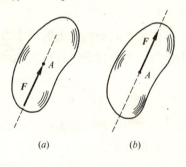

图 2-1

分布力的集度通常用 $q$ 表示。若 $q$ 为常量，则该分布力称为**均布力**；否则，就称为**非均布力**。图2-2（a）表示作用于楼板上的向下的面分布力；图2-2（b）表示搁置在墙上的梁沿其长度方向作用着向下的线分布力，其集度 $q=2kN/m$；它们都是均布力。图2-2（c）表示作用于挡土墙单位长度墙段上的土压力，图2-2（d）表示作用于地下室外墙单位长度墙段上的土压力和地下水压力，它们都是非均布的线分布力。

5. 等效力系、合力的概念

作用于一个物体上的若干个力称为力系。如果两个力系对物体的运动效应完全相同，则该两个力系称为**等效力系**。如果一个力与一个力系等效，则此力称为该力系的**合力**，而该力系中的各力称为合力的**分力**。

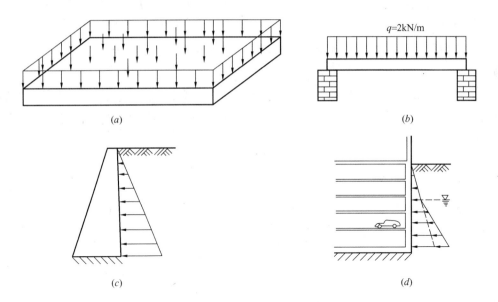

图 2-2

### 2.1.3 静力学公理

静力学公理是人们从长期的观察和实践中总结出来,又经过实践的反复检验,证明是符合客观实际的普遍规律。它们是研究力系简化和平衡的基本依据。现介绍如下。

1. 二力平衡公理

**作用于同一刚体上的两个力,使刚体保持平衡的必要和充分条件是这两个力的大小相等、方向相反、且作用在同一直线上。**

受两个力作用处于平衡的构件称为二力构件。

2. 加减平衡力系公理

**在作用于刚体上的任意力系中,增加或减少任一平衡力系,并不改变原力系对刚体的作用效应。**

根据上述公理可以得到如下推论:**作用于刚体上的力可以沿其作用线移动到该刚体上任一点,而不改变力对刚体的作用效应。**这一推论称为力的可传性原理。

证明:设力 $F$ 作用于刚体上的 $A$ 点(图 2-3a)。根据加减平衡力系公理,可在力的作用线上任取一点 $B$,并在 $B$ 点加上两个相互平衡的力 $F_1$ 和 $F_2$,使 $F_2 = -F_1 = F$(图 2-3b)。由于力 $F$ 和 $F_1$ 又组成一个平衡力系,故可以除去,于是只剩下了一个力 $F_2$(图 2-3c)。这样就把原来作用于 $A$ 点的力 $F$ 沿其作用线移到了 $B$ 点,而且没有改

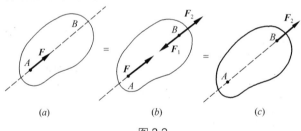

图 2-3

变对刚体的效应。

必须指出，二力平衡公理、加减平衡力系公理及其推论只适用于刚体，不适用于变形体。例如，绳索的两端若受到大小相等、方向相反、沿同一条直线的两个拉力的作用，则其保持平衡；如把两个拉力改为压力则其不会平衡（图2-4a）。又如变形杆AB在平衡力系$F_1$、$F_2$作用下产生拉伸变形（图2-4b），若除去这一对平衡力，则杆就不会发生变形；若将力$F_1$、$F_2$分别沿作用线移到杆的另一端，则杆产生压缩变形（图2-4c）。

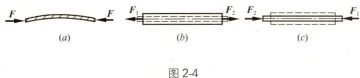

图2-4

3. 力的平行四边形法则

作用于物体上同一点的两个力，可以合成为一个合力。合力的作用点仍在该点，合力的大小和方向，由以这两个力为邻边构成的平行四边形的对角线确定（图2-5a），其矢量表达式为

$$F_R = F_1 + F_2 \tag{2-1}$$

有时为了方便，可由$A$点作矢量$F_1$，再由$F_1$的末端作矢量$F_2$，则矢量$AC$即为合力$F_R$（图2-5b）。这种求合力的方法称为**力的三角形法则**。

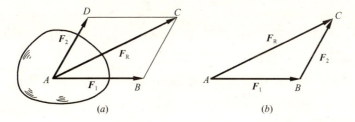

图2-5

依据以上公理，可以推导出**三力平衡汇交定理**。即：**刚体在三个力作用下处于平衡状态，若其中两个力的作用线汇交于一点，则第三个力的作用线也通过该汇交点，且此三力的作用线在同一平面内**（图2-6）。

**证明**：设刚体在作用于$A$、$B$、$C$三点的三个力$F_1$、$F_2$、$F_3$作用下处于平衡状态（图2-6），且力$F_1$、$F_2$汇交于$O$点，根据力的可传性原理，可将力$F_1$和$F_2$移到汇交点$O$，然后根据力的平行四边形法则，得合力$F_{12}$。则力$F_3$应与$F_{12}$平衡。由于两个力平衡必须共线，所以$F_3$必通过力$F_1$与$F_2$的交点$O$，且与$F_1$和$F_2$共面。

必须指出，三力平衡汇交定理给出的是不平行的三个力平衡的必要条件，而不是充分条件，即该定理的逆定理不一定成立。

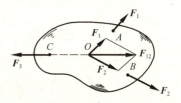

图2-6

#### 4. 作用与反作用定律

**两物体之间的作用力和反作用力总是同时存在，而且两力的大小相等、方向相反、沿着同一直线分别作用于该两个物体上。**

这个定律概括了物体间相互作用的关系，表明作用力和反作用力总是成对出现的。应该注意，作用力与反作用力分别作用于两个物体上，它们不构成平衡力系。

#### 5. 刚化原理

**如果把在某一力系作用下处于平衡的变形体刚化为刚体，则该物体的平衡状态不会改变。**

由此可知，作用于刚体上的力系所必须满足的平衡条件，在变形体平衡时也同样必须遵守。但刚体的平衡条件是变形体平衡的必要条件，而非充分条件。

### 2.1.4 力矩的概念

用扳手拧螺母时，作用于扳手上的力 $F$ 使扳手绕螺母中心 $O$ 转动（图2-7），其转动效应不仅与力的大小和方向有关，而且与 $O$ 点到力作用线的距离 $d$ 有关。如果手握扳手柄端，并沿垂直于手柄的方向施力，则较省劲；如果手离螺母中心较近，或者所施的力不垂直于手柄，则较费劲。拧松螺母时，则要反向施力，扳手也反向转动。因此，把乘积 $Fd$ 冠以适当正负号作为力 $F$ 使物体绕 $O$ 点转动效应的度量，称为**力 $F$ 对点 $O$ 之矩**，简称力矩，用 $M_O(F)$ 表示，即

$$M_O(F) = \pm Fd \tag{2-2a}$$

$O$ 点称为**矩心**，$d$ 称为**力臂**。式中的正负号用来区别力 $F$ 使物体绕 $O$ 点转动的方向，并规定：力 $F$ 使物体绕 $O$ 点逆时针转动时为正，反之为负。

由图2-7可知，力 $F$ 对点 $O$ 之矩也可以用△$OAB$ 面积的两倍来表示，即

$$M_O(F) = \pm 2A_{\triangle OAB} \tag{2-2b}$$

**力矩是一代数量**，其单位为 N·m 或 kN·m。

由式（2-2a）可知，当力等于零或力的作用线通过矩心（$d=0$）时力矩为零。

### 2.1.5 合力矩定理

设力 $F_1$、$F_2$ 作用于物体上 $A$ 点，其合力为 $F_R$（图2-8）。任取一点 $O$ 为矩心，取过 $O$ 点并与 $OA$ 垂

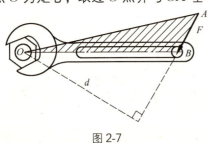

图 2-7

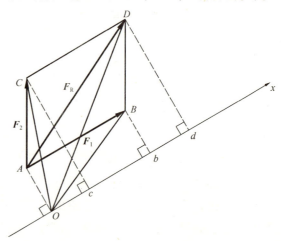

图 2-8

直的直线为 $x$ 轴，过各力矢端 $B$、$C$、$D$ 作 $x$ 轴的垂线，设垂足分别为 $b$、$c$、$d$。各力对点 $O$ 之矩分别为

$$M_O(F_1) = -2A_{\triangle OAB} = -OA \cdot Ob$$

$$M_O(F_2) = -2A_{\triangle OAC} = -OA \cdot Oc$$

$$M_O(F_R) = -2A_{\triangle OAD} = -OA \cdot Od$$

因

$$Od = Ob + Oc$$

故

$$M_O(F_R) = M_O(F_1) + M_O(F_2)$$

一般的，若在平面内 $A$ 点有 $n$ 个力作用，则有

$$M_O(F_R) = M_O(F_1) + M_O(F_2) + \cdots + M_O(F_n) = \Sigma M_O(F) \quad (2\text{-}3)$$

即合力对平面内任一点之矩等于各分力对同一点之矩的代数和。这个关系称为合力矩定理。

对于有合力的其他力系，合力矩定理同样成立。在许多情况下应用合力矩定理计算力对点之矩较为简便。

【例 2-1】 挡土墙（图 2-9）重 $W_1 = 30\text{kN}$、$W_2 = 60\text{kN}$，所受土压力的合力 $F = 40\text{kN}$。试问该挡土墙是否会绕 $A$ 点向左倾倒？

【解】

计算各力对 $A$ 点的力矩。

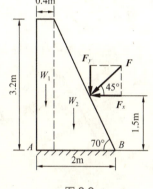

图 2-9

$$M_A(W_1) = -W_1 \times 0.2\text{m} = -30\text{kN} \times 0.2\text{m} = -6\text{kN} \cdot \text{m}$$

$$M_A(W_2) = -W_2 \times (0.4 + 0.533)\text{m} = -60\text{kN} \times 0.933\text{m} = -56\text{kN} \cdot \text{m}$$

$$\begin{aligned} M_A(F) &= M_A(F_x) + M_A(F_y) \\ &= F\cos 45° \times 1.5\text{m} - F\sin 45° \times (2 - 1.5\cot 70°)\text{m} \\ &= 40\text{kN} \times 0.707 \times 1.5\text{m} - 40\text{kN} \times 0.707 \times 1.454\text{m} \\ &= 42.42\text{kN} \cdot \text{m} - 41.12\text{kN} \cdot \text{m} = 1.3\text{kN} \cdot \text{m} \end{aligned}$$

其中力 $F$ 对 $A$ 点的力矩是根据合力矩定理计算的。各力对 $A$ 点力矩的代数和为

$$\begin{aligned} M_A &= M_A(W_1) + M_A(W_2) + M_A(F) \\ &= -6\text{kN} \cdot \text{m} - 56\text{kN} \cdot \text{m} + 1.3\text{kN} \cdot \text{m} = -60.7\text{kN} \cdot \text{m} \end{aligned}$$

负号表示各力使挡土墙绕 $A$ 点作顺时针转动，即挡土墙不会绕 $A$ 点向左倾倒。

挡土墙的重力以及土压力的竖向分力对 $A$ 点的力矩是使墙体稳定的力矩，而土压力的水平分力对 $A$ 点的力矩是使墙体倾覆的力矩。

### 2.1.6 力偶的概念

在日常生活中，经常会遇到物体受大小相等、方向相反、作用线相互平行的两个力作用的情形。例如，汽车司机用双手转动方向盘（图 2-10a），两人推动绞盘横杆（图 2-

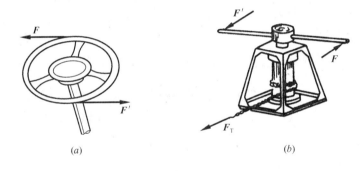

图 2-10

10b) 等。实践证明，物体在这样的两个力作用下只产生转动效应，不产生移动效应。把这种由两个大小相等、方向相反且不共线的平行力组成的力系称为**力偶**，记为（$F$，$F'$）。力偶所在的平面称为**力偶的作用面**，组成力偶的两力之间的距离称为**力偶臂**。

### 2.1.7 力偶矩的计算

在力偶的作用面内任取一点 $O$ 为矩心（图 2-11），点 $O$ 与力 $F$ 的距离为 $x$，力偶臂为 $d$。力偶的两个力对点 $O$ 之矩的和为

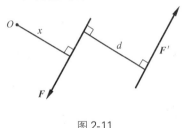

$$M_O(F)+M_O(F')=-Fx+F'(x+d)=Fd$$

图 2-11

这一结果与矩心的位置无关。因此，把力偶的任一力的大小与力偶臂的乘积冠以适当的正负号，作为力偶使物体转动效应的度量，称为**力偶矩**，用 $M$ 表示。即

$$M=\pm Fd \tag{2-4}$$

式中的正负号表示力偶的转向，规定力偶使物体逆时针方向转动时为正，反之为负。

力偶矩的单位与力矩的单位相同。

实践表明，力偶对物体的转动效应决定于力偶矩的大小、转向和力偶作用面的方位，这三者称为**力偶的三要素**。

### 2.1.8 力偶的性质

力偶作为一种特殊的力系，具有如下性质：

（1）力偶对物体不产生移动效应，因此力偶没有合力。一个力偶既不能与一个力等效，也不能与一个力平衡。力与力偶是表示物体间相互机械作用的两个基本元素。

（2）由于力偶只使物体产生转动效应，而力偶矩是力偶使物体产生转动效应的度量，因此，作用于刚体的同一平面内的两个力偶等效的充分必要条件是力偶矩彼此相等。

（3）只要力偶矩保持不变，力偶可在其作用面内任意搬移，或者可以同时改变力偶中的力的大小和力偶臂的长短，力偶对刚体的效应不变。

根据这一性质，力偶除了用其力和力偶臂表示外（图 2-12a），也可以用力偶矩表示（图 2-12b、c）。图中箭头表示力偶矩的转向，$M$ 则表示力偶矩的大小。

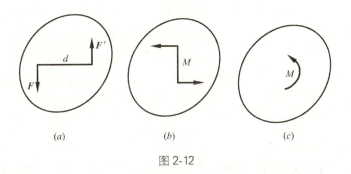

图 2-12

## 2.2 约束与约束力

### 2.2.1 约束与约束力的概念

在空间可以任意运动，位移不受任何限制的物体称为**自由体**，例如在空中飞行的飞机、炮弹和火箭等。如果受到某种限制，在某些方向不能自由运动的物体称为**非自由体**。例如用绳子挂起的重物，行驶在铁轨上的机车等。对于非自由体的某些位移起限制作用的条件（或周围物体）称为**约束**。例如，上述的绳子为重物的约束，铁轨为机车的约束。

约束限制了物体沿某些方向的运动，当物体在这些方向上有运动的趋势时，约束必然对被约束物体作用一定的力，这种力称为**约束力**，有时也称为**约束反力**，简称**反力**。显然，**约束力的作用点是约束与物体的接触点，方向与该约束所能够限制物体运动的方向相反**。

荷载是主动地作用于物体上、使物体运动或有运动趋势的力，亦称为**主动力**。物体所受的主动力一般是已知的，而约束力是由主动力的作用而引起，它是未知的。因此，对约束力的分析就成为十分重要的问题。

### 2.2.2 工程中常见的约束与约束力

1. 柔索

绳索、链条、胶带等柔性物体都可以简化为**柔索约束**。这种约束的特点是只能限制物体沿柔索伸长方向的运动，因此，**柔索的约束力的方向只能沿柔索的中心线且背离物体，即为拉力**（图 2-13）。

2. 光滑接触面

当两物体的接触面之间的摩擦力很小、可忽略不计，就构成

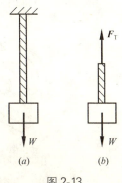

图 2-13

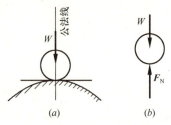

**光滑接触面约束**。光滑接触面只能限制被约束物体沿接触点处公法线朝接触面方向的运动，而不能限制沿其他方向的运动。因此，**光滑接触面的约束力只能沿接触面在接触点处的公法线，且指向被约束物体，即为压力**（图 2-14）。这种约束力也称为**法向反力**。

3. 光滑铰链

图 2-14

在两个构件上各钻有同样大小的圆孔，并用圆柱形销钉连接起来（图 2-15a）。如果销钉和圆孔都是光滑的，那么销钉只限制两构件在垂直于销钉轴线的平面内相对移动，而不限制两构件绕销钉轴线的相对转动。这样的约束称为**光滑铰链**，简称铰链或铰。图 2-15（b）是它的简化表示。

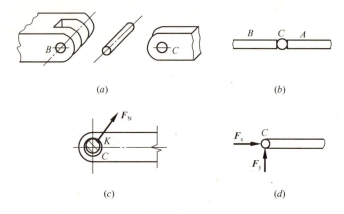

图 2-15

当两个构件有沿销钉径向相对移动的趋势时，销钉与构件以光滑圆柱面接触，因此销钉给构件的约束力 $F_N$ 沿接触点 $K$ 的公法线方向，指向构件且通过圆孔中心（图 2-15c）。由于接触点 $K$ 一般不能预先确定，所以约束力 $F_N$ 的方向也不能确定。因此，**光滑铰链的约束力作用在垂直于销钉轴线的平面内，通过圆孔中心，方向由系统的构造与受力状态确定**（以下简称方向待定），通常用两个正交分力 $F_x$ 和 $F_y$ 来表示（图 2-15d），两分力的指向是假定的。

4. 固定铰支座

用铰链连接的两个构件中，如果其中一个是固定在基础或静止机架上的支座（图 2-16a），

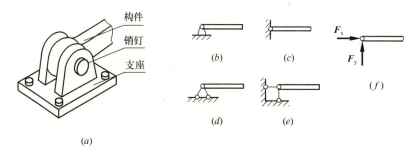

图 2-16

则这种约束称为**固定铰支座**，简称**铰支座**。**固定铰支座的约束力与铰链的情形相同，通常也用两个正交分力 $F_x$ 和 $F_y$ 来表示**（图 2-16f）。图 2-16（b~e）是固定铰支座的几种简化表示。

5. 活动铰支座

如果在支座与支承面之间装上几个滚子，使支座可以沿着支承面运动，就成为**活动铰支座**，也称为**辊轴支座**（图 2-17a）。这种支座只限制构件沿支承面法线方向的移动。不限制构件沿支承面的移动和绕销钉轴线的转动。因此，**活动铰支座的约束力垂直于支承面，通过铰链中心**，指向待定（图 2-17e）。图 2-17（b~d）是活动铰支座的几种简化表示。

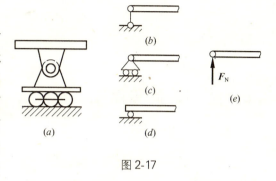

图 2-17

6. 定向支座

**定向支座**能限制构件的转动和垂直于支承面方向的移动，但允许构件沿平行于支承面的方向移动（图 2-18a）。**定向支座的约束力为一个垂直于支承面、指向待定的力和一个转向待定的力偶**，图 2-18（b）是其简化表示和约束力的表示。当支承面与构件轴线垂直时，定向支座的约束力如图 2-18（c）所示。

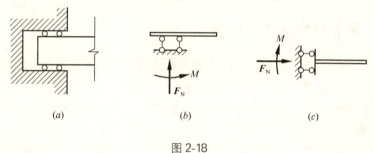

图 2-18

7. 固定端

如果静止的物体与构件的一端紧密相连，使构件既不能移动，又不能转动，则构件所受的约束称为固定端约束。例如梁的一端牢固地插入墙内（图 2-19a），墙就是梁的固定端约束。**固定端的约束力为一个方向待定的力（通常也用两个正交分力 $F_x$ 和 $F_y$ 来表示）和一个转向待定的力偶**。图 2-19（b）是固定端约束的简化表示，图 2-19

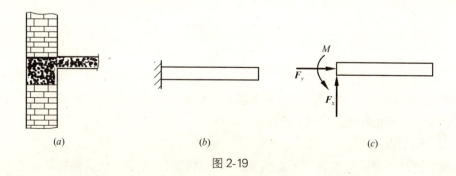

图 2-19

(c)是固定端的约束力表示。

工程实际中的约束往往比较复杂，必须根据具体实际情况分析约束对物体运动的限制，然后确定其约束力。

## 2.3 结构的计算简图

### 2.3.1 结构计算简图的概念

工程中结构的实际构造比较复杂，其受力及变形情况也比较复杂，完全按照结构的实际工作状态进行分析往往是困难的。因此在进行力学计算前，必须先将实际结构加以简化，分清结构受力、变形的主次，抓住主要因素，忽略一些次要因素，将实际结构抽象为既能反映结构的实际受力和变形特点又便于计算的理想模型，称为**结构的计算简图**。

书中后续提到的结构都是指其计算简图。

### 2.3.2 杆件结构的简化

在选取杆件结构的计算简图时，通常对实际结构从以下几个方面进行简化。

1. 结构体系的简化

结构体系的简化就是把有些实际空间整体的结构，简化或分解为若干个平面结构。

2. 杆件的简化

杆件用其轴线表示。直杆简化为直线，其长度则用轴线交点间的距离来确定。曲杆简化为曲线。

3. 节点的简化

结构中各杆件间的相互连接处称为**节点**。节点可简化为以下两种基本类型：

(1) 铰节点

**铰节点**的特征是所连各杆都可以绕节点自由转动，即在节点处各杆之间的夹角可以改变。例如，在图 2-20(a)所示木结构的节点构造中，是用钢板和螺栓将各

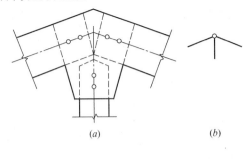

图 2-20

杆端连接起来的，各杆之间不能有相对移动，但允许有微小的相对转动，故可作为铰节点处理，其简图如图 2-20(b)所示。

(2) 刚节点

**刚节点**的特征是所连各杆不能绕节点作相对转动，即各杆之间的夹角在变形前后

保持不变。例如图 2-21（a）为钢筋混凝土结构的节点构造图，其简图如图 2-21（b）所示。

当一个节点同时具有以上两种节点的特征时，称为**组合节点**，即在节点处有些杆件为铰接，同时也有些杆件为刚性连接（图 2-22）。

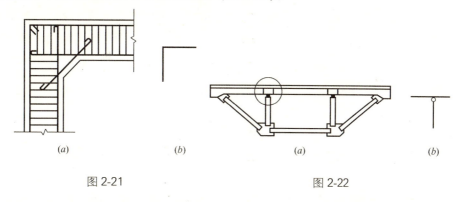

图 2-21　　　　　　　　图 2-22

4. 支座的简化

把结构与基础或支承部分连接起来的装置称为支座。平面结构的支座根据其支承情况的不同可简化为活动铰支座、固定铰支座、定向支座和固定端支座等几种典型支座。对于重要结构，如公路和铁路桥梁，通常制作比较正规的典型支座，以使支座反力的大小和作用点的位置能够与设计情况较好地符合；对于一般结构，则往往是一些比较简单的非典型支座，这就必须将它们简化为相应的典型支座。下面举例说明。

在房屋建筑中，常在某些构件的支承处垫上沥青杉板之类的柔性材料（图 2-23a），当构件受到荷载作用时，它的端部可以在水平方向作微小移动，也可以作微小的转动，因此可简化为活动铰支座。图 2-23（b）表示一木梁的端部，它通常是与埋设在混凝土垫块中的锚栓相连接，在荷载作用下，梁的水平移动和竖向移动都被限

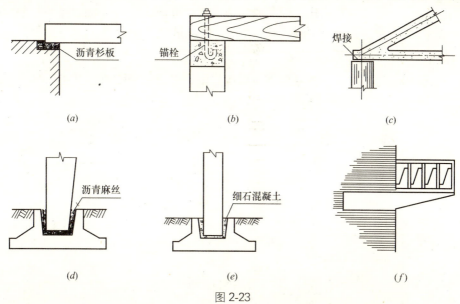

图 2-23

制,但仍可作微小的转动,因此可简化为固定铰支座。图2-23(c)所示屋架的端部支承在柱子上,并将预埋在屋架和柱子上的两块钢板焊接起来,它可以阻止屋架的移动,但因焊接的长度有限,屋架仍可作微小的转动,因此可简化为固定铰支座。图2-23(d)、(e)所示插入杯形基础内的钢筋混凝土柱,若用沥青麻丝填实(图2-23d),则柱脚的移动被限制,但仍可作微小的转动,因此可简化为固定铰支座;若用细石混凝土填实(图2-23e),当柱插入杯口深度符合一定要求时,则柱脚的移动和转动都被限制,因此可简化为固定端支座。图2-23(f)所示悬挑阳台梁,其插入墙体内的部分有足够的长度,梁端的移动和转动都被限制,因此可简化为固定端支座。

5. 荷载的简化和分类

作用于结构上的荷载通常简化为集中荷载和分布荷载。

分布荷载可分为体分布荷载、面分布荷载和线分布荷载。分布荷载还可分为均布荷载和非均布荷载。

作用于结构上的荷载可分为**恒载**和**活载**。恒载是指长期作用于结构上的不变荷载,如结构的自重。活载是指暂时作用于结构上的可变荷载,如人群荷载、车辆荷载、风荷载、雪荷载等。活载又可分为**定位活载**和**移动荷载**。定位活载是指方向和作用位置固定,但其大小可以改变的荷载,如风荷载、雪荷载。移动荷载是指大小和方向不变,但其作用位置可以改变的荷载,如人群荷载、车辆荷载。

作用于结构上的荷载还可分为**静力荷载**和**动力荷载**。静力荷载是指其大小、方向和作用位置不随时间变化或变化极为缓慢的荷载,如结构的自重、水压力和土压力等。动力荷载是指其大小、方向和作用位置随时间迅速变化的荷载,如冲击荷载、突加荷载以及动力机械运动时产生的荷载等。有些动力荷载如车辆荷载、风荷载和地震作用荷载等,一般可将其大小扩大若干倍后按静力荷载处理,但在特殊情况下要按动力荷载考虑。

下面举例说明结构的简化过程和如何选取其计算简图。

【例2-2】 试选取图1-1所示单层工业厂房的计算简图。

【解】

(1) 结构体系的简化。该单层工业厂房是由许多横向平面单元(图2-24a),通过

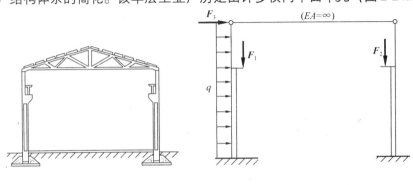

图2-24

屋面板和吊车梁等纵向构件联系起来的空间结构。由于各个横向平面单元相同，且作用于结构上的荷载一般又是沿厂房纵向均匀分布的，因此作用于结构上的荷载可通过纵向构件分配到各个横向平面单元上。这样就可不考虑结构整体的空间作用，把一个空间结构简化为若干个彼此独立的平面结构来进行分析、计算。

(2) 构件的简化。立柱因上下截面不同，可用粗细不同的两段轴线表示。屋架因其平面内刚度很大，可简化为一刚度为无限大的直杆。

(3) 节点与支座的简化。屋架与柱顶通常采用螺栓连接或焊接，可视为铰节点。立柱下端与基础连接牢固，嵌入较深，可简化为固定端支座。

(4) 荷载的简化。由吊车梁传到柱子上的压力，因吊车梁与牛腿接触面积较小，可用集中力 $F_1$、$F_2$ 表示；屋面上的风荷载简化为作用于柱顶的一水平集中力 $F_3$；而柱子所受水平风力，可按平面单元负荷宽度简化为均布线荷载。

经过上述简化，即可得到厂房横向平面单元的计算简图，如图 2-24 ($b$) 所示。

【例 2-3】 试选取图 2-25 ($a$) 所示三角形屋架的计算简图。

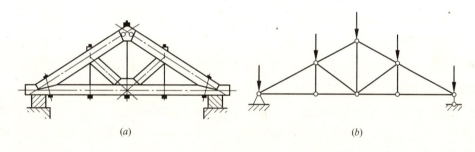

图 2-25

【解】

此屋架由木材和圆钢制成。上、下弦杆和斜撑由木材制成，拉杆使用圆钢，对其进行简化时各杆用其轴线代替；各杆间允许有微小的相对转动，故各节点均简化为铰节点；屋架两端搁置在墙上或柱上，不能相对移动，但可发生微小的相对转动，因此屋架的一端简化为固定铰支座，另一端简化为活动铰支座。作用于屋架上的荷载通过静力等效的原则简化到各节点上，这样不仅计算方便，而且基本符合实际情况。通过以上简化可以得出屋架的计算简图（图 2-25$b$）。

【例 2-4】 试选取图 1-5 所示梁板结构楼盖的计算简图。

【解】

(1) 支座的简化。楼盖中的板习惯上沿板短跨方向取 1m 宽板带作为计算单元（图 2-26$a$），即作为梁计算。楼盖中的板、次梁、主梁为整体连接，板支承在次梁上，次梁支承在主梁上，主梁支承在墙、柱上。为简化计算，板、次梁、主梁的支座都视为铰支座，如图 2-26 ($b\sim d$) 所示。

(2) 荷载的简化。作用在楼盖上的荷载有恒载和活载两种。恒载包括结构自重、构造层重等，活载包括人群、家具等的重力，上述荷载通常按均布面荷载 $q_0$ 作用于板上。作用于板计算单元上的荷载为 $q_0 \times 1m$ 的均布线荷载（图 2-26$b$）。次梁承受左

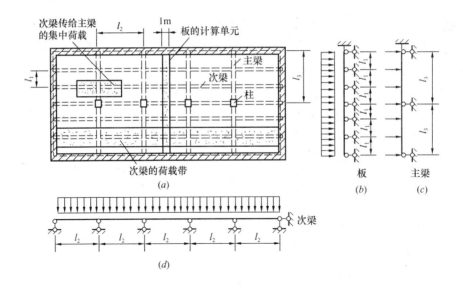

图 2-26

右两边板上传来的均布线荷载 $q_0 \times l_1$ 及次梁自重 $q_1$（均布线荷载），如图 2-26（$d$）所示。主梁承受次梁传来的集中荷载 $(q_0 \times l_1 + q_1) \times l_2$ 及主梁自重，主梁的自重为均布线荷载 $q_2$，为便于计算，一般将主梁自重折算为几个集中荷载，分别加在次梁传来的集中荷载处（图 2-26$c$）。

选取较合理的结构计算简图，不仅需要有丰富的实践经验，还需要有较完备的力学知识，才能分析主、次要因素的相互关系，对于一些新型结构往往还需要借助模型试验和现场实测才能确定出较合理的计算简图。对于工程中一些常用的结构型式，其计算简图经实践证明都比较合理，因此可以直接采用。

## 2.4 受力分析与受力图

在求解工程中的力学问题时，一般首先需要根据问题的已知条件和待求量，选择一个或几个物体作为**研究对象**，然后分析它受到哪些力的作用，其中哪些是已知的，哪些是未知的，此过程称为**受力分析**。

对研究对象进行受力分析的步骤如下：

(1) 取隔离体。将研究对象从与其联系的周围物体中分离出来，单独画出。这种分离出来的研究对象称为**隔离体**。

(2) 画主动力和约束力。画出作用于研究对象上的全部主动力和约束力。这样得到的图称为**受力图**或**隔离体图**。

画受力图是求解力学问题的重要一步，读者应当熟练地掌握它。下面举例说明受力图的画法。

【例 2-5】 小车连同货物共重 $W$，由绞车通过钢丝绳牵引沿斜面匀速上升（图 2-27a）。不计车轮与斜面间的摩擦，试画出小车的受力图。

【解】

将小车从钢丝绳和斜面的约束中分离出来，单独画出。作用于小车上的主动力为 $W$，其作用

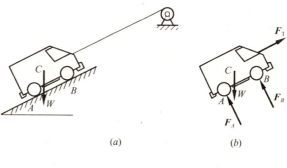

图 2-27

点为重心 $C$，铅垂向下。作用于小车上的约束力有：钢丝绳的约束力 $F_T$，方向沿绳的方向且背离小车；斜面的约束力 $F_A$、$F_B$，作用于车轮与斜面的接触点，垂直于斜面且指向小车。小车的受力图如图 2-27（b）所示。

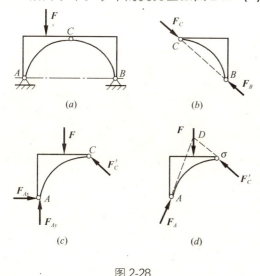

图 2-28

【例 2-6】 图 2-28（a）所示的三铰拱桥由 $AC$、$BC$ 两部分铰接而成，自重不计，在 $AC$ 上作用有力 $F$，试分别画出 $BC$ 和 $AC$ 的受力图。

【解】

（1）画 $BC$ 部分的受力图。取 $BC$ 部分为研究对象，将其单独画出。由于 $BC$ 的自重不计，且只在 $B$、$C$ 两处受铰链的约束力，因此 $BC$ 是二力构件，$B$、$C$ 两端的约束力 $F_B$、$F_C$ 应沿 $B$、$C$ 的连线，方向相反，指向假定（假定为相对）。$BC$ 的受力图如图 2-28（b）所示。

（2）画 $AC$ 部分的受力图。取 $AC$ 部分为研究对象，将其单独画出。先画出所受主动力 $F$。根据作用与反作用定律，在 $C$ 处所受的约束力与 $BC$ 受力图中的 $F_C$ 大小相等、方向相反，是一对作用力与反作用力，用 $F'_C$ 表示，在 $A$ 处所受固定铰支座的反力① $F_A$ 用一对正交分力 $F_{Ax}$、$F_{Ay}$ 表示，指向假定。$AC$ 的受力图如图 2-28（c）所示。

进一步分析可知，由于 $AC$ 部分的自重不计，$AC$ 是在三个力作用下平衡的，力 $F$ 和 $F'_C$ 的作用线的交点为 $D$（图 2-28d），根据三力平衡汇交定理，反力 $F_A$ 的作用线应过 $D$ 点，指向假定（假设指向斜上方）。这样，$AC$ 的受力图又可表示为图 2-28（d）。

【例 2-7】 在图 2-29（a）所示简单承重结构中，悬挂的重物重 $W$，横梁 $AB$ 和

---

① 支座处的约束力常称为约束反力，简称反力。

斜杆 CD 的自重不计。试分别画出斜杆 CD、横梁 AB 及整体的受力图。

**【解】**

(1) 画斜杆 CD 的受力图。取斜杆 CD 为研究对象，将其单独画出。斜杆 CD 两端均为铰链约束，约束力 $F_C$、$F_D$ 分别通过 C 点和 D 点。由于不计杆的自重，故斜杆 CD 为二力构件。$F_C$ 与 $F_D$ 大小相等、方向相反，沿 C、D 两点连线。本题可判定 $F_C$、$F_D$ 为拉力，不易判断时可假定指向。图 2-29 (b) 为斜杆 CD 的受力图。

(2) 画横梁 AB 的受力图。取横梁 AB 为研究对象，将其单独画出。横梁 AB 的 B 处受到主动力 W 的作用。C 处受到斜杆 CD 的作用力 $F'_C$，$F'_C$ 与 $F_C$ 互为作用力与反作用力。A 处为固定铰支座，其反力用两个正交分力 $F_{Ax}$、$F_{Ay}$ 表示，指向假定。图 2-29 (c) 为横梁 AB 的受力图。

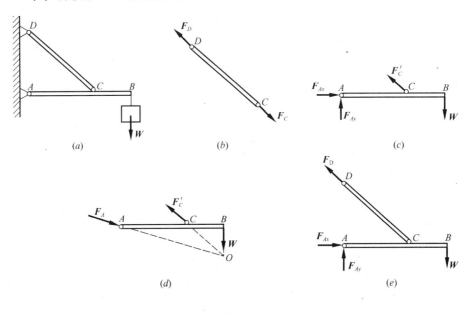

图 2-29

横梁 AB 的受力图也可根据三力平衡汇交定理画出。横梁的 A 处为固定铰支座，其反力 $F_A$ 通过 A 点、方向未知，但由于横梁只受到三个力的作用，其中两个力 W、$F'_C$ 的作用线相交于 O 点，因此 $F_A$ 的作用线也通过 O 点，指向假定（图 2-29d）。

(3) 画整体的受力图。作用于整体上的力有：主动力 W，反力 $F_D$ 及 $F_{Ax}$、$F_{Ay}$。图 2-29 (e) 为整体的受力图。

(4) 讨论。本题的整体受力图中为什么不画出力 $F_C$ 与 $F'_C$ 呢？这是因为 $F_C$ 与 $F'_C$ 是承重结构整体内两物体之间的相互作用力，这种力称为**内力**。根据作用与反作用定律，内力总是成对出现的，并且大小相等、方向相反、沿同一直线，对承重结构整体来说，$F_C$ 与 $F'_C$ 这一对内力自成平衡，不必画出。因此，在画研究对象的受力图时，只需画出外部物体对研究对象的作用力，这种力称为**外力**。但应注意，外力与内力不是固定不变的，它们可以随研究对象的不同而变化。例如力 $F_C$ 与 $F'_C$，若以整体为研究对象,则为内力;若以斜杆 CD 或横梁 AB 为研究对象,则为外力。

本题若只需画出横梁或整体的受力图,则在画 C 处或 D 处的约束力时,仍须先考虑斜杆的受力情况。由此可见,在画研究对象的约束力时,一般应先观察有无与二力构件有关的约束力,若有的话,将其先画出,然后再画其他的约束力。

【例 2-8】 组合梁 AB 的 D、E 处分别受到力 $F$ 和力偶 $M$ 的作用(图 2-30a),梁的自重不计,试分别画出整体、BC 部分及 AC 部分的受力图。

【解】

(1) 画整体的受力图。作用于整体上的力有:主动力 $F$、$M$,反力 $F_{Ax}$、$F_{Ay}$、$M_A$ 及 $F_B$,指向与转向均为假定。图 2-30(b)为整体的受力图。

(2) 画 BC 部分的受力图。取 BC 部分为研究对象,将其单独画出。BC 部分的 E 处受到主动力偶 $M$ 的作用。B 处为活动铰支座,其反力 $F_B$ 垂直于支承面;C 处为铰链约束,约束力 $F_C$ 通过铰链中心。由于力偶必须与力偶相平衡,故 $F_B$ 的指向向上,$F_C$ 的方向铅垂向下。图 2-30(c)为 BC 部分的受力图。

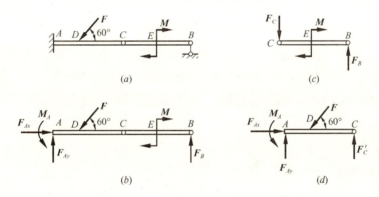

图 2-30

(3) 画 AC 部分的受力图。取 AC 部分为研究对象,将其单独画出。AC 部分的 D 处受到主动力 $F$ 的作用。C 处的约束力为 $F'_C$。$F'_C$ 与 $F_C$ 互为作用力与反作用力。A 处为固定端,其反力为 $F_{Ax}$、$F_{Ay}$、$M_A$,指向与转向均为假定。图 2-30(d)为 AC 部分的受力图。

通过以上例题可以看出,**为保证受力图的正确性,不能多画力、少画力和错画力。**为此,应着重注意以下几点:

(1) 遵循约束的性质。凡研究对象与周围物体相连接处,都有约束力。约束力的个数与方向必须严格按照约束力的性质去画,当约束力的指向不能预先确定时,可以假定。

(2) 遵循力与力偶的性质。主要有二力平衡公理、三力平衡汇交定理、作用与反作用定律。若作用力的方向一经确定(或假定),则反作用力的方向必与之相反。

(3) 只画外力,不画内力。

## 2.5 变形固体的基本假设

自然界中的任何固体在外力作用下，都会发生变形。当研究构件的强度、刚度和稳定性问题时，由于这些问题与构件的变形密切相关，因此在这类问题中，虽然构件的变形很小，但却是主要影响因素，所以必须把构件看作**变形固体**。

工程中使用的固体材料是多种多样的，而且其微观结构和力学性能也各不相同。为了使问题得到简化，通常对变形固体作如下基本假设。

1. 连续性假设

即认为在固体材料的整个体积内毫无空隙地充满了物质。

事实上，固体材料是由无数的微粒或晶粒组成的，各微粒或晶粒之间是有空隙的，是不可能完全紧密的，但这种空隙与构件的尺寸比起来极为微小，可以忽略不计。根据这个假设，在进行理论分析时，与构件性质相关的物理量可以用连续函数来表示。

2. 均匀性假设

即认为构件内各点处的力学性能是完全相同的。

事实上，组成构件材料的各个微粒或晶粒，彼此的性质不尽相同。但是构件的尺寸远远大于微粒或晶粒的尺寸，构件所包含的微粒或晶粒的数目又极多，所以，固体材料的力学性能并不反映其微粒的性能，而是反映所有微粒力学性能的统计平均量。因而，可以认为固体的力学性能是均匀的。按照这个假设，在进行理论分析时，可以从构件内任何位置取出一小部分来研究材料的性质，其结果均可代表整个构件。

3. 各向同性假设

即认为构件内的一点在各个方向上的力学性能是相同的。

事实上，组成构件材料的各个晶粒是各向异性的。但由于构件内所含晶粒的数目极多，在构件内的排列又是极不规则的，在宏观的研究中固体的性质并不显示方向的差别，因此可以认为某些材料是各向同性的，如金属材料、塑料以及浇筑得很好的混凝土。根据这个假设，当获得了材料在任何一个方向的力学性能后，就可将其结果用于其他方向。但是此假设并不适用于所有材料，例如木材、竹材和纤维增强材料等，其力学性能是各向异性的。

4. 线弹性假设

变形固体在外力作用下发生的变形可分为弹性变形和塑性变形两类。在外力撤去后能消失的变形称为**弹性变形**；不能消失的变形，称为**塑性变形**。当所受外力不超过一定限度时，绝大多数工程材料在外力撤去后，其变形可完全消失，具有这种变形性质的变形固体称为**完全弹性体**。本课程只研究完全弹性体，并且外力与变形之间符合线性关系，即**线弹性体**。

5. 小变形假设

即认为变形量是很微小的。

工程中大多数构件的变形都很小，远小于构件的几何尺寸。这样，在研究构件的平衡和运动规律时仍可以直接利用构件的原始尺寸来计算。在研究和计算变形时，变形的高次幂项也可忽略，从而使计算得到简化。

以上是有关变形固体的几个基本假设。实践表明，在这些假设的基础上建立起来的理论都是符合工程实际要求的。

## 2.6 杆件的变形形式

杆件在不同外力作用下，可以产生不同的变形，但根据外力性质及其作用线（或外力偶作用面）与杆轴线的相对位置的特点，通常归结为四种基本变形形式。工程实际中的杆件可能只发生某一种**基本变形**，也可能同时发生两种或两种以上基本变形形式的组合，称为**组合变形**。

### 2.6.1 基本变形

（1）轴向拉伸和压缩

如果在直杆的两端各受到一个外力 $F$ 的作用，且二者的大小相等、方向相反，作用线与杆件的轴线重合，那么杆的变形主要是沿轴线方向的伸长或缩短。当外力 $F$ 的方向沿杆件截面的外法线方向时，杆件因受拉而伸长，这种变形称为**轴向拉伸**；当外力 $F$ 的方向沿杆件截面的内法线方向时，杆件因受压而缩短，这种变形称为**轴向压缩**，如图 2-31 所示。

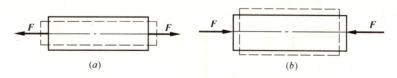

图 2-31

（2）剪切

如果直杆上受到一对大小相等、方向相反、作用线平行且相距很近的外力沿垂直于杆轴线方向作用时，杆件的横截面沿外力的方向发生相对错动，这种变形称为**剪**

切,如图 2-32 所示。

(3) 扭转

如果在直杆的两端各受到一个外力偶 $M_e$ 的作用,且二者的大小相等、转向相反,作用面与杆件的轴线垂直,那么杆件的横截面绕轴线发生相对转动,这种变形称为**扭转**,如图 2-33 所示。

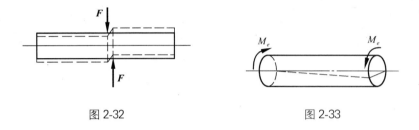

图 2-32　　　　　　　　　　图 2-33

(4) 弯曲

如果直杆在两端各受到一个外力偶 $M_e$ 的作用,且二者的大小相等、转向相反,作用面都与包含杆轴的某一纵向平面重合,或者是受到在纵向平面内作用的垂直于杆轴线的横向外力作用时,杆件的轴线就要变弯,这种变形称为**弯曲**(图 2-34)。图 2-34 ($a$) 所示弯曲称为纯弯曲,图 2-34 ($b$) 所示弯曲称为**横力弯曲**。

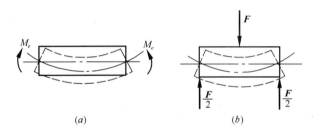

图 2-34

### 2.6.2　组合变形

组合变形是由两种或两种以上基本变形组成。常见的组合变形形式有:斜弯曲(或称双向弯曲)、拉(压)与弯曲的组合、偏心压缩(拉伸)等,分别如图 2-35 ($a \sim c$) 所示。

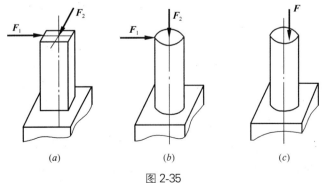

图 2-35

# 单元小结

1. 了解刚体和变形体的概念。理解力的概念和静力学公理。理解力矩的概念，掌握力矩的计算。理解力偶的概念和性质。

（1）刚体和变形体是建筑力学中两个力学模型。刚体是指在外力的作用下，其内部任意两点之间的距离始终保持不变的物体。在研究物体的平衡和运动规律时，若物体的变形很小，则可把物体抽象为刚体。在研究结构或构件的强度、刚度和稳定性问题时，必须把物体抽象为变形体。

（2）力是物体间的相互机械作用，这种作用使物体的运动状态或形状发生改变。力使物体运动状态发生改变的效应称为运动效应或外效应；力使物体的形状发生改变的效应称为变形效应或内效应。力的运动效应又分为移动效应和转动效应。力分为集中力和分布力两类。

（3）静力学公理是研究力系简化和平衡的基本依据。主要有：二力平衡公理、加减平衡力系公理、力的平行四边形法则、作用与反作用定律和刚化原理。

（4）力矩是力使物体绕一点转动效应的度量。力矩的计算是一个基本运算，除利用力矩的定义 $M_O(\boldsymbol{F}) = \pm Fd$ 计算外，还常利用合力矩定理进行计算。

（5）由两个大小相等、方向相反且不共线的平行力组成的力系称为力偶。力偶对物体只产生转动效应，不产生移动效应，因此一个力偶既不能与一个力等效，也不能与一个力平衡。力与力偶是表示物体间相互机械作用的两个基本元素。

（6）力偶矩是力偶使物体产生转动效应的度量。只要力偶矩保持不变，力偶可在其作用面内任意搬移，或者可以同时改变力偶中的力的大小和力偶臂的长短，力偶对刚体的效应不变。

2. 理解约束和约束力的概念，掌握工程中常见约束的性质、简化表示和约束力的画法。

（1）对于非自由体的某些位移起限制作用的条件（或周围物体）称为约束。约束对被约束物体的作用力称为约束力，有时也称为约束反力，简称反力。约束力的作用点是约束与物体的接触点，方向与该约束所能够限制物体运动的方向相反。

（2）工程中常见约束的性质、简化表示和约束力的画法。

| 序号 | 约束名称 | 约束性质 | 约束简化表示 | 约束力画法 |
|---|---|---|---|---|
| 1 | 柔索 | 限制构件沿柔索伸长方向的运动 | | |
| 2 | 光滑接触面 | 限制构件沿接触点处公法线朝接触面方向的运动 | | |
| 3 | 光滑铰链 | 限制两构件在垂直于销钉轴线的平面内相对移动 | | |
| 4 | 固定铰支座 | 限制两构件在垂直于销钉轴线的平面内相对移动 | | |
| 5 | 活动铰支座 | 限制构件沿支承面法线方向的移动 | | |
| 6 | 定向支座 | 限制构件的转动和垂直于支承面方向的移动 | | |
| 7 | 固定端 | 限制构件的移动和转动 | | |

3. 了解结构计算简图的概念，掌握杆件结构计算简图的选取方法。

(1) 将实际结构抽象为既能反映结构的实际受力和变形特点又便于计算的理想模型，称为结构的计算简图。

(2) 在选取杆件结构的计算简图时，通常对实际结构从以下几个方面进行简化：结构体系的简化、杆件的简化、节点的简化、支座的简化和荷载的简化。

4. 熟练掌握物体的受力分析和正确绘出受力图。

(1) 在求解工程中的力学问题时，一般首先需要根据问题的已知条件和待求量，选择一个或几个物体作为研究对象，然后分析它受到哪些力的作用，其中哪些是已知的，哪些是未知的，此过程称为受力分析。

(2) 受力分析通过画受力图进行。画受力图的第一步是将研究对象从与其联系的周围物体中分离出来，单独画出。第二步是画出作用于研究对象上的全部主动力和约束力。

5. 理解变形固体的基本假设。

变形固体的基本假设有：连续性假设、均匀性假设、各向同性假设、线弹性假设和小变形假设。

6. 了解杆件的变形形式。

(1) 杆件的变形形式有基本变形和组合变形。

(2) 基本变形分为轴向拉伸和压缩、剪切、扭转和弯曲。

(3) 组合变形是由两种或两种以上基本变形构成。常见的组合变形形式有：斜弯曲（或称双向弯曲）、拉（压）与弯曲的组合、偏心压缩（拉伸）等。

## 思考题

2-1 说明下列式子的意义：

(1) $F_1 = F_2$；

(2) $F_1 = F_2$；

(3) $F_1 = -F_2$；

(4) $F_R = F_1 + F_2$；

(5) $F_1 + F_2 = 0$

2-2 能不能在不计自重的曲杆 $AB$ 上的 $A$、$B$ 两点各施一力，使它处于平衡状态？若能，应如何施力？

2-3 作用于三角架中杆 $AB$ 中点 $D$ 上的力 $F$，能否沿其作用线移动到杆 $BC$ 的中点 $E$ 上？为什么？

2-4　为什么说二力平衡公理、加减平衡力系公理和力的可传性原理只适用于刚体?

2-5　三力汇交于一点,但不共面,这三个力能平衡吗?若共面又如何?

2-6　一个力偶不能与一个力平衡,为何图中的轮子能够平衡?

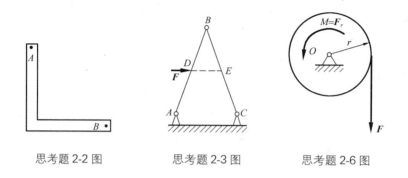

思考题2-2图　　　思考题2-3图　　　思考题2-6图

2-7　什么是结构的计算简图?选取杆件结构的计算简图一般从哪几个方面进行简化?

2-8　画受力图时,如何区分内力和外力?

2-9　下列各物体的受力图是否有错误?若有,说明如何改正。假定所有接触面都是光滑的,图中未标出自重的物体,自重不计。

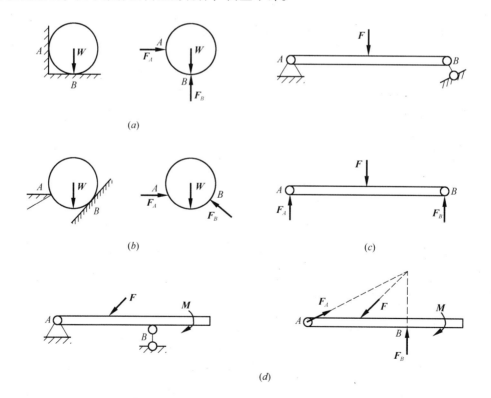

思考题2-9图（一）

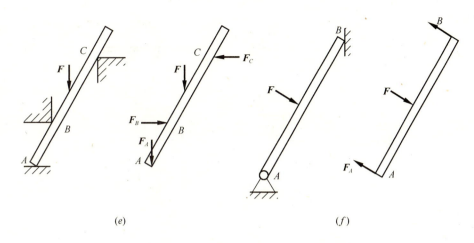

$(e)$    $(f)$

思考题2-9图（二）

2-10 图示三种结构，构件的自重不计，接触面为光滑，$\alpha=60°$，如果 $B$ 处都作用有相同的水平力 $F$，问支座 $A$ 处的反力是否相同？

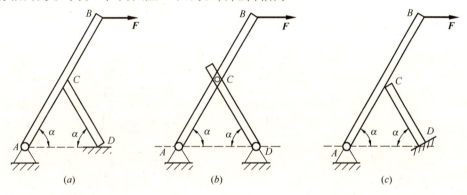

思考题2-10 图

2-11 变形固体的基本假设有哪些？各起什么作用？

2-12 杆件变形的形式有哪些？分别各举一工程实例说明之。

# 习题

2-1 试计算下列各图中力 $F$ 对点 $O$ 之矩。

2-2 正平行六面体重 $W=100N$，放置在地面上，边长 $AB=0.6m$，$AD=0.8m$，现将其斜放，使它的底面与水平面成 $\varphi=30°$ 角。求其重力 $W$ 对棱 $A$ 的力矩。又问当 $\varphi$ 角为多大时，该力矩等于零。

2-3 一砖烟囱高48m，自重 $W=4000kN$，烟囱底面直径 $AB=4.6m$，受风荷载

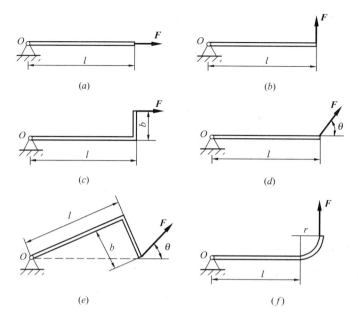

习题 2-1 图

如图所示。试问烟囱是否会绕 $B$ 点倾倒?

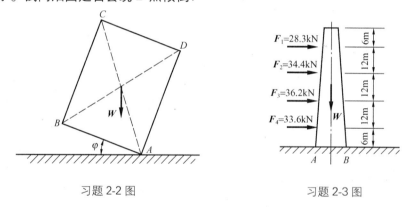

习题 2-2 图　　　　　　　习题 2-3 图

2-4　试选取图示各梁的计算简图。

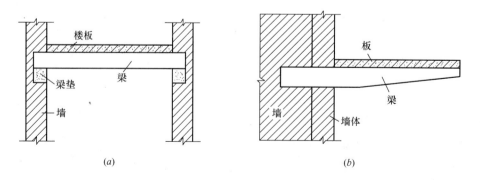

习题 2-4 图（一）

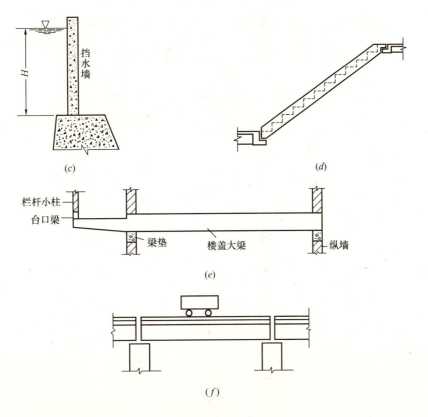

习题 2-4 图（二）

2-5 试选取图示钢筋混凝土板式雨篷中雨篷板和雨篷梁的计算简图。

2-6 试选取图示装配式钢筋混凝土门架的计算简图。

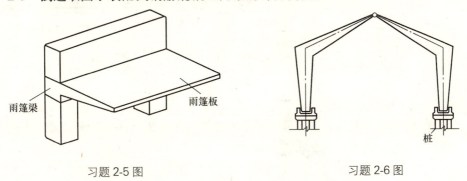

习题 2-5 图　　　　　　　　习题 2-6 图

2-7 试选取图示钢筋混凝土吊车梁结构的计算简图。

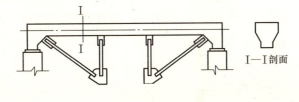

习题 2-7 图

2-8 试选取图示钢筋混凝土渡槽的纵向和横向的计算简图。

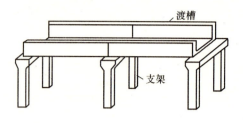

习题 2-8 图

2-9 试分别画出图示物体的受力图。假定所有接触面都是光滑的，图中凡未标出自重的物体，自重不计。

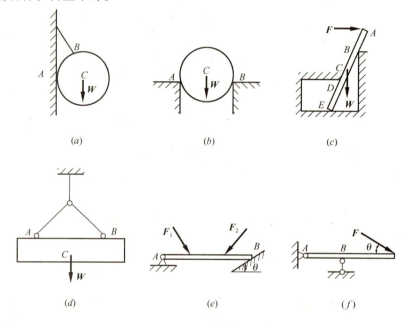

习题 2-9 图

2-10 试分别画出图示物体系统中指定物体的受力图。假定所有接触面都是光滑的，图中凡未标出自重的物体，自重不计。

图 (a) 棘爪 AB，棘轮 O；图 (b) 杆 AC，杆 BC；图 (c) 杆 AC，杆 BC，整体；图 (d) 杆 AC，杆 BC，整体；图 (e) 杆 AC，杆 BD，杆 CE，整体；图 (f) 圆柱体 O，杆 AC，杆 BC；图 (g) 轮子 O，杆 AB，滑块 B；图 (h) 杆 AB，杆 CD，整体；图 (i) 杆 AB，杆 CD，整体；图 (j) 构件 AB，构件 BCD，构件 DEM，构件 MN；图 (k) 吊车 DE，梁 AC，梁 CB；图 (l) 轮 D，轮 O，杆 ADO，杆 BEO。

2-11 挖掘机的简图如图所示。Ⅰ、Ⅱ、Ⅲ为液压活塞，A、B、C 处均为铰链约束。挖斗重 $W$，AB、BC 部分重分别为 $W_1$、$W_2$。试分别画出挖斗、AB、BC 三部分的受力图。

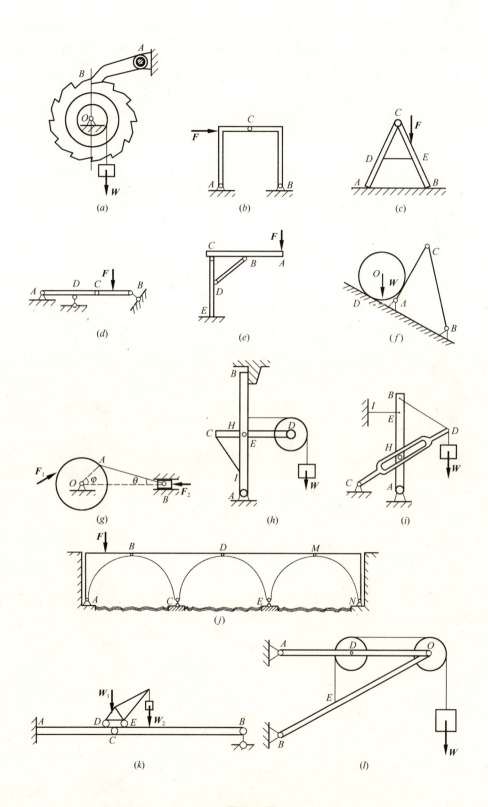

习题 2-10 图

2-12 图示某厂房门式刚架，由两个"厂"形构件 $AC$、$BC$ 组成，重分别为 $W_1$、$W_2$，其间用铰链 $C$ 连接。设柱脚 $A$ 和 $B$ 为固定铰支座。重物和吊车梁分别重 $W_3$、$W_4$，吊车梁安装在刚架的牛腿 $D$ 和 $E$ 上。试分别画出吊车梁 $DE$、构件 $AC$ 和 $BC$ 的受力图。

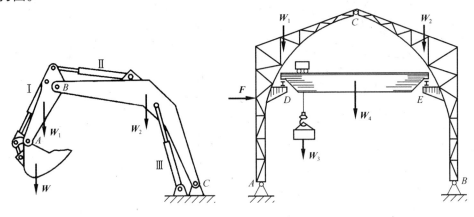

习题 2-11 图　　　　　　　习题 2-12 图

# 单元3 几何组成分析

本单元介绍平面杆件体系的几何组成分析,内容包括几何组成分析的目的,几何不变体系的组成规则,判别体系是否几何不变,正确区分静定结构和超静定结构,以及平面杆件结构的分类。本章是以后进行结构受力计算的基础。

## 3.1 概述

### 3.1.1 几何不变体系和几何可变体系

杆件结构是由若干杆件按一定规律互相连接在一起而组成,用来承受荷载作用的体系。

有些杆件体系是不能作为结构的。例如,建筑工地上常见的扣件式钢管脚手架都不会搭成如图3-1 (a) 所示的形式,因为这样的架子是很容易倒塌的,必须再加上一些斜杆,搭成如图3-1 (b) 所示的形式才能稳当可靠。

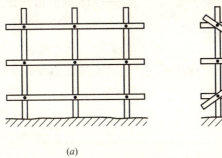
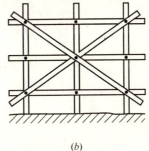

(a)　　　　　　　　(b)

图 3-1

在荷载作用下,结构会产生变形,这种变形与结构的尺寸相比是很微小的,在不考虑这种变形影响的前提下,体系可分为两类:一类是在任意荷载作用下,其原有的几何形状和位置发生变化的,称为**几何可变体系**(图3-2a);另一类是在任意荷载作用下,其几何形状和位置保持不变的,称为**几何不变体系**(图3-2b)。

显然,**工程结构必须是几何不变体系**,决不能采用几何可变体系。

### 3.1.2 几何组成分析的目的

分析体系的几何组成,以确定它们属于哪一类体系,称为**体系的几何组成分析**。

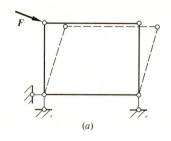
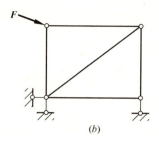

图 3-2

作这种分析的目的在于:

(1) 判别某一体系是否几何不变,从而决定它能否作为结构。
(2) 研究几何不变体系的组成规则,以保证所设计的结构是几何不变的。
(3) 正确区分静定结构和超静定结构,为结构的内力计算打下必要的基础。

### 3.1.3 刚片、自由度和约束的概念

下面介绍几何组成分析中的几个基本概念。

1. 刚片

对体系进行几何组成分析时,由于不考虑变形,故可将每一根杆件视为刚体,在平面体系中又把刚体称为**刚片**。体系中已被肯定为几何不变的某个部分,也可看成是一个刚片。同样,支承体系的基础也可看成是一个刚片。

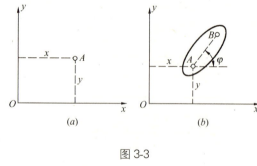

图 3-3

2. 自由度

一个体系的**自由度**,是指该体系在运动时,确定其位置所需的独立坐标的数目。设一个点 $A$ 在平面内运动时,确定其位置要用两个坐标 $x$ 和 $y$ (图 3-3a),因此平面内一个点的自由度等于 2。一个刚片在平面内运动时,其位置可由它上面的任一个点 $A$ 的坐标 $x$、$y$ 和过点 $A$ 的任一直线 $AB$ 的倾角 $\varphi$ 来确定(图 3-3b),因此平面内一个刚片的自由度等于 3。

3. 约束对自由度的影响

约束是限制体系运动的一种条件。显然,刚片和刚片之间的连接装置就是约束,体系由于加入约束而使自由度减少。以后我们把能减少一个自由度的装置称为一个约束。

两端是铰链连接,中间不受力的杆件称为**链杆**。如果用一根链杆将刚片与基础相连接(图 3-4a),则刚片在链杆方向的运动将被限制。但此时刚片仍可进行两种独立的运动,即链杆 $AC$ 绕 $C$ 点的转动以及刚片绕 $A$ 点的转动。加入链杆后,刚片的自由度减少为两个。可见一根链杆可减少一个自由度,故**一根链杆相当于一个约束**。

如果在点 $A$ 处再加一根水平链杆（图 3-4b），即点 $A$ 处成为一个固定铰支座，则刚片只能绕点 $A$ 转动，其自由度减少为一个。可见一个固定铰支座可减少两个自由度，故**一个固定铰支座相当于二个约束**。通过类似的分析可以知道，**一个固定端支座相当于三个约束**。

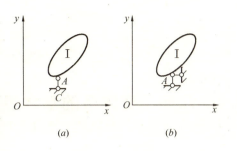

如果用一个铰 $A$ 将刚片 I 与刚片 II 相连接（图 3-4c），设刚片 I 的位置可以由点 $A$ 的坐标 $x$、$y$ 和倾角 $\varphi_1$ 确定，由于点 $A$ 是两刚片的共同点，则刚片 II 的位置只需用倾角 $\varphi_2$ 就可以确定。因此，两刚片原有的 6 个自由度就减少为 4 个。连接两个刚片的铰称为**单铰**。可见**一个单铰相当于两个约束**。

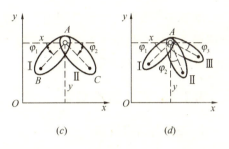

图 3-4

当用一个铰同时连接两个以上刚片时，这种铰称为**复铰**。图 3-4 (d) 为连接三个刚片的复铰。三个刚片连接后的自由度由原来的 9 个减少为 5 个。即点 $A$ 处的复铰减少了 4 个自由度，相当于两个单铰的作用。一般来说，**连接 $n$ 个刚片的复铰，其作用相当于 $(n-1)$ 个单铰**。

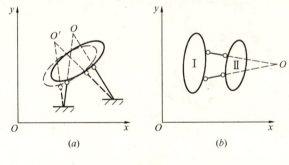

图 3-5

设一刚片用两根不平行的链杆与基础相连接（图 3-5a），此时刚片只能绕两链杆的延长线之交点 $O$ 转动。在转动一微小角度后，点 $O$ 到了点 $O'$。这种由杆的延长线的交点而形成的铰称为**虚铰**。当体系运动时，虚铰的位置也随之改变，所以通常又称它为**瞬铰**。

同理，刚片 I 与刚片 II 由两根不平行的链杆相连接（图 3-5b），链杆的延长线交点为 $O$，两刚片可绕虚铰 $O$ 发生相对转动。**虚铰的作用与单铰一样，仍相当于两个约束**。

4. 多余约束

如果在一个体系中增加一个约束，而体系的自由度并不因此而减少，则此约束称为**多余约束**。例如平面内一个点 $A$ 有两个自由度，如果用两根不共线的链杆将点 $A$ 与基础相连接（图 3-6a），则点 $A$ 减少两个自由度，即被固定。如果用三根不共线的链杆将点 $A$ 与基础相连接（图 3-6b），实际上仍只减少两个自由度。故这三根链杆中有一根是多余约束。多余约束对体系的自由度没有影响。

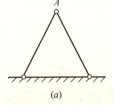
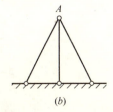

图 3-6

## 3.2 几何不变体系的基本组成规则

本节在平面杆件体系范围内，讨论无多余约束的几何不变体系的基本组成规则。所谓无多余约束是指体系内的约束数目恰好使该体系成为几何不变，只要去掉任意一个约束就会变成几何可变体系。

### 3.2.1 基本组成规则

1. 二刚片连接规则

设有刚片Ⅰ和刚片Ⅱ，它们共有 6 个自由度，两者之间至少应该用三个约束连接，才有可能成为一个几何不变的体系。首先在两刚片之间加一个铰（图 3-7a），则刚片Ⅰ、Ⅱ之间的相对移动就被限制住了，但它们仍可围绕铰作相对转动。如果再在它们之间加一根不通过铰心的链杆（图 3-7b），则两刚片之间就不可能有相对运动了，于是刚片Ⅰ和刚片Ⅱ就组成了一个无多余约束的几何不变体系。由于一个单铰相当于二根链杆的作用，故两刚片之间用图 3-7(c) 所示三根链杆连接，同样也组成一个无多余约束的几何不变体系。

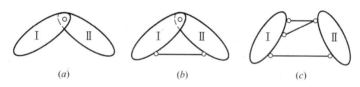

图 3-7

当两刚片之间用三根链杆连接时，若三根链杆同时汇交于一点 $A$（图 3-8a），则刚片Ⅰ、Ⅱ可以绕点 $A$ 转动，体系是几何可变的。若三根链杆的延长线同时汇交于点 $O$（图 3-8b），则刚片Ⅰ、Ⅱ可以绕点 $O$ 发生瞬时相对转动，并在转动一微小角度后三根链杆不再汇交于同一点，这种发生微小位移后不再运动的体系称为**瞬变体系**。瞬变体系是几何可变体系的一种特殊情况。若三根链杆互相平行且等长（图 3-8c），

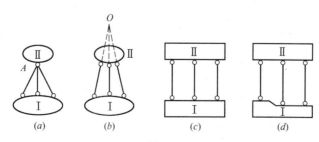

图 3-8

则刚片Ⅰ、Ⅱ可以沿着链杆垂直的方向发生相对平动，体系是几何可变的。若三根链杆相互平行但不等长（图3-8d），则刚片Ⅰ、Ⅱ在发生一微小的相对位移后，三根链杆不再全平行，因而不再发生相对运动，故体系是瞬变体系。

当两刚片之间用一个单铰及链杆连接时，若链杆通过铰心（图3-8a、b），则体系是几何可变或瞬变的。

由上面的分析可得二刚片连接规则：**两刚片用不全交于一点也不全平行的三根链杆相互连接，或用一个铰及一根不通过铰心的链杆相连接，组成无多余约束的几何不变体系。**

2. 三刚片连接规则

平面内三个独立的刚片，共有9个自由度，三个刚片之间至少应该用6个约束连接，才有可能组成一个几何不变的体系。现将刚片Ⅰ、Ⅱ、Ⅲ用不在同一直线上的A、B、C三个铰两两相连（图3-9a），把刚片Ⅰ看作一根链杆，应用二刚片连接规则，图3-9（a）所示体系是几何不变的，且无多余约束。

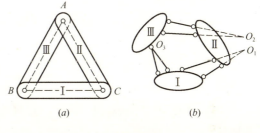

图 3-9

将图3-9（a）中任一个铰用两根链杆代替，只要这些由两根链杆所组成的实铰或虚铰不在同一直线上，这样组成的体系也是无多余约束的几何不变体系（图3-9b）。

若三个刚片用位于同一直线上的三个铰两两相连（图3-10），设刚片Ⅰ不动，则铰C可沿以AC和BC为半径的圆弧的公切线作微小的移动。但在发生微小移动后，三个铰就不在同一直线上，体系不会继续发生相对运动，故此体系是瞬变体系。

由上可得到三刚片连接规则：**三刚片用不在同一直线上的三个铰两两相连，组成无多余约束的几何不变体系。**

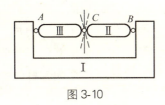 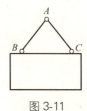

图 3-10　　　　　　　　　　图 3-11

3. 加减二元体规则

如果将图3-9（a）中的刚片Ⅱ与Ⅲ看作链杆，就得到图3-11所示体系。显然，它是几何不变的。这个体系可看成是在刚片上通过两根不共线的链杆连接一个节点A组成的。这种用两根不共线的链杆连接一个节点的装置称为**二元体**。由于一个节点的自由度等于2，而两根不共线的链杆相当于二个约束，因此增加一个二元体对体系的自由度没有影响。同理，在一个体系上撤去一个二元体，也不会改变体系的几何组成性质。于是得到加减二元体规则：**在一个体系上增加或减少二元体，不改变体系的几何可变或不变性。**

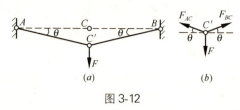

图 3-12

## 3.2.2 对瞬变体系的进一步分析

虽然瞬变体系在发生一微小相对运动后成为几何不变体系,但它不能作为工程结构使用。这是由于瞬变体系受力时会产生很大的内力而导致结构破坏。例如在图 3-12 (a) 所示体系中,在荷载 $F$ 作用下,铰 $C$ 向下发生一微小位移而到达 $C'$ 位置。由图 3-12 (b) 列出平衡方程

$$\Sigma X = 0 \quad F_{BC}\cos\theta - F_{AC}\cos\theta = 0$$

得

$$F_{BC} = F_{AC} = F_N$$
$$\Sigma Y = 0 \quad 2F_N\sin\theta - F = 0$$

得

$$F_N = \frac{F}{2\sin\theta}$$

当 $\theta \to 0$ 时,不论 $F$ 有多小,$F_N \to \infty$,这将造成杆件破坏。因此,工程结构不能采用瞬变体系。

## 3.3 几何组成分析举例

应用基本组成规则对体系进行几何组成分析的关键是恰当地选取基础、体系中的杆件或可判别为几何不变的部分作为刚片,应用规则扩大其范围,如能扩大至整个体系,则体系为几何不变的;如不能的话,则应把体系简化成二至三个刚片,再应用规则进行分析。体系中如有二元体,则先将其逐一撤除,以使分析简化。若体系与基础是按两刚片规则连接时,则可先撤去这些支座链杆,只分析体系内部杆件的几何组成性质。下面举例加以说明。

【例 3-1】 试对图 3-13 所示体系进行几何组成分析。

【解】

体系与基础用不全交于一点也不全平行的三根链杆相连,符合两刚片连接规则,先撤去这些支座链杆,只分析体系内部的几何组成。任选铰结三角形,例如 $ABC$ 作为刚片,依次增加二元体 $B$-$D$-$C$、$B$-$E$-$D$、$D$-$F$-$E$ 和 $E$-$G$-$F$,根据加减二元体规则,可见体系是几何不变的,且无多余约束。

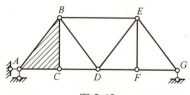

图 3-13

当然，也可用依次拆除二元体的方式进行，最后剩下刚片 ABC，同样得出该体系是无多余约束的几何不变体系。

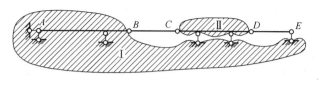

图 3-14

【例 3-2】 试对图 3-14 所示体系进行几何组成分析。

【解】

本题有六根支座链杆，应与基础一起作为一个整体来考虑。先选取基础为刚片，杆 AB 作为另一刚片，该两刚片由三根链杆相连，符合两刚片连接规则，组成一个大的刚片，称为刚片 Ⅰ。再取杆 CD 为刚片 Ⅱ，它与刚片 Ⅰ 之间用杆 BC（链杆）和两根支座链杆相连，符合两刚片连接规则，组成一个更大的刚片。最后将杆 DE 和 E 处的支座链杆作为二元体加于这个更大的刚片上，组成整个体系。因此，整个体系是无多余约束的几何不变体系。

【例 3-3】 试对图 3-15 所示体系进行几何组成分析。

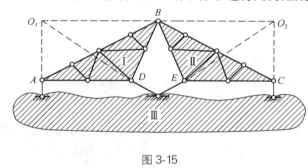

图 3-15

【解】

本题有四根支座链杆，应与基础一起作为一个整体来考虑。应用加减二元体规则，仿照例 3-1 的分析方法，可将 ABD 部分作为刚片 Ⅰ，BCE 部分作为刚片 Ⅱ。另外，取基础作为刚片 Ⅲ。刚片 Ⅰ 与刚片 Ⅱ 由铰 B 相连，刚片 Ⅰ 与刚片 Ⅲ 由两根链杆相连，其延长线交于虚铰 $O_1$，刚片 Ⅱ 与刚片 Ⅲ 由两根链杆相连，其延长线交于虚铰 $O_2$。因三个铰 B、$O_1$、$O_2$ 恰在同一直线上，故体系为瞬变体系。

【例 3-4】 试对图 3-16 所示体系进行几何组成分析。

【解】

本题有四根支座链杆，应与基础一起作为一个整体来考虑。先选取基础为刚片，杆 AB 为另一刚片，该二刚片由三根链杆相连，符合二刚片连接规则，组成一个大的刚片。依次增加由 AD 和 D 处支座链杆组成的二元体，以及由杆 CD 和杆 CB 组成的二元体。这样形成一个更大的刚片，称为刚片 Ⅰ。再选取铰接三角形 EFG 为刚片，增加二元体 E-H-G，形成刚片 Ⅱ。刚片 Ⅰ 与刚片 Ⅱ 之间由四根链杆相连，但不管选择其中哪三根链杆，它们都相交于一点 O，因此体系为瞬变体系。

【例 3-5】 试对图 3-17 所示体系进行几何组成分析。

【解】

本题有六根支座链杆，应与基础一起作为整体来考虑。先选取基础为一刚片，杆 AD 和杆 BD 为另两个刚片，此三个刚片由铰 A、B、D 相连，符合三刚片连接规则，组成一个大刚片，称为刚片Ⅰ，再选取杆 CD 为刚片Ⅱ，刚片Ⅰ和刚片Ⅱ之间由铰 D 和 C 处二根支座链杆相连，根据二刚片连接规则，尚多余一根链杆，故体系为有一个多余约束的几何不变体系。

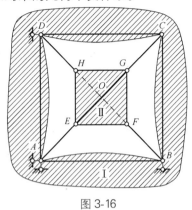

图 3-16

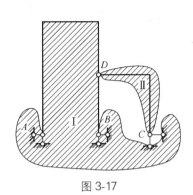

图 3-17

## 3.4 体系的几何组成与静定性的关系

前已说明，只有几何不变的体系才能作为结构。几何不变体系又分为无多余约束和有多余约束两类。无多余约束的结构称为**静定结构**（图 3-18）；有多余约束的结构称为**超静定结构**（图 3-19），多余约束的数目称为**超静定次数**。

图 3-18　　　　　　　　　图 3-19

静定结构与超静定结构有很大的区别。对静定结构进行受力计算时，只需考虑静力平衡条件；而对超静定结构进行受力计算时，除了考虑静力平衡条件外，还需考虑变形条件。对体系进行几何组成分析，有助于正确区分静定结构和超静定结构，以便选择适当的结构受力计算方法。

## 3.5 平面杆件结构的分类

平面杆件结构按其受力特征可分为以下几种类型：

(1) 梁

**梁**是一种以弯曲变形为主的结构，其轴线通常为直线。梁的两个支座之间的部分称为**跨**，梁可以是单跨的或多跨的。图 3-20 (a、b) 分别表示单跨静定梁和多跨静定梁，图 3-20 (c、d) 分别表示单跨超静定梁和多跨超静定梁。

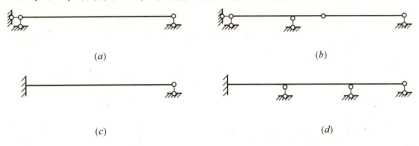

图 3-20

(2) 刚架

**刚架**是由直杆组成，其节点全部或部分为刚节点的结构。刚架各杆主要承受弯矩，也承受剪力和轴力。图 3-21 (a) 所示为静定刚架，图 3-21 (b) 所示为超静定刚架。

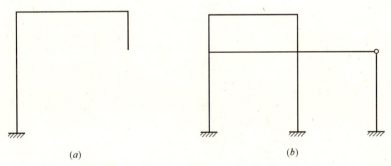

图 3-21

(3) 桁架

**桁架**是由直杆组成，其所有节点都为铰节点的结构。当桁架受到节点荷载时，杆件只承受轴力。图 3-22 (a) 所示为静定桁架，图 3-22 (b) 所示为超静定桁架。

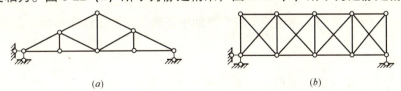

图 3-22

(4) 组合结构

**组合结构**是由桁架和梁或刚架组合在一起而形成的结构。结构中有些杆件只承受轴力，而另一些杆件还同时承受弯矩和剪力。图 3-23 (a) 所示为静定组合结构，图 3-23 (b) 所示为超静定组合结构。

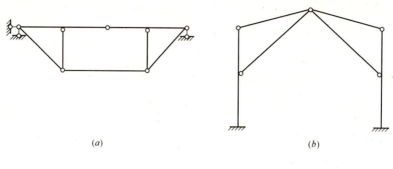

图 3-23

(5) 拱

**拱**的轴线为曲线,在竖向荷载作用下能产生水平支座反力的结构,这种水平支座反力可减少拱横截面上的弯矩。图 3-24(a)所示为静定的三铰拱,图 3-24(b)所示为超静定的无铰拱。

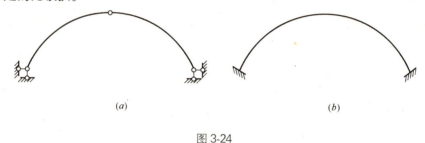

图 3-24

# 单元小结

1. 了解几何不变体系和几何可变体系的概念。

在不考虑荷载引起的结构变形影响的前提下,变形体系可分为两类:一类是在任意荷载作用下,其原有的几何形状和位置发生变化的,称为几何可变体系;另一类是在任意荷载作用下,其几何形状和位置保持不变的,称为几何不变体系。工程结构必须采用几何不变体系。

2. 了解几何组成分析中的若干基本概念,主要有:刚片,自由度,约束对自由度的影响,单铰、复铰、虚铰、瞬铰,多余约束,瞬变体系。

3. 理解几何不变体系的基本组成规则。

(1) 二刚片连接规则:两刚片用不全交于一点也不全平行的三根链杆相互连接,或用一个铰及一根不通过铰心的链杆相连接,组成无多余约束的几何不变体系。

(2) 三刚片连接规则:三刚片用不在同一直线上的三个铰两两相连,组成无多余约束的几何不变体系。

(3) 加减二元体规则：在一个体系上增加或减少二元体，不改变体系的几何可变或不变性。

4. 能对一般的平面杆件体系进行几何组成分析。

(1) 应用基本组成规则对体系进行几何组成分析的关键是恰当地选取基础、体系中的杆件或可判别为几何不变的部分作为刚片，应用规则扩大其范围，如能扩大至整个体系，则体系为几何不变的；如不能的话，则应把体系简化成二至三个刚片，再应用规则进行分析。

(2) 体系中如有二元体，则先将其逐一撤除，以使分析简化。

(3) 若体系与基础是按两刚片规则连接时，则可先撤去这些支座链杆，只分析体系内部杆件的几何组成性质。

5. 了解静定结构和超静定结构的概念。

(1) 无多余约束的结构称为静定结构；有多余约束的结构称为超静定结构，多余约束的数目称为超静定次数。

(2) 对静定结构进行受力计算时，只需考虑静力平衡条件；而对超静定结构进行受力计算时，除了考虑静力平衡条件外，还需考虑变形条件。

6. 了解平面杆件结构的分类。

平面杆件结构按其受力特征可分为梁、刚架、桁架、组合结构和拱等类型。

# 思考题

3-1 何谓几何不变体系、几何可变体系和瞬变体系？几何可变体系和瞬变体系为什么不能作为结构？

3-2 何谓单铰、复铰和虚铰？图示复铰各折算为几个单铰？

3-3 何谓多余约束？如何确定多余约束的个数？

3-4 二刚片连接规则中有哪些限制条件？三刚片连接规则中有什么限制条件？

3-5 何谓二元体？图中 $B$-$A$-$C$ 能否都可看成为二元体？

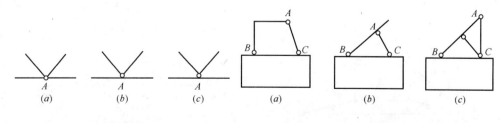

思考题 3-2 图　　　　　　　　　　思考题 3-5 图

3-6 何谓静定结构和超静定结构？这两类结构有什么区别？
3-7 平面杆件结构可分为哪几种类型？

## 习题

3-1～3-18 试对图示体系进行几何组成分析。如果是具有多余约束的几何不变体系，则须指出其多余约束的数目。

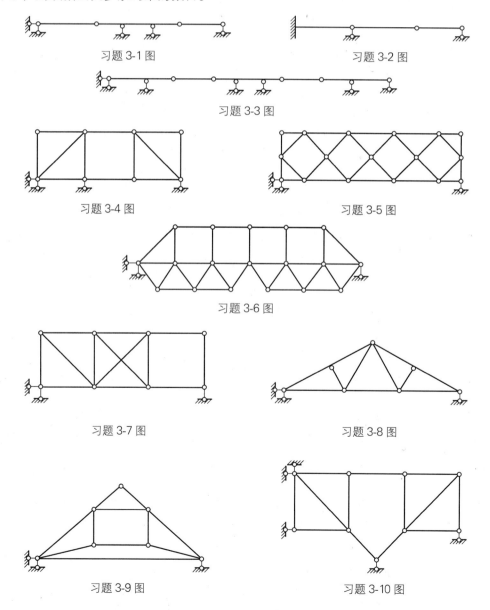

习题 3-1 图　　习题 3-2 图

习题 3-3 图

习题 3-4 图　　习题 3-5 图

习题 3-6 图

习题 3-7 图　　习题 3-8 图

习题 3-9 图　　习题 3-10 图

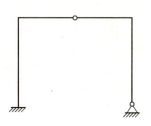

习题 3-11 图

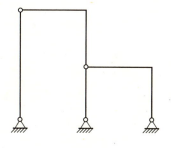

习题 3-12 图

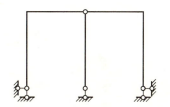

习题 3-13 图

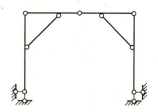

习题 3-14 图

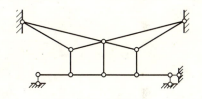

习题 3-15 图

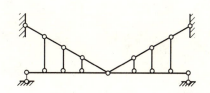

习题 3-16 图

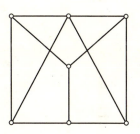

习题 3-17 图

(K非节点)

习题 3-18 图

第二篇

# 刚体的静力分析

# 单元 4 力系的平衡

本单元介绍平面汇交力系和平面力偶系的合成,平面力系向一点简化的结果,由此得到平面力系的平衡条件和平衡方程;在介绍力在空间直角坐标轴上的投影和力对轴之矩的基础上,直接给出空间力系的平衡方程。本单元着重于应用平衡方程求解力系的平衡问题。最后介绍物体的重心、形心的概念及其计算方法。

## 4.1 平面汇交力系的合成

各力的作用线位于同一平面内且汇交于一点的力系称为**平面汇交力系**。例如图 4-1 ($a$) 所示用起重机吊装钢筋混凝土大梁,作用于梁上的力有梁的重力 $W$、绳索对梁的拉力 $F_{TA}$ 和 $F_{TB}$,这三个力的作用线都在同一铅垂平面内且汇交于一点 [图 4-1 ($b$)],组成一个平面汇交力系。

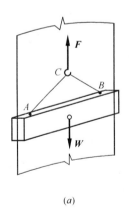 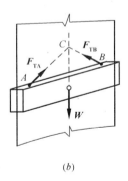

($a$) ($b$)

图 4-1

### 4.1.1 平面汇交力系的合成结果

设有平面汇交力系 $F_1$、$F_2$、…、$F_n$ 作用于物体上 $A$ 点(图 4-2),应用力的平行四边形法则,采用两两合成的方法,最终可合成为一个合力 $F_R$,即

$$F_R = F_1 + F_2 + \cdots + F_n = \Sigma F \tag{4-1}$$

平面汇交力系合成的结果为一个合力 $F_R$,合力等于力系中各力的矢量和,合力作用线通过力系的汇交点。

### 4.1.2 力在坐标轴上的投影

为了计算平面汇交力系的合力,先介绍力在坐标轴上的投影。

在力 $F$ 作用的平面内建立直角坐标系 $Oxy$(图 4-3)。由力 $F$ 的起点 $A$ 和终点 $B$ 分别向坐标轴作垂线,设垂足分别为 $a_1$、$b_1$ 和 $a_2$、$b_2$,线段 $a_1b_1$、$a_2b_2$ 冠以适当的正负号称为力 $F$ 在 $x$ 轴和 $y$ 轴上的投影,分别记作 $X$、$Y$,即

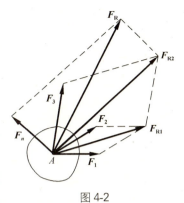

图 4-2

$$\left. \begin{array}{l} X = \pm a_1b_1 \\ Y = \pm a_2b_2 \end{array} \right\} \quad (4\text{-}2a)$$

式中的正负号规定:从 $a_1$ 到 $b_1$(或 $a_2$ 到 $b_2$)的指向与坐标轴正向相同时取正,相反时取负。

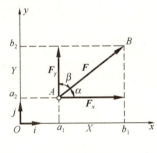

图 4-3

由图 4-3 可知,若已知力 $F$ 的大小及力 $F$ 与 $x$、$y$ 轴正向间的夹角分别为 $\alpha$、$\beta$,则有

$$\left. \begin{array}{l} X = F\cos\alpha \\ Y = F\cos\beta \end{array} \right\} \quad (4\text{-}2b)$$

**即力在某轴上的投影等于力的大小乘以力与该轴正向间夹角的余弦。** 当 $\alpha$、$\beta$ 为钝角时,为了计算简便,往往先根据力与某轴所夹的锐角来计算力在该轴上投影的绝对值,再由观察来确定投影的正负号。

反之,若已知力 $F$ 在直角坐标轴上的投影 $X$、$Y$,则由图 4-3 可求出力 $F$ 的大小及方向,即

$$\left. \begin{array}{l} F = \sqrt{X^2 + Y^2} \\ \tan\alpha = \dfrac{Y}{X} \end{array} \right\} \quad (4\text{-}3)$$

应该指出,力在坐标轴上的投影与力沿坐标轴的分力是两个不同的概念。力的投影是代数量,而力的分力是矢量。在直角坐标系中,力在轴上的投影和力沿该轴的分力的大小相等,而投影的正负号可表明该分力的指向,如图 4-3 所示。因此,力 $F$ 沿平面直角坐标轴分解的表达式为

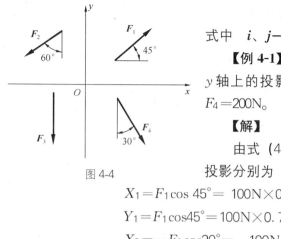

图 4-4

$$F = F_x + F_y = Xi + Yj \quad (4\text{-}4)$$

式中 $i$、$j$——坐标轴 $x$、$y$ 正向的单位矢量。

【例 4-1】 分别计算图 4-4 所示各力在 $x$ 轴和 $y$ 轴上的投影。已知 $F_1 = F_2 = 100\text{N}$,$F_3 = 150\text{N}$,$F_4 = 200\text{N}$。

【解】 由式 (4-2b),可算出各力在 $x$ 轴和 $y$ 轴上的投影分别为

$X_1 = F_1 \cos 45° = 100\text{N} \times 0.707 = 70.7\text{N}$

$Y_1 = F_1 \cos 45° = 100\text{N} \times 0.707 = 70.7\text{N}$

$X_2 = -F_2 \cos 30° = -100\text{N} \times 0.866 = -86.6\text{N}$

$Y_2 = -F_2 \cos 60° = -100\text{N} \times 0.5 = -50\text{N}$

$X_3 = F_3 \cos 90° = 0$

$Y_3 = -F_3 \cos 0° = -150\text{N} \times 1 = -150\text{N}$

$X_4 = F_4 \cos 60° = 200\text{N} \times 0.5 = 100\text{N}$

$Y_4 = -F_4 \cos 30° = -200\text{N} \times 0.866 = -173.2\text{N}$

### 4.1.3 平面汇交力系合力的计算

设平面汇交力系 $F_1$、$F_2$、$\cdots$、$F_n$ 中各力在 $x$、$y$ 轴上的投影分别为 $X_i$、$Y_i$,合力 $F_R$ 在 $x$、$y$ 轴上的投影分别为 $X_R$、$Y_R$,利用式 (4-4),分别计算式 (4-1) 等号的左边和右边,可得

$$F_R = X_R i + Y_R j$$

以及

$$F_1 + F_2 + \cdots + F_n = (X_1 i + Y_1 j) + (X_2 i + Y_2 j) + \cdots + (X_n i + Y_n j)$$
$$= (X_1 + X_2 + \cdots + X_n)i + (Y_1 + Y_2 + \cdots + Y_n)j$$

比较后得到

$$\left.\begin{array}{l} X_R = X_1 + X_2 + \cdots + X_n = \Sigma X \\ Y_R = Y_1 + Y_2 + \cdots + Y_n = \Sigma Y \end{array}\right\} \quad (4\text{-}5)$$

式 (4-5) 称为**合力投影定理**,它表明力系的合力在某轴上的投影等于力系中各力在同轴上投影的代数和。

由式 (4-3),可得合力的大小及方向分别为

$$\left.\begin{array}{l} F_R = \sqrt{(\Sigma X)^2 + (\Sigma Y)^2} \\ \tan\alpha = \dfrac{\Sigma Y}{\Sigma X} \end{array}\right\} \quad (4\text{-}6)$$

【例 4-2】 一固定的吊钩上作用有三个力 $F_1$、$F_2$、$F_3$(图 4-5a)。已知 $F_1 = F_2 = 732\text{N}$,$F_3 = 2000\text{N}$,求此三个力的合力。

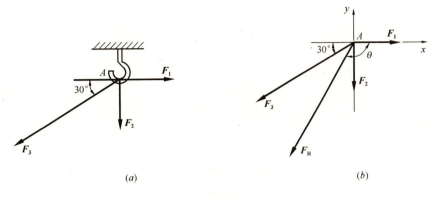

图 4-5

**【解】**

建立直角坐标系 $Axy$ [图 4-5 ($b$)]，由式 (4-5)，合力 $F_R$ 在 $x$、$y$ 轴上的投影分别为

$$X_R = X_1 + X_2 + X_3 = (732 + 0 - 2000\cos30°)\text{N} = -1000\text{N}$$

$$Y_R = Y_1 + Y_2 + Y_3 = (0 - 732 - 2000\cos60°)\text{N} = -1732\text{N}$$

由式 (4-6)，合力 $F_R$ 的大小和方向分别为

$$F_R = \sqrt{(\Sigma X)^2 + (\Sigma Y)^2} = 2000\text{N}$$

$$\tan\theta = \frac{\Sigma Y}{\Sigma X} = 1.732$$

$$\theta = -120°$$

根据 $X_R$ 和 $Y_R$ 均为负值，合力 $F_R$ 的作用线位于第三象限，如图 4-5 ($b$) 所示。

## 4.2 平面力偶系的合成

作用面都位于同一平面内的若干个力偶称为**平面力偶系**。例如，齿轮箱的两个外伸轴上各作用一力偶（图 4-6），为保持平衡，螺栓 $A$、$B$ 在铅垂方向的两个作用力也组成一力偶，这样齿轮箱受到三个在同一平面内的力偶的作用，这三个力偶组成一平面力偶系。

设在刚体某一平面内作用有两个力偶 $M_1$、$M_2$（图 4-7$a$），根据力偶的等效性质，任取一线段 $AB=d$ 作为公共力偶臂，将力偶 $M_1$、$M_2$ 搬移，并把力偶中的力分别改变为 [图 4-7 ($b$)]

$$F_1 = F_1' = -\frac{M_1}{d},\ F_2 = F_2' = \frac{M_2}{d}$$

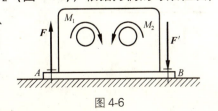

图 4-6

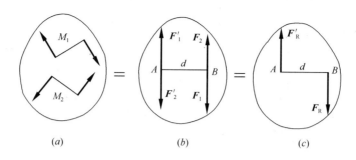

图 4-7

于是，力偶 $M_1$ 与 $M_2$ 可合成为一个力偶 [图 4-7 (c)]，其矩为

$$M = -F_R d = -(F_1 - F_2)d = M_1 + M_2$$

上述结论可以推广到任意多个力偶合成的情形，即**平面力偶系可合成为一个合力偶，合力偶的矩等于力偶系中各力偶矩的代数和**，即

$$M = M_1 + M_2 + \cdots + M_n = \Sigma M \tag{4-7}$$

## 4.3 平面力系向一点的简化

如果作用于物体上各力的作用线都在同一平面内，则这种力系称为**平面力系**。平面力系是工程中最常见的力系。例如图4-8所示屋架，受到屋面自重和积雪等重力荷载 $W$、风力 $F$ 以及支座反力 $F_{Ax}$、$F_{Ay}$、$F_B$ 的作用，这些力的作用线在同一平面内，组成一个平面力系。有时物体本身及作用于其上的各力都对称于某一平面，则作用于物体上的力系就可简化为该对称平面内的平面力系。例如图4-9 (a) 所示水坝，通常取单位长度的坝段进行受力分析，并将坝段所受的力简化为作用于坝段中央平面内的一个平面力系（图4-9b）。

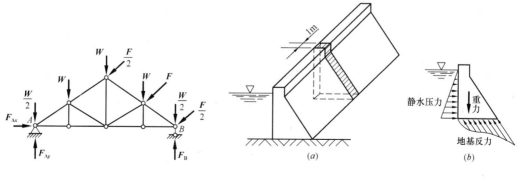

图 4-8　　　　　　　　　　　图 4-9

### 4.3.1 力的平移定理

平面力系向一点简化的理论基础是力的平移定理。

设在刚体上 $A$ 点作用一个力 $F$，现要将其平行移动到刚体内任一点 $O$ 图 4-10 ($a$)，但不能改变力对刚体的作用效应。为此，根据加减平衡力系公理，可在 $O$ 点加上一对平衡力 $F'$、$F''$，力 $F'$ 和 $F''$ 的作用线与原力 $F$ 的作用线平行，且 $F'=F''=F$ 图 4-10 ($b$)。力 $F$ 和 $F''$ 组成一个力偶 $M$，其力偶矩等于原力 $F$ 对 $O$ 点之矩。即

$$M = M_O (F) = Fd$$

这样，就把作用于 $A$ 点上的力 $F$ 平行移动到了任一点 $O$，但同时必须附加一个相应的力偶，称为附加力偶图 4-10 ($c$)。由此得到**力的平移定理**：作用于刚体上的力，可平行移动到刚体内任一指定点，但必须在该力与指定点所决定的平面内同时附加一力偶，此附加力偶的矩等于原力对指定点之矩。

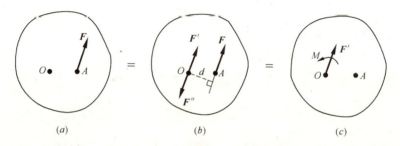

图 4-10

根据力的平移定理，也可以将同一平面内的一个力和一个力偶合成为一个力，合成的过程就是图 4-10 的逆过程。

力的平移定理不仅是力系向一点简化的理论依据，也是分析力对物体作用效应的一个重要方法。例如图 4-11 所示厂房柱子受偏心荷载 $F$ 的作用，为分析 $F$ 的作用效应，可将力 $F$ 平移至柱的轴线上成为力 $F'$ 和附加力偶 $M$，轴向力 $F'$ 使柱压缩，而附加力偶 $M$ 将使柱弯曲。

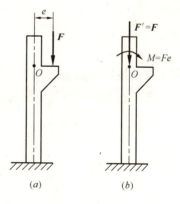

图 4-11

### 4.3.2 平面力系向一点的简化结果

为了分析平面力系对刚体的效应，将它向一点进行简化。

设在刚体上作用一个平面力系 $F_1$、$F_2$、$\cdots$、$F_n$，各力的作用点分别为 $A_1$、$A_2$、$\cdots$、$A_n$ [图 4-12 ($a$)]。在平面内任意取一点 $O$，称为**简化中心**。利用力的平移定理，将各力都向 $O$ 点平移，得到一个汇交于 $O$ 点的平面汇交力系 $F'_1$、$F'_2$、$\cdots$、$F'_n$ 和一个附加的平面力偶系 $M_{O_1}$、$M_{O_2}$、$\cdots$、$M_{O_n}$ [图 4-12 ($b$)]。这些附加力偶的矩分别等于原力系中的各力对 $O$ 点之矩，即

$$M_{O1}=M_O(F_1), \quad M_{O2}=M_O(F_2), \quad \cdots, \quad M_{On}=M_O(F_n)$$

平面汇交力系 $F'_1$、$F'_2$、$\cdots$、$F'_n$ 可以合成为一个作用于 $O$ 点的合矢量 $F'_R$ [图 4-12 (c)]，即

$$F'_R = \Sigma F' = \Sigma F \tag{4-8}$$

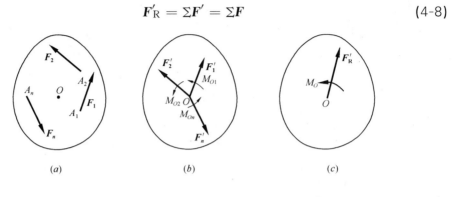

图 4-12

式中　$F'_R$——平面力系中所有各力的矢量和，称为该力系的**主矢**。它的大小和方向与简化中心的选择无关。

平面力偶系 $M_{O1}$、$M_{O2}$、$\cdots$、$M_{On}$ 可以合成为一个力偶，其矩 $M_O$ 为

$$M_O = M_{O1} + M_{O2} + \cdots + M_{On} = \Sigma M_O(F) \tag{4-9}$$

即 $M_O$ 等于各附加力偶的矩的代数和，也就是等于原力系中各力对简化中心 $O$ 之矩的代数和。$M_O$ 称为该力系对简化中心 $O$ 的**主矩**。它的大小和转向与简化中心的选择有关。

现在讨论主矢的计算。利用式 (4-5)，可得

$$\begin{cases} F'_{Rx} = \Sigma X \\ F'_{Ry} = \Sigma Y \end{cases} \tag{4-10}$$

即主矢在某坐标轴上的投影，等于力系中各力在同一轴上投影的代数和。由式 (4-3)，主矢的大小和方向分别为

$$\left. \begin{array}{l} F'_R = \sqrt{F'^2_{Rx} + F'^2_{Ry}} = \sqrt{(\Sigma X)^2 + (\Sigma Y)^2} \\ \tan\alpha = \dfrac{\Sigma Y}{\Sigma X} \end{array} \right\} \tag{4-11}$$

式中　$\alpha$——$F'_R$ 与 $x$ 轴正向的夹角。

### 4.3.3　平面力系简化结果的讨论

平面力系向一点的简化结果，一般可得到一个力和一个力偶，而其最终结果为以下三种可能的情况：

(1) 力系可简化为一个合力偶

当 $F'_R=\mathbf{0}$，$M_O\neq 0$ 时，力系与一个力偶等效，即力系可简化为一个合力偶。合力偶的矩等于主矩。此时，主矩与简化中心的位置无关。

(2) 力系可简化为一个合力

当 $F'_R\neq\mathbf{0}$，$M_O=0$ 时，力系与一个力等效，即力系可简化为一个合力。合力等于主矢，合力的作用线通过简化中心。

当 $F'_R\neq\mathbf{0}$，$M_O\neq 0$ 时，根据力的平移定理逆过程，可将 $F'_R$ 和 $M_O$ 简化为一个合力 $F_R$（参考图 4-10）。合力的大小、方向与主矢相同，合力的作用线不通过简化中心。

(3) 力系为平衡力系

当 $F'_R=\mathbf{0}$，$M_O=0$ 时，力系处于平衡状态。

【例 4-3】 有一小型砌石坝，取 1m 长的坝段来考虑，将坝所受重力和静水压力简化到中央平面内，得到力 $W_1$、$W_2$ 和 $F$（图 4-13）。已知 $W_1=600$kN，$W_2=300$kN，$F=350$ kN。求此力系分别向 $O$ 点和 $A$ 点简化的结果。如能进一步简化为一个合力，再求合力作用线的位置。

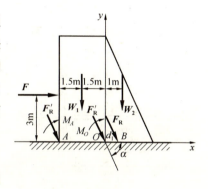

图 4-13

【解】

(1) 力系向 $O$ 点简化。由式 (4-10)，力系的主矢 $F'_R$ 在 $x$、$y$ 轴上的投影分别为

$$F'_{Rx}=\Sigma F_{ix}=F=350\text{kN}$$

$$F'_{Ry}=\Sigma F_{iy}=-W_1-W_2=-900\text{kN}$$

由式 (4-11)，主矢的大小和方向分别为

$$F'_R=\sqrt{F'^2_{Rx}+F'^2_{Ry}}=965.7\text{kN}$$

$$\tan\alpha=\frac{F'_{Ry}}{F'_{Rx}}=-2.571，\alpha=-68.75°$$

因 $F'_{Rx}$ 为正，$F'_{Ry}$ 为负，故主矢 $F'_R$ 的指向如图 4-13 所示。由式 (4-9)，力系的主矩为

$$M_O=\Sigma M_{Oi}=-F\times 3\text{m}+W_1\times 1.5\text{m}-W_2\times 1\text{m}=-450\text{kN}\cdot\text{m}$$

负号表示主矩 $M_O$ 顺时针转向。

根据力的平移定理，本例题中主矢 $F'_R$ 与主矩 $M_O$ 还可进一步简化为一个合力 $F_R$，其大小、方向与主矢 $F'_R$ 相同。设合力 $F_R$ 的作用线与 $x$ 轴的交点 $B$ 到 $O$ 点的距离为 $d_1$，由合力矩定理，有

$$|F_R d_1\sin\alpha|=|M_O|$$

因 $|F_R\sin\alpha| = |F'_{Ry}|$，故

$$d_1 = \frac{|M_O|}{|F'_{Ry}|} = 0.5\text{m}$$

(2) 力系向 $A$ 点简化。主矢 $F'_R$ 与上面的计算相同。主矩为

$$M_A = \Sigma M_{Ai} = -F \times 3\text{m} - W_1 \times 1.5\text{m} - W_2 \times 4\text{m} = -3150\text{kN}\cdot\text{m}$$

转向如图 4-13 所示。最后可简化为一个合力，合力作用线与 $x$ 轴的交点到 $A$ 点的距离为

$$d_2 = \frac{|M_A|}{|F'_{Ry}|} = 3.5\text{m}$$

显然，合力作用线仍通过 $B$ 点。

由上面的例题可见，力系无论向哪一点简化，其最终简化结果总是相同的。这是因为一个给定的力系对物体的效应是唯一的，不会因计算途径的不同而改变。

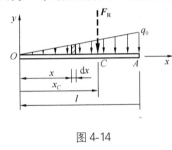

图 4-14

【例 4-4】 求图 4-14 所示三角形线分布荷载的合力及其作用线的位置。

【解】

建立图示坐标系，离左端点 $O$ 为 $x$ 处的集度为

$$q(x) = \frac{q_0}{l}x$$

作用于微段 $\text{d}x$ 上的力为 $\text{d}F = q(x)\text{d}x$。合力 $F_R$ 的大小可由积分得到

$$F_R = \int_l dF = \int_0^l q(x)dx$$

$$= \int_0^l \frac{q_0}{l}x dx = \frac{q_0 l}{2}$$

应用合力矩定理，有

$$M_O(\boldsymbol{F_R}) = F_R x_C = \int_0^l x dF = \int_0^l x \cdot \frac{q_0}{l}x dx = \frac{q_0 l^2}{3}$$

故合力 $F_R$ 的作用线离 $O$ 点距离为

$$x_C = \frac{q_0 l^2}{3F_R} = \frac{q_0 l^2}{3 \times \frac{q_0 l}{2}} = \frac{2l}{3}$$

合力 $F_R$ 的方向与分布荷载的方向相同。

表示分布荷载分布情况的图形称为**荷载图**。上面的计算结果表明，**线分布荷载合力的大小等于荷载图的面积，合力的作用线通过荷载图的形心，合力的指向与分布力**

的指向相同。

在求解平衡问题时，线分布荷载可以用其合力来替换。

## 4.4 平面力系的平衡方程及其应用

### 4.4.1 平面力系的平衡方程

1. 基本形式

如果平面力系的主矢和对平面内任一点的主矩均为零，则力系平衡。反之，若平面力系平衡，则其主矢、主矩必同时为零（假如主矢、主矩有一个不等于零，则平面力系就可以简化为合力或合力偶，力系就不平衡）。因此，**平面力系平衡的充要条件是力系的主矢和对任一点的主矩都等于零**，即

$$\left.\begin{array}{l} F'_R = 0 \\ M_O = 0 \end{array}\right\} \tag{4-12}$$

由式（4-9）和式（4-11），上面的平衡条件可用下面的解析式表示为

$$\left.\begin{array}{l} \Sigma X = 0 \\ \Sigma Y = 0 \\ \Sigma M_O = 0 \end{array}\right\} \tag{4-13}$$

式中 $\Sigma M_O$ 是 $\Sigma M_O(F)$ 的简写。式（4-13）称为平面力系平衡方程的基本形式，其中前两式称为**投影方程**，它表示力系中所有各力在两个坐标轴上投影的代数和分别等于零；后一式称为**力矩方程**，它表示力系中所有各力对任一点之矩的代数和等于零。

平面力系的平衡方程除了式（4-13）所示的基本形式外，还有其他两种形式：二力矩式和三力矩式，说明如下。

2. 二力矩式

由一个投影方程和两个力矩方程组成，其形式为

$$\left.\begin{array}{l} \Sigma X = 0 (\text{或} \Sigma Y = 0) \\ \Sigma M_A = 0 \\ \Sigma M_B = 0 \end{array}\right\} \tag{4-14}$$

式中 $A$、$B$ 两点的连线不能与 $x$ 轴（或 $y$ 轴）垂直（请读者思考理由）。

3. 三力矩式

由三个力矩方程组成，其形式为

$$\left.\begin{array}{l}\Sigma M_A = 0\\ \Sigma M_B = 0\\ \Sigma M_C = 0\end{array}\right\} \quad (4\text{-}15)$$

式中 $A$、$B$、$C$ 三点不能共线（请读者思考理由）。

平面力系有三种不同形式的平衡方程，在解题时可以根据具体情况选取某一种形式。平面力系只有三个独立的平衡方程，只能求解三个未知量。任何第四个方程都不会是独立的，但可以利用这个方程来校核计算的结果。

### 4.4.2 平面力系平衡方程的应用

应用平面力系的平衡方程求解平衡问题的步骤如下：

(1) 取研究对象。根据问题的已知条件和待求量，选取合适的研究对象。

(2) 画受力图。画出所有作用于研究对象上的外力。

(3) 列平衡方程。适当选取投影轴和矩心，列出平衡方程。

(4) 解方程。

在列平衡方程时，为使计算简单，通常尽可能选取与力系中多数未知力的作用线平行或垂直的投影轴，矩心选在两个未知力的交点上；尽可能多的用力矩方程，并使一个方程只含一个未知数。

【**例 4-5**】 悬臂吊车如图 4-15 ($a$) 所示。已知梁 $AB$ 重 $W_1 = 4\text{kN}$，吊重 $W = 20\text{kN}$，梁长 $l = 2\text{m}$，重物到固定铰支座 $A$ 的距离 $x = 1.5\text{m}$，拉杆 $CD$ 的倾角 $\theta = 30°$。求拉杆 $CD$ 所受的力和固定铰支座 $A$ 处的反力。

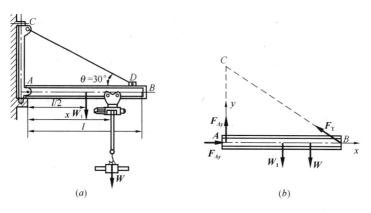

图 4-15

【**解**】

(1) 取研究对象。因已知力和未知力都作用于梁 $AB$ 上，故取梁 $AB$ 为研究对象。

(2) 画受力图。作用于梁 $AB$ 上的力有：重力 $\boldsymbol{W}_1$、$\boldsymbol{W}$，拉杆 $CD$ 的拉力 $\boldsymbol{F}_T$ 和固定铰支座 $A$ 处的反力 $\boldsymbol{F}_{Ax}$、$\boldsymbol{F}_{Ay}$（指向假定）。这些力组成一个平面力系（图 4-15$b$）。

(3) 列平衡方程并求解。采用平衡方程的基本形式。先取 $B$ 点为矩心，列出力矩方程

$$\Sigma M_B = 0 \quad -F_{Ay}l + W_1 \times \frac{l}{2} + W(l-x) = 0$$

得
$$F_{Ay} = 7\text{kN}$$

再取 $y$ 轴为投影轴，列出投影方程
$$\Sigma Y = 0 \quad F_{Ay} - W_1 - W + F_T\sin\theta = 0$$

得
$$F_T = 34\text{kN}$$

最后取 $x$ 轴为投影轴，列出投影方程
$$\Sigma X = 0 \quad F_{Ax} - F_T\cos\theta = 0$$

得
$$F_{Ax} = F_T\cos\theta = 29.44\text{kN}$$

$F_{Ax}$、$F_{Ay}$ 的计算结果都为正值，说明力的实际方向与假设的相同（若计算结果为负值，则力的实际方向与假设的相反）。

(4) 讨论。本题若列出对 $A$、$B$ 两点的力矩方程和在 $x$ 轴上的投影方程，即

$$\Sigma M_A = 0 \quad -W_1 \times \frac{l}{2} - Wx + F_T l\sin\theta = 0$$

$$\Sigma M_B = 0 \quad -F_{Ay}l + W_1 \times \frac{l}{2} + W(l-x) = 0$$

$$\Sigma X = 0 \quad F_{Ax} - F_T\cos\theta = 0$$

则同样可求解。

本题也可列出对 $A$、$B$、$C$ 三点的三个力矩方程求解，即

$$\Sigma M_A = 0 \quad -W_1 \times \frac{l}{2} - Wx + F_T l\sin\theta = 0$$

$$\Sigma M_B = 0 \quad -F_{Ay}l + W_1 \times \frac{l}{2} + W(l-x) = 0$$

$$\Sigma M_C = 0 \quad F_{Ax}l\tan\theta - W_1 \times \frac{l}{2} - Wx = 0$$

请读者自行完成，并比较三种解法的优缺点。

**【例 4-6】** 梁 $AB$ 如图 4-16 ($a$) 所示。已知 $F=2\text{kN}$，$q=1\text{kN/m}$，$M=4\text{kN}\cdot\text{m}$，$a=1\text{m}$，求固定端 $A$ 处的反力。

**【解】**

(1) 取研究对象。选取梁 $AB$ 为研究对象。

(2) 画受力图。梁 $AB$ 除受主动力 $\boldsymbol{F}$、$\boldsymbol{M}$ 作用外，在固定端 $A$ 处还受到反力 $\boldsymbol{F}_{Ax}$、$\boldsymbol{F}_{Ay}$ 和反力偶 $M_A$ 的作用，指向假定如图 4-16 ($b$) 所示。

(3) 列平衡方程并求解。建立坐标系图 4-16 ($b$)，列出平衡方程
$$\Sigma M_A = 0 \quad M_A - q \times 2a \times a + M - F \times 3a = 0$$

得

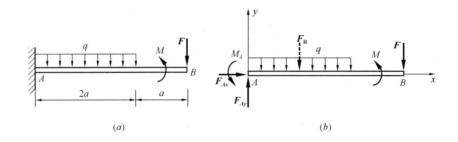

图 4-16

$$M_A = 4\text{kN} \cdot \text{m}$$
$$\Sigma X = 0 \quad F_{Ax} = 0$$
$$\Sigma Y = 0 \quad F_{Ay} - q \times 2a - F = 0$$

得
$$F_{Ay} = 4\text{kN}$$

计算结果都为正值，说明反力的实际方向与假设的相同。

应该指出，在列平衡方程时，均布荷载 $q$ 用其合力 $F_R$ 代替；由于力偶中的两个力在同一轴上投影的代数和等于零，故在列投影方程时不必考虑力偶。

### 4.4.3 平面力系的几个特殊情况的平衡问题

1. 平面汇交力系

对于平面汇交力系，式 (4-13) 中的力矩方程自然满足，因而其平衡方程为

$$\left.\begin{array}{l}\Sigma X = 0 \\ \Sigma Y = 0\end{array}\right\} \tag{4-16}$$

平面汇交力系只有两个独立的平衡方程，只能求解两个未知量。

**【例 4-7】** 桁架的一个节点由四根角钢铆接在连接板上构成 [图 4-17 (a)]。已知杆 $A$ 和杆 $C$ 的受力分别为 $F_A = 4$kN、$F_C = 2$kN，方向如图 4-17 (a) 所示。求杆 $B$ 和杆 $D$ 的受力 $F_B$ 和 $F_D$。

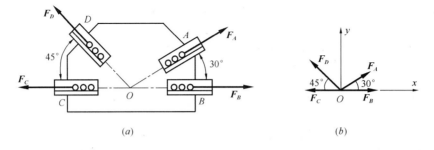

图 4-17

**【解】**

取连接板为研究对象，受力如图 4-17 (a) 所示，其中力 $F_B$ 和 $F_D$ 的方向为假设。连接板在平面汇交力系 $F_A$、$F_B$、$F_C$、$F_D$ 作用下平衡，建立坐标系 $Oxy$（图 4-17b），列出平衡方程

$$\Sigma X = 0 \quad -F_C - F_D\cos 45° + F_A\cos 30° + F_B = 0 \quad (a)$$
$$\Sigma Y = 0 \quad F_D\sin 45° + F_A\sin 30° = 0 \quad (b)$$

由式（b）得
$$F_D = -2.82\text{kN}$$

将 $F_D$ 值代入式（a），得
$$F_B = -3.46\text{kN}$$

计算结果均为负值，说明杆 $B$ 和杆 $D$ 的实际受力方向与图示假设方向相反，即杆 $B$ 和杆 $D$ 均受压力。

2. 平面力偶系

对于平面力偶系，式（4-13）中的投影方程自然满足，且由于力偶对平面内任一点之矩都相同，故其平衡方程为
$$\Sigma M = 0 \quad (4-17)$$

**平面力偶系只有一个独立的平衡方程，只能求解一个未知量。**

【例 4-8】 如图 4-18（a）所示梁 $AB$ 受一力偶的作用，力偶的矩 $M=20\text{kN}\cdot\text{m}$，梁的跨长 $l=5\text{m}$，倾角 $\alpha=60°$，求支座 $A$、$B$ 处的反力，梁的自重不计。

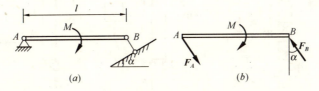

图 4-18

【解】

取梁 $AB$ 为研究对象。梁在力偶 $M$ 和 $A$、$B$ 两处支座反力 $F_A$、$F_B$ 的作用下处于平衡。因力偶只能与力偶平衡，故知 $F_A$ 与 $F_B$ 应构成一个力偶。又 $F_B$ 垂直于支座 $B$ 的支承面，因而梁的受力如图 4-18（b）所示。由力偶系的平衡方程式（4-17），有
$$F_B l\cos\alpha - M = 0$$

得
$$F_B = \frac{M}{l\cos\alpha} = \frac{20\text{kN}\cdot\text{m}}{5\text{m}\times\cos 30°} = 4.62\text{kN}$$

故
$$F_A = F_B = 4.62\text{kN}$$

3. 平面平行力系

若平面力系中各力作用线全部平行，称为**平面平行力系**。若取 $y$ 轴平行于各力作用线，$x$ 轴垂直于各力作用线（图 4-19），显然式（4-13）中 $\Sigma X = 0$ 自然满足，因此其平衡方程只有两个，即

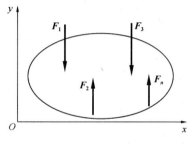

$$\left.\begin{array}{l}\Sigma Y = 0 \\ \Sigma M_O = 0\end{array}\right\} \quad (4\text{-}18)$$

平面平行力系平衡方程的二力矩形式为

$$\left.\begin{array}{l}\Sigma M_A = 0 \\ \Sigma M_B = 0\end{array}\right\} \quad (4\text{-}19)$$

式中 $A$、$B$ 两点的连线不能平行于各力作用线。

**平面平行力系只有两个独立的平衡方程，只能求解两个未知量。**

图 4-19

**【例 4-9】** 塔式起重机如图 4-20 (a) 所示，机架自重 $W$，最大起重荷载 $F$，平衡锤重 $W_Q$，已知 $W$、$F$、$a$、$b$、$e$、$l$，欲使起重机满载和空载时均不致翻倒，求 $W_Q$ 的范围。

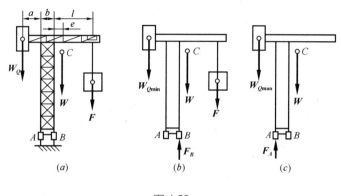

图 4-20

**【解】**

(1) 考虑满载时的情况。取起重机为研究对象。作用于起重机上的力有机架重力 $W$，起吊荷载 $F$，平衡锤重力 $W_Q$ 以及轨道对轮子的反力 $F_A$、$F_B$，这些力组成一个平面平行力系。满载时起重机翻倒，将绕 $B$ 点转动。在平衡的临界状态，$F_A = 0$，平衡锤重达到允许的最小值 $W_{Q\min}$ [图 4-20 (b)]。列出平衡方程

$$\Sigma M_B = 0 \quad W_{Q\min}(a+b) - We - Fl = 0$$

得

$$W_{Q\min} = \frac{We + Fl}{a+b}$$

(2) 考虑空载的情况。此时，应使起重机不绕 $A$ 点翻倒。在临界平衡状态，$F_B = 0$，平衡锤重达到允许的最大值 $W_{Q\max}$ [图 4-20 (c)]，列出平衡方程

$$\Sigma M_A = 0 \quad W_{Q\max} a - W(e+b) = 0$$

得

$$W_{Q\max} = \frac{W(e+b)}{a}$$

因此，要保证起重机在满载和空载时均不致翻倒，平衡锤重 $W_Q$ 的范围为

$$\frac{We+Fl}{a+b} \leqslant W_Q \leqslant \frac{W(e+b)}{a}$$

### 4.4.4 物体系统的平衡问题

所谓**物体系统**是指由若干个物体通过约束按一定方式连接而成的系统。若物体系统中所有约束力都能用平衡方程求出，则称为静定的物体系统。求解静定的物体系统的平衡问题，通常有以下两种方法：

(1) 先取整个物体系统为研究对象，列出平衡方程，解得部分未知量，然后再取系统中某个部分（可以由一个或几个物体组成）为研究对象，列出平衡方程，直至解出所有未知量为止。有时也可先取某个部分为研究对象，解得部分未知量，然后再取整体为研究对象，解出所有未知量。

(2) 逐个取物体系统中每个物体为研究对象，列出平衡方程，解出全部未知量。

至于采用何种方法求解，应根据问题的具体情况，恰当地选取研究对象，列出较少的方程，解出所求未知量。并且尽量使每一个方程中只包含一个未知量，以避免解联立方程。

【**例 4-10**】 组合梁的荷载及尺寸如图 4-21 (a) 所示，求支座 A、C 处的反力及铰链 B 处的约束力。

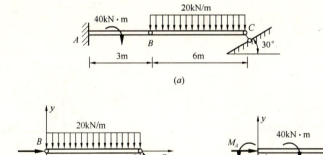

图 4-21

【**解**】
(1) 取 BC 为研究对象，受力如图 4-21 (b) 所示。列出平衡方程
$$\Sigma M_B = 0 \quad -(20\times6\times3)\text{kN}\cdot\text{m}+F_C\cos30°\times6\text{m}=0$$
得
$$F_C = 69.28\text{kN}$$
$$\Sigma X = 0 \quad F_{Bx}-F_C\sin30°=0$$
得
$$F_{Bx} = 34.64\text{kN}$$

$$\Sigma Y = 0 \quad F_{By} - (20 \times 6)\text{kN} + F_C\cos 30° = 0$$

得
$$F_{By} = 60\text{kN}$$

(2) 取 $AB$ 为研究对象，受力如图 4-21 (c) 所示。列出平衡方程
$$\Sigma X = 0 \quad F_{Ax} - F'_{Bx} = 0$$

得
$$F_{Ax} = F'_{Bx} = F_{Bx} = 34.64\text{kN}$$
$$\Sigma Y = 0 \quad F_{Ay} - F'_{By} = 0$$

得
$$F_{Ay} = F'_{By} = F_{By} = 60\text{kN}$$
$$\Sigma M_A = 0 \quad M_A - 40\text{kN}\cdot\text{m} - F'_{By} \times 3\text{m} = 0$$

得
$$M_A = 220\text{kN}\cdot\text{m}$$

【例 4-11】 在图 4-22 (a) 所示结构中，已知 $F = 6$kN，$q = 1$kN/m，求支座 $A$、$B$ 处的反力和链杆 1、2 的受力。

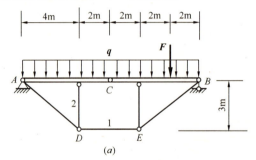
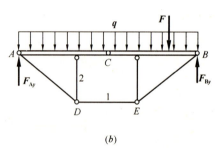
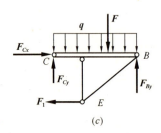
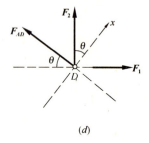

图 4-22

【解】

(1) 取整体为研究对象，画受力图 [图 4-22 (b)]，列出平衡方程
$$\Sigma M_A = 0 \quad -q \times 12\text{m} \times 6\text{m} - F \times 10\text{m} + F_{By} \times 12\text{m} = 0$$

得
$$F_{By} = \frac{1}{12}(10F + 72q)\text{kN} = \frac{1}{12}(10\times 6 + 72\times 1)\text{kN} = 11\text{kN}$$
$$\Sigma M_B = 0 \quad -F_{Ay} \times 12\text{m} + q \times 12\text{m} \times 6\text{m} + F \times 2\text{m} = 0$$

得

$$F_{Ay} = \frac{1}{12}(72q + 2F)\text{kN} = \frac{1}{12}(72 \times 1 + 2 \times 6)\text{kN} = 7\text{kN}$$

(2) 取 CBE 为研究对象，画受力图 [图4-22 (c)]，$F_1$ 为链杆1的受力（假设为拉力）。列出平衡方程

$$\Sigma M_C = 0 \quad -q \times 6\text{m} \times 3\text{m} - F \times 4\text{m} + F_{By} \times 6\text{m} - F_1 \times 3\text{m} = 0$$

得

$$F_1 = 8\text{kN}(拉力)$$

(3) 取节点 D 为研究对象，画受力图 [图4-22 (d)]，$F_2$ 为链杆2的受力（假设为拉力），列出平衡方程

$$\Sigma X = 0 \quad F_2\cos\theta + F_1\sin\theta = 0$$

得

$$F_2 = -F_1\tan\theta = -6\text{kN}(压力)$$

## 4.5 空间力系的平衡方程及其应用

各力的作用线不在同一个平面内的力系称为**空间力系**。例如，图4-23 所示用起重机起吊一块矩形钢筋混凝土预制板，板的重力 $W$ 和绳的拉力 $F_1$、$F_2$、$F_3$、$F_4$ 组成一空间力系。又如作用于冷却塔（图4-24）上的重力 $W$、风力 $F$、杆的支撑力 $F_1$、$F_2$、$F_3$、$F_4$、$F_5$ 和 $F_6$，这些力组成空间力系。

### 4.5.1 力在空间直角坐标轴上的投影

根据力在坐标轴上投影的定义，力在空间直角坐标轴上的投影有以下两种计算方法：

(1) 一次投影法。若已知力 $F$ 与空间直

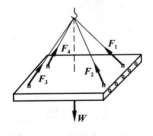

图 4-23

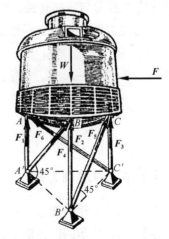

图 4-24

角坐标轴 $x$、$y$、$z$ 正向的夹角 $\alpha$、$\beta$、$\gamma$（图4-25），则力 $F$ 在三个坐标轴上的投影分

别为

$$\left.\begin{array}{l}X=F\cos\alpha\\ Y=F\cos\beta\\ Z=F\cos\gamma\end{array}\right\} \quad (4\text{-}20)$$

（2）二次投影法。若已知角 $\gamma$ 和 $\varphi$（图4-26），则可先将力 $F$ 投影到 $z$ 轴和 $xy$ 坐标平面上，分别得到 $Z$ 和矢量 $F_{xy}$，然后再将 $F_{xy}$ 向 $x$、$y$ 轴投影，得

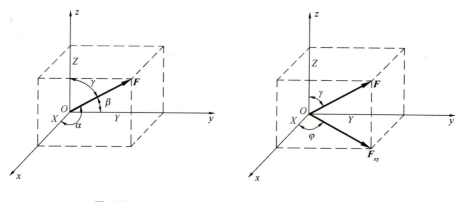

图 4-25　　　　　　　　　　　图 4-26

$$\left.\begin{array}{l}X=F\sin\gamma\cos\varphi\\ Y=F\sin\gamma\sin\varphi\\ Z=F\cos\gamma\end{array}\right\} \quad (4\text{-}21)$$

式中　$\gamma$——力 $F$ 与 $z$ 轴正向的夹角；

$\varphi$——力 $F$ 在 $xy$ 坐标平面上的投影 $F_{xy}$ 与 $x$ 轴正向的夹角。

应当指出，力在轴上的投影是代数量，而力在平面上的投影是矢量。这是因为力在平面上的投影与方向有关，故须用矢量来表示。

若已知力 $F$ 在直角坐标轴上的投影 $X$、$Y$、$Z$，则可将其表示为

$$F = X\boldsymbol{i} + Y\boldsymbol{j} + Z\boldsymbol{k} \quad (4\text{-}22)$$

式中　$\boldsymbol{i}$、$\boldsymbol{j}$、$\boldsymbol{k}$——$x$、$y$、$z$ 轴的单位矢量。力 $F$ 的大小和方向余弦分别为

$$\left.\begin{array}{l}F=\sqrt{X^2+Y^2+Z^2}\\ \cos\alpha=\dfrac{X}{F},\cos\beta=\dfrac{Y}{F},\cos\gamma=\dfrac{Z}{F}\end{array}\right\} \quad (4\text{-}23)$$

### 4.5.2　力对轴之矩

1. 力对轴之矩的概念

以图 4-27 所示的门为例。设力 $F$ 作用于门上的 $A$ 点，为了研究力 $F$ 使门绕 $z$ 轴转动的效应，可将它分解为与转轴 $z$ 平行的分力 $F_z$ 和位于通过 $A$ 点且垂直于 $z$ 轴的平面上的分力 $F_{xy}$。由经验可知，无论分力 $F_z$ 的大小如何，均不能使门绕 $z$ 轴转动；而能使门转动的只是分力 $F_{xy}$，故力 $F$ 使门绕 $z$ 轴转动的效应等于其分力 $F_{xy}$ 使门绕

$z$ 轴转动的效应。而分力 $F_{xy}$ 使门绕 $z$ 轴转动的效应可用分力 $F_{xy}$ 对 $O$ 点之矩来表示（$O$ 点是分力 $F_{xy}$ 所在平面和 $z$ 轴的交点）。

由此可见，**力使物体绕某轴转动的效应可用此力在垂直于该轴的平面上的分力对此平面与该轴的交点之矩来度量**。我们将该力矩称为**力对轴之矩**。如将力 $F$ 对 $z$ 轴之矩表示为 $M_z(F)$ 或简记为 $M_z$，则有

$$M_z = \pm F_{xy} d \tag{4-24}$$

式中 $d$——分力 $F_{xy}$ 所在的平面与 $z$ 轴的交点 $O$ 到力 $F_{xy}$ 作用线的垂直距离。

正负号表示力使物体绕 $z$ 轴转动的方向，按右手螺旋法则确定，即将右手四指的弯曲方向表示力 $F$ 使物体绕 $z$ 轴转动的方向，大拇指的指向如与 $z$ 轴的正向相同时取正，反之取负（图 4-28）。

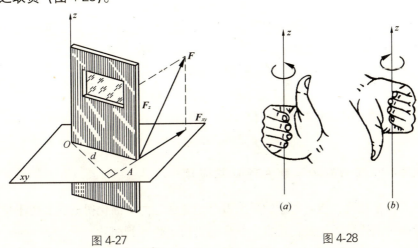

图 4-27　　　　　　　　　　图 4-28

显然，当力 $F$ 与 $z$ 轴平行（此时 $F_{xy}=0$）或者相交（此时 $d=0$）时，力 $F$ 对 $z$ 轴之矩为零。力对轴之矩的单位是 N·m 或 kN·m。

2. 合力矩定理

**空间力系的合力对某一轴之矩等于力系中各力对同一轴之矩的代数和**，即

$$M_z(F_R) = M_z(F_1) + M_z(F_2) + \cdots + M_z(F_n) = \Sigma M_z(F) \tag{4-25}$$

这就是空间力系的合力矩定理（证明从略）。

力对轴之矩除利用定义进行计算外，还常常利用合力矩定理进行计算。

【**例 4-12**】　正方形板 $ABCD$ 用球铰 $A$ 和铰链 $B$ 与墙壁连接，并用绳索 $CE$ 拉住使其维持水平位置（图 4-29）。已知绳索的拉力 $F=200\text{N}$，求力 $F$ 在 $x$、$y$、$z$ 轴上的投影及对 $x$、$y$、$z$ 轴之矩。

【**解**】

(1) 计算力 $F$ 在 $x$、$y$、$z$ 轴上的投影。利用二次投影法进行计算。力 $F$ 在 $Oxy$ 平面

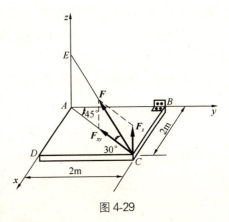

图 4-29

上的投影的大小为

$$F_{xy} = F\cos 30°$$

再将 $\boldsymbol{F}_{xy}$ 向 $x$、$y$ 轴上投影，得

$$X = -F_{xy}\cos 45° = -F\cos 30°\cos 45° = -122.5\text{N}$$

$$Y = -F_{xy}\cos 45° = -F\cos 30°\cos 45° = -122.5\text{N}$$

力 $\boldsymbol{F}$ 在 $z$ 轴上的投影为

$$Z = F\sin 30° = 100\text{N}$$

(2) 计算力 $\boldsymbol{F}$ 对 $x$、$y$、$z$ 轴之矩。力 $\boldsymbol{F}$ 与 $z$ 轴相交，它对 $z$ 轴之矩等于零

$$M_z(\boldsymbol{F}) = 0$$

在计算力 $\boldsymbol{F}$ 对 $x$、$y$ 轴之矩时利用合力矩定理。将力 $\boldsymbol{F}$ 分解为两个分力 $\boldsymbol{F}_{xy}$ 和 $\boldsymbol{F}_z$，因分力 $\boldsymbol{F}_{xy}$ 与 $x$、$y$ 轴都相交，它对 $x$、$y$ 轴之矩都为零，故

$$M_x(\boldsymbol{F}) = M_x(\boldsymbol{F}_{xy}) + M_x(\boldsymbol{F}_z) = M_x(\boldsymbol{F}_z)$$
$$= F_z \times 2\text{m} = 200\text{N}\cdot\text{m}$$
$$M_y(\boldsymbol{F}) = M_y(\boldsymbol{F}_{xy}) + M_y(\boldsymbol{F}_z) = M_y(\boldsymbol{F}_z)$$
$$= -F_z \times 2\text{m} = -200\text{N}\cdot\text{m}$$

### 4.5.3 空间力系的平衡方程及其应用

与平面力系相同，空间力系的平衡条件也是通过力系简化得出的。由于推导空间力系平衡条件的过程较复杂，这里不作介绍，仅定性分析如下。

空间任一物体的运动，一般地既有沿空间直角坐标系三个坐标轴方向的移动，又有绕三个坐标轴的转动。若物体在空间力系作用下保持平衡，则物体既不能沿三个坐标轴方向移动，也不能绕三个坐标轴转动。因此，空间力系平衡的必要和充分条件：**各力在三个坐标轴上投影的代数和以及各力对三个坐标轴之矩的代数和均应等于零。** 空间力系的平衡方程为

$$\left.\begin{array}{l}\Sigma X = 0, \Sigma Y = 0, \Sigma Z = 0,\\ \Sigma M_x = 0, \Sigma M_y = 0, \Sigma M_z = 0\end{array}\right\} \quad (4\text{-}26)$$

**空间力系有六个独立的平衡方程，可以求解六个未知量。**

若空间力系中所有各力的作用线均汇交于一点，则称为**空间汇交力系**（图4-30）。如果以汇交点 $O$ 为坐标原点，建立空间直角坐标系，则因各力对 $x$、$y$、$z$ 轴的矩都为零，因此式（4-26）中的三个力矩方程均为恒等式，所以空间汇交力系的平衡方程为

$$\left.\begin{array}{l}\Sigma X = 0\\ \Sigma Y = 0\\ \Sigma Z = 0\end{array}\right\} \quad (4\text{-}27)$$

空间汇交力系有三个独立的平衡方程,可求解三个未知量。

若空间力系中所有各力的作用线互相平行,则称为**空间平行力系**(图4-31)。

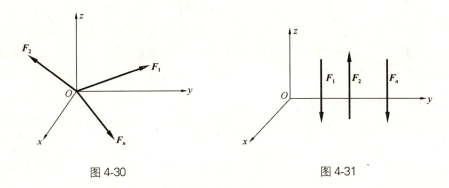

图 4-30　　　　　　　　　　　图 4-31

如果选 $z$ 轴与各力平行,那么各力在 $x$ 轴和 $y$ 轴上的投影必为零,且各力对 $z$ 轴之矩也必为零,因而,式(4-26)中的 $\Sigma X=0$、$\Sigma Y=0$、$\Sigma M_z=0$ 三式均为恒等式,所以空间平行力系的平衡方程为

$$\left.\begin{array}{l}\Sigma Z=0\\ \Sigma M_x=0\\ \Sigma M_y=0\end{array}\right\} \tag{4-28}$$

**空间平行力系有三个独立的平衡方程,可求解三个未知量。**

求解空间力系平衡问题的步骤与平面力系相同,即有取研究对象、画受力图、列平衡方程和解方程等四步。

在画受力图时涉及约束力,现将空间常见约束和它们的约束力列成表4-1,以供参考。

常见空间约束的类型及约束力　　　　　　　　表 4-1

| 约束类型 | 简化表示 | 约束力 |
|---|---|---|
| 球　铰 | | $F_x$, $F_y$, $F_z$ |
| 径向轻承 | | $F_z$, $F_x$ |
| 止推轴承 | | $F_x$, $F_y$, $F_z$ |
| 固定端 | | $M_x$, $M_y$, $M_z$, $F_x$, $F_y$, $F_z$ |

【例 4-13】 用三根连杆支承一重 $W$ 的物体（图 4-32），求每根连杆所受的力。

【解】

取节点 $A$ 为研究对象，汇交于 $A$ 点的力有悬挂重物的绳索拉力（等于重力 $W$）和三根连杆作用于 $A$ 点的力 $F_1$、$F_2$、$F_3$（它们的反作用力就是连杆所受的力）。假设 $F_1$、$F_2$、$F_3$ 都是压力。建立坐标系如图 4-32 所示。在这里 $F_1$、$F_2$、$F_3$ 与各坐标轴的夹角（锐角）的余弦，可由各有关边长的比例求得，因而各力在坐标轴上的投影也可按边长比例计算，而投影的符号可根据判断决定。列出平衡方程

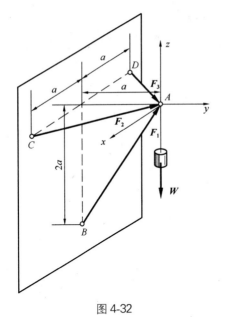

图 4-32

$$\Sigma Z = 0 \quad F_1 \times \frac{2}{\sqrt{5}} - W = 0$$

得

$$F_1 = \frac{\sqrt{5}}{2} W = 1.12 W$$

$$\Sigma X = 0 \quad -F_2 \times \frac{1}{\sqrt{2}} + F_3 \times \frac{1}{\sqrt{2}} = 0$$

得

$$F_2 = F_3$$

$$\Sigma Y = 0 \quad F_3 \times \frac{1}{\sqrt{2}} + F_2 \times \frac{1}{\sqrt{2}} + F_1 \times \frac{1}{\sqrt{5}} = 0$$

得

$$F_3 = F_2 = -\frac{F_1}{\sqrt{5}} \times \frac{\sqrt{2}}{2} = -\frac{W}{2\sqrt{2}} = -0.35 W$$

负号表示 $F_2$、$F_3$ 实际上是拉力。

【例 4-14】 悬臂刚架上作用有 $q=2\text{kN/m}$ 的均布荷载，以及作用线分别平行于 $x$ 轴、$y$ 轴的集中力 $F_1$、$F_2$（图 4-33）。已知 $F_1=5\text{kN}$，$F_2=4\text{kN}$，求固定端 $A$ 处的反力。

【解】

取悬臂刚架为研究对象，画出受力图（图 4-33）。作用于刚架上的力有荷载 $q$、$F_1$、$F_2$，$A$ 处的反力 $F_{Ax}$、$F_{Ay}$、$F_{Az}$ 及 $M_{Ax}$、$M_{Ay}$、$M_{Az}$。列出平衡方程

$$\Sigma X = 0 \quad F_{Ax} + F_1 = 0$$
$$\Sigma Y = 0 \quad F_{Ay} + F_2 = 0$$
$$\Sigma Z = 0 \quad F_{Az} - q \times 4\mathrm{m} = 0$$
$$\Sigma M_x = 0 \quad M_{Ax} - F_2 \times 4\mathrm{m} - q \times 4\mathrm{m} \times 2\mathrm{m} = 0$$
$$\Sigma M_y = 0 \quad M_{Ay} + F_1 \times 5\mathrm{m} = 0$$
$$\Sigma M_z = 0 \quad M_{Az} - F_1 \times 4\mathrm{m} = 0$$

解得

$$F_{Ax} = -5\mathrm{kN}, F_{Ay} = -4\mathrm{kN}, F_{Az} = 8\mathrm{kN}$$
$$M_{Ax} = 32\mathrm{kN \cdot m},$$
$$M_{Ay} = -25\mathrm{kN \cdot m}, M_{Az} = 20\mathrm{kN \cdot m}$$

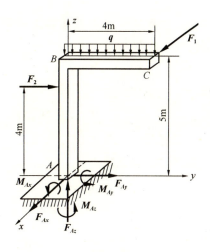

图 4-33

## 4.6 重心与形心

### 4.6.1 重心的概念

任何物体都可认为是由许多微小部分组成的。在地面及其附近的物体，它的各微小部分都受到重力的作用。这些重力汇交于地心，但因地球的半径远大于物体的尺寸，因此可以足够精确的认为这些重力组成一个空间平行力系。此平行力系的合力称为物体的**重力**，合力的作用点称为物体的**重心**，合力的大小称为物体的**重量**。

重心是力学中一个很重要的概念。在工程实际中，确定物体重心的位置是十分重要的。例如，为了保证起重机、水坝等不被倾翻，它们的重心必须在某一规定范围内。又如一些高速旋转的构件，必须使它的重心尽可能位于转轴上，以免引起强烈振动，甚至造成破坏。

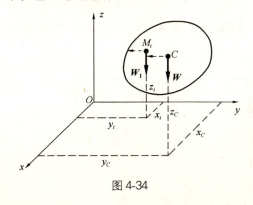

图 4-34

### 4.6.2 重心坐标公式

为了确定物体重心的位置，可将它分为许多微小部分（设为 $n$ 个），设任一微小部分 $M_i$ 的重力为 $W_i$，物体的重力为 $W$。建立直角坐标系 $Oxyz$（图 4-34），设物体重心 $C$ 的坐标为 $x_C$、$y_C$、$z_C$，各微小部分重心的坐标为 $x_i$、$y_i$、$z_i$。根据合力矩定理

可知，物体的重力 $W$ 对某轴之矩等于各微小部分的重力对同轴之矩的代数和，先对 $x$ 轴求矩，有

$$Wy_C = W_1 y_1 + W_2 y_2 + \cdots + W_n y_n = \Sigma W_i y_i$$

再对 $y$ 轴求矩，有

$$Wx_C = W_1 x_1 + W_2 x_2 + \cdots + W_n x_n = \Sigma W_i x_i$$

若将 $Oxz$ 坐标面作为地面，则各 $W_i$ 及 $W$ 的方向如图 4-34 中虚线段的箭头所示，这时再对 $x$ 轴求矩，有

$$Wz_C = W_1 z_1 + W_2 z_2 + \cdots + W_n z_n = \Sigma W_i z_i$$

由以上三式可得计算物体重心坐标的公式，即

$$x_C = \frac{\Sigma W_i x_i}{W}, y_C = \frac{\Sigma W_i y_i}{W}, z_C = \frac{\Sigma W_i z_i}{W} \tag{4-29}$$

### 4.6.3 形心的概念

对于均质物体，若用 $\gamma$ 表示物体每单位容积的重量，$V_i$ 表示各微小部分的体积，$V$ 表示整个物体的体积，则 $W_i = \gamma V_i$ 以及 $W = \Sigma W_i = \gamma \Sigma V_i = \gamma V$，代入式 (4-29)，得

$$x_C = \frac{\Sigma x_i V_i}{V}, y_C = \frac{\Sigma y_i V_i}{V}, z_C = \frac{\Sigma z_i V_i}{V} \tag{4-30}$$

由此可见，均质物体的重心位置完全取决于物体的几何形状而与物体的重量无关。因此，均质物体的重心也称形心。

对于均质等厚薄板或平面图形，如取沿平板厚度方向的中间平面或平面图形所在的平面为 $Oxy$ 坐标面，则其形心坐标为

$$x_C = \frac{\Sigma x_i A_i}{A}, y_C = \frac{\Sigma y_i A_i}{A} \tag{4-31}$$

式中　$A_i$、$A$——分别为各微小部分和薄板（或平面图形）的面积。

### 4.6.4 确定重心和形心位置的方法

1. 利用对称性

凡对称的均质物体，其重心（形心）必在它们的对称面、对称轴或对称中心上。例如，均质圆球的重心在其对称中心（球心）上；均质矩形薄板和工字形薄板的重心在其两对称轴的交点上；均质 T 形薄板和槽形薄板的重心在其对称轴上（图 4-35）。

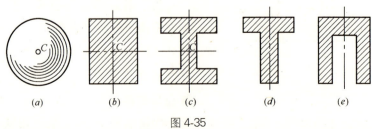

图 4-35

2. 积分法

对于简单形状的均质物体，可将式（4-29）与式（4-30）写成积分形式，用积分法计算其重心或形心。在有关工程手册中，可查得用此法求出的一些简单形状均质物体的重心位置。

3. 分割法

某些形状较为复杂的均质物体常可看成为几个简单物体的组合，这些简单物体的重心（或形心）位置均为已知，于是可利用重心（或形心）坐标公式求得该物体重心（或形心）的位置。

4. 实验法

形状复杂或质量分布不均匀的物体，要通过计算来确定它们重心的位置是比较困难的，这时可采用实验的方法测定其重心的位置。常用的方法有以下两种。

(1) **悬挂法**。对于平板形物体或具有对称面的薄零件，可将该物体（或取一均质板按一定比例做成模拟用的截面）用线悬挂在任一点 $A$，根据二力平衡条件，重心必在过悬挂点 $A$ 的铅垂线上，标出此线如图 4-36（$a$）所示。然后再将它悬挂在任意点 $B$，标出另一铅垂线如图 4-36（$b$）所示。这两条铅垂线的交点就是该物体的重心。有时可再作第三次悬挂用来校验。

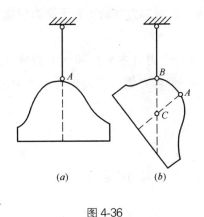
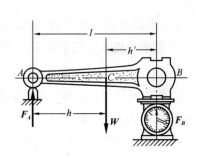

图 4-36　　　　　　　　　　　图 4-37

(2) **称重法**。对于形状复杂或体积较大的物体常用称重法测定其重心。例如，连杆具有对称轴，所以只要确定重心在此轴上的位置 $h$。先称得连杆的重量 $W$，并测得连杆两端轴心 $A$、$B$ 之间距离 $l$。将连杆的 $B$ 端放在台秤上，$A$ 端搁置在水平面或刀口上，使中心线 $AB$ 处于水平位置，如图 4-37 所示，测得 $B$ 端反力 $F_B$ 的大小，由力矩方程

$$\Sigma M_A = 0 \quad F_B l - Wh = 0$$

得

$$h = F_B l / W$$

若测得 $A$ 端反力 $F_A$ 的大小，则可得
$$h' = F_A l / W$$
可用于校验。

# 单元小结

1. 掌握平面汇交力系和平面力偶系的合成。

(1) 平面汇交力系可合成为一个合力，合力等于力系中各力的矢量和，合力作用线通过力系的汇交点。

(2) 平面力偶系可合成为一个合力偶，合力偶的矩等于力偶系中各力偶矩的代数和。

2. 理解力的平移定理。了解平面力系的简化理论和简化结果。

(1) 力的平移定理：作用于刚体上的力，可平行移动到刚体内任一指定点，但必须在该力与指定点所决定的平面内同时附加一力偶，此附加力偶的矩等于原力对指定点之矩。

(2) 平面力系向一点的简化结果，一般可得到一个力（主矢）和一个力偶（主矩），而其最终结果为三种可能的情况：可简化为一个合力偶，可简化为一个合力，为平衡力系。

3. 熟练掌握力在坐标轴上投影的计算。

(1) 已知力求投影。

力在某轴上的投影等于力的大小乘以力与该轴正向间夹角的余弦。

$$\left. \begin{array}{l} X = F\cos\alpha \\ Y = F\cos\beta \end{array} \right\}$$

当 $\alpha$、$\beta$ 为钝角时，可先根据力与某轴所夹的锐角来计算力在该轴上投影的绝对值，再由观察来确定投影的正负号。

(2) 已知投影求力。

若已知力 $F$ 在直角坐标轴上的投影 $X$、$Y$，则力 $F$ 的大小及方向为

$$\left. \begin{array}{l} F = \sqrt{X^2 + Y^2} \\ \tan\alpha = \dfrac{Y}{X} \end{array} \right\}$$

4. 理解各种平面力系的平衡方程，熟练掌握运用平衡方程求解单个物体和物体系统的平衡问题。

(1) 各种平面力系的平衡方程。

| 力系类型 | 平衡方程 | | 方程个数 |
|---|---|---|---|
| 平面力系<br>(一般情况) | 1. 基本形式<br>$\left.\begin{array}{l}\Sigma X=0\\ \Sigma Y=0\\ \Sigma M_O=0\end{array}\right\}$<br><br>3. 三力矩式<br>$\left.\begin{array}{l}\Sigma M_A=0\\ \Sigma M_B=0\\ \Sigma M_C=0\end{array}\right\}$ （A、B、C 三点不能共线） | 2. 二力矩式<br>$\left.\begin{array}{l}\Sigma X=0(或 \Sigma Y=0)\\ \Sigma M_A=0\\ \Sigma M_B=0\end{array}\right\}$<br>（A、B 两点的连线不能与 $x$ 轴（或 $y$ 轴）垂直） | 3 |
| 平面汇交力系 | $\left.\begin{array}{l}\Sigma X=0\\ \Sigma Y=0\end{array}\right\}$ | | 2 |
| 平面力偶系 | $\Sigma M=0$ | | 1 |
| 平面平行力系 | 1. 基本形式<br>$\left.\begin{array}{l}\Sigma Y=0\\ \Sigma M_O=0\end{array}\right\}$ | 2. 二力矩式<br>$\left.\begin{array}{l}\Sigma M_A=0\\ \Sigma M_B=0\end{array}\right\}$<br>（A、B 两点的连线不能平行于各力作用线） | 2 |

(2) 运用平衡方程求解平衡问题的步骤。

1) 取研究对象。根据问题的已知条件和待求量，选取合适的研究对象。

2) 画受力图。画出所有作用于研究对象上的外力。

3) 列平衡方程。适当选取投影轴和矩心，列出平衡方程。

4) 解方程。

(3) 运用平衡方程求解平衡问题的技巧。

1) 尽可能选取与力系中多数未知力的作用线平行或垂直的投影轴。

2) 矩心选在两个未知力的交点上。

3) 尽可能多的用力矩方程，并使一个方程只含一个未知数。

(4) 物体系统平衡问题的解法。

1) 先取整个物体系统为研究对象，列出平衡方程，解得部分未知量，然后再取系统中某个部分（可以由一个或几个物体组成）为研究对象，列出平衡方程，直至解出所有未知量为止。有时也可先取某个部分为研究对象，解得部分未知量，然后再取整体为研究对象，解出所有未知量。

2) 逐个取物体系统中每个物体为研究对象，列出平衡方程，解出全部未知量。

5. 掌握力在空间直角坐标轴上投影的计算和力对轴之矩的计算，了解空间约束和约束力，能运用空间力系的平衡方程求解平衡问题。

(1) 根据力作用线方位的已知条件，力在空间直角坐标轴上投影的计算可采用一次投影法或二次投影法。

(2) 力对轴之矩定义为：力在垂直于该轴的平面上的分力对此平面与该轴的交点之矩。

(3) 常见的空间约束有：球铰、径向轴承、止推轴承和固定端。

(4) 各种空间力系的平衡方程。

| 力系类型 | 平衡方程 | 方程个数 |
| --- | --- | --- |
| 空间力系（一般情况） | $\Sigma X = 0, \Sigma Y = 0, \Sigma Z = 0,$ <br> $\Sigma M_x = 0, \Sigma M_y = 0, \Sigma M_z = 0$ | 6 |
| 空间汇交力系 | $\Sigma X = 0$ <br> $\Sigma Y = 0$ <br> $\Sigma Z = 0$ | 3 |
| 空间平行力系 | $\Sigma Z = 0$ <br> $\Sigma M_x = 0$ <br> $\Sigma M_y = 0$ | 3 |

6. 理解重心、形心的概念，会确定简单均质物体的重心和形心。

(1) 物体重力的作用点称为物体的重心。均质物体的重心也称为形心。

(2) 确定重心和形心位置的方法有：利用对称性、积分法、分割法和实验法。

# 思考题

4-1 力在坐标轴上的投影与力沿相应轴向的分力有什么区别和联系？

4-2 试分别说明力系的主矢、主矩与合力、合力偶的区别和联系。

4-3 力系如图所示，且 $F_1 = F_2 = F_3 = F_4$。试问力系向 $A$ 点和 $B$ 点简化的结果分别是什么？两种结果是否等效？

4-4 刚体受力如图所示，当力系满足方程 $\Sigma Y = 0$、$\Sigma M_A = 0$、$\Sigma M_B = 0$ 或满足方程 $\Sigma M_O = 0$、$\Sigma M_A = 0$、$\Sigma M_B = 0$ 时，刚体肯定平衡吗？

4-5 平面汇交力系的平衡方程中，可否取两个力矩方程，或一个力矩方程和一个投影方程？这时，其矩心和投影轴的选择有什么限制？

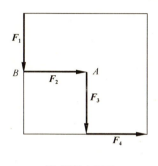

思考题 4-3 图

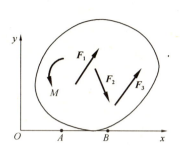

思考题 4-4 图

4-6 为什么说力在轴上的投影是标量，而力在平面上的投影是矢量？

4-7 设有一力 $F$，试问在什么情况下有：(1) $X=0$，$M_x(F)=0$；(2) $X=0$，$M_x(F) \neq 0$；(3) $X \neq 0$，$M_x(F) \neq 0$。

4-8 确定均质物体的重心或形心位置有哪些方法？

## 习题

4-1 已知 $F_1=2000\text{N}$，$F_2=150\text{N}$，$F_3=200\text{N}$，$F_4=200\text{N}$，各力的方向如图所示。试分别求各力在 $x$ 轴和 $y$ 轴上的投影。

4-2 吊钩上作用三个力，已知 $F_1=10\text{kN}$、$F_2=10\text{kN}$、$F_3=10\sqrt{3}\text{kN}$，各力方向如图所示。求此力系的合力。

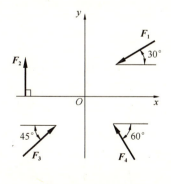

习题 4-1 图

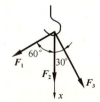

习题 4-2 图

4-3 图示铆接钢板在孔 $A$、$B$ 和 $C$ 处受三个力作用，已知 $F_1=100\text{N}$，沿铅垂方向；$F_2=50$N，沿 $AB$ 方向；$F_3=50$N，沿水平方向。求此力系的合力。

4-4  求图示平面力系的合成结果。

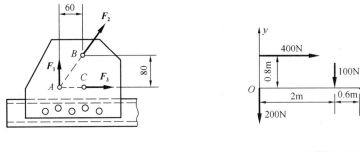

习题 4-3 图          习题 4-4 图

4-5  重力坝受力情况如图所示，设 $W_1=450$kN，$W_2=200$kN，$F_1=300$kN，$F_2=70$kN，长度单位为 m；求合力的大小、方向及与基底 $AB$ 的交点至 $A$ 点的距离 $x$。已知 $AB=5.7$m。

4-6  某桥墩顶部受到两边桥面传来的铅垂力 $F_1=1940$kN，$F_2=800$kN，以及制动力 $F_3=193$kN 的作用。桥墩自重 $W=5280$kN，风力 $F_4=140$kN。各力作用线位置如图所示。求将这些力向基底截面中心 $O$ 简化的结果；如能简化为一合力，再求合力作用线的位置。

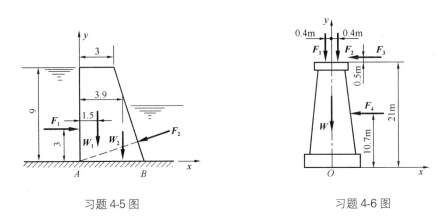

习题 4-5 图          习题 4-6 图

4-7  支架由杆 $AB$ 与 $AC$ 组成，$A$、$B$、$C$ 三处均为铰接，在节点 $A$ 上受一力 $F$ 的作用。求图 $(a)$、$(b)$ 两种情形下杆 $AB$ 和杆 $AC$ 所受的力，并说明是拉力还是压力。

4-8  简支梁长 $l=6$m，两端各作用一力偶，力偶矩的大小分别为 $M_1=15$kN·m，$M_2=24$kN·m，转向如图所示。求支座 $A$、$B$ 处的反力。

4-9  简支梁的中点作用一力 $F=20$kN，力和梁的轴线成 45°角。求图 $(a)$ 和图 $(b)$ 两种情形下支座 $A$、$B$ 处的反力。

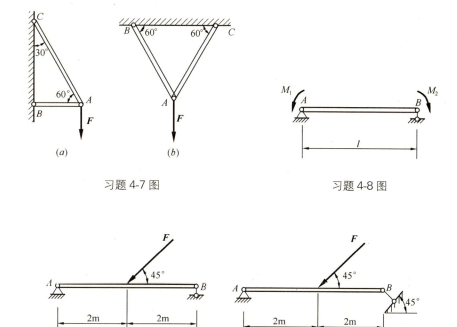

习题 4-7 图　　　　　　　　习题 4-8 图

习题 4-9 图

4-10　求图示各梁的支座反力。

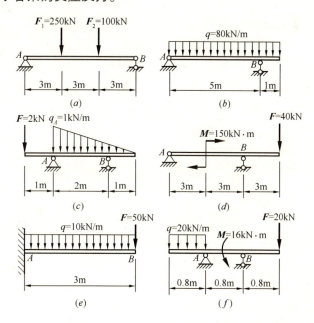

习题 4-10 图

4-11　求图示刚架支座 $A$、$B$ 处的反力。

4-12　求图示刚架支座 $A$ 处的反力。

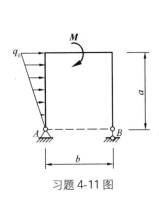
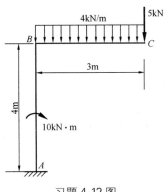

习题 4-11 图　　　　　　　习题 4-12 图

4-13　求图示刚架支座 $A$、$B$ 处的反力。已知 $F=3$kN，$q=1$kN/m。

4-14　求图示支架中支座 $A$、$C$ 处的反力。已知 $W=50$kN，不计杆的自重。

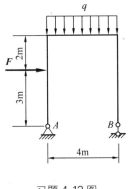
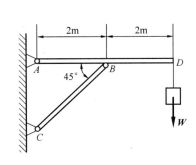

习题 4-13 图　　　　　　　习题 4-14 图

4-15　起重机在图示位置保持平衡。已知起重量 $W_1=10$kN，起重机自重 $W=70$kN。求

(1) $A$、$B$ 两处地面的反力；

(2) 当其他条件相同时，最大起重量为多少？

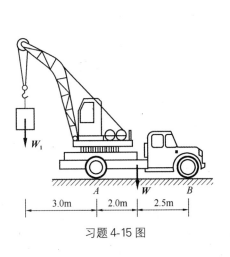
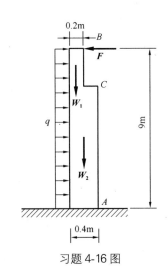

习题 4-15 图　　　　　　　习题 4-16 图

4-16 某厂房立柱上段 BC 重 $W_1=8$kN，下段 CA 重 $W_2=37$kN，风力 $q=2$kN/m，柱顶水平力 $F=6$kN。求固定端 A 处的反力（提示：A 处的反力作用在立柱底面中心）。

4-17 在大型水工试验设备中，采用尾门控制下游水位，如图所示。尾门 AB 在 A 端用铰链支承，B 端系以钢索 BE，绞车 E 可以调节尾门 AB 与水平线的夹角 $\theta$，因而也就可以调节下游的水位。已知 $\theta=60°$、$\varphi=15°$，设尾门 AB 的长度为 $l=1.2$m、宽度 $b=1.0$m、重 $F=800$N。求 A 端的约束力和钢索拉力。

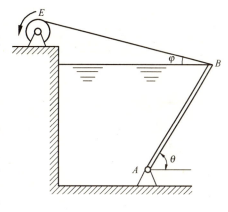

习题 4-17 图

4-18 静定梁的荷载和尺寸如图所示，求支座反力和中间铰的约束力。

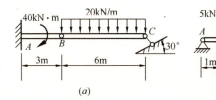

习题 4-18 图

4-19 求图示静定梁支座 A、B、C、D 处的反力。

4-20 静定刚架荷载及尺寸如图所示，求支座 A、B 处的反力和中间铰 C 的约束力。

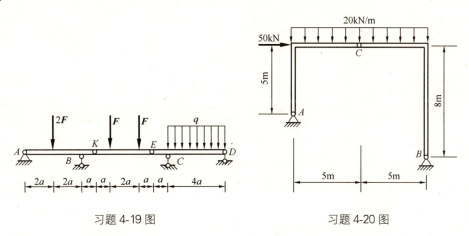

习题 4-19 图　　　　　习题 4-20 图

4-21 图示结构上作用有力 $F=60$kN 及 $q=10$kN/m 的均布荷载，求支座 A、C 处的反力。

4-22 刚架 BCD 通过铰 C 与 AC 连接。已知 $F=50$kN，$q=10$kN/m。求支座 A、B、D 处的反力。

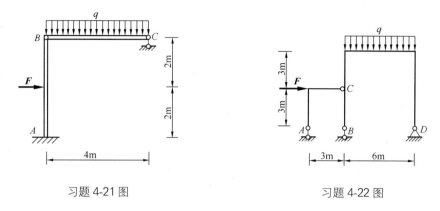

习题 4-21 图      习题 4-22 图

4-23 求图示三铰拱的支座 $A$、$B$ 处的反力（提示：可将梯形分布荷载分解为均布荷载和三角形分布荷载）。

4-24 已知在边长为 $a$ 的正六面体上作用有力 $F_1=12\text{kN}$，$F_2=1\text{kN}$，$F_3=6\text{kN}$，求各力在 $x$、$y$、$z$ 轴上的投影。

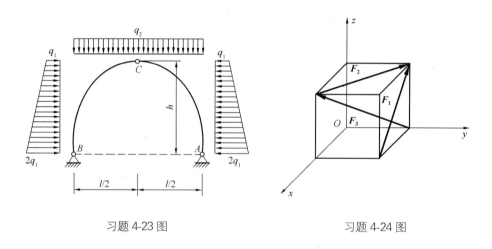

习题 4-23 图      习题 4-24 图

4-25 正方体边长为 $a$，在顶点 $A$ 处作用有两个力 $F_1$、$F_2$，如图所示。分别求此二力对 $x$、$y$、$z$ 轴之矩。

4-26 用图示三脚架 $ABCD$ 和绞车 $E$ 从矿井中吊起重 $W=30\text{kN}$ 的重物，△$ABC$ 为等边三角形，三脚架的三支脚及绳索 $DE$ 均与水平面成 60°角，不计架重；求当重物被匀速吊起时各脚所受的力。

4-27 图示正方形均质钢板的边长 $a=2\text{m}$，重 $W=400\text{kN}$，在 $A$、$B$、$C$ 三点用三根铅垂的钢索悬挂，$A$、$B$ 为两边的中点，求钢索的拉力。

4-28 如图所示悬臂刚架上分别受平行于 $x$、$y$ 轴的力 $F_1$ 与 $F_2$ 的作用，已知 $F_1=6\text{kN}$，$F_2=4.8\text{kN}$，求固定端 $O$ 处的反力。

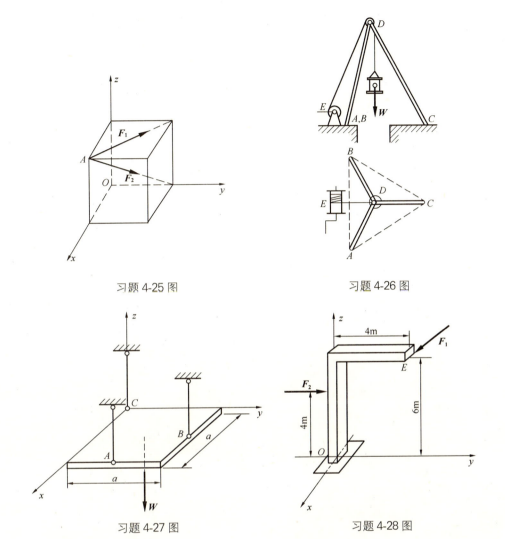

习题 4-25 图　　　　　　　习题 4-26 图

习题 4-27 图　　　　　　　习题 4-28 图

4-29　图示平面桁架由 7 根均质杆组成，$AD=BD=DH=2.5$m，$AB=3$m，$BE=EH=2$m，各杆单位长度重量相等。求桁架的重心。

4-30　求图示均质混凝土基础的重心位置。

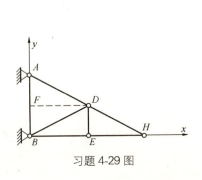

习题 4-29 图

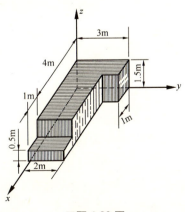

习题 4-30 图

# 第三篇
# 静定结构的内力和位移

# 单元 5　静定杆件的内力

本单元介绍杆件在拉压、扭转以及弯曲时的内力计算和内力图的绘制。本章内容是结构内力计算的基础,也是对杆件进行强度、刚度和稳定性计算的基础。

## 5.1　拉压杆

### 5.1.1　工程实例和计算简图

在工程中,经常会遇到承受轴向拉伸或压缩的杆件。例如桁架中的杆件(图 5-1a),斜拉桥中的拉索(图 5-1b)以及砖柱(图 5-1c)等。

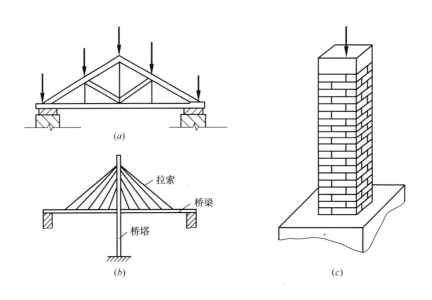

图 5-1

承受轴向拉伸或压缩的杆件简称为**拉(压)杆**。实际拉压杆的几何形状和外力作用方式各不相同,若将它们加以简化,则都可抽象成如图 5-2 所示的计算简图。其受力特点是外力或外力合力的作用线与杆件的轴线重合;变形特征是沿轴线方向的伸长或缩短,同时横向尺寸也发生变化。

## 5.1.2 轴力和轴力图

**1. 内力的概念**

我们知道，物体没有受到外力作用时，其内部各质点之间就存在着相互作用的内力。这种内力相互平衡，使得各质点之间保持一定的相对位置。在物体受到外力作用后，其内部各质点之间的相对位置就要发生改变，内力也要发生变化而达到一个新的量值。这里所讨论的内力，指的是因外力作用而引起的物体内部各质点间相互作用的内力的改变量，即由外力引起的"附加内力"，简称为**内力**。

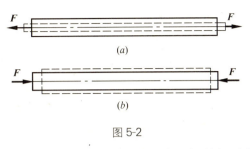

图 5-2

内力随外力的增大而增大，当内力达到某一限度时就会引起构件的破坏，因而它与构件的强度问题是密切相关的。

**2. 截面法**

截面法是求构件内力的基本方法。下面通过求解图 5-3 (a) 所示拉杆 m—m 横截面上的内力来具体阐明截面法。

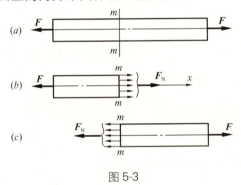

图 5-3

为了显示内力，假想地沿横截面 m—m 将杆截开成两段，任取其中一段，例如取左段，作为研究对象。左段上除受到力 $F$ 的作用外，还受到右段对它的作用力，此即横截面 m—m 上的内力（图 5-3b）。根据均匀连续性假设，横截面 m—m 上将有连续分布的内力，以后称其为**分布内力**，而把内力这一名词用来代表分布内力的合力（力或力偶）。现要求的内力就是图 5-3 (b) 中的合力 $F_N$。因左段处于平衡状态，故列出平衡方程

$$\sum X=0 \quad F_N-F=0$$

得

$$F_N=F$$

这种假想地将构件截开成两部分，从而显示并求解内力的方法称为**截面法**。由上可知，用截面法求构件内力可分为以下四个步骤：

(1) **截开**。沿需要求内力的截面，假想地将构件截开成两部分。

(2) **取出**。取截开后的任一部分作为研究对象。

(3) **代替**。把弃去部分对留下部分的作用以截面上的内力代替。

(4) **平衡**。列出研究对象的静力平衡方程，解出需求的内力。

以上介绍的截面法也适用于其他变形构件的内力计算，以后将会经常用到。

### 3. 轴力和轴力图

图 5-3 ($a$) 所示拉杆横截面 $m-m$ 上的内力 $\boldsymbol{F}_N$ 的作用线与杆轴线重合，故 $\boldsymbol{F}_N$ 称为**轴力**。

若取右段为研究对象，同样可求得轴力 $F_N = F$（图 5-3$c$），但其方向与用左段求出的轴力方向相反。为了使两种算法得到的同一截面上的轴力不仅数值相等，而且符号相同，规定轴力的正负号如下：当轴力的方向与横截面的外法线方向一致时，杆件受拉伸长，轴力为正；反之，杆件受压缩短，轴力为负。

在计算轴力时，通常未知轴力按正向假设。若计算结果为正，则表示轴力的实际指向与所设指向相同，轴力为拉力；若计算结果为负，则表示轴力的实际指向与所设指向相反，轴力为压力。

工程中常有一些杆件，其上受到多个轴向外力的作用，这时杆在不同横截面上的轴力将不相同。为了表明轴力随横截面位置的变化规律，以平行于杆轴线的坐标表示横截面的位置，垂直于杆轴线的坐标（按适当的比例）表示相应截面上的轴力数值，从而绘出轴力与横截面位置关系的图线，称为**轴力图**，也称 $F_N$ 图。通常将正的轴力画在上方，负的画在下方。

【**例 5-1**】 拉压杆如图 5-4 ($a$) 所示，求横截面 1-1、2-2、3-3 上的轴力，并绘制轴力图。

【**解**】

(1) 求支座反力。由杆 $AD$（图 5-4$a$）的平衡方程

$$\sum X = 0 \quad F_D - 2\text{kN} - 3\text{kN} + 6\text{kN} = 0$$

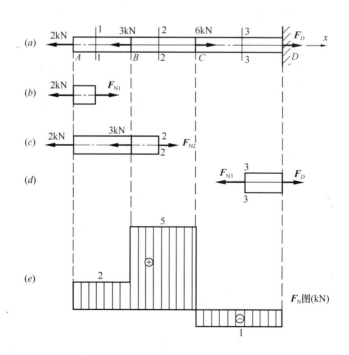

图 5-4

得
$$F_D = -1\text{kN}$$

(2) 求横截面1-1、2-2、3-3上的轴力。沿横截面1-1假想地将杆截开，取左段为研究对象，设截面上的轴力为$F_{N_1}$（图5-4b），由平衡方程

$$\sum X = 0 \quad F_{N_1} - 2\text{kN} = 0$$

得
$$F_{N_1} = 2\text{kN}$$

算得的结果为正，表明$F_{N_1}$为拉力。当然也可以取右段为研究对象来求轴力$F_{N_1}$，但右段上包含的外力较多，不如取左段简便。因此计算时，应选取受力较简单的部分作为研究对象。

再沿横截面2-2假想地将杆截开，仍取左段为研究对象，设截面上的轴力为$F_{N_2}$（图5-4c），由平衡方程

$$\sum X = 0 \quad F_{N_2} - 2\text{kN} - 3\text{kN} = 0$$

得
$$F_{N_2} = 5\text{kN}$$

同理，沿横截面3-3将杆截开，取右段为研究对象，可得轴力$F_{N_3}$（图5-4d）为

$$F_{N_3} = F_D = -1\text{kN}$$

计算结果为负，表明$F_{N_3}$为压力。

(3) 根据各段$F_N$值绘出轴力图，如图5-4（e）所示（坐标系通常不画出）。由图可知，BC段各横截面上的轴力最大，最大轴力$F_{N\max} = 5\text{kN}$。以后我们称内力较大的截面为**危险截面**，例如本题中BC段各横截面。

轴力图一般应与受力图对正。在图上应标注内力的数值及单位，在图框内均匀地画出垂直于横轴的纵坐标线，并标注正负号。当杆竖直放置时，正负值可分别画在杆的任一侧，并标注正负号。

## 5.2 受扭杆

### 5.2.1 工程实例和计算简图

在工程中，有很多承受扭转的杆件。例如汽车方向盘的操纵杆（图5-5a），钻机的钻杆（图5-5b）以及房屋中的雨篷梁和边梁图5-5（c、d）等。工程中常把以扭转为主要变形的杆件称为**轴**。

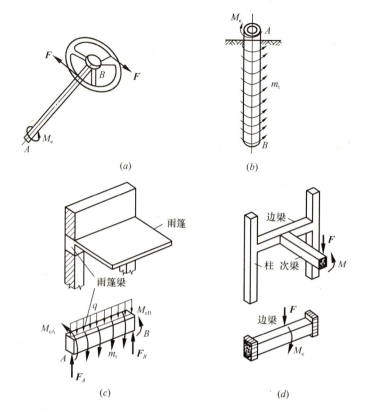

图 5-5

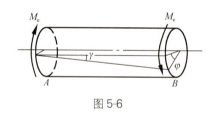

图 5-6

受扭杆件的受力特点是：在杆件两端受到两个作用面垂直于杆轴线的力偶的作用，两力偶大小相等、转向相反。其变形特点是：杆件任意两个横截面都绕杆轴线作相对转动，两横截面之间的相对角位移称为**扭转角**，用 $\varphi$ 表示。图 5-6 是受扭杆的计算简图，其中 $\varphi$ 表示截面 $B$ 相对于截面 $A$ 的扭转角。扭转时，杆的纵向线发生微小倾斜，表面纵向线的倾斜角用 $\gamma$ 表示。

### 5.2.2 扭矩和扭矩图

1. 外力偶矩的计算

工程中作用于轴上的外力偶矩一般不直接给出，而是给出轴的转速和轴所传递的功率。这时需先由转速及功率计算出相应的外力偶矩，计算公式为（推导从略）

$$M_e = 9549 \frac{P}{n} \tag{5-1}$$

式中　$M_e$——轴上某处的外力偶矩，单位为 N·m；
　　　$P$——轴上某处输入或输出的功率，单位为 kW；
　　　$n$——轴的转速，单位为 r/min。

## 2. 扭矩和扭矩图

确定了作用于轴上的外力偶矩之后，就可应用截面法求其横截面上的内力。设有一圆截面轴如图 5-7 (a) 所示，在外力偶矩 $M_e$ 作用下处于平衡状态，现求其任意 $m-m$ 横截面上的内力。

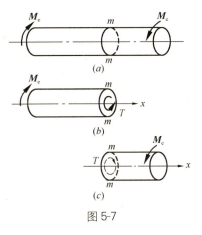

图 5-7

假想将轴在 $m-m$ 处截开，任取其中一段，例如取左段为研究对象（图 5-7b）。由于左端有外力偶作用，为使其保持平衡，$m-m$ 横截面上必存在一个内力偶矩。它是截面上分布内力的合力偶矩，称为**扭矩**，用 $T$ 来表示。由空间力系的平衡方程

$$\sum M_x = 0 \quad T - M_e = 0$$

得

$$T = M_e$$

若取右段为研究对象，也可得到相同的结果（图 5-7c），但扭矩的转向相反。为了使同一截面上扭矩不仅数值相等，而且符号相同，对扭矩 $T$ 的正负号作如下规定：使右手四指的握向与扭矩的转向一致，若拇指指向截面外法线，则扭矩 $T$ 为正（图 5-8a），反之为负（图 5-8b）。显然，在图 5-8 中，$m-m$ 横截面上的扭矩 $T$ 为正。

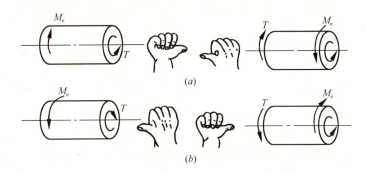

图 5-8

与求轴力一样，用截面法计算扭矩时，通常假定扭矩为正。

为了直观地表示出轴的各个横截面上扭矩的变化规律，与轴力图一样用平行于轴线的横坐标表示各横截面的位置，垂直于轴线的纵坐标表示各横截面上扭矩的数值，选择适当的比例尺，将扭矩随截面位置的变化规律绘制成图，称为**扭矩图**。在扭矩图中，把正扭矩画在横坐标轴的上方，负扭矩画在下方。

**【例 5-2】** 已知传动轴（图 5-9a）的转速 $n=300\text{r/min}$，主动轮 $A$ 的输入功率 $P_A=29\text{kW}$，从动轮 $B$、$C$、$D$ 的输出功率分别为 $P_B=7\text{kW}$，$P_C=P_D=11\text{kW}$。绘制该轴的扭矩图。

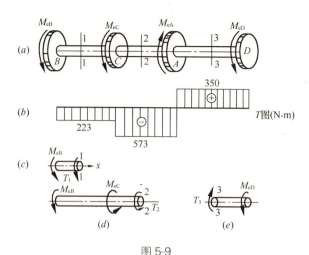

图 5-9

【解】

(1) 计算外力偶矩。由式 (5-1)，轴上的外力偶矩为

$$M_{eA} = 9549 \frac{P_A}{n} = 9549 \frac{29\text{kW}}{300\text{r/min}} = 923\text{N} \cdot \text{m}$$

$$M_{eB} = 9549 \frac{P_B}{n} = 9549 \frac{7\text{kW}}{300\text{r/min}} = 223\text{N} \cdot \text{m}$$

$$M_{eC} = M_{eD} = 9549 \frac{P_C}{n} = 9549 \frac{11\text{kW}}{300\text{r/min}} = 350\text{N} \cdot \text{m}$$

(2) 计算各段轴内横截面上的扭矩。利用截面法，取 1-1 横截面以左部分为研究对象 (图 5-9c)，由平衡方程

$$\sum M_x = 0 \quad T_1 + M_{eB} = 0$$

得

$$T_1 = -M_{eB} = -223\text{N} \cdot \text{m}$$

$T_1$ 为负值表示假设的扭矩方向与实际方向相反。

再取 2-2 横截面以左部分为研究对象 (图 5-9d)，由平衡方程

$$\sum M_x = 0 \quad T_2 + M_{eC} + M_{eB} = 0$$

得

$$T_2 = -(M_{eC} + M_{eB}) = -573\text{N} \cdot \text{m}$$

最后取 3-3 横截面以右部分为研究对象 (图 5-9e)，由平衡方程

$$\sum M_x = 0 \quad T_3 - M_{eD} = 0$$

得

$$T_3 = M_{eD} = 350\text{N} \cdot \text{m}$$

(3) 绘出扭矩图如图 5-9 (b) 所示 (坐标系通常不画出)。由图可知，最大扭矩发生在 $CA$ 段轴的各横截面上，其值为 $|T|_{max} = 573\text{N} \cdot \text{m}$。

## 5.3 单跨梁

### 5.3.1 工程实例和计算简图

1. 弯曲的工程实例

以弯曲为主要变形的杆件称为**梁**。梁是工程中应用得非常广泛的一种构件。例如图 5-10 (a) ～ (c) 所示的楼板梁、公路桥梁，以及单位长度的挡土墙等。

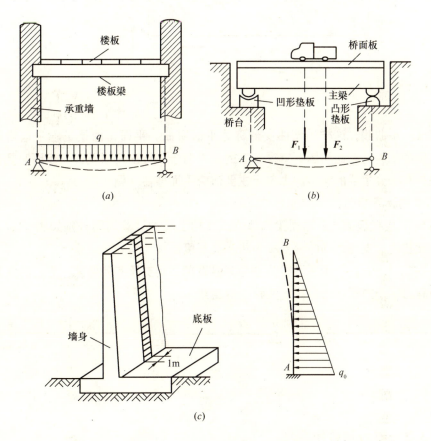

图 5-10

2. 平面弯曲的概念

工程中常用梁的横截面都具有一个竖向对称轴，例如圆形、矩形、工字形和 T 形等（图 5-11）。梁的轴线与梁的横截面的竖向对称轴构成的平面，称为梁的**纵向对称面**（图 5-12）。如果梁的外力都作用在梁的纵向对称面内，则梁的轴线将在此对称

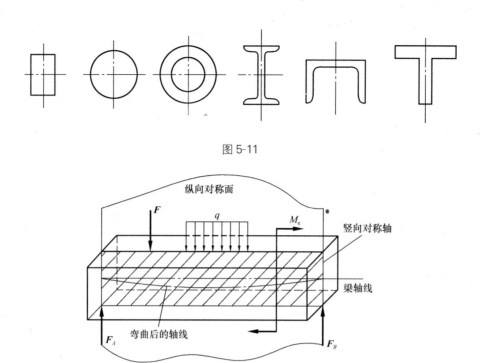

图 5-11

图 5-12

面内弯成一条曲线,这样的弯曲变形称为**平面弯曲**。平面弯曲是工程中最常见的情况,也是最基本的弯曲问题,掌握了它的计算对于工程应用以及进一步研究复杂的弯曲问题具有十分重要的意义。本单元主要研究平面弯曲问题。

3. 梁的计算简图

图 5-10 中楼板梁、公路桥梁和单位长度挡土墙的计算简图分别如图 5-10 ($a \sim c$) 所示。梁在两个支座之间的部分称为跨,其长度则称为**跨长**或**跨度**。

图 5-13 ($a \sim c$) 所示三种梁分别称为**悬臂梁**、**简支梁**和**外伸梁**,它们的支座反力都能由静力平衡方程求出,因此又称为**静定梁**。

图 5-13

### 5.3.2 剪力和弯矩

确定了梁上的外力后,梁横截面上的内力可用截面法求得。现以图 5-14 ($a$) 所示简支梁为例,求其任意横截面 $m$—$m$ 上的内力。假想地沿横截面 $m$—$m$ 把梁截开成两段,取其中任一段,例如左段作为研究对象,将右段梁对左段梁的作用以截开面上的内力来代替。由图 5-14 ($b$) 可见,为使左段梁平衡,在横截面 $m$—$m$ 上必然存在一个沿横截面方向的内力 $F_S$。由平衡方程

$$\Sigma Y = 0 \quad F_A - F_S = 0$$

得

$$F_S = F_A$$

$F_S$ 称为**剪力**。因剪力 $F_S$ 与支座反力 $F_A$ 组成一力偶，故在横截面 $m-m$ 上必然还存在一个内力偶与之平衡。设此内力偶的矩为 $M$，则由平衡方程

$$\Sigma M_O = 0 \quad M - F_A x = 0$$

得

$$M = F_A x$$

这里的矩心 $O$ 是横截面 $m-m$ 的形心。这个内力偶矩 $M$ 称为**弯矩**，它的矩矢垂直于梁的纵向对称面。

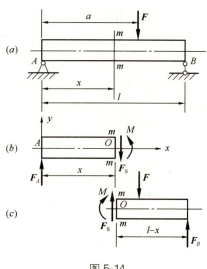

图 5-14

如果取右段梁为研究对象，则同样可求得横截面 $m-m$ 上的剪力 $F_S$ 和弯矩 $M$（图5-14c），且数值与上述结果相等，只是方向相反。

为了使无论取左段梁还是取右段梁得到的同一横截面上的 $F_S$ 和 $M$ 不仅大小相等，而且正负号一致，根据变形来规定 $F_S$、$M$ 的正负号：

（1）剪力的正负号。梁横截面上的剪力使微段产生顺时针方向转动趋势时为正，反之为负（图5-15a）；

（2）弯矩的正负号。梁横截面上的弯矩使微段产生上部受压、下部受拉时为正，反之为负（图5-15b）。

根据上述正负号规定，在图5-14（b，c）两种情况中，横截面 $m-m$ 上的剪力和弯矩均为正。

【**例 5-3**】 简支梁如图5-16（a）所示。求横截面 1—1、2—2、3—3 上的剪力和弯矩。

【**解**】

（1）求支座反力。由梁的平衡方

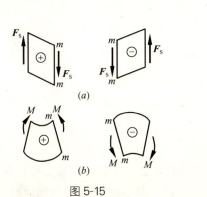

图 5-15

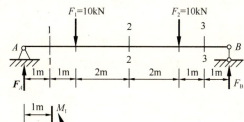

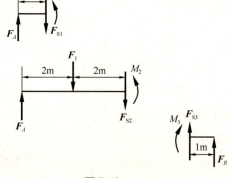

图 5-16

程求得支座 $A$、$B$ 处的反力为
$$F_A = F_B = 10\text{kN}$$

(2) 求横截面 1—1 上的剪力和弯矩。假想地沿横截面 1—1 把梁截开成两段，因左段梁受力较简单，故取它为研究对象，并设横截面上的剪力 $F_{S_1}$ 和弯矩 $M_1$ 均为正（图5-16b）。列出平衡方程
$$\Sigma Y = 0 \quad F_A - F_{S_1} = 0$$
得
$$F_{S_1} = F_A = 10\text{kN}$$
$$\Sigma M_O = 0 \quad M_1 - F_A \times 1\text{m} = 0$$
得
$$M_1 = F_A \times 1\text{m} = 10\text{kN} \times 1\text{m} = 10\text{kN} \cdot \text{m}$$

计算结果 $F_{S_1}$ 与 $M_1$ 为正，表明两者的实际方向与假设相同，即 $F_{S_1}$ 为正剪力，$M_1$ 为正弯矩。

(3) 求横截面 2—2 上的剪力和弯矩。假想地沿横截面 2—2 把梁截开，仍取左段梁为研究对象，设横截面上的剪力 $F_{S_2}$ 和弯矩 $M_2$ 均为正（图5-16c）。由平衡方程
$$\Sigma Y = 0 \quad F_A - F_1 - F_{S_2} = 0$$
得
$$F_{S_2} = F_A - F_1 = 10\text{kN} - 10\text{kN} = 0$$
$$\Sigma M_O = 0 \quad M_2 - F_A \times 4\text{m} + F_1 \times 2\text{m} = 0$$
得
$$M_2 = F_A \times 4\text{m} - F_1 \times 2\text{m} = 10\text{kN} \times 4\text{m} - 10\text{kN} \times 2\text{m} = 20\text{kN} \cdot \text{m}$$

由计算结果知，$M_2$ 为正弯矩。

(4) 求横截面 3—3 上的剪力和弯矩。假想地沿横截面 3—3 把梁截开，取右段梁为研究对象，设横截面上的剪力 $F_{S_3}$ 和弯矩 $M_3$ 均为正（图5-16d）。由平衡方程
$$\Sigma Y = 0 \quad F_B + F_{S_3} = 0$$
得
$$F_{S_3} = -F_B = -10\text{kN}$$
$$\Sigma M_O = 0 \quad F_B \times 1\text{m} - M_3 = 0$$
得
$$M_3 = F_B \times 1\text{m} = 10\text{kN} \times 1\text{m} = 10\text{kN} \cdot \text{m}$$

计算结果 $F_{S_3}$ 为负，表明 $F_{S_3}$ 的实际方向与假设相反，即 $F_{S_3}$ 为负剪力。$M_3$ 为正弯矩。

从上面例题的计算过程，可以总结出内力计算的如下规律：

(1) 梁任一横截面上的剪力，其数值等于该截面左边（或右边）梁上所有外力在该截面方向上投影的代数和。横截面左边梁上向上的外力或右边梁上向下的外力在该截面方向上的投影为正，反之为负。

(2) 梁任一横截面上的弯矩，其数值等于该截面左边（或右边）梁上所有外力对该截面形心之矩的代数和。横截面左边梁上的外力对该截面形心之矩为顺时针转向，

或右边梁上的外力对该截面形心之矩为逆时针转向为正,反之为负。

利用上述规律,可以直接根据横截面左边或右边梁上的外力来求该截面上的剪力和弯矩,而不必列出平衡方程。

### 5.3.3 剪力图和弯矩图

1. 用内力方程法绘制剪力图和弯矩图

(1) 剪力方程和弯矩方程

由例 5-3 可以看出,在一般情况下,梁横截面上的剪力和弯矩随横截面的位置而变化。若沿梁的轴线建立 $x$ 轴,以坐标 $x$ 表示梁的横截面的位置,则梁横截面上的剪力和弯矩均可表示为坐标 $x$ 的函数,即

$$F_S = F_S(x), M = M(x)$$

以上两式分别称为梁的**剪力方程**和**弯矩方程**。在写这两个方程时,一般是以梁的左端为 $x$ 坐标的原点,有时为了方便,也可以把坐标原点取在梁的右端。

(2) 内力方程法

与轴力图或扭矩图一样,我们用剪力图和弯矩图来表示梁各横截面上的剪力和弯矩沿梁轴线的变化情况。用与梁轴线平行的 $x$ 轴表示横截面的位置,以横截面上的剪力值或弯矩值为纵坐标,按适当的比例绘出剪力方程或弯矩方程的图线,这种图线称为**剪力图**或**弯矩图**。绘图时将正剪力绘在 $x$ 轴上方,负剪力绘在 $x$ 轴下方,并标注正负号;正弯矩绘在 $x$ 轴下方,负弯矩绘在 $x$ 轴上方,即将弯矩图绘在梁的受拉侧,而不须标注正负号。这种绘制剪力图和弯矩图的方法称为**内力方程法**,这是绘制内力图的基本方法。

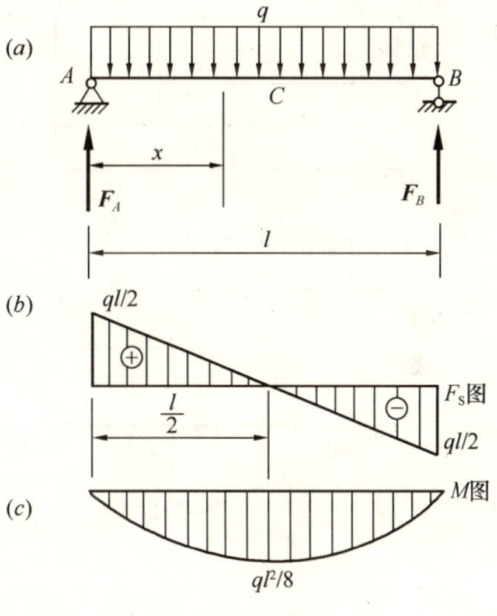

【**例 5-4**】 绘制图 5-17 ($a$) 所示简支梁的剪力图和弯矩图。

【**解**】

(1) 求支座反力。取梁整体为研究对象,由平衡方程 $\Sigma M_A = 0$、$\Sigma M_B = 0$,得

$$F_A = F_B = \frac{ql}{2}$$

图 5-17

(2) 列剪力方程和弯矩方程。取图中的 $A$ 点为坐标原点,建立 $x$ 坐标轴,由坐标为 $x$ 的横截面以左梁上的外力列出剪力方程和弯矩方程如下:

$$F_S(x) = F_A - qx = \frac{ql}{2} - qx \quad (0 < x < l)$$

$$M(x) = F_A x - q\frac{x^2}{2} = \frac{ql}{2}x - \frac{q}{2}x^2 \quad (0 \leqslant x \leqslant l)$$

因在支座 $A$、$B$ 处有集中力作用,剪力在此两截面处有突变,而且为不定值,故剪力方程的适用范围用开区间的符号表示;弯矩值在该两截面处没有突变,弯矩方程的适用范围用闭区间的符号表示。

(3) 绘剪力图和弯矩图。由剪力方程可以看出,该梁的剪力图是一条直线,只要算出两个点的剪力值就可以绘出:

$$x = 0, F_{SA} = \frac{ql}{2}$$

$$x = l, F_{SB} = -\frac{ql}{2}$$

由弯矩方程可知,弯矩图是一条抛物线,至少要计算出三个点的弯矩值才能大致绘出:

$$x = 0, M_A = 0$$

$$x = l, M_B = 0$$

$$x = \frac{l}{2}, M_C = \frac{ql^2}{8}$$

根据求出的各值,绘出梁的剪力图和弯矩图分别如图 5-17 ($b$、$c$) 所示(坐标系通常不画出)。由图可见,最大剪力发生在靠近两支座的横截面上,其值为 $|F_S|_{max} = \frac{ql}{2}$;最大弯矩发生在梁跨中点横截面上,其值为 $M_{max} = \frac{ql^2}{8}$,该截面上的剪力为零。

【例 5-5】 绘制图 5-18 ($a$) 所示简支梁的剪力图和弯矩图。

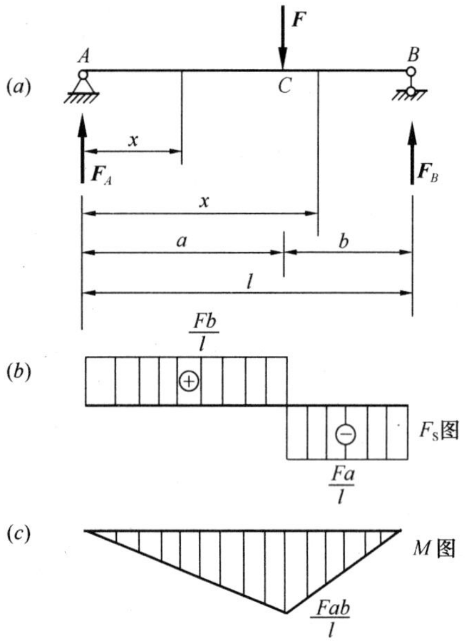

【解】

(1) 求支座反力。由梁的平衡方程 $\Sigma M_A = 0$、$\Sigma M_B = 0$,得

$$F_A = \frac{Fb}{l}, F_B = \frac{Fa}{l}$$

(2) 列剪力方程和弯矩方程。取图中的 $A$ 点为坐标原点,建立 $x$ 坐标轴。因为 $AC$、$CB$ 段的内力方程不同,所以必须分别列出。两段的内力方程分别为

$AC$ 段:

$$F_S(x) = F_A = \frac{Fb}{l} \quad (0 < x < a)$$

$$M(x) = F_A x = \frac{Fb}{l} x \quad (0 \leqslant x \leqslant a)$$

$CB$ 段:

$$F_S(x) = F_A - F = -\frac{Fa}{l} \quad (a < x < l)$$

$$M(x) = F_B(l-x) = \frac{Fa}{l}(l-x) \quad (a \leqslant x \leqslant l)$$

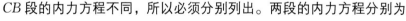

图 5-18

(3) 绘剪力图和弯矩图。由剪力方程知，两段梁的剪力图均为水平线。在向下的集中力 $F$ 作用的 $C$ 处，剪力图出现向下的突变（图 5-18b），突变值等于集中力的大小。由弯矩方程知，两段梁的弯矩图均为斜直线，但两直线的斜率不同，在 $C$ 处形成向下凸的尖角（图 5-18c）。

由图可见，如果 $a>b$，则最大剪力发生在 $CB$ 段梁的任一横截面上，其值为 $|F_S|_{max}=\dfrac{Fa}{l}$；最大弯矩发生在集中力 $F$ 作用的横截面上，其值为 $M_{max}=\dfrac{Fab}{l}$，剪力图在此处改变了正、负号。如果 $a=b=\dfrac{l}{2}$，则 $M_{max}=\dfrac{Fl}{4}$。

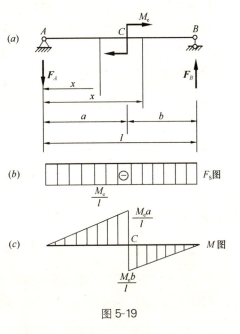

图 5-19

【例 5-6】 绘制图 5-19（a）所示简支梁的剪力图和弯矩图。

【解】
(1) 求支座反力。支座 $A$、$B$ 处的反力 $F_A$ 与 $F_B$ 组成一力偶，与力偶 $M_e$ 相平衡，故

$$F_A = F_B = \frac{M_e}{l}$$

(2) 列剪力方程和弯矩方程。$AC$ 和 $CB$ 两段梁的内力方程分别为

$AC$ 段：

$$F_S(x) = -F_A = -\frac{M_e}{l} \quad (0<x\leqslant a)$$

$$M(x) = -F_A x = -\frac{M_e}{l}x \quad (0\leqslant x<a)$$

$CB$ 段：

$$F_S(x) = -F_B = -\frac{M_e}{l} \quad (a\leqslant x<l)$$

$$M(x) = -F_B(l-x) = \frac{M_e}{l}(l-x) \quad (a<x\leqslant l)$$

在集中力偶作用的 $C$ 截面处，弯矩有突变而为不定值，故弯矩方程的适用范围用开区间的符号表示。

(3) 绘剪力图和弯矩图。由剪力方程可知，剪力图是一条与 $x$ 轴平行的直线（图 5-19b）。由弯矩方程可知，弯矩图是两条互相平行的斜直线，$C$ 处截面上的弯矩出现突变（图 5-19c），突变值等于集中力偶矩的大小。

由图可见，如果 $a>b$，则最大弯矩发生在集中力偶 $M_e$ 作用处稍左的横截面上，

其值为 $|M|_{\max}=\dfrac{M_e a}{l}$。不管集中力偶 $M_e$ 作用在梁的任何横截面上,梁的剪力图都与图5-19（b）一样（请读者自行思考）。可见,集中力偶不影响剪力图。

2. 用微分关系法绘制剪力图和弯矩图

(1) 弯矩、剪力与分布荷载集度之间的微分关系

在例 5-4 中,若规定向下的分布荷载集度为负,则将弯矩 $M(x)$ 对 $x$ 求导数,就得到剪力 $F_S(x)$；再将 $F_S(x)$ 对 $x$ 求导数,可得到荷载集度 $q(x)$。可以证明,在直梁中普遍存在这种关系,即

$$\frac{\mathrm{d}F_S(x)}{\mathrm{d}x}=q(x) \tag{5-2}$$

与

$$\frac{\mathrm{d}M(x)}{\mathrm{d}x}=F_S(x) \tag{5-3}$$

由上两式还可得到

$$\frac{\mathrm{d}M^2(x)}{\mathrm{d}x^2}=q(x) \tag{5-4}$$

以上三式就是弯矩、剪力与分布荷载集度之间的**微分关系**。

根据式 (5-2) ～式 (5-4),可得出剪力图和弯矩图的如下规律：

1) 在无荷载作用的一段梁上,$q(x)=0$。由 $\dfrac{\mathrm{d}F_S(x)}{\mathrm{d}x}=q(x)=0$ 可知,该梁段内各横截面上的剪力 $F_S(x)$ 为常数,故剪力图必为平行于 $x$ 轴的直线。再由 $\dfrac{\mathrm{d}M(x)}{\mathrm{d}x}=F_S(x)=$ 常数可知,弯矩 $M(x)$ 为 $x$ 的一次函数,故弯矩图必为斜直线,其倾斜方向由剪力符号决定：

当 $F_S(x)>0$ 时,弯矩图为向下倾斜的直线；

当 $F_S(x)<0$ 时,弯矩图为向上倾斜的直线；

当 $F_S(x)=0$ 时,弯矩图为水平直线。

以上这些可从例 5-5 和例 5-6 中的剪力图和弯矩图验证。

2) 在均布荷载作用的一段梁上,$q(x)=$ 常数 $\neq 0$。由 $\dfrac{\mathrm{d}^2 M(x)}{\mathrm{d}^2 x}=\dfrac{\mathrm{d}F_S(x)}{\mathrm{d}x}=q(x)=$ 常数可知,该梁段内各横截面上的剪力 $F_S(x)$ 为 $x$ 的一次函数,而弯矩 $M(x)$ 为 $x$ 的二次函数,故剪力图必然是斜直线,而弯矩图是抛物线。

当 $q(x)>0$（荷载向上）时,剪力图为向上倾斜的直线,弯矩图为向上凸的抛物线；

当 $q(x)<0$（荷载向下）时,剪力图为向下倾斜的直线,弯矩图为向下凸的抛物线；

由 $\dfrac{\mathrm{d}M(x)}{\mathrm{d}x}=F_S(x)$ 还可知,若某横截面上的剪力 $F_S(x)=0$,则该截面上的

弯矩 $M(x)$ 必为极值。梁的最大弯矩有可能发生在剪力为零的横截面上。以上这些可从例 5-4 中的剪力图和弯矩图验证。

3) 在集中力作用处，剪力图出现突变，突变值为该处集中力的大小；此时弯矩图的斜率也发生突然变化，因而弯矩图在此处出现一尖角。以上这些可从例 5-5 中的剪力图和弯矩图验证。

4) 在集中力偶作用处，弯矩图出现突变，突变值为该处集中力偶矩的大小，但剪力图却没有变化，故集中力偶作用处两侧弯矩图的斜率相同。以上这些可从例 5-6 中的剪力图和弯矩图验证。

为方便记忆，将以上剪力图和弯矩图的图形规律归纳成表 5-1。

梁内力图的图形规律 表 5-1

| 梁段<br>图形规律<br>内力图 | 无荷载作用段 | | $q$ 作用段 | | $F$ 作用处 | | $M_e$ 作用处 | |
|---|---|---|---|---|---|---|---|---|
| $F_S$ 图 | | | | | | | 无影响 | 无影响 |
| $M$ 图 | | | | | | | | |

(2) 微分关系法

利用上述内力变化规律，可以不必列出剪力方程和弯矩方程，而更简捷地绘制剪力图和弯矩图。这种绘制剪力图和弯矩图的方法称为**微分关系法**，其步骤如下：

1) **分段定形**。根据梁所受外力情况将梁分为若干段，并判断各梁段的剪力图和弯矩图的形状；

2) **定点绘图**。计算特殊截面上的剪力值和弯矩值，逐段绘制剪力图和弯矩图。

【例 5-7】 绘制图 5-20 (a) 所示外伸梁的剪力图和弯矩图。

【解】

(1) 求支座反力。利用对称性，支座反力为

$$F_A = F_B = 3qa$$

(2) 绘剪力图。根据梁上的外力，将梁分成 CA、AB、BD 三段。横截面 C 上的剪力

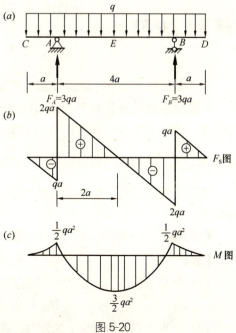

图 5-20

$F_{SC}=0$。$CA$段受向下均布荷载的作用，剪力图为向右下倾斜的直线。由内力计算规律，支座$A$左侧横截面上的剪力为

$$F_{SA}^L = -qa$$

横截面$A$上受支座反力$F_A$的作用，剪力图向上突变，突变值等于$F_A$的大小$3qa$。支座$A$右侧横截面上的剪力为

$$F_{SA}^R = -qa + F_A = 2qa$$

$AB$段受向下均布荷载的作用，剪力图为向右下倾斜的直线。支座$B$左侧横截面上的剪力为

$$F_{SB}^L = -3qa + qa = -2qa$$

并由

$$F_{SA}^R - qx = 2qa - qx = 0$$

得剪力为零的横截面$E$的位置$x=2a$。横截面$B$上受支座反力$F_B$的作用，剪力图向上突变，突变值等于$F_B$的大小$3qa$。支座$B$右侧横截面上的剪力为

$$F_{SB}^R = qa$$

$BD$段受向下均布荷载的作用，剪力图为向右下倾斜的直线。横截面$D$上的剪力$F_{SD}=0$。全梁的剪力图如图 5-20 ($b$) 所示。

(3) 绘弯矩图。横截面$C$上的弯矩$M_C=0$。$CA$段受向下均布荷载的作用，弯矩图为向下凸的抛物线。由内力计算规律，横截面$A$上的弯矩为

$$M_A = -\frac{1}{2} \times qa \times a = -\frac{qa^2}{2}$$

$AB$段受向下均布荷载的作用，弯矩图为向下凸的抛物线。横截面$E$上的弯矩为

$$M_E = F_A \times 2a - 3qa \times \frac{3a}{2} = \frac{3qa^2}{2}$$

横截面$B$上的弯矩为

$$M_B = -\frac{1}{2} \times qa \times a = -\frac{qa^2}{2}$$

$BD$段受向下均布荷载的作用，弯矩图为向下凸的抛物线。横截面$D$上的弯矩$M_D=0$。全梁的弯矩图如图 5-20 ($c$) 所示。

梁的最大剪力发生在支座$A$右侧和支座$B$左侧横截面上，其值为$|F_S|_{max}=2qa$。最大弯矩发生在跨中点横截面$E$上，其值为$M_{max}=\frac{3qa^2}{2}$，该截面上的剪力$F_{SE}=0$。

本题也可以绘出$CE$段梁的剪力图和弯矩图，利用对称性而得到全梁的剪力图和弯矩图。

【**例 5-8**】 绘制图 5-21 ($a$) 所示简支梁的剪力图和弯矩图。

【**解**】

(1) 计算支座反力。由梁的平衡方程 $\Sigma M_A=0$、$\Sigma M_B=0$，得

$$F_B = 24\text{kN}, F_A = 16\text{kN}$$

(2) 绘剪力图。根据梁上的外力，将梁分成$AC$、$CD$、$DE$和$EB$四段。在支座反

力 $F_A$ 作用的横截面 $A$ 上，剪力图向上突变，突变值等于 $F_A$ 的大小 16kN。$AC$ 段受向下均布荷载的作用，剪力为向右下倾斜的直线。横截面 $C$ 上的剪力为

$$F_{SC} = F_A - 10\text{kN/m} \times 2\text{m} = -4\text{kN}$$

并由

$$F_A - 10x = 0$$

得到剪力为零的横截面 $G$ 的位置 $x = 1.6\text{m}$。

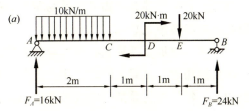
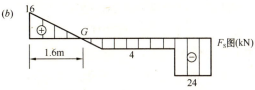
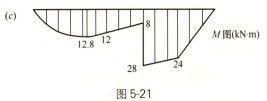

图 5-21

$CD$ 段和 $DE$ 段上无荷载作用，横截面 $D$ 上受集中力偶的作用，故 $CE$ 段的剪力图为水平线。横截面 $E$ 上受向下的集中力作用，剪力图向下突变，突变值等于集中力的大小 20kN。

$EB$ 段上无荷载作用，剪力图为水平线。横截面 $B$ 上受支座反力 $F_B$ 作用，剪力图向上突变，突变值等于 $F_B$ 的大小 24kN。全梁的剪力图如图 5-21(b) 所示。

(3) 绘弯矩图。$AC$ 段受向下均布荷载的作用，弯矩图为向下凸的抛物线。横截面 $A$ 上的弯矩 $M_A = 0$。横截面 $G$ 上的弯矩为

$$M_G = F_A \times 1.6\text{m} - \frac{1}{2} \times 10\text{kN/m} \times 1.6\text{m} \times 1.6\text{m} = 12.8\text{kN} \cdot \text{m}$$

横截面 $C$ 上的弯矩为

$$M_C = F_A \times 2\text{m} - \frac{1}{2} \times 10\text{kN/m} \times 2\text{m} \times 2\text{m} = 12\text{kN} \cdot \text{m}$$

$CD$ 段上无荷载作用，且剪力为负，故弯矩图为向上倾斜的直线。$D$ 点左侧横截面上的弯矩为

$$M_D^L = F_A \times 3\text{m} - 10\text{kN/m} \times 2\text{m} \times 2\text{m} = 8\text{kN} \cdot \text{m}$$

横截面 $D$ 上受集中力偶的作用，力偶矩为顺时针转向，故弯矩图向下突变，突变值等于集中力偶矩的大小 20kN·m。$D$ 点右侧横截面上的弯矩 $M_D^R = 28$kN·m。

$DE$ 段上无荷载作用，剪力为负，故弯矩图为向右上倾斜的直线。横截面 $E$ 上的弯矩为

$$M_E = F_B \times 1\text{m} = 24\text{kN} \cdot \text{m}$$

$EB$ 段上无荷载作用，剪力为负，故弯矩图为向右上倾斜的直线。横截面 $B$ 上的弯矩 $M_B = 0$。全梁的弯矩图如图 5-21(c) 所示。

梁的最大剪力发生在 $EB$ 段各横截面上，其值为 $|F_S|_{max} = 24$kN。最大弯矩发生在 $D$ 点右侧横截面上，其值为 $M_{max} = 28$kN·m。

3. 用区段叠加法绘制弯矩图

(1) 叠加原理

计算构件在多个荷载共同作用下引起的某一参数（内力、应力、位移等），可利

用叠加原理，它可表述为：**由几个外力所引起的某一参数值，等于每个外力单独作用时所引起的该参数值之总和**。

应当注意，叠加原理只有在参数与外力成线性关系时才成立。

按照叠加原理，当梁上同时作用几个荷载时，可以先分别求出每个荷载单独作用下梁的弯矩，然后进行叠加（求代数和），即得这些荷载共同作用下的弯矩。下面说明如何用叠加原理绘制梁的弯矩图。

如图 5-22 (a) 所示简支梁，梁上作用的荷载分两部分：跨间均布荷载 $q$ 和端部集中力偶荷载 $M_A$ 和 $M_B$。当端部力偶 $M_A$ 和 $M_B$ 单独作用时，梁的弯矩图（$M_m$ 图）为一直线，如图 5-22 (b) 所示。当跨间均布荷载 $q$ 单独作用时，梁的弯矩图（$M_q$ 图）为二次抛物线，如图 5-22 (c) 所示。当端部集中力偶 $M_A$ 和 $M_B$ 和跨间均布荷载 $q$ 共同作用时，利用叠加原理将图 5-22 (b) 的 $M_m$ 图和图 5-22 (c) 的 $M_q$ 图叠加，得到梁的弯矩图如图 5-22 (d) 所示。

值得注意的是：弯矩图的叠加，是指纵坐标的叠加，即在图 5-22 (d) 中，纵坐标 $M$ 与 $M_m$、$M_q$ 一样垂直于杆轴线 $AB$，而不垂直于图中虚线。

(2) 区段叠加法

对梁整体利用叠加原理绘制弯矩图往往比较繁琐，并不实用。通常根据梁上荷载，将梁分为若干段，在每个区段上利用叠加原理绘制弯矩图，这种方法称为**区段叠加法**。

若绘制图 5-23 (a) 所示梁中 $AB$ 段的弯矩图，则取如图 5-23 (b) 所示的隔离

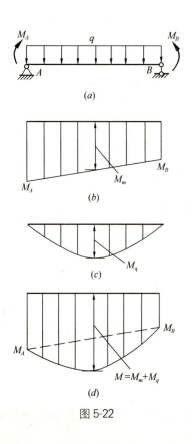

图 5-22

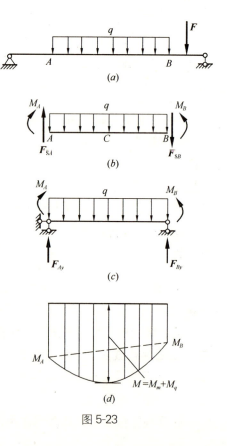

图 5-23

体,隔离体上作用的力除均布荷载 $q$ 外,还有内力,包括杆端弯矩 $M_A$ 和 $M_B$,剪力 $F_{SA}$ 和 $F_{SB}$。

与梁段 $AB$ 静力等效的简支梁如图 5-23(c)所示,其上作用的荷载为杆端弯矩 $M_A$ 和 $M_B$ 及均布荷载 $q$,支座反力

$$F_{Ay} = F_{SA}, F_{By} = -F_{SB}$$

图 5-23(c)所示简支梁称为梁段 $AB$ 的相应简支梁。于是,绘制 $AB$ 段的弯矩图的问题就归结成了绘制相应简支梁的弯矩图的问题。而如前所述,相应简支梁的弯矩图可以利用叠加原理绘制,如图 5-23(d)所示。这就是利用叠加原理绘制梁段弯矩图的区段叠加法。

采用区段叠加法绘制梁段弯矩图的步骤如下:

1) 选取梁上的外力不连续点(如集中力作用点、集中力偶作用点、分布荷载作用的起点和终点等)作为控制截面,并求出控制截面上的弯矩值,从而确定弯矩图的控制点。

2) 如控制截面间无均布荷载作用时,用直线连接两控制点就绘出了该段的弯矩图。如控制截面间有均布荷载作用时,先用虚直线连接两控制点,然后以此虚直线为基线,叠加上该段在均布荷载单独作用下的相应简支梁的弯矩图,从而绘出该段的弯矩图。

【例 5-9】 绘制图 5-24(a)所示外伸梁的剪力图和弯矩图。

【解】

(1) 求支座反力。由梁整体的平衡方程 $\sum M_A = 0$, $\sum Y = 0$ 可求出支座反力为

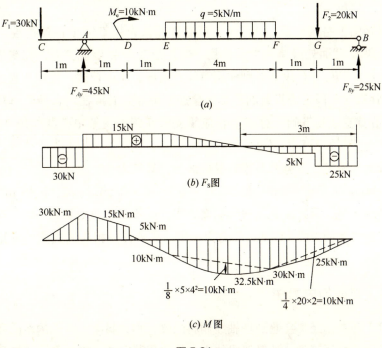

图 5-24

$$F_{Ay} = 45\text{kN}, F_{By} = 25\text{kN}$$

(2) 绘剪力图。剪力图仍用微分关系法绘制。根据荷载作用的情况，可以把整个梁分成 CA、AE、EF、FG 和 GB 五段。CA、FG 和 GB 三段无荷载作用，AE 段上的力偶 $M_e$ 对 $F_S$ 无影响，各段的 $F_S$ 为常数，$F_S$ 图为水平直线。横截面 C、A、G、B 上有集中力作用，剪力图上有突变。EF 段有均布荷载作用，$F_S$ 图是一条向右下倾斜的直线。横截面 F 上的剪力为

$$F_{SF} = 20\text{kN} - 25\text{kN} = -5\text{kN}$$

并由

$$(x-2) \times q + F_2 - F_{By} = 0$$

即

$$(x-2)\text{m} \times 5\text{kN/m} + 20\text{kN} - 25\text{kN} = 0$$

得到剪力为零的横截面位置 $x=3$m。全梁的剪力图如图 5-24（b）所示。

(3) 绘弯矩图。弯矩图用区段叠加法绘制。选择 C、A、D、E、F 和 B 作为控制截面，求出各控制截面上的弯矩值为

$$M_C = 0$$
$$M_A = -F_1 \times 1\text{m} = -30\text{kN} \cdot \text{m}$$
$$M_D^L = -F_1 \times 2\text{m} + F_{Ay} \times 1\text{m} = -15\text{kN} \cdot \text{m}$$
$$M_D^R = -F_1 \times 2\text{m} + F_{Ay} \times 1\text{m} + 10\text{kN} \cdot \text{m} = -5\text{kN} \cdot \text{m}$$
$$M_E = -F_1 \times 3\text{m} + F_{Ay} \times 2\text{m} + 10\text{kN} \cdot \text{m} = 10\text{kN} \cdot \text{m}$$
$$M_F = F_{By} \times 2\text{m} - F_2 \times 1\text{m} = 30\text{kN} \cdot \text{m}$$
$$M_B = 0$$

依次确定弯矩图上各控制点。AC 为无荷载作用段，用直线把相邻两控制点相连即可。在 AE 段 D 截面处有集中力偶作用，弯矩图在 D 处出现突变，突变值等于集中力偶矩的大小。EF、FB 段上分别作用有均布荷载、集中荷载，先用虚直线分别连接两相邻控制点，EF 段在虚直线的基础上叠加上相应简支梁在均布荷载作用下的弯矩图，FB 段在虚直线的基础上叠加上相应简支梁在跨中受集中荷载作用下的弯矩图。绘出全梁的弯矩图如图 5-24（c）所示。

梁的最大弯矩发生在剪力为零的横截面上，其值为

$$M_{max} = F_{By} \times 3\text{m} - F_2 \times 2\text{m} - q \times 1\text{m} \times 0.5\text{m} = 32.5\text{kN} \cdot \text{m}$$

需要指出的是，用区段叠加法绘制弯矩图，并不是必须把所有外力不连续点作为控制截面，例如本例中的 FG 和 GB 合为一段，只要该段相应简支梁的弯矩图容易绘制即可。

### 5.3.4 斜梁的内力图

在建筑工程中，经常会遇到杆轴线倾斜的梁，称为**斜梁**。常见的斜梁有楼梯、锯齿形楼盖和火车站雨篷等。计算斜梁的内力仍采用截面法，内力图的绘制和水平梁类

似。但要注意斜梁的轴线与水平方向有一个角度，由此带来一些不同之处。下面举例加以说明。

【例 5-10】 绘制图 5-25（a）所示楼梯斜梁的内力图。已知 $q_1$、$q_2$、$l$、$h$。

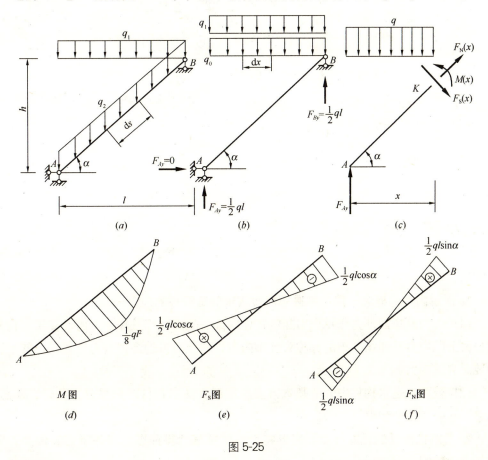

图 5-25

【解】

楼梯斜梁的荷载一般分两部分：一是沿水平方向均布的楼梯上的人群荷载 $q_1$，二是沿楼梯梁轴线方向均布的楼梯的自重荷载 $q_2$，如图 5-25（a）所示。为了计算上的方便，通常将沿楼梯轴线方向均布的自重荷载 $q_2$ 换算成沿水平方向均布的荷载 $q_0$，如图 5-25（b）所示。然后再进行内力的计算和内力图的绘制。

(1) 换算荷载。换算时可以根据在同一微段上合力相等的原则进行，即

$$q_0 \mathrm{d}x = q_2 \mathrm{d}s$$

因此

$$q_0 = \frac{q_2 \mathrm{d}s}{\mathrm{d}x} = \frac{q_2}{\cos\alpha}$$

沿水平方向总的均布荷载为

$$q = q_1 + q_0$$

(2) 求支座反力。取斜梁为研究对象，由平衡方程求得支座反力为

$$F_{Ax} = 0, \quad F_{Ay} = F_{By} = \frac{1}{2}ql$$

(3) 计算任一截面 $K$ 上的内力。取如图5-25 ($c$) 所示的 $AK$ 段为隔离体，由平衡方程可以求得内力表达式为

$$M(x) = F_{Ay}x - \frac{1}{2}qx^2 = \frac{1}{2}qlx - \frac{1}{2}qx^2$$

$$F_S(x) = F_{Ay}\cos\alpha - qx\cos\alpha = \left(\frac{1}{2}ql - qx\right)\cos\alpha$$

$$F_N(x) = -F_{Ay}\sin\alpha + qx\sin\alpha = -\left(\frac{1}{2}ql - qx\right)\sin\alpha$$

(4) 绘制内力图。由 $M(x)$、$F_S(x)$ 和 $F_N(x)$ 的表达式，绘出内力图分别如图5-25 ($d\sim f$) 所示。

## 单元小结

1. 理解内力的概念，熟练掌握用截面法求静定杆件的内力。

(1) 内力是指因外力作用而引起的物体内部各质点间相互作用力的改变量。构件横截面上的内力是连续分布的，称为分布内力，分布内力的合力（力或力偶）就是我们要研究的内力。

(2) 截面法是求构件内力的基本方法。用截面法求构件内力可分为截开、取出、代替、平衡等四个步骤。

2. 了解拉压杆的受力特点和变形特点，了解其计算简图，熟练掌握其轴力计算和轴力图绘制。

(1) 拉压杆的受力特点是外力或外力合力的作用线与杆件的轴线重合；变形特点是沿轴线方向的伸长或缩短，同时横向尺寸也发生变化。

(2) 拉压杆横截面上的内力称为轴力，轴力由截面法计算。轴力以拉为正，压为负。

(3) 轴力与横截面位置关系的图线称为轴力图。绘图时以平行于杆轴线的坐标表示横截面的位置，垂直于杆轴线的坐标表示相应截面上的轴力数值，将正的轴力画在上方，负的画在下方。

3. 了解受扭杆的受力特点和变形特点，了解其计算简图，熟练掌握其扭矩计算和扭矩图绘制。

(1) 受扭杆的受力特点是在杆件两端受到两个作用面垂直于杆轴线的力偶的作用，两力偶大小相等、转向相反；变形特点是杆件任意两个横截面都绕杆轴线作相对转动。

(2) 受扭杆横截面上的内力称为扭矩，扭矩由截面法计算。扭矩的符号规定：使

右手四指的握向与扭矩的转向一致，若拇指指向截面外法线，则扭矩为正；反之为负。

(3) 扭矩与横截面位置关系的图线称为扭矩图。绘图时以平行于杆轴线的坐标表示横截面的位置，垂直于杆轴线的坐标表示相应截面上的扭矩数值，将正的扭矩画在上方，负的画在下方。

4. 了解单跨梁在平面弯曲时的受力特点和变形特点，了解其计算简图，熟练掌握其剪力和弯矩计算，剪力图和弯矩图绘制。

(1) 平面弯曲是工程中最常见的情况，也是最基本的弯曲问题。发生平面弯曲的梁的横截面都具有一个竖向对称轴，该轴与梁的轴线构成的平面称为梁的纵向对称面。平面弯曲梁的受力特点是外力都作用在梁的纵向对称面内，变形特点是梁的轴线在此对称面内弯成一条曲线。

(2) 梁横截面上的内力称为剪力和弯矩，剪力的符号规定：剪力使微段梁产生顺时针方向转动趋势时为正；反之为负。弯矩的符号规定：弯矩使微段梁产生上部受压、下部受拉时为正；反之为负。

(3) 剪力和弯矩可由截面法计算，但经常是利用由截面法得出的内力计算规律进行计算。

1) 梁任一横截面上的剪力，其数值等于该截面左边（或右边）梁上所有外力在该截面方向上投影的代数和。横截面左边梁上向上的外力或右边梁上向下的外力在该截面方向上的投影为正，反之为负。

2) 梁任一横截面上的弯矩，其数值等于该截面左边（或右边）梁上所有外力对该截面形心之矩的代数和。横截面左边梁上的外力对该截面形心之矩为顺时针转向，或右边梁上的外力对该截面形心之矩为逆时针转向为正，反之为负。

(4) 绘制梁的剪力图和弯矩图的方法有内力方程法、微分关系法和区段叠加法。

1) 内力方程法是列出剪力方程和弯矩方程，在规定的坐标系内绘制方程所表示的图像。这是绘制剪力图和弯矩图的基本方法。但当梁上所受荷载复杂时，这种方法十分繁琐。

2) 微分关系法是利用弯矩、剪力与分布荷载集度之间微分关系得出的图形规律，分段定形、定点绘图。这种方法比较简便，在工程实际中经常采用。

3) 区段叠加法是在某一梁段上利用叠加原理绘制弯矩图，经常在有均布荷载作用的梁段上使用。区段叠加法往往是与微分关系法结合起来使用。

## 思考题

5-1 试各举出一个拉压、扭转和弯曲的工程实例。

5-2　试判断图示构件中哪些属于轴向拉伸或轴向压缩?

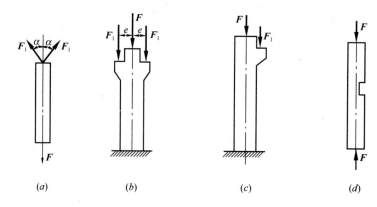

思考题 5-2 图

5-3　试判断图示构件中哪些发生扭转变形?

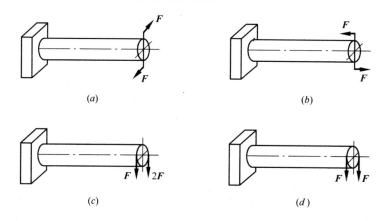

思考题 5-3 图

5-4　试判断图示各梁中哪些属于平面弯曲?

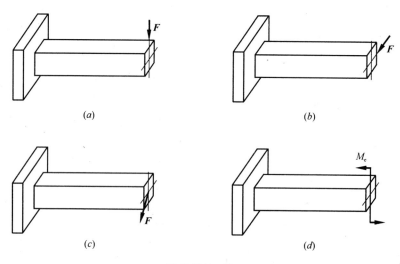

思考题 5-4 图

5-5 对内力为什么要规定正负号？轴力、扭矩以及剪力和弯矩的正负号是如何规定的？

5-6 用截面法求图示杆的轴力时可否将截面恰恰截在着力点 $C$ 上？为什么？

5-7 如何理解在集中力作用处，剪力图有突变；在集中力偶作用处，弯矩图有突变？

5-8 梁的剪力图和弯矩图的图形有什么规律？

5-9 一简支梁的剪力图如图所示，试确定梁上的荷载及弯矩图。已知梁上无外力偶作用。

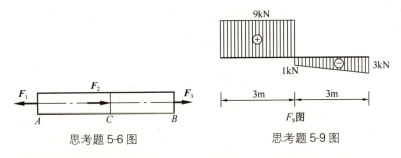

思考题 5-6 图    思考题 5-9 图

5-10 一简支梁的弯矩图如图所示，试确定梁上的荷载及剪力图。

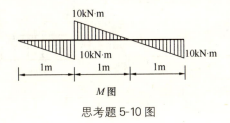

思考题 5-10 图

# 习题

5-1 求图示各杆指定截面上的轴力，并绘制轴力图。

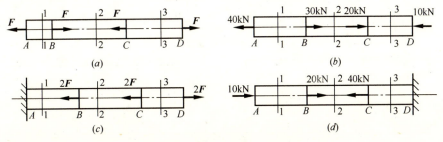

习题 5-1 图

5-2 求图示各轴指定横截面 1—1、2—2、3—3 上的扭矩，并绘制扭矩图。

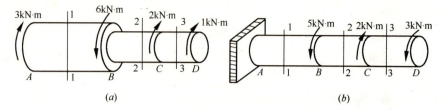

习题 5-2 图

5-3 图示传动轴，在横截面 $A$ 处的输入功率为 $P_A=15\text{kW}$，在横截面 $B$、$C$ 处的输出功率为 $P_B=10\text{kW}$，$P_C=5\text{kW}$，已知轴的转速 $n=60\text{r/min}$。绘制该轴的扭矩图。

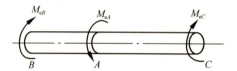

习题 5-3 图

5-4 求图示各梁指定截面上的剪力和弯矩。

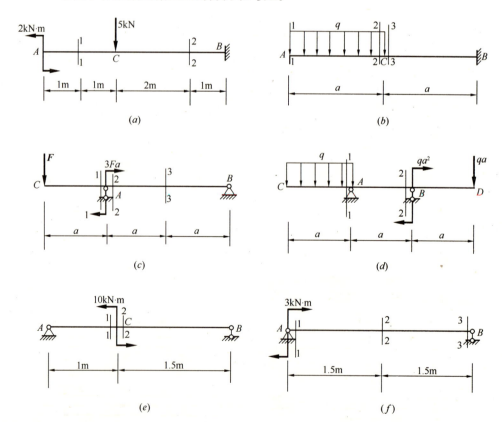

习题 5-4 图

5-5 试用内力方程法绘制图示各梁的剪力图和弯矩图。

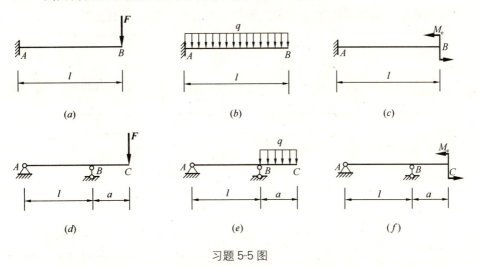

习题 5-5 图

5-6 试用微分关系法和区段叠加法绘制图示各梁的剪力图和弯矩图。

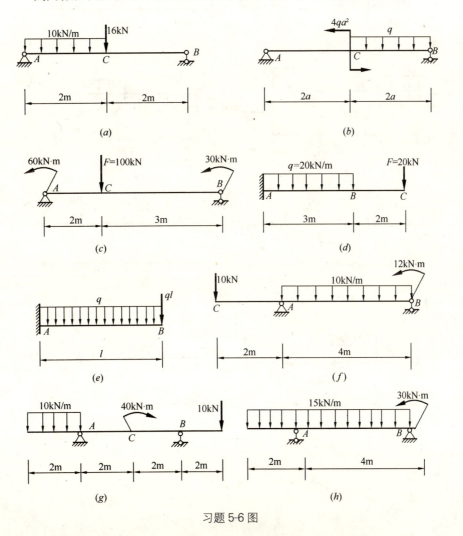

习题 5-6 图

5-7 试用微分关系法和区段叠加法绘制图示各梁的剪力图和弯矩图,并求最大剪力和最大弯矩。梁的最大剪力或最大弯矩一般发生在哪些截面上?

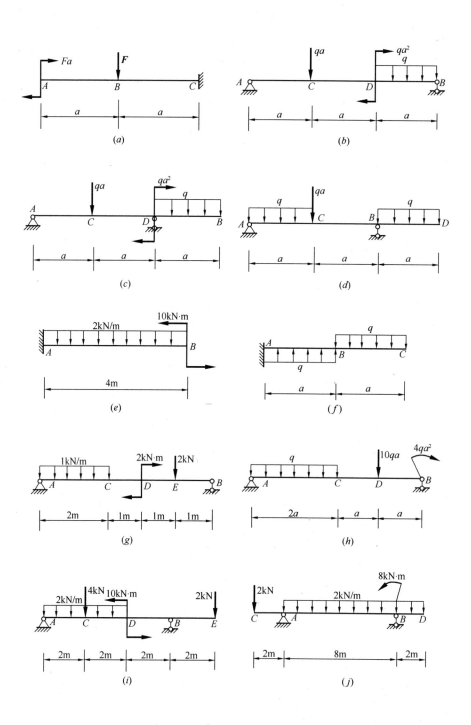

习题 5-7 图

5-8 绘制图示斜梁的内力图。

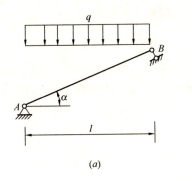
(a)

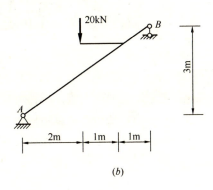
(b)

习题 5-8 图

# 单元 6 静定结构的内力

本单元介绍静定结构的内力分析和计算。静定结构内力分析的基本方法是截面法,利用截面法求出控制截面上的内力值,再利用内力变化规律,最后绘出结构的内力图。静定结构的内力计算是静定结构位移计算和超静定结构内力计算的基础。

## 6.1 多跨静定梁

### 6.1.1 工程实例和计算简图

多跨静定梁是由单跨静定梁通过铰加以适当连接而成的结构。多跨静定梁一般要跨越几个相连的跨度,它是工程中广泛使用的一种结构形式,最常见的有公路桥梁(图 6-1a)和房屋中的檩条梁(图 6-2a)等,其计算简图分别如图 6-1(b)和图 6-2(b)所示。

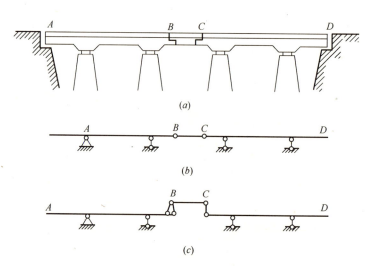

图 6-1

多跨静定梁有两种基本形式:第一种如图 6-1(b)所示,其特点是无铰跨和双铰跨交替出现;第二种如图 6-2(b)所示,其特点是第一跨无中间铰,其余各跨各有一个中间铰。

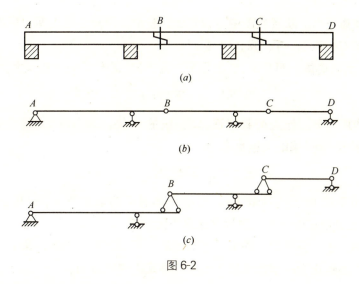

图 6-2

### 6.1.2 多跨静定梁的几何组成

就几何组成而言,多跨静定梁的各个部分可分为基本部分和附属部分。在图 6-1 (b) 中,AB 梁由三根支座链杆与基础相连接,是几何不变体系,能独立承受荷载,称为**基本部分**。CD 梁在竖向荷载作用下能独立维持平衡,故在竖向荷载作用下 CD 梁也可看作基本部分。而 BC 梁则必须依靠 AB 梁和 CD 梁的支承才能承受荷载并维持平衡,称为**附属部分**。在图 6-2 (b) 中,AB 梁是基本部分,而 BC 梁、CD 梁则是附属部分。为清晰起见,可将它们的支承关系分别用图 6-1 (c) 和图 6-2 (c) 表示,这样的图形称为**层次图**。

从层次图中可以看出:基本部分一旦遭到破坏,附属部分的几何不变性也将随之失去;而附属部分遭到破坏,在竖向荷载作用下基本部分仍可维持平衡。

### 6.1.3 多跨静定梁的内力计算和内力图绘制

多跨静定梁的计算首先要绘出其层次图。通过层次图可以看出力的传递过程。因为基本部分直接与基础相连接,所以当荷载作用于基本部分时,仅基本部分受力,附属部分不受力;当荷载作用于附属部分时,由于附属部分与基本部分相连接,故基本部分也受力。因此,**多跨静定梁的约束力计算顺序应该是先计算附属部分,再计算基本部分**。即从附属程度最高的部分算起,求出附属部分的约束力后,将其反向加于基本部分即为基本部分的荷载,再计算基本部分的约束力。

当求出每一段梁的约束力后,其内力计算和内力图的绘制就与单跨静定梁一样,最后将各段梁的内力图连在一起即为多跨静定梁的内力图。

【**例 6-1**】 绘制图 6-3 (a) 所示多跨静定梁的内力图。

【**解**】

(1) 绘层次图。梁 ABC 固定在基础上,是基本部分;梁 CDE 固定在梁 ABC 上,为附属部分,根据上述的分析,绘出多跨静定梁的层次图如图 6-3 (b) 所示。

**(2) 求支座反力。** 从层次图中可以看出，整个多跨静定梁由两个层次构成。在计算时，先计算 CDE 梁，再计算 ABC 梁。

取 CDE 为隔离体（图 6-3c），由平衡方程求出 CDE 梁的支座反力为

$$F_{Cx} = 0, F_{Cy} = -20\text{kN}, F_{Dy} = 100\text{kN}$$

将 $F_{Cy}$ 的反作用力 $F'_{Cy}$ 作为荷载加在 ABC 段的 C 处，取 ABC 为隔离体（图 6-3c），由平衡方程求出 ABC 梁的支座反力为

$$F_{Ax} = 0, \quad F_{Ay} = 48\text{kN}, \quad F_{By} = 12\text{kN}$$

对于作用于铰 C 上的荷载 $F_1$，取隔离体时可将其放在 CDE 段上，也可放在 ABC 段上，无论放在哪一段，对计算结果均无影响。

**(3) 绘内力图。** 各段梁的约束反力求出后，可以分别绘出各段梁的内力图，再将各段梁的内力图连接在一起就是所求的多跨静定梁的内力图。

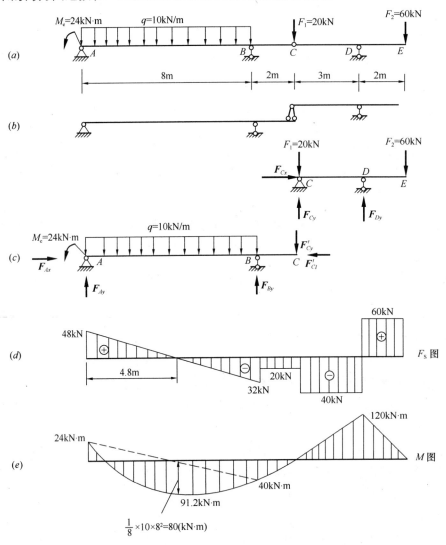

图 6-3

1) 绘剪力图。由图 6-3 (c) 可知，绘 ABC 梁内力图时分 AB 和 BC 两段。在向上的支座反力 $F_{Ay}$ 作用的横截面 A 上，剪力图向上突变，突变值等于 $F_{Ay}$ 的大小 48kN。AB 段受向下均布荷载的作用，剪力为向右下倾斜的直线。支座 B 左侧横截面上的剪力为

$$F_{SB}^{L} = F_{Ay} - 10\text{kN/m} \times 8\text{m} = -32\text{kN}$$

并由

$$F_{Ay} - 10x = 0$$

得到剪力为零的横截面位置 $x=4.8$m。支座 B 横截面上受向上的反力 $F_{By}$ 作用，剪力图向上突变，突变值等于 $F_{By}$ 的大小 12kN。BC 段上无荷载作用，剪力图为水平线。横截面 C 上受向上的集中力作用，剪力图向上突变，突变值等于集中力的大小 20kN。

由图 6-3 (c) 可知，绘 CDE 梁内力图时分 CD 和 DE 两段。横截面 C 上受向下的集中力作用，剪力图向下突变，突变值等于集中力的大小 40kN。CD 段上无荷载作用，剪力图为水平线。支座 D 横截面上受向上的反力 $F_{Dy}$ 作用，剪力图向上突变，突变值等于 $F_{Dy}$ 的大小 100kN。DE 段上无荷载作用，剪力图为水平线。横截面 E 上受向下的集中力作用，剪力图向下突变，突变值等于集中力的大小 60kN。全梁的剪力图如图 6-3 (d) 所示。

2) 绘弯矩图。用区段叠加法绘制弯矩图。选择 A、B、C、D、E 作为控制截面，由图 6-3 (c) 求出各控制截面上的弯矩值为

$$M_A = -24\text{kN} \cdot \text{m}$$
$$M_B = 20\text{kN} \times 2\text{m} = 40\text{kN} \cdot \text{m}$$
$$M_C = 0$$
$$M_D = -60\text{kN} \times 2\text{m} = -120\text{kN} \cdot \text{m}$$
$$M_E = 0$$

依次确定弯矩图上各控制点。AB 段上作用有均布荷载，先用虚直线连接两控制点，然后以虚直线为基线叠加上相应简支梁在均布荷载作用下的弯矩图。剪力为零的横截面上的弯矩值为

$$M = -24\text{kN} \cdot \text{m} + 48\text{kN} \times 4.8\text{m} - 10\text{kN/m} \times 4.8\text{m} \times 2.4\text{m} = 91.2\text{kN} \cdot \text{m}$$

BC、CD 和 DE 各段均无荷载作用，用直线连接相邻两控制点即可。全梁的弯矩图如图 6-3 (e) 所示。

### 6.1.4 多跨静定梁的受力特征

图 6-4 (a、b) 是多跨相互独立的系列简支梁及其在均布荷载 q 作用下的弯矩图，图 6-5 (a、b) 是一相同跨度、相同荷载作用下的多跨静定梁及其弯矩图。比较两个弯矩图可以看出，系列简支梁的最大弯矩大于多跨静定梁的最大弯矩。因而，系列简支梁虽然结构较简单，但多跨静定梁的承载能力大于系列简支梁，在同荷载的情况下可节省材料。

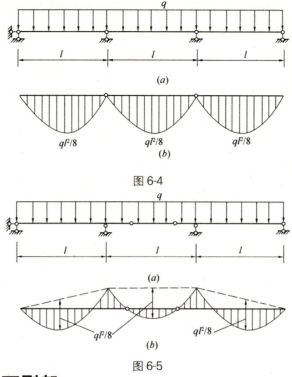

图 6-4

图 6-5

## 6.2 静定平面刚架

### 6.2.1 工程实例和计算简图

1. 刚架的特点

**刚架是由直杆组成的具有刚节点的结构**。在刚架中的刚节点处,刚接在一起的各杆不能发生相对移动和转动,变形前后各杆的夹角保持不变,故**刚节点可以承受和传递弯矩**。由于存在刚节点,使刚架中的杆件较少,内部空间较大,比较容易制作,所以在工程中得到广泛应用。

2. 刚架的分类

静定平面刚架主要有以下四种类型:

(1) 悬臂刚架

悬臂刚架一般由一个构件用固定端支座与基础连接而成。例如图 6-6(a) 所示站台雨篷。

(2) 简支刚架

简支刚架一般由一个构件用固定铰支座和活动铰支座与基础连接,或用三根既不全平行、又不全交于一点的链杆与基础连接而成。例如图 6-6(b) 所示渡槽的槽身。简支刚架常见的有门式的和 T 形的两种。

(3) 三铰刚架

三铰刚架一般由两个构件用铰连接,底部用两个固定铰支座与基础连接而成。例

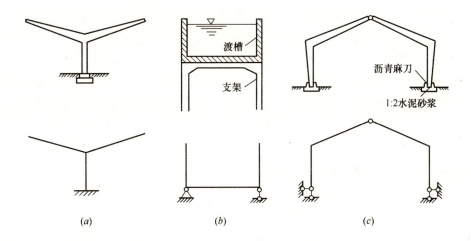

图 6-6

如图 6-6 (c) 所示屋架。

(4) 组合刚架

组合刚架通常是由上述三种刚架中的某一种作为基本部分，再按几何不变体系的组成规则连接相应的附属部分组合而成 [图 6-7 (a、b)]。

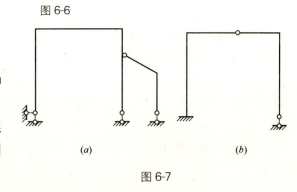

图 6-7

### 6.2.2 静定平面刚架的内力计算和内力图绘制

1. 刚架内力的符号规定

在一般情况下，刚架中各杆的内力有弯矩、剪力和轴力。

由于刚架中有横向放置的杆件，也有竖向和斜向放置的杆件，为了使杆件内力表达得清晰，在内力符号的右下方以两个下标注明内力所属的截面，第一个下标表示该内力所属杆端的截面；第二个下标表示杆段的另一端截面。例如，杆段 AB 的 A 端的弯矩、剪力和轴力分别用 $M_{AB}$、$F_{SAB}$ 和 $F_{NAB}$ 表示；而 B 端的弯矩、剪力和轴力分别用 $M_{BA}$、$F_{SBA}$ 和 $F_{NBA}$ 表示。

在刚架的内力计算中，弯矩可自行规定正负，例如可规定以使刚架内侧纤维受拉的为正，但须注明受拉的一侧；弯矩图绘在杆的受拉一侧。剪力和轴力的正负号规定同前，即剪力以使隔离体产生顺时针转动趋势时为正，反之为负；轴力以拉力为正，压力为负。剪力图和轴力图可绘在杆的任一侧，但须标注正负号。

2. 刚架内力的计算规律

利用截面法，可得到刚架内力计算的如下规律：

(1) 刚架任一横截面上的弯矩，其数值等于该截面任一边刚架上所有外力对该截面形心之矩的代数和。力矩与该截面上规定的正号弯矩的转向相反时为正，相同时为负。

(2) 刚架任一横截面上的剪力，其数值等于该截面任一边刚架上所有外力在该截面方向上投影的代数和。外力与该截面上正号剪力的方向相反时为正，相同时为负。

(3) 刚架任一横截面上的轴力，其数值等于该截面任一边刚架上所有外力在该截面的轴线方向上投影的代数和。外力与该截面上正号轴力的方向相反时为正，相同时为负。

3. 刚架内力图的绘制

绘制静定平面刚架内力图的步骤如下：

(1) 由整体或部分的平衡条件，求出支座反力和铰节点处的约束力。

(2) 选取刚架上的外力不连续点（如集中力作用点、集中力偶作用点、分布荷载作用的起点和终点等）和杆件的连接点作为控制截面，按刚架内力计算规律，计算各控制截面上的内力值。

(3) 按单跨静定梁的内力图的绘制方法，逐杆绘制内力图，最后将各杆的内力图连在一起，即得整个刚架的内力图。

下面举例加以说明。

【**例 6-2**】　绘制图 6-8 (*a*) 所示悬臂刚架的内力图。

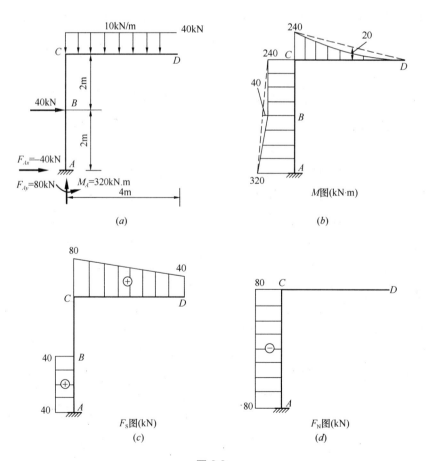

图 6-8

【解】
(1) 求支座反力。由刚架整体的平衡方程，求出支座 $A$ 处的反力为

$$F_{Ax} = -40\text{kN}, \quad F_{Ay} = 80\text{kN}, \quad M_A = 320\text{kN·m}$$

对悬臂刚架也可不计算支座反力，直接计算内力。

(2) 求控制截面上的内力。将刚架分为 $AB$、$BC$、和 $CD$ 三段，取每段杆的两端为控制截面。从自由端开始，根据刚架内力的计算规律，可得各控制截面上的内力为

$$M_{DC} = 0$$
$$M_{CD} = -40\text{kN} \times 4\text{m} - 10\text{kN/m} \times 4\text{m} \times 2\text{m} = -240\text{kN·m}(上侧受拉)$$
$$M_{CA} = M_{CD} = -240\text{kN·m}(左侧受拉)$$
$$M_{AC} = -320\text{kN·m}(左侧受拉)$$
$$F_{SDC} = 40\text{kN}$$
$$F_{SCD} = 40\text{kN} + 10\text{kN/m} \times 4\text{m} = 80\text{kN}$$
$$F_{SCB} = F_{SBC} = 0$$
$$F_{SAB} = F_{SBA} = 40\text{kN}$$
$$F_{NDC} = F_{NCD} = 0$$
$$F_{NAC} = F_{NCA} = -80\text{kN}$$

(3) 绘制内力图。由区段叠加法绘制弯矩图。在 $CD$ 段，用虚线连接相邻两控制点，以此虚线为基线，叠加上相应简支梁在均布荷载作用下的弯矩图。在 $AC$ 段，用虚线连接相邻两控制点，以此虚线为基线，叠加上相应简支梁在跨中受集中荷载作用下的弯矩图。绘出刚架的弯矩图如图 6-8 $(b)$ 所示。

由控制截面上的剪力值，并利用内力变化规律绘制剪力图。$CD$ 段有均布荷载作用，剪力图是一条斜直线，用直线连接相邻两控制点即是该段的剪力图。$AB$ 和 $BC$ 段无荷载作用，剪力图是与轴线平行的直线，在集中力作用的 $B$ 点处剪力图出现突变，突变值等于 40kN。绘出刚架的剪力图如图 6-8 $(c)$ 所示。

由控制截面上的轴力值，并利用内力变化规律绘制轴力图。因为各杆均无沿杆轴方向的荷载，所以各杆轴力为常数，轴力图是与轴线平行的直线。绘出刚架的轴力图如图 6-8 $(d)$ 所示。

【例 6-3】 绘制图 6-9 $(a)$ 所示简支刚架的内力图。

【解】
(1) 求支座反力。由刚架整体的平衡方程，可得支座反力为

$$F_{Ax} = 16\text{kN}, \quad F_{Bx} = 12\text{kN}, \quad F_{By} = 24\text{kN}$$

(2) 求控制截面上的内力。将刚架分为 $AC$、$CE$、$CD$ 和 $DB$ 四段，取每段杆的两端为控制截面。这些截面上的内力为

$$M_{AC} = 0$$
$$M_{CA} = -2\text{kN/m} \times 6\text{m} \times 3\text{m} = -36\text{kN·m}(左侧受拉)$$
$$M_{CD} = M_{CA} = -36\text{kN·m}(上侧受拉)$$
$$M_{DC} = -12\text{kN} \times 6\text{m} + 12\text{kN·m} = -60\text{kN·m}(上侧受拉)$$

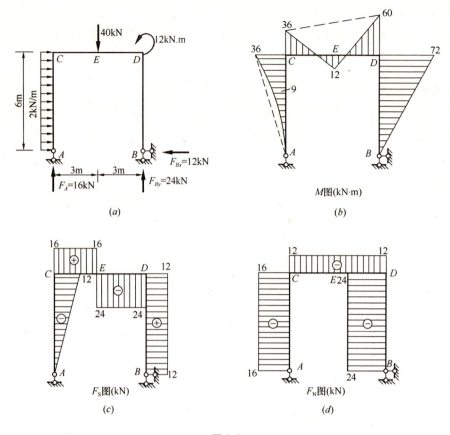

图 6-9

$M_{DB} = -12\text{kN} \times 6\text{m} = -72\text{kN} \cdot \text{m}(右侧受拉)$

$M_{BD} = 0$

$F_{SAC} = 0$

$F_{SCA} = -2\text{kN/m} \times 6\text{m} = -12\text{kN}$

$F_{SCE} = F_{SEC} = 16\text{kN}$

$F_{SED} = F_{SDE} = -24\text{kN}$

$F_{SDB} = F_{SBD} = 12\text{kN}$

$F_{NAC} = F_{NCA} = -16\text{kN}$

$F_{NCD} = F_{NDC} = -12\text{kN}$

$F_{NDB} = F_{NBD} = -24\text{kN}$

(3) 绘制内力图。根据以上求得的各控制截面上的内力，由区段叠加法绘制弯矩图，利用内力变化规律绘制剪力图和轴力图。绘出刚架的内力图分别如图6-9 (b~d) 所示。

**【例 6-4】** 绘制图 6-10 (a) 所示三铰刚架的内力图。

**【解】**

(1) 求支座反力。取刚架整体为隔离体，由平衡方程$\sum M_A = 0$、$\sum Y = 0$、$\sum X = 0$得

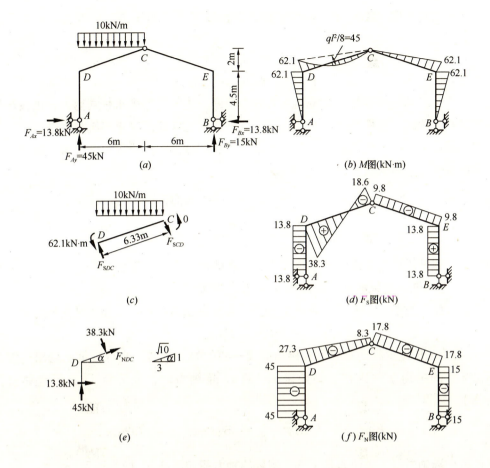

图 6-10

$$F_{By} = 15\text{kN}$$
$$F_{Ay} = 45\text{kN}$$
$$F_{Ax} = F_{Bx}$$

再取刚架的右半部分为隔离体，由 $\sum M_C = 0$ 得

$$F_{Ax} = F_{Bx} = 13.8\text{kN}$$

(2) 绘弯矩图。各杆端弯矩计算如下：

$$M_{AD} = 0$$
$$M_{DA} = F_{Ax} \times 4.5 = -62.1\text{kN} \cdot \text{m}(\text{左侧受拉})$$
$$M_{DC} = M_{DA} = -62.1\text{kN} \cdot \text{m}(\text{上侧受拉})$$
$$M_{CD} = 0$$
$$M_{BE} = 0$$
$$M_{EB} = F_{Bx} \times 4.5 = -62.1\text{kN} \cdot \text{m}(\text{右侧受拉})$$
$$M_{CE} = 0$$
$$M_{EC} = M_{EB} = -62.1\text{kN} \cdot \text{m}(\text{上侧受拉})$$

绘出刚架的弯矩图如图 6-10 (b) 所示。其中 CD 段的弯矩图按区段叠加法绘制。

(3) 绘剪力图。$AD$、$BE$ 两杆的杆端剪力值显然就等于 $A$、$B$ 两支座的水平反力，即

$$F_{SAD} = F_{SDA} = -13.8 \text{kN}$$

$$F_{SBE} = F_{SEB} = 13.8 \text{kN}$$

$DC$、$CE$ 两杆是斜杆，如按通常方法由截面一边的外力来求杆端剪力，则投影关系较复杂。此时，可采用另一方法，即根据已绘出的弯矩图来求杆端剪力进而绘制剪力图。现以 $DC$ 杆为例，取该杆为隔离体（图 6-10c），因杆端弯矩已求得，故利用力矩平衡条件可求得杆端剪力为

$$F_{SDC} = \frac{62.1 + 10 \times 6 \times 3}{6.33} = 38.3 \text{kN}$$

$$F_{SCD} = \frac{62.1 - 10 \times 6 \times 3}{6.33} = -18.6 \text{kN}$$

因均布荷载杆段的剪力图为一直线，故将上述两控制点连以直线即可。同理，可绘出 $CE$ 杆的剪力图。刚架的剪力图如图 6-10（$d$）所示。

(4) 绘轴力图。$AD$、$BE$ 两杆的轴力值可直接由 $A$、$B$ 两支座的竖向反力求得

$$F_{NAD} = -45 \text{kN}, \quad F_{NBE} = -15 \text{kN}$$

$DC$ 和 $CE$ 两斜杆的轴力可直接由截面一边的外力求得，也可根据已绘出的剪力图由节点的平衡条件求得。例如求 $DC$ 杆 $D$ 端轴力时，取节点 $D$ 为隔离体（图 6-10e），可得

$$F_{NDC} = -13.8 \times \frac{3}{\sqrt{10}} - 45 \times \frac{1}{\sqrt{10}} = -27.3 \text{kN}$$

其他各杆端轴力可由类似方法求得，刚架的轴力图如图 6-10（$f$）所示。

## 6.3 静定平面桁架

### 6.3.1 工程实例和计算简图

1. 桁架的特点

梁和刚架在承受荷载时，主要产生弯曲内力，截面上的受力分布是不均匀的，构件的材料不能得到充分的利用。桁架则弥补了上述结构的不足。**桁架是由直杆组成，全部由铰节点连接而成的结构。**在节点荷载作用下，桁架各杆的内力只有轴力，截面上受力分布是均匀的，充分发挥了材料的作用。同时，减轻了结构的自重。因此，桁架是大跨度结构中应用得非常广泛的一种，例如，民用房屋和工业厂房中的屋架（图 6-11a）、托架，铁路和公路桥梁（图 6-11b），建筑起重设备中的塔架，以及建筑施工中的支架等。

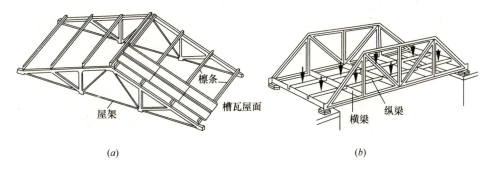

图 6-11

2. 桁架的计算假设

为了便于计算,通常对工程实际中平面桁架的计算简图作如下假设:

(1) 桁架的节点都是光滑的理想铰。

(2) 各杆的轴线都是直线,且在同一平面内,并通过铰的中心。

(3) 荷载和支座反力都作用于节点上,并位于桁架的平面内。

符合上述假设的桁架称为**理想桁架**,理想桁架中各杆的内力只有轴力。然而,工程实际中的桁架与理想桁架有着较大的差别。例如,在图 6-12 ($a$) 所示的钢屋架[图 6-12 ($b$) 为其计算简图]中,各杆是通过焊接、铆接而连接在一起的,节点具有很大的刚性,不完全符合理想铰的情况。此外,各杆的轴线不可能绝对平直,各杆的轴线也不可能完全交于一点,荷载也不可能绝对地作用于节点上。因此,

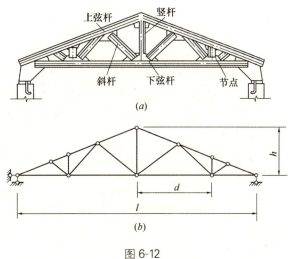

图 6-12

实际桁架中的各杆不可能只承受轴力。通常把根据计算简图求出的内力称为**主内力**,把由于实际情况与理想情况不相符而产生的附加内力称为**次内力**。理论分析和实测表明,在一般情况下次内力可忽略不计。本书仅讨论主内力的计算。

在图 6-12 ($a$、$b$) 中,桁架上、下边缘的杆件分别称为**上弦杆**和**下弦杆**,上、下弦杆之间的杆件称为**腹杆**,腹杆又分为**竖杆**和**斜杆**。弦杆相邻两节点之间的水平距离 $d$ 称为**节间长度**,两支座之间的水平距离 $l$ 称为**跨度**,桁架最高点至支座连线的垂直距离 $h$ 称为**桁高**。

3. 桁架的分类

按桁架的几何组成规律可把平面静定桁架分为以下三类:

(1) 简单桁架

由基础或一个铰接三角形开始,依次增加二元体而组成的桁架称为**简单桁架**,如图 6-12 ($b$) 所示。

### (2) 联合桁架

由几个简单桁架按照几何不变体系的组成规则，联合组成的桁架称为**联合桁架**，如图 6-13（$a$）所示。

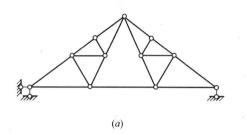
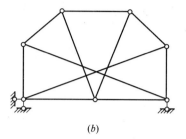

图 6-13

### (3) 复杂桁架

凡不按上述两种方式组成的桁架均称为**复杂桁架**，如图 6-13（$b$）所示。

此外，桁架还可以按其外形分为**平行弦桁架**、**抛物线形桁架**、**三角形桁架**、**梯形桁架**等，分别如图 6-14（$a\sim d$）所示。

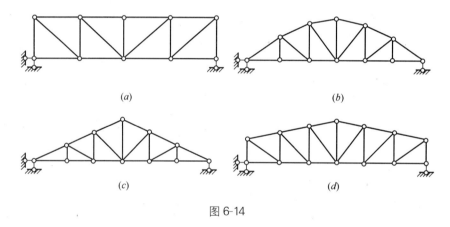

图 6-14

## 6.3.2 平面静定桁架的内力计算

### 1. 内力计算的方法

平面静定桁架的内力计算的方法通常有**节点法**和**截面法**。

节点法是截取桁架的一个节点为隔离体，利用该节点的静力平衡方程来计算截断杆的轴力。由于作用于桁架任一节点上的各力（包括荷载、支座反力和杆件的轴力）构成了一个平面汇交力系，而该力系只能列出两个独立的平衡方程，因此所取节点的未知力数目不能超过两个。节点法适用于简单桁架的内力计算。一般先从未知力不超过两个的节点开始，依次计算，就可以求出桁架中各杆的轴力。

截面法是用一截面（平面或曲面）截取桁架的某一部分（两个节点以上）为隔离体，利用该部分的静力平衡方程来计算截断杆的轴力。由于隔离体所受的力通常构成平面一般力系，而一个平面一般力系只能列出三个独立的平衡方程，因此用截面法截断的杆件数目一般不应超过三根。截面法适用于求桁架中某些指定杆件的轴力。另外，联合桁架必须先用截面法求出联系杆的轴力，然后与简单桁架一样用节点法求各杆的轴力。一般的，在桁架的内力计算中，往往是节点法和截面法联合加以应用。

在桁架的内力计算中，一般先假定各杆的轴力为拉力，若计算的结果为负值，则该杆的轴力为压力。此外，为避免求解联立方程，应恰当地选取矩心和投影轴，尽可能使一个平衡方程中只包含一个未知力。

2. 零杆的判定

桁架中有时会出现轴力为零的杆件，称为**零杆**。在计算内力之前，如果能把零杆找出，将会使计算得到简化。通常在下列几种情况中会出现零杆：

(1) 不共线的两杆组成的节点上无荷载作用时，该两杆均为零杆（图6-15a）。

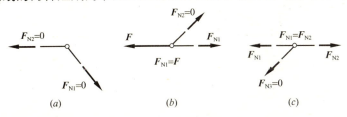

图 6-15

(2) 不共线的两杆组成的节点上有荷载作用时，若荷载与其中一杆共线，则另一杆必为零杆（图6-15b）。

(3) 三杆组成的节点上无荷载作用时，若其中有两杆共线，则另一杆必为零杆，且共线的两杆内力相等（图6-15c）。

3. 比例关系的应用

在列平衡方程时，经常要将桁架中斜杆的轴力 $F_N$ 分解成水平分力 $F_{Nx}$ 和竖向分力 $F_{Ny}$ （图6-16）。$F_N$、$F_{Nx}$、$F_{Ny}$ 构成一个三角形，杆件 $AB$ 的长度 $l$ 及其在水平方向的投影长度 $l_x$ 和竖直方向的投影长度 $l_y$ 也构成了一个三角形，如图6-16所示。由于两个三角形相似，因而存在如下的比例关系：

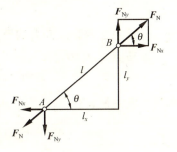

图 6-16

$$\frac{F_N}{l} = \frac{F_{Nx}}{l_x} = \frac{F_{Ny}}{l_y} \qquad (6\text{-}1)$$

应用上述比例关系，可以避免计算斜杆的倾角 $\theta$ 及其三角函数，以减少工作量。

【**例 6-5**】 求图6-17（a）所示桁架各杆的轴力。

【**解**】

(1) 求支座反力。由整体的平衡方程，可得支座反力为

$$F_{Ax} = 0, \quad F_{Ay} = 40 \text{kN}, \quad F_B = 40 \text{kN}$$

(2) 求各杆的内力。在计算之前先找出零杆。由对节点 $C$、$G$ 的分析，可知杆 $CD$、$GH$ 为零杆。

此桁架和荷载都是对称的，只要计算其中一半杆件的内力即可，现计算左半部

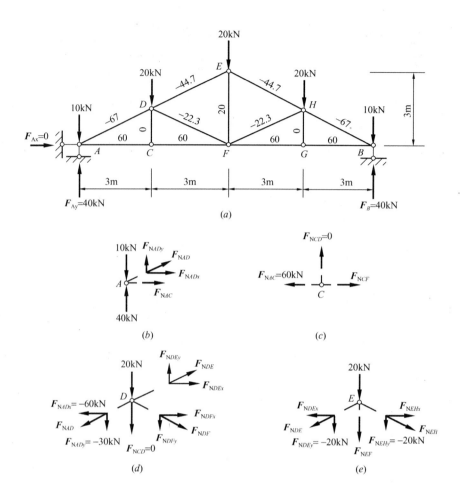

图 6-17

分。从只包含两个未知力的节点 $A$ 开始，顺序取节点 $C$、$D$、$E$ 为隔离体进行计算。

取节点 $A$ 为隔离体（图 6-17b），由 $\Sigma Y=0$ 得

$$F_{NADy} = 10\text{kN} - 40\text{kN} = -30\text{kN}$$

利用比例关系，得

$$F_{NAD} = \frac{F_{NADy}}{1.5\text{m}} \times 3.35\text{m} = -67\text{kN}$$

$$F_{NADx} = \frac{F_{NADy}}{1.5\text{m}} \times 3\text{m} = -60\text{kN}$$

由 $\Sigma X=0$ 得

$$F_{NAC} = -F_{NADx} = 60\text{kN}$$

取节点 $C$ 为隔离体（图6-17c），由 $\Sigma X=0$ 得

$$F_{NCF} = F_{NAC} = 60\text{kN}$$

取节点 $D$ 为隔离体（图6-17d），列出平衡方程

$$\Sigma X = 0 \quad F_{NDEx} + F_{NDFx} + 60\text{kN} = 0$$

$$\Sigma Y = 0 \quad F_{NDEy} - F_{NDFy} + 30\text{kN} - 20\text{kN} = 0$$

利用比例关系，得

$$F_{NDEx} = 2F_{NDEy}$$
$$F_{NDFx} = 2F_{NDFy}$$

代入平衡方程，得

$$2F_{NDEy} + 2F_{NDFy} + 60\text{kN} = 0$$
$$F_{NDEy} - F_{NDFy} + 10\text{kN} = 0$$

解得

$$F_{NDEx} = -40\text{kN}, F_{NDEy} = -20\text{kN}, F_{NDE} = -44.7\text{kN}$$
$$F_{NDFx} = -20\text{kN}, F_{NDFy} = -10\text{kN}, F_{NDF} = -44.7\text{kN}$$

取节点 $E$ 为隔离体（图 6-17e），由结构的对称性，$F_{NEHy} = F_{NDEy} = -20\text{kN}$。由 $\Sigma Y = 0$ 得

$$F_{NEF} = 2 \times 20\text{kN} - 20\text{kN} = 20\text{kN}$$

内力计算完成后，将各杆的轴力标在图上（图 6-17a），图中轴力的单位为 kN。

**【例 6-6】** 求图 6-18（a）所示桁架中杆 $a$、$b$、$c$、$d$ 的轴力。

**【解】**

(1) 求支座反力。由整体平衡方程，可得支座反力为

$$F_{Ax} = 0, F_{Ay} = 50\text{kN}, F_B = 30\text{kN}$$

(2) 求杆 $a$、$b$、$c$ 的内力。用截面Ⅰ-Ⅰ截取桁架的左半部分为隔离体（图 6-18b），列平衡方程

$$\Sigma M_D = 0, F_{Nc} \times 4\text{m} - 20\text{kN} \times 3\text{m} - 50\text{kN} \times 3\text{m} = 0$$

得

$$F_{Nc} = 52.5\text{kN}$$

$$\Sigma M_F = 0, -F_{Na} \times 4\text{m} + 20\text{kN} \times 3\text{m} + 20\text{kN} \times 6\text{m} - 50\text{kN} \times 9\text{m} = 0$$

得

$$F_{Na} = -67.5\text{kN}$$

$$\Sigma X = 0, F_{Na} + F_{Nbx} + F_{Nc} = 0$$

得

$$F_{Nbx} = -F_{Na} - F_{Nc} = 15\text{kN}$$

利用比例关系，得

$$F_{Nb} = \frac{F_{Nbx}}{3\text{m}} \times 3.61\text{m} = 18.05\text{kN}$$

(3) 求杆 $d$ 的内力。联合应用节点法和截面法计算杆 $d$ 的内力较为方便。先取节点 $E$ 为隔离体（图 6-18c），由平衡方程 $\Sigma X = 0$，得

$$F_{NCE} = F_{Nc} = 52.5\text{kN}$$

再用截面Ⅱ-Ⅱ截取桁架左半部分为隔离体（图 6-18d），列平衡方程

$$\Sigma M_D = 0, F_{Ndx} \times 4\text{m} + 52.5\text{kN} \times 4\text{m} - 50\text{kN} \times 3\text{m} = 0$$

得

$$F_{Ndx} = -15\text{kN}$$

利用比例关系，得

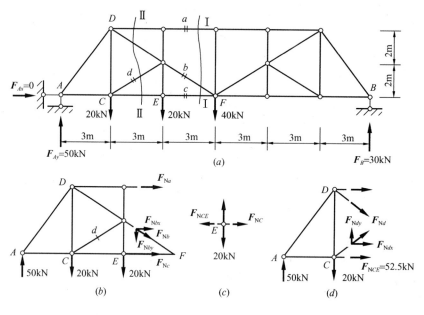

图 6-18

$$F_{Nd} = \frac{F_{Ndx}}{3\text{m}} \times 3.61\text{m} = -18.05\text{kN}$$

如前所述，用截面法计算桁架内力所截断的杆件一般不应超过三根。当被截断的杆件超过三根时，其中某根杆件的轴力也可选取适当的平衡方程求出。例如对图 6-19 (a) 所示桁架，欲求杆 ED 的轴力，可用 I—I 截面将桁架截开，在被截断的五根杆件中，除杆 ED 外，其余四杆均汇交于节点 C，由力矩方程 $\Sigma M_C = 0$ 即可求得 $F_{NED}$。

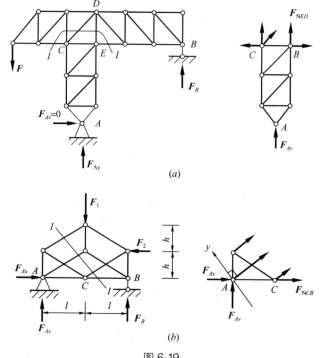

图 6-19

又如对图 6-19（b）所示复杂桁架，欲求杆 CB 的轴力，可用 I-I 截面将桁架截开，在被截断的四根杆件中，除杆 CB 外，其余三杆互相平行，选取 y 轴与此三杆垂直，由投影方程 $\Sigma Y=0$ 即可求得 $F_{NCB}$。

### 6.3.3 梁式桁架受力性能的比较

在竖向荷载作用下，支座处不产生水平反力的桁架称为**梁式桁架**。常见的梁式桁架有平行弦桁架、三角形桁架、梯形桁架、抛物线形桁架和折线形桁架等。桁架的外形对桁架中各杆的受力情况有很大的影响。为了便于比较，在图 6-20 中给出了同跨度、同荷载的 5 种常用桁架的内力数值。下面对上述几种桁架的受力性能进行对比分析，以便合理选用。

1. 平行弦桁架

平行弦桁架的内力分布不均匀（图 6-20a），**弦杆的轴力由两端向中间递增，腹杆的轴力则由两端向中间递减**。因此，为节省材料，各节间的杆件应该采用与其轴力相应的不同的截面，但这样将会增加各节点拼接的困难。在实用上，平行弦桁架通常仍采用相同的截面，并常用于轻型桁架，此时材料的浪费不至太大，如厂房中跨度在 12m 以上的吊车梁。另外，平行弦桁架的优点是杆件与节点的构造划一，有利盂标准化制作和施工，在铁路桥梁中常被采用。

2. 三角形桁架

三角形桁架的内力分布也不均匀（图 6-20b），**弦杆的轴力由两端向中间递减，腹杆的轴力则由两端向中间递增**。三角形桁架两端节点处弦杆的轴力最大，而夹角又很小，制作困难。但其两斜面外形符合屋顶构造的要求，故三角形桁架只在屋盖结构中采用。

3. 梯形桁架

梯形桁架的受力性能介于平行弦桁架和三角形桁架之间，**弦杆的轴力变化不大，腹杆的轴力由两端向中间递减**（图 6-20c）。梯形桁架的构造较简单，施工也较方便，常用于钢结构厂房的屋盖。

4. 抛物线形桁架

抛物线形桁架的内力分布比较均匀（图 6-20d），**上、下弦杆的轴力几乎相等，腹杆的轴力等于零**。抛物线形桁架的受力性能较好，但这种桁架的上弦杆在每一节点处均需转折，节点构造复杂，施工麻烦，因此只有在大跨度结构中才会被采用，如 24~30m 的屋架和 100~300m 的桥梁。

5. 折线形桁架

折线形桁架是抛物线形桁架的改进型，**其受力性能与抛物线形桁架相类似**（图 6-20e），而制作、施工比抛物线形桁架方便得多，它是目前钢筋混凝土屋架中经常采用的一种形式，在中等跨度（18~24m）的厂房屋架中使用得最多。

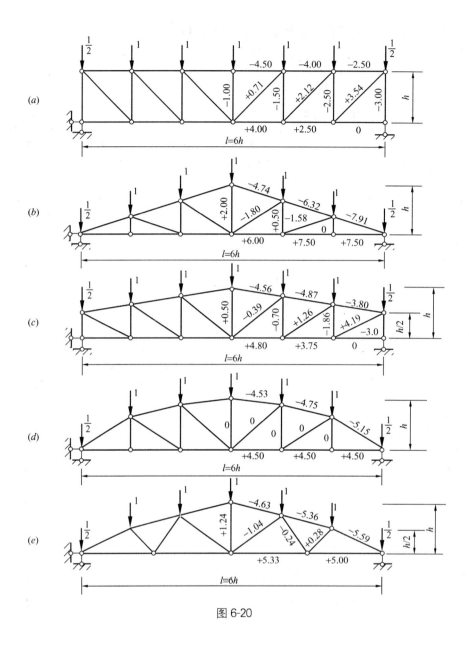

图 6-20

## 6.4 静定平面组合结构

### 6.4.1 工程实例和计算简图

在工程实际中,经常会遇到一种结构,这种结构中一部分杆件只受轴力作用,属于**链杆**,而另一部分杆件除受轴力的作用外还承受弯矩和剪力的作用,属于**梁式杆**。

这种由链杆和梁式杆混合组成的结构通常称为**组合结构**。

在组合结构中，利用链杆的受力特点，能较充分地利用材料，并从加劲的角度出发，改善了梁式杆的受力状态，因而组合结构广泛应用于较大跨度的建筑物。例如图 6-21 (a) 所示的下撑式五角形屋架就是静定组合结构中的一个较为典型的例子。它的上弦杆由钢筋混凝土制成，主要承受弯矩，下弦杆和腹杆由型钢制成，主要承受轴力。其计算简图如图 6-21 (b) 所示。图 6-22 所示为静定组合式拱桥的计算简图，它是由若干根链杆组成的链杆拱与加劲梁用竖向链杆连接而成的组合结构。

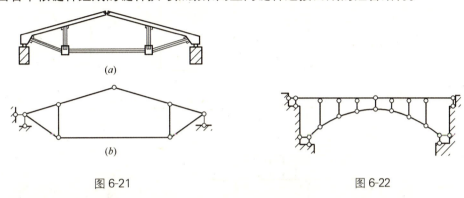

图 6-21    图 6-22

### 6.4.2 组合结构的内力计算和内力图绘制

组合结构的内力计算，一般是在求出支座反力后，先计算链杆的轴力，其计算方法与平面桁架内力计算相似，可用截面法和节点法；然后再计算梁式杆的内力，其计算方法与梁、刚架内力计算相似，可利用内力计算规律；最后由区段叠加法和微分关系法绘制结构的内力图。

【**例 6-7**】 试计算图 6-23 (a) 所示组合结构的内力，并绘制梁式杆的内力图。

【**解**】

此结构为一下撑式组合屋架。其中杆 $AC$、$CB$ 为梁式杆，杆 $AD$、$DF$、$DE$、$EG$、$EB$ 为链杆。因为荷载和结构都是对称的，所以支座反力和内力也是对称的，故可只计算半个结构上的内力。

(1) 求支座反力。由对称性，支座反力为

$$F_{Ax} = 0, \quad F_{By} = F_{Ay} = 40\text{kN}$$

(2) 计算链杆的内力。用 I-I 截面从 $C$ 处截断结构，取左半部分为隔离体（图 6-23b），由平衡方程

$$\Sigma M_C = 0, F_{NDE} \times 2\text{m} - F_{Ay} \times 4\text{m} + 10\text{kN/m} \times 4\text{m} \times 2\text{m} = 0$$

得

$$F_{NDE} = 40\text{kN}$$

$$\Sigma X = 0, \ F_{NDE} - F_{Cx} = 0$$

得

$$F_{Cx} = F_{NDE} = 40\text{kN}$$
$$\Sigma Y = 0, \quad F_{Ay} - 10\text{kN/m} \times 4\text{m} + F_{Cy} = 0$$

得
$$F_{Cy} = 0$$

取节点 $D$ 为隔离体（图 6-23c），由平衡方程 $\Sigma X=0$，得

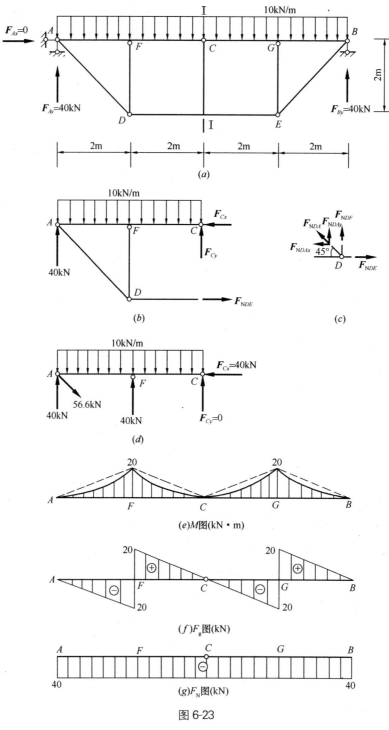

图 6-23

$$F_{NDAx} = 40\text{kN}$$

利用比例关系,得

$$F_{NDA} = \sqrt{2}F_{NDAx} = 56.6\text{kN}$$

$$F_{NDAy} = 40\text{kN}$$

由平衡方程 $\Sigma Y=0$,得

$$F_{NDF} = -F_{NDAy} = -40\text{kN}$$

(3) 计算梁式杆内力。将链杆内力的反作用力作为荷载作用在梁式杆上,取杆 AFC 为隔离体,如图 6-23 (d) 所示。以 A、F、C 为控制截面,控制截面上的内力为

$$M_{AF} = 0, M_{FA} = M_{FC} = -20\text{kN}\cdot\text{m}(\text{上侧受拉}), M_{CF} = 0$$

$$F_{SAF} = 0, F_{SFA} = -20\text{kN}, F_{SFC} = 20\text{kN}, F_{SCF} = 0$$

$$F_{NAC} = F_{NCA} = -40\text{kN}$$

(4) 绘制梁式杆的内力图。根据梁式杆内力计算的结果,可以绘出梁式杆的内力图,分别如图 6-23 (e~f) 所示。

## 6.5 三铰拱

### 6.5.1 工程实例和计算简图

#### 1. 拱的特点

**拱是由曲杆组成的在竖向荷载作用下支座处产生水平推力的结构。** 水平推力是指拱两个支座处指向拱内部的水平反力。在竖向荷载作用下有无水平推力,是拱式结构和梁式结构的主要区别。

在拱结构中,由于水平推力的存在,拱横截面上的弯矩比相应简支梁对应截面上的弯矩小得多,并且可使拱横截面上的内力以轴向压力为主。这样,拱可以用抗压强度较高而抗拉强度较低的砖、石和混凝土等材料来制造。因此,拱结构在房屋建筑、桥梁建筑和水利建筑工程中得到广泛应用。例如在桥梁工程中,拱桥是最基本的桥型之一;又如图 6-24 (a) 所示为某隧道的钢筋混凝土衬砌,它是由 AB、AC 和 BC 三个钢筋混凝土构件组成。因为这三个钢筋混凝土构件是分别浇筑的,所以 A、B、C 三处都可以看作铰节点,AB 是反拱底板,AC 与 BC 则组成一个三铰拱。图 6-24 (b) 是它的计算简图。

在拱结构中,由于水平推力的存在,使得拱对其基础的要求较高,若基础不能承受水平推力,可用一根拉杆来代替水平支座链杆承受拱的推力,如图 6-25 (a) 所示

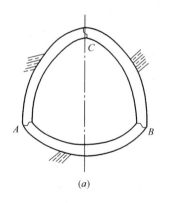
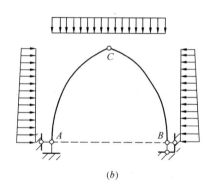

图 6-24

为屋面承重结构。图 6-25 (b) 是它的计算简图。这种拱称为**拉杆拱**。为增加拱下的净空，拉杆拱的拉杆位置可适当提高 (图 6-26a)；也可以将拉杆做成折线形，并用吊杆悬挂，如图 6-26 (b) 所示。

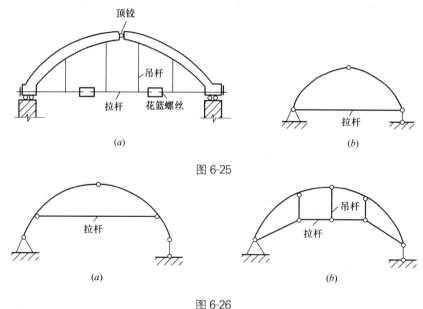

图 6-25

图 6-26

2. 拱的分类

按铰的多少，拱可以分为**无铰拱**（图 6-27a）、**两铰拱**（图 6-27b）和**三铰拱**（图 6-27c）。无铰拱和两铰拱属超静定结构，三铰拱属静定结构。按拱轴线的曲线形状，拱又可以分为**抛物线拱**、**圆弧拱**和**悬链线拱**等。

3. 拱的各部分名称

拱与基础的连接处称为**拱趾**，或称**拱脚**。拱轴线的最高点称为**拱顶**。拱顶到两拱趾连线的高度 $f$ 称为**拱高**，两个拱趾间的水平距离 $l$ 称为**跨度**，如图 6-27 (c) 所示。拱高与拱跨的比值 $f/l$ 称为**高跨比**，高跨比是影响拱的受力性能的重要的几何参数。

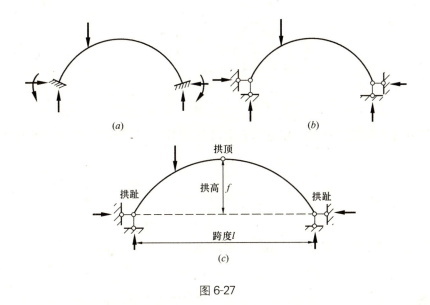

图 6-27

### 6.5.2 三铰拱的内力计算

现以图 6-28（a）所示三铰拱为例说明内力计算过程。该拱的两支座在同一水平线上，且只承受竖向荷载。

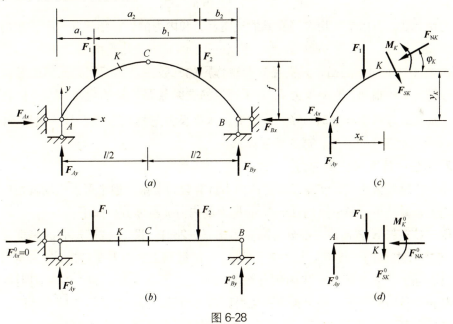

图 6-28

1. 求支座反力

取拱整体为隔离体，由平衡方程 $\Sigma M_B = 0$，得

$$F_{Ay} = \frac{1}{l}(F_1 b_1 + F_2 b_2) \tag{a}$$

由 $\Sigma M_A = 0$，得

$$F_{By} = \frac{1}{l}(F_1 a_1 + F_2 a_2) \tag{b}$$

由 $\Sigma Y=0$，得
$$F_{Ax} = F_{Bx} = F_x \tag{c}$$
再取左半个拱为隔离体，由平衡方程 $\Sigma M_C=0$，得
$$F_{Ax} = \frac{1}{f}\left[F_{Ay} \times \frac{l}{2} - F_1 \times \left(\frac{l}{2} - a_1\right)\right] \tag{d}$$
与三铰拱同跨度同荷载的相应简支梁如图 12-30 (b) 所示，其支座反力为
$$\left.\begin{array}{l}F_{Ay}^0 = \dfrac{1}{l}(F_1 b_1 + F_2 b_2) \\ F_{By}^0 = \dfrac{1}{l}(F_1 a_1 + F_2 a_2) \\ F_{Ax}^0 = 0 \end{array}\right\} \tag{e}$$
同时，可以计算出相应简支梁 $C$ 截面上的弯矩为
$$M_C^0 = F_{Ay}^0 \times \frac{l}{2} - F_1 \times \left(\frac{l}{2} - a_1\right) \tag{f}$$
比较以上诸式，可得三铰拱的支座反力与相应简支梁的支座反力之间的关系为
$$\left.\begin{array}{l} F_{Ay} = F_{Ay}^0 \\ F_{By} = F_{By}^0 \\ F_{Ax} = F_{Bx} = F_x = \dfrac{M_C^0}{f} \end{array}\right\} \tag{6-2}$$
利用上式，可以借助相应简支梁的支座反力和内力的计算结果来求三铰拱的支座反力。

由式 (6-2) 可以看出，只受竖向荷载作用的三铰拱，两固定铰支座的竖向反力与相应简支梁的相同，水平反力 $F_x$ 等于相应简支梁截面 $C$ 处的弯矩 $M_C^0$ 与拱高 $f$ 的比值。当荷载与跨度不变时，$M_C^0$ 为定值，水平反力与拱高 $f$ 成反比。若 $f \to 0$，则 $F_x \to \infty$，此时三个铰共线，成为瞬变体系。

2. 求任一截面 $K$ 上的内力

由于拱轴线为曲线，使得三铰拱的内力计算较为复杂，但也可以借助其相应简支梁的内力计算结果，来求拱的任一截面 $K$ 上的内力。具体分析如下：

取三铰拱的 $K$ 截面以左部分为隔离体图 (6-28c)。设 $K$ 截面形心的坐标分别为 $x_K$、$y_K$，$K$ 截面的法线与 $x$ 轴的夹角为 $\varphi_K$。$K$ 截面上的内力有弯矩 $M_K$、剪力 $\boldsymbol{F}_{SK}$ 和轴力 $\boldsymbol{F}_{NK}$。规定弯矩以使拱内侧纤维受拉为正，反之为负；剪力以使隔离体产生顺时针转动趋势时为正，反之为负；轴力以压力为正，拉力为负（在隔离体图上将内力均按正向画出）。利用平衡方程，可以求出拱的任意截面 $K$ 上的内力为
$$\left.\begin{array}{l} M_K = [F_{Ay}x_K - F_1(x_K - a_1)] - F_x y_K \\ F_{SK} = (F_{Ay} - F_1)\cos\varphi_K - F_x \sin\varphi_K \\ F_{NK} = (F_{Ay} - F_1)\sin\varphi_K + F_x \cos\varphi_K \end{array}\right\} \tag{g}$$

在相应简支梁上取图 6-28 (d) 所示隔离体，利用平衡方程，可以求出相应简支梁 $K$ 截面上的内力为

$$M_K^0 = F_{Ay}^0 x_K - F_1(x_K - a_1) \atop F_{SK}^0 = F_{Ay}^0 - F_1 \atop F_{NK}^0 = 0 \Bigg\} \quad (h)$$

利用上式与式 (6-2)，式 (g) 可写为

$$\left. \begin{array}{l} M_K = M_K^0 - F_x y_K \\ F_{SK} = F_{SK}^0 \cos\varphi_K - F_x \sin\varphi_K \\ F_{NK} = F_{SK}^0 \sin\varphi_K + F_x \cos\varphi_K \end{array} \right\} \quad (6\text{-}3)$$

式 (6-3) 即为三铰拱任意截面 $K$ 上的内力计算公式。计算时要注意内力的正负号规定。

由式 (6-3) 可以看出，由于水平支座反力 $F_x$ 的存在，三铰拱任意截面 $K$ 上的弯矩和剪力均小于其相应简支梁的弯矩和剪力，并且存在着使截面受压的轴力。通常轴力较大，为主要内力。

3. 绘制内力图

一般情况下，三铰拱的内力图均为曲线图形。为了简便起见，在绘制三铰拱的内力图时，通常沿跨长或沿拱轴线选取若干个截面，求出这些截面上的内力值。然后以拱轴线的水平投影为基线，在基线上把所求截面上的内力值按比例标出，用曲线相连，绘出内力图。

【例 6-8】 求图 6-29 (a) 所示三铰拱截面 $D$ 和 $E$ 上的内力。已知拱轴线方程为 $y = \dfrac{4f}{l^2} x(l-x)$。

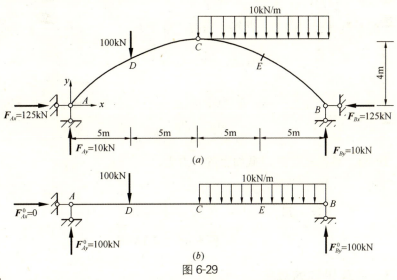

图 6-29

【解】

(1) 计算三铰拱的支座反力。三铰拱的相应简支梁如图 6-29 (b) 所示。其支座反力为

$$F_{Ax}^0 = 0, \ F_{Ay}^0 = F_{By}^0 = 100 \text{kN}$$

相应简支梁截面 $C$ 处的弯矩为
$$M_C^0 = 500\text{kN}\cdot\text{m}$$
由式 (6-2)，三铰拱的支座反力为
$$F_{Ay} = F_{Ay}^0 = 100\text{kN}$$
$$F_{By} = F_{By}^0 = 100\text{kN}$$
$$F_{Ax} = F_{Bx} = F_x = M_C^0/f = 125\text{kN}$$

(2) 计算 $D$ 截面上的内力。计算所需有关数据为
$$x_D = 5\text{m}, \quad y_D = \frac{4f}{l^2}x_D(l-x_D) = 3\text{m}$$
$$\tan\varphi_D = \frac{\text{d}y}{\text{d}x}\bigg|_{x=5\text{m}} = 0.400, \quad \sin\varphi_D = 0.371, \quad \cos\varphi_D = 0.928$$
$$F_{SDA}^0 = 100\text{kN}, \quad F_{SDC}^0 = 0, \quad M_D^0 = 500\text{kN}\cdot\text{m}$$

由式 (6-3)，算得三铰拱 $D$ 截面上的内力为
$$M_D = M_D^0 - F_x y_D = 125\text{kN}\cdot\text{m}$$
$$F_{SDA} = F_{SDA}^0 \cos\varphi_D - F_x \sin\varphi_D = 46.4\text{kN}\cdot\text{m}$$
$$F_{SDC} = F_{SDC}^0 \cos\varphi_D - F_x \sin\varphi_D = -46.4\text{kN}\cdot\text{m}$$
$$F_{NDA} = F_{SDA}^0 \sin\varphi_D + F_x \cos\varphi_D = 153\text{kN}$$
$$F_{NDC} = F_{SDC}^0 \sin\varphi_D + F_x \cos\varphi_D = 116\text{kN}$$

必须指出，因为截面 $D$ 处受集中荷载作用，所以该处左、右两侧截面上的剪力和轴力不同，要分别加以计算。

(3) 计算 $E$ 截面上的内力。计算所需有关数据为
$$x_E = 15\text{m}, \quad y_E = \frac{4f}{l^2}x_E(l-x_E) = 3\text{m}$$
$$\tan\varphi_E = \frac{\text{d}y}{\text{d}x}\bigg|_{x=15\text{m}} = -0.400, \quad \sin\varphi_E = -0.371, \quad \cos\varphi_E = 0.928$$
$$F_{SE}^0 = -50\text{kN}, \quad M_E^0 = 375\text{kN}\cdot\text{m}$$

由式 (6-3)，算得三铰拱 $E$ 截面上的内力为
$$M_E = M_E^0 - F_x y_E = 0$$
$$F_{SE} = F_{SE}^0 \cos\varphi_E - F_x \sin\varphi_E = -0.025\text{kN} \approx 0$$
$$F_{NE} = F_{SE}^0 \sin\varphi_E + F_x \cos\varphi_E = 134\text{kN}$$

### 6.5.3 合理拱轴的概念

在一般情况下，三铰拱任意截面上受弯矩、剪力和轴力的作用，截面上的正应力分布是不均匀的。若能使拱的所有截面上的弯矩都为零（剪力也为零），则截面上仅受轴向压力的作用，各截面都处于均匀受压状态，材料能得到充分的利用，设计成这

样的拱是最经济的。由式（6-3）可以看出，在给定荷载作用下，可以通过调整拱轴线的形状来达到这一目的。若拱的所有截面上的弯矩都为零，则这样的拱轴线就称为在该荷载作用下的**合理拱轴**。

下面讨论合理拱轴的确定。由式（6-3），三铰拱任意截面上的弯矩为 $M_K = M_K^0 - F_x y_K$ 令其等于零，得

$$y_K = \frac{M_K^0}{F_x} \tag{6-4}$$

当拱所受的荷载为已知时，只要求出相应简支梁的弯矩方程 $M_K^0$，然后除以水平推力（水平支座反力）$F_x$，便可得到合理拱轴方程。

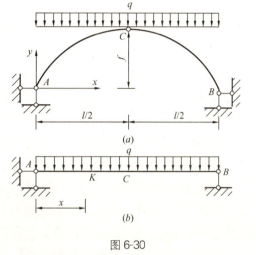

【**例 6-9**】 求图 6-30（$a$）所示三铰拱在竖向均布荷载 $q$ 作用下的合理拱轴。

【**解**】 绘出拱的相应简支梁如图 6-30（$b$）所示，其弯矩方程为

$$M_K^0 = \frac{1}{2}qlx - \frac{1}{2}qx^2 = \frac{1}{2}qx(l-x)$$

由式（6-2），拱的水平推力（水平支座反力）为

$$F_x = \frac{M_C^0}{f} = \frac{ql^2/8}{f} = \frac{ql^2}{8f}$$

图 6-30

利用式（6-4），可求得合理拱轴的方程为

$$y_K = \frac{M_K^0}{F_x} = \frac{qx(l-x)/2}{ql^2/8f} = \frac{4f}{l^2}x(l-x)$$

由此可见，在满跨的竖向均布荷载作用下，对称三铰拱的合理拱轴为二次抛物线。这就是工程中拱轴线常采用抛物线的原因。

需要指出，三铰拱的合理拱轴只是对一种给定荷载而言的，在不同的荷载作用下有不同的合理拱轴。例如，对称三铰拱在径向均布荷载的作用下，其合理拱轴为圆弧线（图6-31$a$）；在拱上填土（填土表面为水平）的重力作用下，其合理拱轴为悬链线

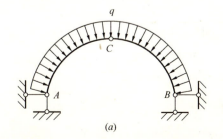
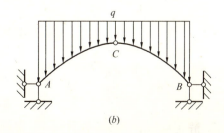

图 6-31

(图 6-31b)。

## 6.6 静定结构的特性

静定结构包括静定梁、静定刚架、静定桁架、静定组合结构和三铰拱等,虽然这些结构的形式各异,但都具有共同的特性。主要有以下几点:

1. 静定结构解的唯一性

静定结构是无多余约束的几何不变体系。由于没有多余约束,其所有的支座反力和内力都可以由静力平衡方程完全确定,并且解答只与荷载及结构的几何形状、尺寸有关,而与构件所用的材料及构件截面的形状、尺寸无关。另外,当静定结构受到支座移动、温度改变和制造误差等非荷载因素作用时,只能使静定结构产生位移,不产生支座反力和内力。例如图 6-32 (a) 所示的简支梁 $AB$,在支座 $B$ 发生下沉时,仅产生了绕 $A$ 点的转动,而不产生反力和内力。又如图 6-32 (b) 所示简支梁 $AB$ 在温度改变时,也仅产生了如图中虚线所示的形状改变,而不产生反力和内力。因此,当静定结构和荷载一定时,其反力和内力的解答是唯一的确定值。

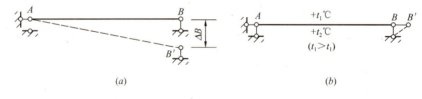

图 6-32

2. 静定结构的局部平衡性

静定结构在平衡力系作用下,其影响的范围只限于受该力系作用的最小几何不变部分,而不致影响到此范围以外。即仅在该部分产生内力,在其余部分均不产生内力和反力。例如图 6-33 所示受平衡力系作用的桁架,仅在粗线表示的杆件中产生内力,而其他杆件的内力以及支座反力都为零。

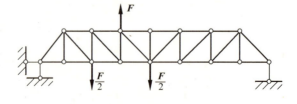

图 6-33

3. 静定结构的荷载等效性

若两组荷载的合力相同,则称为**等效荷载**。把一组荷载变换成另一组与之等效的荷载，称为**荷载的等效变换**。

当对静定结构的一个内部几何不变部分上的荷载进行等效变换时，其余部分的内力和反力不变。例如图 6-34（$a$、$b$）所示的简支梁在两组等效荷载的作用下，除 $CD$ 部分的内力有所变化外，其余部分的内力和支座反力均保持不变。

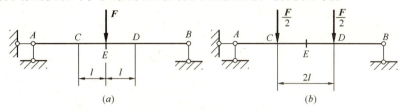

图 6-34

## 单元小结

1. 了解多跨静定梁的几何组成和受力特性，熟练掌握其内力计算和内力图绘制。

（1）在多跨静定梁中，能独立承受荷载的部分称为基本部分；依靠基本部分的支承才能承受荷载并维持平衡的部分，称为附属部分。表示它们之间支承关系的图形称为层次图。

（2）多跨静定梁的计算首先要绘出其层次图，其约束力计算顺序是先计算附属部分，再计算基本部分。当求出每一段梁的约束力后，其内力计算和内力图的绘制就与单跨静定梁一样，最后将各段梁的内力图连在一起即为多跨静定梁的内力图。

（3）多跨静定梁的承载能力大于相同荷载作用下的系列简支梁，因而可节省材料。

2. 了解静定平面刚架的受力特性，熟练掌握其内力计算和内力图绘制。

（1）刚架是由直杆组成的具有刚节点的结构。刚节点可以承受和传递弯矩。由于存在刚结点，使刚架中的杆件较少，内部空间较大，比较容易制作，所以在工程中得到广泛应用。

（2）刚架内力的计算规律。

1）刚架任一横截面上的弯矩，其数值等于该截面任一边刚架上所有外力对该截面形心之矩的代数和。力矩与该截面上规定的正号弯矩的转向相反时为正，相同时为负。

2）刚架任一横截面上的剪力，其数值等于该截面任一边刚架上所有外力在该截面方向上投影的代数和。外力与该截面上正号剪力的方向相反时为正，相同时为负。

3）刚架任一横截面上的轴力，其数值等于该截面任一边刚架上所有外力在该截面的轴线方向上投影的代数和。外力与该截面上正号轴力的方向相反时为正，相同时为负。

（3）刚架内力图的绘制步骤。

1）由整体或部分的平衡条件，求出支座反力和铰节点处的约束力。

2) 选取刚架上的外力不连续点（如集中力作用点、集中力偶作用点、分布荷载作用的起点和终点等）和杆件的连接点作为控制截面，按刚架内力计算规律，计算各控制截面上的内力值。

3) 按单跨静定梁的内力图的绘制方法，逐杆绘制内力图，最后将各杆的内力图连在一起，即得整个刚架的内力图。

3. 了解静定平面桁架的受力特性，掌握其内力计算。

(1) 桁架是由直杆组成，全部由铰节点连接而成的结构。在节点荷载作用下，桁架各杆的内力只有轴力，截面上受力分布是均匀的，充分发挥了材料的作用。同时，减轻了结构的自重。因此，桁架在大跨度结构中应用得非常广泛。

(2) 桁架内力计算的方法通常有节点法和截面法。节点法是截取桁架的一个节点为隔离体，利用该节点的静力平衡方程来计算截断杆的轴力。节点法适用于简单桁架的内力计算。一般先从未知力不超过两个的节点开始，依次计算，就可以求出桁架中各杆的轴力。

截面法是用一截面（平面或曲面）截取桁架的某一部分（两个节点以上）为隔离体，利用该部分的静力平衡方程来计算截断杆的轴力。截面法适用于求桁架中某些指定杆件的轴力。一般的，在桁架的内力计算中，往往是节点法和截面法联合加以应用。

4. 了解静定平面组合结构的受力特性，掌握其内力计算和内力图绘制。

(1) 由链杆和梁式杆混合组成的结构称为组合结构。在组合结构中，利用链杆的受力特点，能较充分地利用材料，并从加劲的角度出发，改善了梁式杆的受力状态，因而组合结构广泛应用于较大跨度的建筑物。

(2) 组合结构的内力计算，一般是在求出支座反力后，先计算链杆的轴力，其计算方法与平面桁架内力计算相似；然后再计算梁式杆的内力，其计算方法与梁、刚架内力计算相似；最后绘制结构的内力图。

5. 了解三铰拱的受力特性，掌握其内力计算。了解合理拱轴的概念。

(1) 拱是由曲杆组成的在竖向荷载作用下支座处产生水平推力的结构。在拱结构中，由于水平推力的存在，拱横截面上的弯矩比相应简支梁对应截面上的弯矩小得多，并且可使拱横截面上的内力以轴向压力为主。这样，拱可以用抗压强度较高而抗拉强度较低的砖、石和混凝土等材料来制造。因此，拱结构在房屋建筑、桥梁建筑和水利建筑工程中得到广泛应用。

(2) 三铰拱的支座反力和内力的计算公式都是通过相应简支梁的支座反力和内力来表达的。

(3) 若三铰拱的所有截面上的弯矩都为零，则这样的拱轴线就称为在该荷载作用下的合理拱轴。对称三铰拱在满跨的竖向均布荷载作用下的合理拱轴为二次抛物线，在径向均布荷载作用下的合理拱轴为圆弧线，在拱上填土（填土表面为水平）的重力作用下的合理拱轴为悬链线。

6. 了解静定结构的特性。

静定结构的特性如下：

(1) 当静定结构和荷载一定时，其反力和内力的解答是唯一的确定值。

(2) 静定结构在平衡力系作用下，仅在该力系作用的最小几何不变部分产生内力，在其余部分均不产生内力和反力。

(3) 当对静定结构的一个内部几何不变部分上的荷载进行等效变换时，其余部分的内力和反力不变。

## 思考题

6-1 如何区分多跨静定梁的基本部分和附属部分？多跨静定梁的约束力计算顺序为什么是先计算附属部分后计算基本部分？

6-2 多跨静定梁和与之相应的系列多跨简支梁在受力性能上有什么差别？

6-3 刚节点和铰节点在受力和变形方面各有什么特点？

6-4 试改正图示静定平面刚架的弯矩图中的错误。

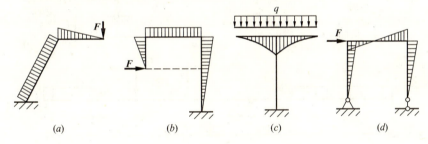

思考题 6-4 图

6-5 在进行刚架的内力图绘制时，如何根据弯矩图来绘制剪力图，又如何根据剪力图来绘制轴力图？

6-6 什么是桁架的主内力？什么是桁架的次内力？

6-7 桁架中的零杆是否可以拆除不要？为什么？

6-8 用截面法计算桁架的内力时，为什么截断的杆件一般不应超过三根？什么情况下可以例外？

6-9 在组合结构的杆件中，有哪几种受力类型？

6-10 在计算组合结构的内力时，为什么要先计算链杆的轴力？

6-11 为什么三铰拱可以用砖、石、混凝土等抗拉性能差而抗压性能好的材料建造？而梁却很少用这类材料建造？

6-12 什么是三铰拱的合理拱轴？如何确定合理拱轴？在什么情况下三铰拱的合理拱轴为二次抛物线？

6-13 简述静定的梁、刚架、桁架、组合结构和三铰拱的受力特点，各列举一个工程实例。

6-14 静定结构有哪些特性？

# 习题

6-1 绘制图示梁的内力图。

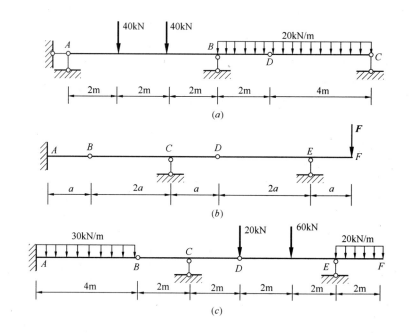

习题 6-1 图

6-2 绘制图示刚架的内力图。

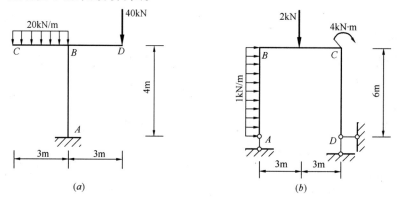

习题 6-2 图（一）

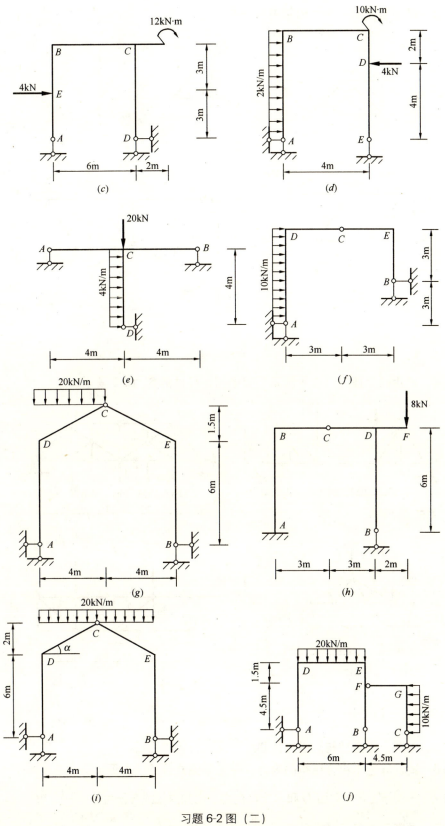

习题6-2图（二）

6-3 试用节点法求图示桁架中各杆的内力。

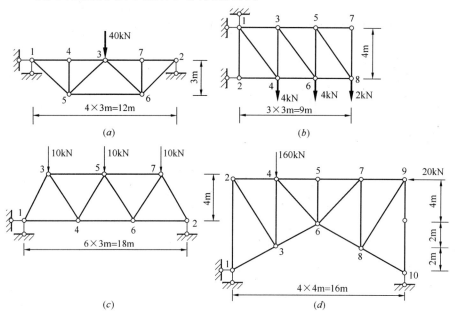

习题 6-3 图

6-4 试用较简捷的方法求图示桁架中指定杆件的内力。

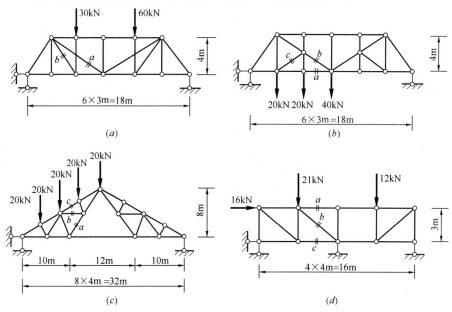

习题 6-4 图

6-5 求图示组合结构的内力,并绘制梁式杆的内力图。

6-6 试计算图示组合结构的内力,并绘制梁式杆的内力图。

6-7 求图示三铰拱截面 $D$ 和 $E$ 上的内力。已知拱轴线方程为 $y = \dfrac{4f}{l^2} x(l-x)$。

6-8 求图示圆弧三铰拱截面 $K$ 上的内力。

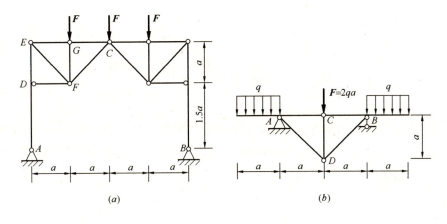

习题 6-5 图

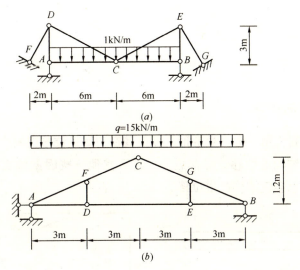

习题 6-6 图

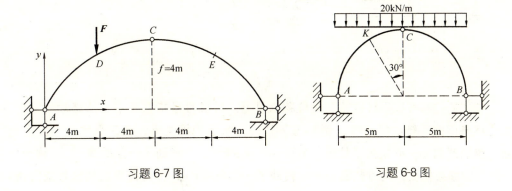

习题 6-7 图    习题 6-8 图

# 单元 7　静定结构的位移

本单元在虚功原理的基础上建立了结构位移计算的一般公式，着重介绍静定结构在荷载作用、支座移动、温度改变时所引起的位移计算。静定结构的位移计算是结构刚度计算以及超静定结构的内力计算的基础。

## 7.1　概　　述

### 7.1.1　位移的概念

工程结构在荷载作用下会产生变形，因而其在空间的位置将发生变化。我们把结构位置的变化称为**结构的位移**。除荷载外，还有其他一些因素如支座移动、温度改变、制造误差等，也会使结构产生位移。

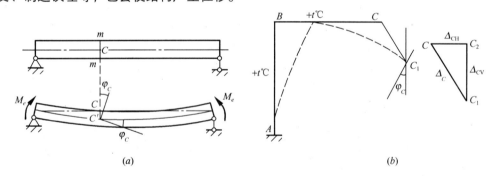

图 7-1

结构的位移可以用**线位移**和**角位移**来度量。线位移是指截面形心所移动的距离，角位移是指截面转动的角度。例如图 7-1 (a) 所示的简支梁，在荷载作用下发生弯曲，梁的截面 $m-m$ 发生了位移。截面 $m-m$ 的形心 $C$ 移动了一段距离 $\overline{CC'}$，称为点 $C$ 的线位移或**挠度**；同时截面 $m-m$ 转动了一个角度 $\varphi_C$，称为截面的角位移或**转角**。又如图 7-1 (b) 所示悬臂刚架，在内侧温度不变、外侧温度升高的影响下，发生如图中虚线所示的变形，刚架上的点 $C$ 移动至点 $C_1$，则 $\overline{CC_1}$ 称为点 $C$ 的线位移，用 $\Delta_C$ 表示。还可将该线位移沿水平和竖向分解为 $\overline{CC_2}$ 和 $\overline{C_2C_1}$，分别称为点 $C$ 的**水平位移** $\Delta_{CH}$ 和**竖向位移** $\Delta_{CV}$。同时，截面 $C$ 转动了一个角度 $\varphi_C$，称为截面 $C$ 的角位移。

上述线位移和角位移称为**绝对位移**。此外，在计算中还将涉及到另一种位移，即相对位移。例如图 7-2 所示简支刚架，在荷载作用下点 $A$ 移至 $A_1$，点 $B$ 移至 $B_1$，点 $A$ 的水平位移为 $\Delta_{AH}$，点 $B$ 的水平位移为 $\Delta_{BH}$，这两个水平位移之和称为点 $A$、$B$ 沿水平方向的**相对线位移**，并用符号 $\Delta_{AB}$ 表示。同样，截面 $C$ 的角位移 $\alpha$ 与截面 $D$ 的角位移 $\beta$ 之和称为两个截面的**相对角位移**，并表示为

$$\varphi_{CD} = \alpha + \beta$$

为了方便起见，我们将绝对位移和相对位移统称为**广义位移**。

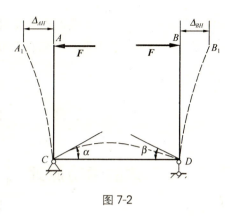

图 7-2

### 7.1.2 位移计算的目的

在工程设计和施工过程中，结构的位移计算是很重要的，主要有以下三方面的用途。

**1. 验算结构的刚度**

验算结构的刚度，即验算结构的位移是否超过允许的极限值，以保证结构物在使用过程中不致发生过大变形。例如在房屋结构中，梁的最大挠度不应超过跨度的 1/400 至 1/200，否则梁下的抹灰层将发生裂痕或脱落。吊车梁允许的挠度限值通常规定为跨度的 1/600。桥梁结构的过大位移将影响行车安全，水闸结构的闸墩或闸门的过大位移，可能影响闸门的启闭与止水，等等。

**2. 为分析超静定结构打下基础**

由于超静定结构的未知力数目超过平衡方程数目，因而在其反力和内力的计算中，不仅要考虑静力平衡条件，而且还必须考虑位移方面的条件，补充变形协调方程。因此，位移计算是分析超静定结构的基础。

**3. 施工方面的需要**

在结构的制作、架设与养护等过程中，经常需要预先知道结构变形后的位置，以便采取相应的施工措施。例如图 7-3（$a$）所示的屋架，在屋盖的自重作用下，下弦各点将产生虚线所示的竖向位移，其中节点 $C$ 的竖向位移为最大。为了减少屋架在使用阶段下弦各节点的竖向位移，制作时通常将各下弦杆的实际下料长度做得比设计长度短些，以使屋架拼装后，节点 $C$ 位于 $C'$ 的位置（图 7-3$b$）。这样在屋盖系统施工完

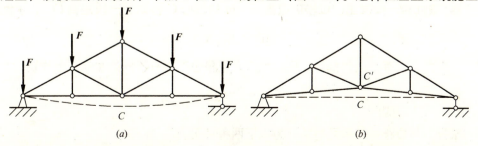

(a)              (b)

图 7-3

毕后，屋架的下弦各杆能接近于原设计的水平位置，这种做法称为**建筑起拱**。欲知道点 $C$ 的竖向位移及各下弦杆的实际下料长度，就必须研究屋架的变形和各点位移间的关系。

## 7.2 变形体的虚功原理

### 7.2.1 实功与虚功

1. 功

当质点 $M$ 沿直线有位移 $\Delta$ 时（图 7-4），作用于质点上的常力 $F$ 在位移 $\Delta$ 上所作的功 $W$ 为

$$W = F\Delta\cos\theta$$

可见，功是标量，它可以为正、为负或为零，视力与位移的夹角而定。

若一对大小相等、方向相反的力 $F$ 作用于圆盘的 $A$、$B$ 两点上（图 7-5），设圆盘转动时，力 $F$ 的大小不变而方向始终垂直于直径 $AB$，当圆盘转过一角度 $\varphi$ 时，则两力所作的功为

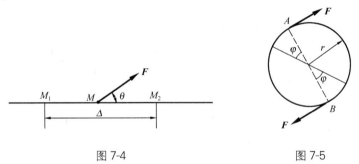

图 7-4  图 7-5

$$W = 2Fr\varphi = M\varphi$$

式中 $M=2Fr$。即力偶所作的功等于力偶矩与角位移的乘积。

由上可知，功包含了两个因素，即力和位移。若用 $F$ 表示广义力，用 $\Delta$ 表示广义位移，则功等于 $F$ 与 $\Delta$ 的点积，即

$$W = \boldsymbol{F} \cdot \boldsymbol{\Delta}$$

广义力可以有不同的量纲，相应地广义位移也可以有不同的量纲，但作功时其乘积恒具有功的量纲。

2. 实功和虚功

根据力与位移的关系可将功分为以下两种情况：

(1) 位移是由作功的力引起的。例如图 7-4 所示质点的位移，是由作功的力 $F$ 引

起的。我们把力在由自身引起的位移上所作的功称为**实功**。

(2) 位移不是由作功的力引起的，而是由其他因素引起的。例如图 7-6 (a) 所示的简支梁受力 $F$ 的作用，变形至实曲线所示的位置，此时力 $F$ 作实功。然后再在梁上作用力 $F'$，使梁继续发生变形达到虚线所示的位置。此时，力 $F$ 作用点有位移 $\Delta$，但是该位移不是力 $F$ 引起的，而是由力 $F'$ 所引起的，我们把力在由其他因素引起的位移上所作的功称为**虚功**。所谓虚功并非不存在，只是强调作功过程中力与位移彼此无关。

因为在虚功中作功的力和相应的位移是彼此独立无关的两个因素，所以可将二者看成是同一体系的两种彼此无关的状态，其中力系所属的状态称为**力状态**（图 7-6b），位移所属的状态称为**位移状态**（图 7-6c）。

图 7-6 (b) 所示的力状态是真实的，而图 7-6 (c) 所示的位移状态是虚拟的。当然，我们也可以根据需要，取真实的位移状态，而虚拟力状态，即位移状态和力状态中的任何一个都可以是虚拟的。不过，虚拟的力状态必须满足力系的平衡条件，而虚拟的位移状态必须为体系的约束所容许。

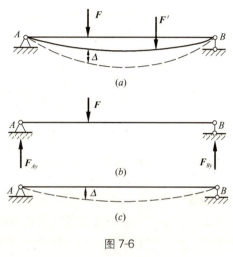

图 7-6

### 7.2.2 变形体的虚功原理

变形体在外力的作用下要发生变形，同时还要产生相应的内力。变形体的虚功原理可表述如下：**对于变形体系，如果力状态中的力系满足平衡条件，位移状态中的位移和变形彼此协调、并与约束几何相容，则体系的外力虚功等于体系的内力虚功**，即

$$W_e = W_i \tag{7-1}$$

式中 $W_e$——外力虚功，即力状态中的外力在位移状态中的相应位移上所作的虚功总和；

$W_i$——内力虚功，即力状态中的内力在位移状态中的相应变形上所作的虚功总和。

式 (7-1) 称为**变形体的虚功方程**。变形体虚功原理的证明从略。需要指出的是，在推导变形体的虚功方程时，并未涉及到材料的物理性质，只要在小变形范围内，对于弹性、塑性、线性、非线性的变形体系，上述虚功方程都成立。若结构作为刚体看待时，则 $W_i=0$，于是变形体的虚功方程变为 $W_e=0$，即为**刚体的虚功方程**。因此，**刚体的虚功原理**是变形体虚功原理的一个特例。

由于在虚功原理中有两种彼此独立的状态，即力状态和位移状态，因此在应用虚功原理时，可根据不同的需要，将其中的一个状态看作是虚拟的，而另一个状态则是问题的实际状态。因此，虚功原理有两种表述形式，用以解决两类问题。

(1) 虚拟位移状态，求未知力

此时位移状态是虚拟的，力状态是实际给定的，在虚拟位移状态和给定的实际力状态之间应用虚功原理，这种形式的虚功原理又称为**虚位移原理**。

(2) 虚拟力状态，求未知位移

此时力状态是虚拟的，位移状态是实际给定的，在虚拟力状态和给定的实际位移状态之间应用虚功原理，这种形式的虚功原理又称为**虚力原理**。

下面我们应用虚力原理推导出平面杆件结构位移计算的一般公式和计算方法。

## 7.3 结构位移计算的一般公式

### 7.3.1 位移计算的一般公式

现以图 7-7（a）所示刚架为例来建立平面杆件结构位移计算的一般公式。设刚架由于荷载、支座移动和温度改变等因素而发生如图中虚线所示的变形，这是结构的实际位移状态。现要求该状态中结构上 $K$ 点沿 $K$-$K$ 方向的位移。应用虚力原理，虚拟一个与所求位移相对应的虚单位荷载，即在 $K$ 点沿 $K$-$K$ 方向施加一个虚单位力 $\overline{F}_K = 1$（在力的符号上面加一杠以表示虚拟），如图 7-7（b）所示。在该虚单位荷载作用下，结构将产生虚反力 $\overline{R}$（固定端处的反力在图中未画出）和虚内力 $\overline{F}_N$、$\overline{F}_S$、$\overline{M}$，它们构成了一个虚拟力系，这就是虚拟的力状态。

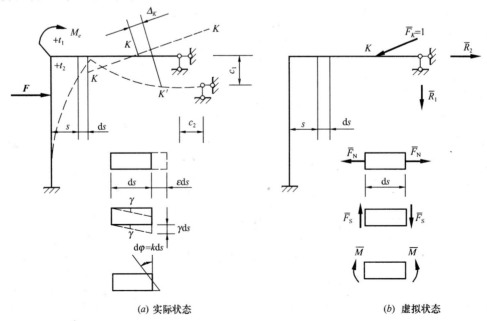

(a) 实际状态          (b) 虚拟状态

图 7-7

图 7-7 (b) 所示的虚拟力系在图 7-7 (a) 所示的实际位移状态上所作的外力虚功为

$$W_e = \overline{F}_K \Delta_K + \overline{R}_1 c_1 + \overline{R}_2 c_2 = \overline{F}_K \Delta_K + \Sigma \overline{R} c$$

内力虚功为

$$W_i = \Sigma \int_l \overline{F}_N \epsilon ds + \Sigma \int_l \overline{F}_S \gamma ds + \Sigma \int_l \overline{M} k ds$$

根据式 (7-1) 有

$$\overline{F}_K \Delta_K + \Sigma \overline{R} c = \Sigma \int_l \overline{F}_N \epsilon ds + \Sigma \int_l \overline{F}_S \gamma ds + \Sigma \int_l \overline{M} k ds$$

得

$$\Delta_K = \Sigma \int_l \overline{F}_N \epsilon ds + \Sigma \int_l \overline{F}_S \gamma ds + \Sigma \int_l \overline{M} k ds - \Sigma \overline{R} c \tag{7-2}$$

式中 $\epsilon ds$、$\gamma ds$、$k ds$——微段的轴向变形、剪切变形、弯曲变形。

式 (7-2) 即为平面杆件结构位移计算的一般公式。它既适用于静定结构，也适用于超静定结构；既适用于弹性材料，也适用于非弹性材料；既适用于荷载作用下的位移计算，也适用于由支座移动、温度改变等因素影响下的位移计算。我们把这种在所求位移方向施加一个虚单位力 $\overline{F}_K = 1$ 来计算结构位移的方法称为**单位荷载法**。

### 7.3.2 虚单位荷载的设置

公式 (7-2) 不仅可用于计算结构的线位移，也可以用来计算结构任何性质的位移（例如角位移和相对位移等），只是要求所设虚单位荷载必须与所求的位移相对应，具体说明如下：

(1) 若计算的位移是结构上某一点沿某一方向的线位移，则应在该点沿该方向施加一个单位集中力（图 7-8a）。

(2) 若计算的位移是结构上某一截面的角位移，则应在该截面上施加一个单位集中力偶（图 7-8b）。

(3) 若计算的是桁架中某一杆件的角位移，则应在该杆件的两端施加一对与杆轴垂直的反向平行集中力使其构成一个单位力偶，每个集中力的大小等于杆长的倒数（图 7-8c）。

(4) 若计算的位移是结构上某两点沿指定方向的相对线位移，则应在该两点沿指定方向施加一对反向共线的单位集中力（图 7-8d）。

(5) 若计算的位移是结构上某两个截面的相对角位移，则应在这两个截面上施加一对反向单位集中力偶（图 7-8e）。

(6) 若计算的是桁架中某两杆的相对角位移，则应在该两杆上施加两个方向相反的单位力偶（图 7-8f）。

应该指出，虚单位荷载的指向可任意假设，若按式 (7-2) 计算出来的结果是正

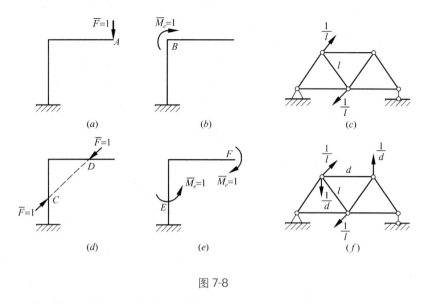

图 7-8

的，则表示实际位移的方向与虚单位荷载的方向相同，否则相反。

## 7.4 静定结构在荷载作用下的位移计算

### 7.4.1 荷载作用下的位移计算公式

由于只考虑荷载作用，没有支座位移的影响（即 $c=0$），故式（7-2）可简化为

$$\Delta_K = \Sigma \int_l \overline{F}_N \varepsilon \mathrm{d}s + \Sigma \int_l \overline{F}_S \gamma \mathrm{d}s + \Sigma \int_l \overline{M} k \mathrm{d}s \tag{7-3}$$

式中，微段的变形 $\varepsilon \mathrm{d}s$、$\gamma \mathrm{d}s$、$k \mathrm{d}s$ 仅由荷载引起。设以 $F_N$、$F_S$、$M$ 表示实际位移状态中微段上的轴力、剪力和弯矩，在线弹性范围内，可得到（证明从略）

$$\varepsilon = \frac{F_N}{EA}, \quad \gamma = \kappa \frac{F_S}{GA}, \quad k = \frac{M}{EI} \tag{7-4}$$

式中 $EA$、$GA$、$EI$——杆件的拉压、剪切、弯曲刚度；

$\kappa$——切应力分布不均匀系数，是与截面形状有关的因数。例如，对于矩形截面，$\kappa=1.2$；对于圆形截面，$\kappa=\dfrac{10}{9}$；对于薄壁圆环形截面，$\kappa=2$；对于工字形截面，$\kappa=\dfrac{A}{A_1}$（$A_1$ 为腹板面积）。

将式（7-4）代入式（7-3），得

$$\Delta_K = \Sigma \int_l \frac{\overline{F}_N F_N}{EA} ds + \Sigma \int_l \kappa \frac{\overline{F}_S F_S}{GA} ds + \Sigma \int_l \frac{\overline{M}M}{EI} ds \tag{7-5}$$

式中　$\overline{F}_N$、$\overline{F}_S$、$\overline{M}$——在虚拟状态中由广义虚单位荷载引起的虚内力；

$F_N$、$F_S$、$M$——原结构由实际荷载引起的内力；

$EA$、$GA$、$EI$——杆件的拉压、剪切、弯曲刚度。

式 (7-5) 即为静定结构在荷载作用下位移计算的一般公式。

### 7.4.2　几种典型结构的位移计算公式

分析式 (7-5) 右边的三项，它们依次分别表示轴向变形、剪切变形和弯曲变形对结构位移的影响。计算表明，对不同形式的结构，这三项的影响量是不同的。对一具体结构而言，某一项（或两项）的影响是显著的，其余项的影响则可以忽略不计。因此，在结构位移计算中，对不同形式的结构可分别采用不同的简化计算公式。

1. 梁和刚架

在一般情况下，对梁和刚架而言，弯曲变形是主要的变形，而轴向变形和剪切变形的影响量很小，可以忽略不计。于是式 (7-5) 简化为

$$\Delta_K = \Sigma \int_l \frac{\overline{M}M}{EI} ds \tag{7-6}$$

2. 桁架

桁架中各杆只有轴向变形，且每一杆件的轴力和截面面积沿杆长不变，于是式 (7-5) 简化为

$$\Delta_K = \Sigma \frac{\overline{F}_N F_N l}{EA} \tag{7-7}$$

3. 组合结构

在组合结构中，梁式杆件主要承受弯矩，其变形主要是弯曲变形，在梁式杆中可只考虑弯曲变形对位移的影响；而链杆只承受轴力，只有轴向变形。于是其位移计算公式简化为

$$\Delta_K = \Sigma \int_l \frac{\overline{M}M}{EI} ds + \Sigma \frac{\overline{F}_N F_N l}{EA} \tag{7-8}$$

4. 拱

当不考虑曲率的影响时，拱结构的位移可以近似的按式 (7-6) 来计算。而且，通常情况下，只需考虑弯曲变形的影响，按式 (7-6) 计算，其结果已足够精确。仅在计算扁平拱的水平位移或者拱轴线与合理轴线接近时，才考虑轴向变形的影响，即

$$\Delta_K = \Sigma \int_l \frac{\overline{M}M}{EI} ds + \Sigma \int_l \frac{\overline{F}_N F_N}{EA} ds \tag{7-9}$$

需要说明的是，在以上的位移计算中，都没有考虑杆件的曲率对变形的影响，这对直杆是正确的，对曲杆则是近似的。不过，在常用的结构中，譬如拱结构、曲梁和有曲杆的刚架等，构件的曲率对变形的影响都很小，可以略去不计。

【例 7-1】　求图 7-9 (a) 所示简支梁的中点 $C$ 的竖向位移 $\Delta_{CV}$。已知梁的刚度 $EI$

为常数。

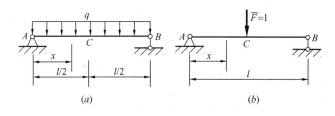

图 7-9

【解】

(1) 虚拟力状态。为求点 $C$ 的竖向位移 $\Delta_{CV}$，可在点 $C$ 沿竖向虚加单位力 $\overline{F} = 1$，得到如图 7-9 (b) 所示的虚拟力状态。

(2) 分别求出在虚拟力状态和实际位移状态中梁的弯矩。设取点 $A$ 为坐标原点，当 $0 \leqslant x \leqslant \dfrac{l}{2}$ 时，有

$$\overline{M} = \frac{1}{2}x, \quad M = \frac{q}{2}(lx - x^2)$$

(3) 应用公式计算位移。利用对称性，由式 (7-6) 得

$$\Delta_{CV} = 2\int_0^{\frac{l}{2}} \frac{1}{EI} \times \frac{x}{2} \times \frac{q}{2}(lx - x^2)\,\mathrm{d}x = \frac{5ql^4}{384EI}(\downarrow)$$

计算结果为正，表示 $\Delta_{CV}$ 的方向与所设单位力的方向相同，即 $\Delta_{CV}$ 向下。

**【例 7-2】** 求图 7-10 (a) 所示刚架上点 $C$ 的水平位移 $\Delta_{CH}$ 和截面 $C$ 的转角 $\varphi_C$。已知各杆的刚度 $EI$ 为常数。

【解】

(1) 求点 $C$ 的水平位移 $\Delta_{CH}$。

1) 虚拟力状态。为求点 $C$ 的水平位移 $\Delta_{CH}$，可在点 $C$ 沿水平方向虚加单位力 $\overline{F} = 1$，得到如图 7-10 (b) 所示的虚拟力状态。

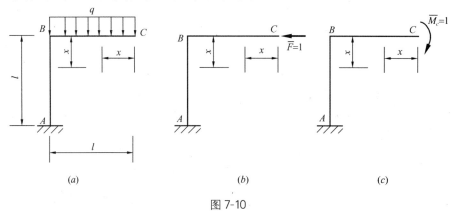

图 7-10

2) 分别求出在虚拟力状态和实际位移状态中各杆的弯矩。建立图示坐标系，在两种状态中刚架各杆的弯矩分别为

横梁 $BC$：$\overline{M}=0, M=-\dfrac{1}{2}qx^2$

竖柱 $AB$：$\overline{M}=x, M=-\dfrac{1}{2}ql^2$

3) 应用公式计算位移。由式（7-6），求得 $C$ 点的水平位移为

$$\Delta_{CH}=\Sigma\int_l\dfrac{\overline{M}M}{EI}\mathrm{d}x=\dfrac{1}{EI}\int_0^l x\left(-\dfrac{1}{2}ql^2\right)\mathrm{d}x=-\dfrac{ql^4}{4EI}(\rightarrow)$$

计算结果为负值，表示 $\Delta_{CH}$ 的方向与所设单位力的方向相反，即 $\Delta_{CH}$ 向右。

(2) 求截面 $C$ 的转角 $\varphi_C$。

1) 虚拟力状态。为求截面 $C$ 的转角 $\varphi_C$，可在截面 $C$ 虚加单位力偶 $\overline{M}_e=1$，得到如图 7-10 (c) 所示的虚拟力状态。

2) 分别求出在虚拟力状态和实际位移状态中各杆的弯矩。建立图示坐标系，在两种状态中刚架各杆的弯矩分别为

横梁 $BC$：$\overline{M}=-1, M=-\dfrac{1}{2}qx^2$

竖柱 $AB$：$\overline{M}=-1, M=-\dfrac{1}{2}ql^2$

3) 应用公式计算位移。由式（7-6），求得截面 $C$ 的转角为

$$\varphi_C=\dfrac{1}{EI}\int_0^l(-1)\times\left(-\dfrac{1}{2}ql^2\right)\mathrm{d}x$$

$$+\dfrac{1}{EI}\int_0^l(-1)\times\left(-\dfrac{1}{2}qx^2\right)\mathrm{d}x$$

$$=\dfrac{2ql^3}{3EI}(\curvearrowright)$$

计算结果为正，表示 $\varphi_C$ 的转向与所设单位力偶的转向相同，即 $\varphi_C$ 顺时针转向。

【例 7-3】 求图 7-11 (a) 所示桁架节点 $C$ 的竖向位移 $\Delta_{CV}$。已知各杆的弹性模量均为 $E=2.1\times10^5$ MPa，截面面积 $A=1200$ mm$^2$。

【解】

(1) 虚拟力状态。为求点 $C$ 的竖向位移 $\Delta_{CV}$，可在点 $C$ 沿竖向虚加单位力 $\overline{F}=1$，得到如图 7-11 (b) 所示的虚拟力状态。

(2) 分别求出在虚拟力状态和实际位移状态中各杆的轴力。计算虚拟力状态中各杆的轴力如图 7-11 (b) 所示。计算实际位移状态中各杆的轴力如图 7-11 (c) 所示。

(3) 应用公式计算位移。由桁架位移计算公式（7-7），有

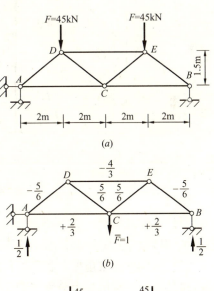

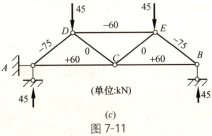

图 7-11

$$\Delta_{CV} = \Sigma \frac{\overline{F}_N F_N l}{EA}$$

具体计算过程可列表进行，见表 7-1。由于桁架及荷载的对称性，在表中计算时，只计算了半个桁架，其中杆 DE 的长度只取一半。求最后位移时乘以 2，即

$$\Delta_{CV} = 2 \times 1.88 = 3.76 \text{mm} (\downarrow)$$

计算结果为正，表示 $\Delta_{CV}$ 的方向与所设单位力的方向相同，即 $\Delta_{CV}$ 向下。

例 7-3 计算表　　　　　　　　　　　　　　　　　表 7-1

| 杆件 | $\overline{F}_N$ | $F_N$ (kN) | 杆长 $l$ (mm) | $A$ (mm²) | $E$ (kN/mm²) | $\overline{F}_N F_N l / EA$ (mm) |
|---|---|---|---|---|---|---|
| AC | 2/3 | 60 | 4000 | 1200 | $2.1 \times 10^2$ | 0.63 |
| AD | −5/6 | −75 | 2500 | 1200 | $2.1 \times 10^2$ | 0.62 |
| DE | −4/3 | −60 | 0.5×4000 | 1200 | $2.1 \times 10^2$ | 0.63 |
| DC | 5/6 | 0 | 2500 | 1200 | $2.1 \times 10^2$ | 0 |
| | | | | | | $\Sigma = 1.88$ mm |

【例 7-4】 组合结构如图 7-12 (a) 所示。其中 CD、BD 为链杆，其拉压刚度为 EA；AC 为梁式杆，其弯曲刚度为 EI。在 D 点有集中荷载 F 作用。求 D 点的竖向位移 $\Delta_{DV}$。

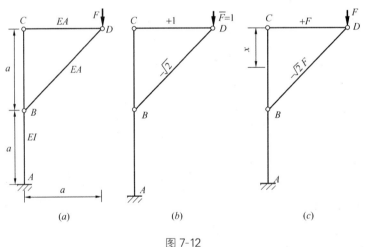

图 7-12

【解】
(1) 虚拟力状态。为求点 D 的竖向位移 $\Delta_{DV}$，可在点 D 沿竖向虚加单位力 $\overline{F} = 1$，得到如图 7-12 (b) 所示的虚拟力状态。

(2) 分别求出在虚拟力状态和实际位移状态中各杆的内力。计算虚拟力状态和实际位移状态中链杆的轴力分别如图 7-12 (b、c) 所示。梁式杆的弯矩为

BC 杆：$\overline{M} = x, M = Fx$
AB 杆：$\overline{M} = a, M = Fa$

(3) 应用公式计算位移。由梁和桁架位移计算公式 (7-6) 和 (7-7)，求得 D 点的竖向位移为

$$\Delta_{DV} = \Sigma \frac{\overline{F}_N F_N}{EA} l + \Sigma \int_l \frac{\overline{M} M}{EI} dx$$

$$= \frac{1}{EA}(1 \times F \times a + \sqrt{2} \times \sqrt{2}F \times \sqrt{2}a) + \int_0^a \frac{Fx^2}{EI}dx + \int_a^{2a} \frac{Fa^2}{EI}dx$$

$$= \frac{(1+2\sqrt{2})Fa}{EA} + \frac{4Fa^3}{3EI} \ (\downarrow)$$

计算结果为正,表示 $\Delta_{DV}$ 的方向与所设单位力的方向相同,即 $\Delta_{DV}$ 向下。

## 7.5 图乘法

### 7.5.1 图乘法适用条件及图乘公式

当用单位荷载法求梁或刚架的位移时,需要计算积分

$$\Delta_K = \Sigma \int_l \frac{\overline{M}M}{EI}ds$$

其计算过程往往比较繁杂。在满足一定条件的情况下,可以绘出 $\overline{M}$、$M$ 两个弯矩函数的图形,用弯矩图互乘的方法(即图乘法)代替积分运算,使计算得到简化。现说明如下。

1. 适用条件

(1) 杆段的 $EI$ 为常数。

(2) 杆段的轴线为直线。

(3) 各杆段的 $\overline{M}$ 图和 $M$ 图中至少有一个为直线图形。

对于等截面直杆,前两个条件自然满足。至于第三个条件,虽然在均布荷载的作用下 $M$ 图的形状是曲线形状,但 $\overline{M}$ 图却总是由直线段组成,只要分段考虑也可满足。于是,**对于由等截面直杆段所构成的梁和刚架,在计算位移时均可应用图乘法**。

2. 图乘公式

图 7-13 所示为直杆 $AB$ 的两个弯矩图,其中 $\overline{M}$ 图为一直线,$M$ 图为任意形状。若该杆的弯曲刚度 $EI$ 为一常数,则

$$\Delta_K = \frac{1}{EI}\int_l \overline{M}Mds$$

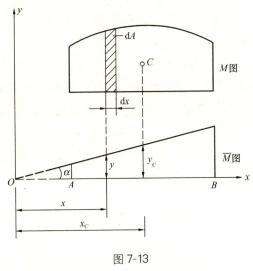

图 7-13

由图可知，$\overline{M}$ 图中某一点的竖标（即纵坐标）为

$$\overline{M} = y = x\tan\alpha$$

代入上述积分式中，则有

$$\Delta_K = \frac{1}{EI}\int_l \overline{M}M\mathrm{d}s = \frac{1}{EI}\int_l x\tan\alpha M\mathrm{d}x$$

$$= \frac{1}{EI}\tan\alpha\int_l x\mathrm{d}A$$

式中　$\mathrm{d}A$——$M$ 图的微面积（图 7-13 中阴影线部分的面积）；

$\int_l x\mathrm{d}A$——$M$ 图的面积 $A$ 对于 $y$ 轴的静矩，它可写成为（见附录Ⅰ）

$$\int_l x\mathrm{d}A = A\cdot x_C$$

式中　$x_C$——$M$ 图的形心 $C$ 到 $y$ 轴的距离。故有

$$\Delta_K = \frac{1}{EI}A\cdot x_C\tan\alpha$$

设 $M$ 图的形心 $C$ 所对应的 $\overline{M}$ 图中的竖标为 $y_C$，由图 7-13 有

$$x_C\tan\alpha = y_C$$

所以

$$\Delta_K = \int_l \frac{\overline{M}M}{EI}\mathrm{d}s = \frac{1}{EI}Ay_C \tag{7-10}$$

式（7-10）就是图乘法的计算公式。它表明：**计算位移的积分式的数值等于 $M$ 图的面积 $A$ 乘以其形心所对应的 $\overline{M}$ 图的竖标 $y_C$，再除以杆段的弯曲刚度 $EI$。**

用图乘法计算时应注意：

（1）在图乘前要先对图形进行分段处理，保证 $M$ 图和 $\overline{M}$ 图中至少有一个是直线图形。

（2）面积 $A$ 与竖标 $y_C$ 分别取自两个弯矩图，$y_C$ 必须从直线图形上取得。若 $M$ 图和 $\overline{M}$ 图均为直线图形，也可用 $\overline{M}$ 图的面积乘其形心所对应的 $M$ 图的竖标来计算。

（3）乘积 $Ay_C$ 的正负号规定为：当面积 $A$ 与竖标 $y_C$ 在杆的同侧时，乘积 $Ay_C$ 取正号；当 $A$ 与 $y_C$ 在杆的异侧时，$Ay_C$ 取负号。

（4）对于由多根等截面直杆组成的结构，只要将每段杆图乘的结果相加，即图乘法的计算公式为

$$\Delta_K = \Sigma\int_l \frac{\overline{M}M}{EI}\mathrm{d}s = \Sigma\frac{1}{EI}Ay_C \tag{7-11}$$

### 7.5.2　图乘计算中的几个问题

1. 常见图形面积及形心位置

在应用图乘法时，需要计算图形的面积 $A$ 及该图形形心 $C$ 的位置。现将几种常见图形的面积及其形心位置示于图 7-14 中，以备查用。在应用抛物线图形的公式时，

必须注意抛物线在顶点处的切线必须与基线平行，即所谓标准抛物线。

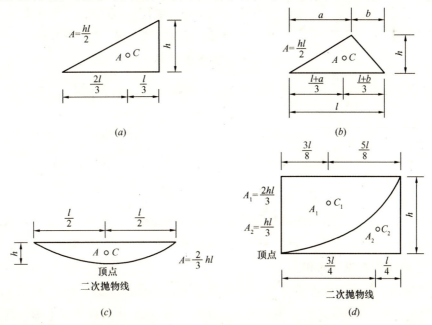

图 7-14

**2. 图乘法应用技巧**

(1) 复杂图形分解为简单图形

对于一些面积和形心位置不易确定的图形，可采用图形分解的方法，将复杂图形分解为几个简单图形，以方便计算。

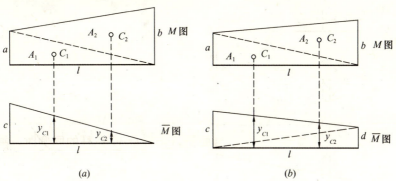

图 7-15

1) 若弯矩图为梯形，可以把它分解为两个三角形，则有

$$\Delta_K = \frac{1}{EI}(A_1 y_{C1} + A_2 y_{C2})$$

式中 $A_1 = \dfrac{al}{2}$，$y_{C1} = \dfrac{2}{3}c$ (图 7-15a)，$y_{C1} = \dfrac{2}{3}c + \dfrac{1}{3}d$ (图 7-15b)

$A_2 = \dfrac{bl}{2}$，$y_{C2} = \dfrac{1}{3}c$ (图 7-15a)，$y_{C2} = \dfrac{1}{3}c + \dfrac{2}{3}d$ (图 7-15b)

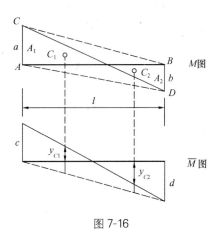

图 7-16

2）若两个图形都是直线，但都含有不同符号的两部分，如图 7-16 所示，可将其中一个图形分解为 $ABD$ 和 $ABC$ 两个三角形，分别与另一个图形图乘并求和，即

$$\Delta_K = \frac{1}{EI}(A_1 y_{C1} + A_2 y_{C2})$$

$$= \frac{1}{EI}\left[\frac{1}{2}al\left(\frac{2}{3}c - \frac{1}{3}d\right)\right.$$

$$\left. + \frac{1}{2}bl\left(\frac{2}{3}d - \frac{1}{3}c\right)\right]$$

3）若 $M$ 图是由竖向均布荷载和杆端弯矩所引起的，如图 7-17（$a$）所示，则可把它分解为一个梯形（图 7-17$b$）和一个抛物线形（图 7-17$c$）两部分，再将上述两图形分别与 $\overline{M}$ 图相图乘并求和。

必须指出，所谓弯矩图的叠加是指弯矩图竖标的叠加。例如在图 7-17（$a$）中，竖标 $M_K$ 等于 $M'_K$ 和 $M''_K$ 之和。由此可知，在图 7-17（$a$）中，虚线以下部分的图形实际上就代表了图 7-17（$c$）中所示相应简支梁在均布荷载作用下的弯矩图。由于二者的竖标彼此相同，故 $dx$ 微段上二者的微面积（图中带阴影线的面积）也彼此相同，因而二者的面积和形心位置也是相同的。

图 7-18（$a$、$b$）所示 $M$ 图是由竖向均布荷载和杆端弯矩所引起的另外两种情况，它们可分别分解为三角形（或梯形）和抛物线形。

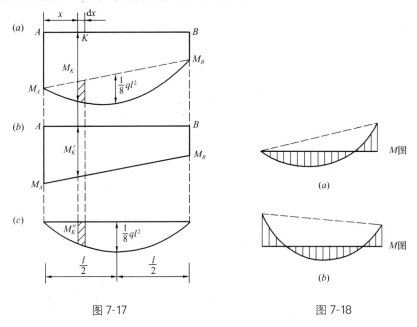

图 7-17　　　　　　图 7-18

（2）分段图乘

如果杆件（或杆段）的两个弯矩图的图形都不是直线图形，其中一个（或两个）

图形为折线形，则应分段图乘（图 7-19a、b）。另外，即使图形是直线形，但杆件为阶梯杆，各段杆的弯曲刚度 $EI$ 不是常数，也应分段图乘（图 7-19c）。

图 7-19

【例 7-5】 求图 7-20（a）所示简支梁的中点 $C$ 的竖向位移 $\Delta_{CV}$ 和 $B$ 端截面的转角 $\varphi_B$。已知梁的刚度 $EI$ 为常数。

【解】

(1) 求点 $C$ 的竖向位移 $\Delta_{CV}$。

1) 虚拟力状态如图 7-20（c）所示。

2) 绘出在虚拟力状态和实际位移状态中梁的弯矩图，分别如图 7-20（c、b）所示。

3) 应用公式计算位移。两图分段图乘后相加，得

$$\Delta_{CV} = \frac{1}{EI}\left[\left(\frac{1}{2} \times \frac{l}{2} \times \frac{Fl}{4}\right) \times \frac{l}{6}\right] \times 2$$

$$= \frac{Fl^3}{48EI} \ (\downarrow)$$

计算结果为正，表示 $\Delta_{CV}$ 的方向与所设单位力的方向相同，即 $\Delta_{CV}$ 向下。

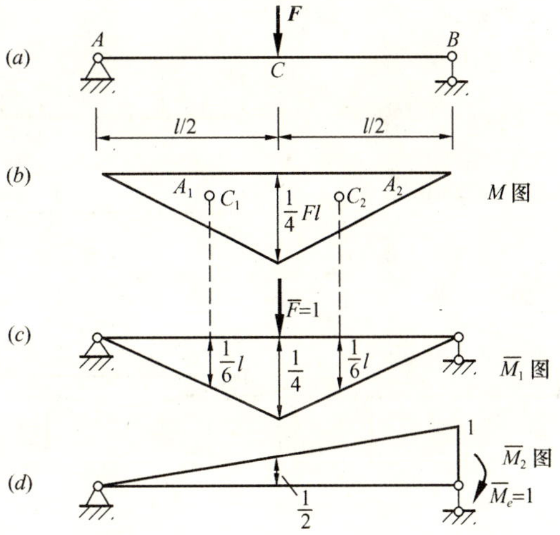

(2) 求 $B$ 端截面的转角 $\varphi_B$。

1) 虚拟力状态如图 7-20（d）所示。

2) 绘出在虚拟力状态和实际位移状态中梁的弯矩图，分别如图 7-20（d、b）所示。

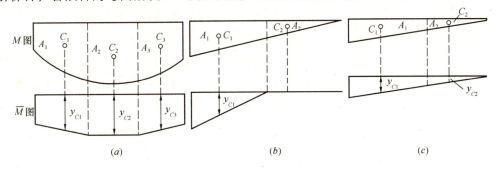

图 7-20

3) 应用公式计算位移，得

$$\varphi_B = -\frac{1}{EI}\left(\frac{1}{2} \times l \times \frac{Fl}{4}\right) \times \frac{1}{2} = -\frac{Fl^2}{16EI}\ (\curvearrowright)$$

计算结果为负，表明 $\varphi_B$ 的转向与所设单位力偶的转向相反，即 $\varphi_B$ 逆时针转向。

【例 7-6】 求图 7-21（a）所示悬臂梁上点 $B$ 的竖向位移 $\Delta_{BV}$。已知梁的刚度 $EI$ 为常数。

## 【解】

(1) 虚拟力状态如图 7-21 (c) 所示。

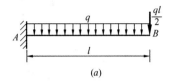

(a)

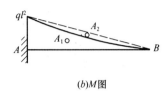

(b) $M$ 图

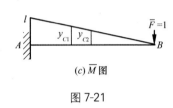

(c) $\overline{M}$ 图

图 7-21

(2) 绘出在虚拟力状态和实际位移状态中梁的弯矩图，分别如图 7-21 (c、b) 所示。

(3) 应用公式计算位移。由于 $M$ 图的 $B$ 点不是抛物线的顶点，故应将 $M$ 图分解为一个三角形（面积为 $A_1$）减去一个标准抛物线图形（面积为 $A_2$）。$M$ 图中各分面积与相应的 $\overline{M}$ 图中的竖标分别为

$$A_1 = \frac{1}{2} \times l \times ql^2 = \frac{ql^3}{2}, \quad y_{C1} = \frac{2}{3}l$$

$$A_2 = \frac{2}{3} \times l \times \frac{ql^2}{8} = \frac{ql^3}{12}, \quad y_{C2} = \frac{1}{2}l$$

代入图乘公式，得点 $B$ 的竖向位移为

$$\Delta_{BV} = \frac{1}{EI}\left(\frac{ql^3}{2} \times \frac{2l}{3} - \frac{ql^3}{12} \times \frac{l}{2}\right) = \frac{7ql^4}{24EI} \; (\downarrow)$$

计算结果为正，表示 $\Delta_{BV}$ 的方向与所设单位力的方向相同，即 $\Delta_{BV}$ 向下。

**【例 7-7】** 求图 7-22 (a) 所示外伸梁上点 $C$ 的竖向位移 $\Delta_{CV}$。已知梁的刚度 $EI$ 为常数。

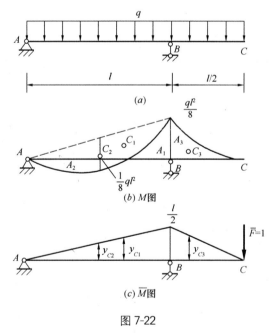

图 7-22

## 【解】

(1) 虚拟力状态如图 7-22 (c) 所示。

(2) 绘出在虚拟力状态和实际位移状态中梁的弯矩图，分别如图 7-22 (c、b) 所示。

(3) 应用公式计算位移。将 $AB$ 段的 $M$ 图分解为一个三角形（面积为 $A_1$）减去一个标准抛物线图形（面积为 $A_2$）；$BC$ 段的 $M$ 图则为一个标准抛物线形。$M$ 图中各分面积与相应的 $\overline{M}$ 图中的竖标分别为

$$A_1 = \frac{1}{2} \times l \times \frac{ql^2}{8} = \frac{ql^3}{16},\ y_{C1} = \frac{2}{3} \times \frac{l}{2} = \frac{l}{3}$$

$$A_2 = \frac{2}{3} \times l \times \frac{ql^2}{8} = -\frac{ql^3}{12},\ y_{C2} = \frac{1}{2} \times \frac{l}{2} = \frac{l}{4}$$

$$A_3 = \frac{1}{3} \times \frac{l}{2} \times \frac{ql^2}{8} = \frac{ql^3}{48},\ y_{C3} = \frac{3}{4} \times \frac{l}{2} = \frac{3l}{8}$$

代入图乘公式，得点 $C$ 的竖向位移为

$$\Delta_{CV} = \frac{1}{EI}\left[\left(\frac{ql^3}{16} \times \frac{l}{3} - \frac{ql^3}{12} \times \frac{l}{4}\right) + \frac{ql^3}{48} \times \frac{3l}{8}\right] = \frac{ql^4}{128EI}(\downarrow)$$

计算结果为正，表示 $\Delta_{CV}$ 的方向与所设单位力的方向相同，即 $\Delta_{CV}$ 向下。

**【例 7-8】** 求图 7-23（$a$）所示刚架上点 $C$ 的竖向位移 $\Delta_{CV}$ 和点 $B$ 的水平位移 $\Delta_{BH}$。已知各杆的刚度 $EI$ 为常数。

**【解】**

(1) 求点 $C$ 的竖向位移 $\Delta_{CV}$。

1) 虚拟力状态如图 7-23（$c$）所示。

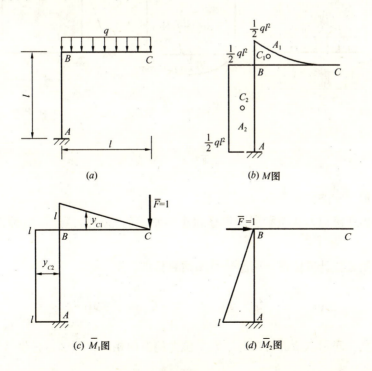

图 7-23

2) 绘出在虚拟力状态和实际位移状态中刚架的弯矩图，分别如图 7-23（$c$、$b$）所示。

3) 应用公式计算位移。两图分段图乘后相加，得

$$\Delta_{CV} = \frac{1}{EI}\left(\frac{l}{3} \times \frac{ql^2}{2} \times \frac{3l}{4} + \frac{ql^2}{2} \times l \times l\right) = \frac{5ql^4}{8EI} \ (\downarrow)$$

计算结果为正，表示 $\Delta_{CV}$ 的方向与所设单位力的方向相同，即 $\Delta_{CV}$ 向下。

(2) 求点 $B$ 的水平位移 $\Delta_{BH}$。

1) 虚拟力状态如图 7.23（$d$）所示。

2) 绘出在虚拟力状态和实际位移状态中刚架的弯矩图，分别如图 7.23（$d$、$b$）所示。

3) 应用公式计算位移，两图分段图乘后相加，得

$$\Delta_{BH} = \frac{1}{EA}\left(\frac{l}{3} \times \frac{ql^2}{2} \times 0 + \frac{ql^2}{2} \times l \times \frac{l}{2}\right) = \frac{ql^4}{4EI} \ (\rightarrow)$$

计算结果为正，表示 $\Delta_{BH}$ 的方向与所设单位力的方向相同，即 $\Delta_{BH}$ 向右。

【例 7-9】 求图 7-24（$a$）所示刚架杆端 $A$、$B$ 之间的水平相对线位移 $\Delta_{AB}$。已知各杆的刚度 $EI$ 为常数。

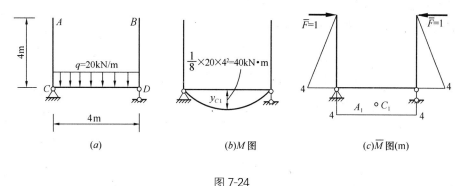

图 7-24

【解】

(1) 虚拟力状态如图 7-24（$c$）所示。

(2) 绘出在虚拟力状态和实际位移状态中刚架的弯矩图，分别如图 7-24（$c$、$b$）所示。

(3) 应用公式计算位移。两图分段图乘后相加，得

$$\Delta_{AB} = \frac{1}{EI}\left(\frac{2}{3} \times 40 \times 4 \times 4 + 0\right) = \frac{1280}{3EI} \ (\rightarrow \ \leftarrow)$$

计算结果为正，表示 $\Delta_{AB}$ 的方向与所设单位力的方向相同，即 $\Delta_{AB}$ 是使 $A$、$B$ 两点靠近的。

## 7.6 静定结构由于支座移动、温度改变引起的位移计算

### 7.6.1 支座移动引起的位移计算

静定结构在支座移动时，只发生刚体位移，不产生内力和变形。例如，图 7-25 ($a$) 所示静定刚架由于支座 $A$ 的移动只发生图中虚线所示的刚体位移。若欲求刚架上点 $K$ 沿 $K-K$ 方向的位移 $\Delta_K$，可在点 $K$ 沿 $K-K$ 方向虚加一单位力 $\overline{F}=1$ 作为虚拟状态（图 7-25$b$），则位移计算公式 (7-2) 简化为

$$\Delta_K = -\Sigma \overline{R} c \tag{7-12}$$

式中　$\overline{R}$——虚拟状态中的支座反力；

　　　$c$——实际状态中的支座位移；

$\Sigma \overline{R} c$——虚拟状态中的支座反力在实际状态中的支座位移上所作虚功之和。

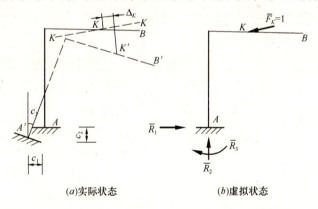

($a$) 实际状态　　　　($b$) 虚拟状态

图 7-25

在上式中，乘积 $\overline{R} c$ 的正负号规定为：当虚拟状态中的支座反力与实际支座位移的方向一致时取正号，相反时取负号。

【例 7-10】　如图 7-26 ($a$) 所示结构，若 $A$ 端发生图中所示的移动和转动，求结构上点 $B$ 的竖向位移 $\Delta_{BV}$ 和水平位移 $\Delta_{BH}$。

【解】

(1) 求点 $B$ 的竖向位移 $\Delta_{BV}$。在点 $B$ 加一竖向单位力 $\overline{F}=1$，求出结构在 $\overline{F}=1$ 作用下的支座反力，如图 7-26 ($b$) 所示。由式 (7-12) 得

$$\Delta_{BV} = -(0 \times a - 1 \times b - l \times \varphi) = b + l\varphi (\downarrow)$$

(2) 求点 $B$ 的水平位移 $\Delta_{BH}$。在点 $B$ 加一水平单位力 $\overline{F}=1$，求出结构在 $\overline{F}=1$

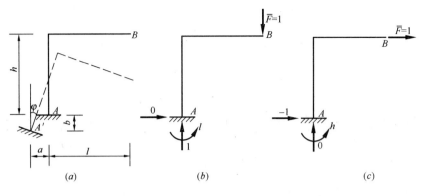

图 7-26

作用下的支座反力,如图 7-26(c)所示。由式(7-12)得

$$\Delta_{BH} = -(1\times a + 0\times b - h\times\varphi) = -a + h\varphi$$

当 $a < h\varphi$ 时,所得结果为正,点 $B$ 的水平位移向左;否则向右。

### 7.6.2 温度改变引起的位移计算

工程结构都是在某一温度范围内建造的。在使用时,这些结构所处的环境温度相对于建造时的温度一般要发生变化,这种温度的改变将会引起构件的变形,从而使结构产生位移。

对于静定结构,温度改变只会引起材料的自由膨胀、收缩,在结构中不会引起内力,但将产生变形和位移。

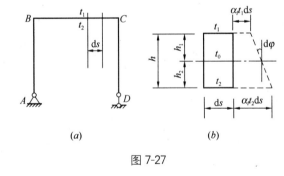

图 7-27

静定结构由于温度改变引起的位移计算公式,仍可由位移计算的一般公式(7-2)导出。但应注意,式(7-2)中微段的变形是由材料的自由膨胀、收缩引起的。

以图 7-27(a)所示刚架为例,设外侧温度升高 $t_1$℃,内侧温度升高 $t_2$℃,且 $t_2$℃$>t_1$℃,并假定温度沿截面的高度 $h$ 为线性分布,则在发生变形后,截面还将保持为平面。从杆件中取出一微段 $ds$(图 7-27b),杆件轴线处的温度为

$$t_0 = (h_1 t_2 + h_2 t_1)/h$$

如果杆件截面对称于形心轴($h_1 = h_2$),则有

$$t_0 = (t_1 + t_2)/2 \tag{a}$$

上、下边缘的温度差为

$$\Delta t = t_2 - t_1 \tag{b}$$

设材料的线膨胀系数为 $\alpha_l$,利用式(7-2),可得到静定结构由于温度改变引起的

位移计算公式为（证明从略）

$$\Delta_K = \Sigma(\pm)\int_l \overline{F}_N \alpha_l t_0 ds + \Sigma(\pm)\int_l \overline{M}\frac{\alpha_l \Delta t}{h}ds \tag{7-13}$$

如果 $t_0$、$\Delta t$ 和 $h$ 沿每一杆件的全长为常数，则上式可写为

$$\Delta_K = \Sigma(\pm)\alpha_l t_0 A_{\overline{N}} + \Sigma(\pm)\alpha_l\frac{\Delta t}{h}A_{\overline{M}} \tag{7-14}$$

式中　$A_{\overline{N}}$——$\overline{F}_N$ 图的面积；

$A_{\overline{M}}$——$\overline{M}$ 图的面积。

在应用以上两式时，正负号可按如下的方法确定：比较虚拟状态的变形与实际状态由于温度改变引起的变形，若二者的变形方向相同，则取正号；反之取负号。式中的 $t_0$ 和 $\Delta t$ 均取绝对值进行计算。

【例 7-11】　求图 7-28（a）所示刚架点 $B$ 的水平位移 $\Delta_{BH}$。已知刚架各杆外侧温度升高 10℃，内侧温度升高 20℃，各杆截面相同且截面关于形心轴对称，线膨胀系数为 $\alpha_l$。

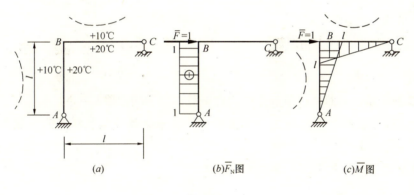

图 7-28

【解】

在点 $B$ 加一水平单位力 $\overline{F}=1$，绘出各杆的 $\overline{F}_N$ 图和 $\overline{M}$ 图，分别如图 7-28（b、c）所示。图中虚线表示杆件的弯曲方向。可以看出，各杆的实际弯曲方向都与虚拟的相同，故在利用式（7-14）计算时，最后一项应取正值。至于轴向变形的影响一项，因杆 $AB$ 的虚拟轴力是拉力，而温度变形使其伸长，故也应取正值。因此，点 $B$ 的水平位移为

$$\Delta_{BH} = \alpha_l \times \frac{10+20}{2} \times (1\times l) + \alpha_l \times \frac{20-10}{h} \times \left(\frac{1}{2}\times l\times l + \frac{1}{2}\times l\times l\right)$$

$$= 15\alpha_l l + 10\alpha_l \frac{l^2}{h} \quad (\rightarrow)$$

计算结果为正，表示 $\Delta_{BH}$ 的方向与所设单位力的方向相同，即 $\Delta_{BH}$ 向右。

## 单元小结

1. 了解结构位移的概念。了解实功与虚功的概念。了解变形体的虚功原理。了解结构位移计算的一般公式。

(1) 结构在荷载等因素作用下会产生变形，其空间的位置将发生变化。结构位置的变化称为结构的位移。结构的位移分为绝对位移和相对位移两类，每一类中又分为线位移和角位移两种。

(2) 力在由自身引起的位移上所作的功称为实功。力在由其他因素引起的位移上所作的功称为虚功。

(3) 变形体的虚功原理可表述如下：对于变形体系，如果力状态中的力系满足平衡条件，位移状态中的位移和变形彼此协调、并与约束几何相容，则体系的外力虚功等于体系的内力虚功。

(4) 利用变形体的虚功原理，可得到结构位移计算的一般公式为

$$\Delta_K = \Sigma \int_l \overline{F}_N \epsilon ds + \Sigma \int_l \overline{F}_S \gamma ds + \Sigma \int_l \overline{M} k ds - \Sigma \overline{R} c$$

2. 掌握用单位荷载法计算静定结构在荷载作用下的位移。

(1) 在所求位移的方向施加一个虚单位荷载来计算结构位移的方法称为单位荷载法。

(2) 静定结构在荷载作用下的位移计算公式：

1) 梁、刚架和拱：$\quad \Delta_K = \Sigma \int_l \dfrac{\overline{M}M}{EI} ds$

2) 桁架：$\quad \Delta_K = \Sigma \dfrac{\overline{F}_N F_N l}{EA}$

3) 组合结构：$\quad \Delta_K = \Sigma \int_l \dfrac{\overline{M}M}{EI} ds + \Sigma \dfrac{\overline{F}_N F_N l}{EA}$

(3) 用单位荷载法计算静定结构在荷载作用下位移的步骤：

1) 虚拟力状态。在所求位移的方向施加一个与所求位移相对应的虚单位荷载。

2) 分别求出在虚拟力状态和实际位移状态中结构的内力。

3) 应用公式计算位移。

3. 熟练掌握用图乘法计算静定梁和静定平面刚架在荷载作用下的位移。

(1) 对于由等截面直杆段所构成的梁和刚架，在计算位移时均可应用图乘法。图乘公式为

$$\Delta_K = \Sigma \dfrac{1}{EI} A y_C$$

(2) 用图乘法计算梁和刚架在荷载作用下位移的步骤：

1) 虚拟力状态。在所求位移的方向施加一个与所求位移相对应的虚单位荷载。

2) 绘出在虚拟力状态和实际位移状态中梁和刚架的弯矩图。

3) 应用公式计算位移。

(3) 用图乘法计算梁和刚架在荷载作用下位移的注意点：

1) 在图乘前要先对图形进行分段处理，保证 $M$ 图和 $\overline{M}$ 图中至少有一个是直线图形。

2) 面积 $A$ 与竖标 $y_C$ 分别取自两个弯矩图，$y_C$ 必须从直线图形上取得。若 $M$ 图和 $\overline{M}$ 图均为直线图形，也可用 $\overline{M}$ 图的面积乘其形心所对应的 $M$ 图的竖标来计算。

3) 乘积 $Ay_C$ 的正负号规定为：当面积 $A$ 与竖标 $y_C$ 在杆的同侧时，乘积 $Ay_C$ 取正号；当 $A$ 与 $y_C$ 在杆的异侧时，$Ay_C$ 取负号。

4. 掌握静定结构由于支座移动、温度改变引起的位移计算。

(1) 静定结构由于支座移动引起的位移计算步骤：

1) 虚拟力状态。在所求位移的方向施加一个与所求位移相对应的虚单位荷载。

2) 求虚拟力状态中结构的支座反力。

3) 应用公式 $\Delta_K = -\Sigma \overline{R}c$ 计算位移。

(2) 静定结构由于温度改变引起的位移计算步骤：

1) 虚拟力状态。在所求位移的方向施加一个与所求位移相对应的虚单位荷载。

2) 绘出虚拟力状态中结构的轴力图和弯矩图。

3) 应用公式 $\Delta_K = \Sigma(\pm)\alpha_l t_0 A_{\overline{N}} + \Sigma(\pm)\alpha_l \frac{\Delta t}{h} A_{\overline{M}}$ 计算位移。

# 思考题

7-1 什么是虚位移？实位移和虚位移有何区别？什么是虚功？实功和虚功有何区别？

7-2 虚功原理有哪两种应用？

7-3 应用虚功原理计算位移有什么优越性？

7-4 用式 (7-6) 计算梁和刚架的位移，需先写出 $M$ 和 $\overline{M}$ 的表达式。在同一区段写这两个弯矩表达式时，可否将坐标原点取在不同的位置？为什么？

7-5 图乘法的适用条件是什么？求变截面梁和拱的位移时是否可用图乘法？

7-6 下列图乘计算是否正确？试说明理由。设梁的刚度 $EI$ 为常数。

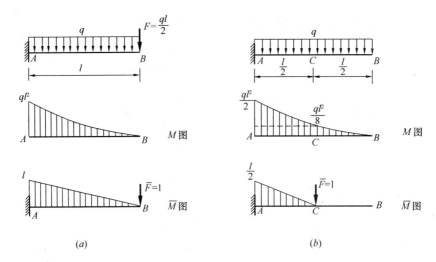

思考题 7-6 图

(a) $\Delta_{BV} = \dfrac{1}{EI} \times \dfrac{1}{3} \times ql^2 \times l \times \dfrac{3}{4}l$

(b) $\Delta_{CV} = \dfrac{1}{EI} \left[ \dfrac{ql^2}{8} \times \dfrac{l}{2} \times \dfrac{l}{4} + \dfrac{1}{3} \times \left( \dfrac{ql^2}{2} - \dfrac{ql^2}{8} \right) \times \dfrac{l}{2} \times \dfrac{3l}{8} \right]$

# 习题

7-1 试用单位荷载法求图示结构的指定位移。设各杆的刚度 $EI$ 为常数。

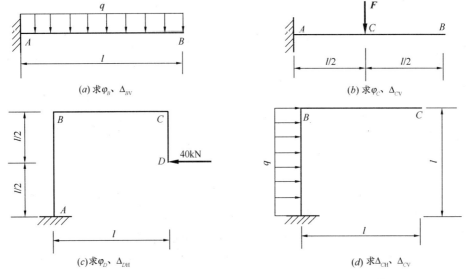

习题 7-1 图

7-2 试用单位荷载法求图示桁架中节点 $C$ 的指定位移。设各杆的刚度 $EA$ 均相同。

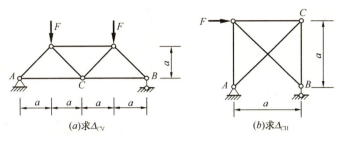

习题 7-2 图

7-3 组合结构如图所示，已知刚度 $EI$ 为常数，$A=5I$。求 $K$ 截面的角位移 $\varphi_K$。

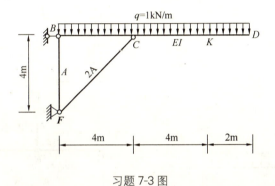

习题 7-3 图

7-4 试用图乘法求图示梁的指定位移。设各杆的刚度 $EI$ 为常数。

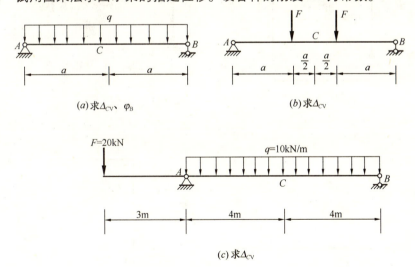

习题 7-4 图

7-5 试用图乘法求图示刚架的指定位移。设各杆的刚度 $EI$ 为常数。

7-6 结构发生如图所示的支座下沉，求结构上点 $E$ 的竖向位移 $\Delta_{EV}$。

7-7 图示结构的支座 $A$ 发生了图中所示的移动和转动，求结构上点 $B$ 的水平位移 $\Delta_{BH}$ 和竖向位移 $\Delta_{BV}$。

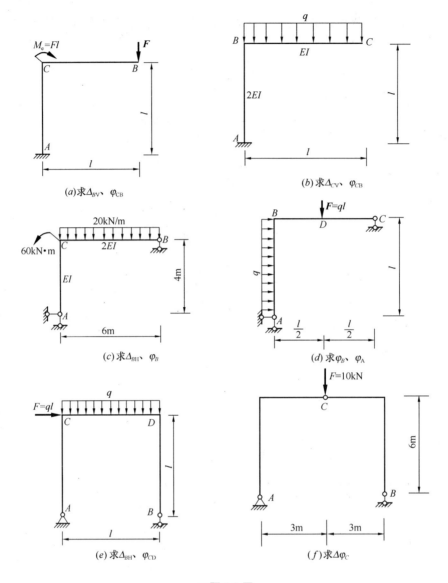

习题 7-5 图

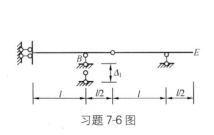

习题 7-6 图

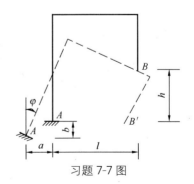

习题 7-7 图

7-8 刚架中各杆的温度变化如图所示,求点 $C$ 的竖向位移 $\Delta_{CV}$。设各杆均为矩形截面,截面高度为 $h$,$h/l=1/10$,材料的线膨胀系数为 $\alpha_l$。

7-9 求图示刚架上点 $C$ 的竖向位移 $\Delta_{CV}$。已知刚架内侧的温度升高 $10℃$,各杆截面相同且截面关于形心轴对称,材料的线膨胀系数为 $\alpha_l$。

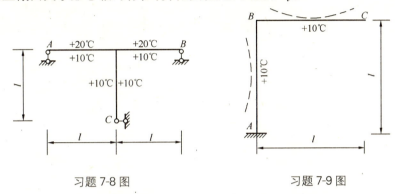

习题 7-8 图　　　　　习题 7-9 图

7-10 图示桁架由于制造误差下弦各杆均缩短 6mm,求 $C$ 点的竖向位移 $\Delta_{CV}$。

7-11 在图示桁架中,通过适当调整下弦杆设计长度使中点 $C$ 向上拱起 20mm,而其他杆件长度按设计尺寸精确制造,并且下弦杆制成相同长度,求下弦杆长度的改变量 $\lambda$。

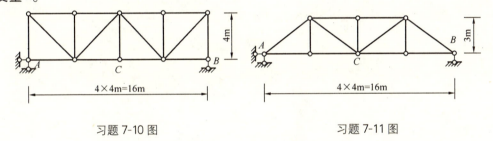

习题 7-10 图　　　　　习题 7-11 图

# 第四篇
# 超静定结构的内力

# 单元8 力法与位移法

本单元介绍计算超静定结构的两种基本方法——力法和位移法。在力法计算中,把多余未知力作为基本未知量,以解除了多余约束的静定结构作为力学分析的基础,由位移条件建立力法方程,从而求出多余未知力。位移法则是以独立的节点位移作为基本未知量,由平衡条件建立位移法方程求解位移,未知量个数与超静定次数无关,故一些高次超静定结构用位移法计算比较简便。此外,在本单元中还将介绍超静定结构的特性。

## 8.1 概述

### 8.1.1 超静定结构的概念

超静定结构是工程中广泛采用的一类结构。与静定结构相比,超静定结构有如下两方面的特点。

(1) 有多余约束

从几何组成方面来分析,图8-1($a$、$b$)所示两个刚架都是几何不变的。若从图8-1($a$)所示的刚架中去掉支座 $B$ 处的竖向链杆,其就变成了几何可变体系,故刚架是静定结构。而从图8-1($b$)所示刚架中去掉支座 $B$ 处的竖向链杆,则其仍是几何不变的,从几何组成上看支座 $B$ 处的竖向链杆是多余约束,故该体系有一个多余约束,是一次超静定结构。

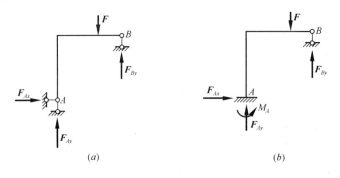

图 8-1

(2) 单靠静力平衡方程不能确定所有支座反力和内力

图 8-1（a）所示的刚架是一个静定结构，它的支座反力和各截面的内力都可以由静力平衡条件唯一确定。而超静定结构有多余约束，多余约束所对应的力称为**多余未知力**。由于有多余未知力，这就使未知力的个数多于可列出的静力平衡方程数，单靠静力平衡条件无法确定其全部反力和内力。例如图 8-1（b）所示的刚架有四个反力，却只能列出三个独立的平衡方程，它的支座反力和各截面的内力不能完全由静力平衡条件唯一确定。

### 8.1.2 超静定次数的确定

结构的超静定次数就是多余约束的个数，也就是多余未知力的个数。所以，确定超静定次数的方法，就是把原结构中的多余约束去掉，使之变成静定结构，去掉了几个多余约束即为几次超静定结构。

通常，从超静定结构中去掉多余约束的方式有如下几种：

（1）去掉支座处的一根链杆或切断体系内部的一根杆件，相当于去掉一个约束，如图 8-2 所示①。

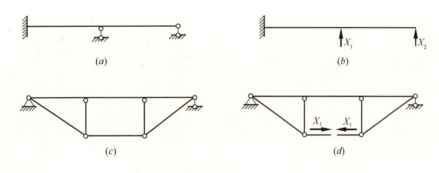

图 8-2

（2）去掉一个固定铰支座或一个单铰，相当于去掉两个约束，如图 8-3 所示。

（3）去掉一个固定端支座或切断一根梁式杆，相当于去掉三个约束，如图 8-4 所示。

（4）将一个固定端支座改为固定铰支座或将一刚性连接改为单铰连接，相当于去掉一个约束，如图 8-5 所示。

用上述去掉多余约束的方式，可以确定任何超静定结构的超静定次数。然而，对于同一个超静定结构，可用各种不同的方式去掉多余约束而得到不同的静定结构。但不论采用哪种方式，所去掉的多余约束的数目必然是相等的。但要注意所去掉的约束必须是多余约束。即去掉多余约束后，体系必须是无多余约束的几何不变体系，原结构中维持平衡的必要约束是绝对不能去掉的。如图 8-6（a）所示的刚架，如果去掉一

---

① 由于多余未知力是未知的广义力（包括集中力和力偶），为叙述的统一和完整，本书以 $X$ 代表，对于文中所对应的物理量和相应单位，则视具体问题而定。

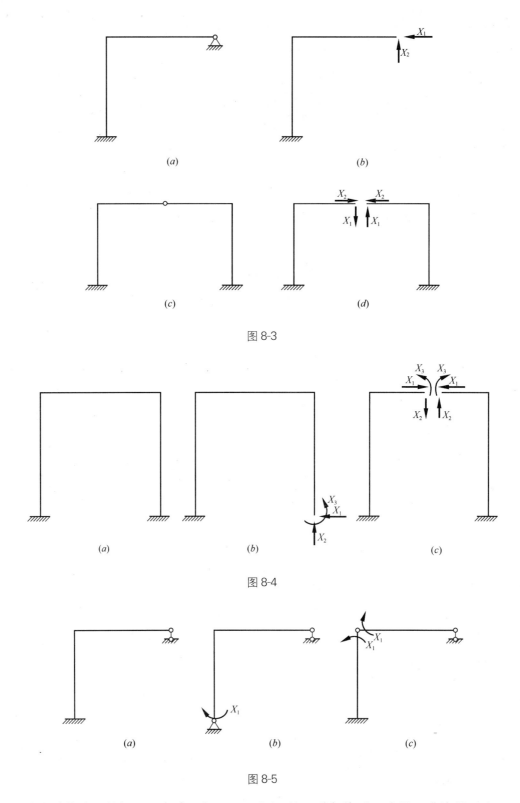

图 8-3

图 8-4

图 8-5

根支座处的水平链杆,即变成了如图 8-6 (b) 所示瞬变体系,这是不允许的。所以,此刚架支座处的水平链杆不能作为多余约束。

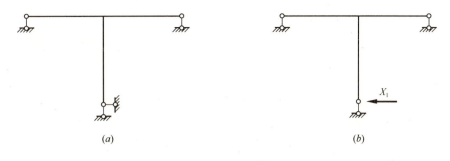

图 8-6

### 8.1.3 超静定结构的计算方法

由于超静定结构具有多余约束，存在相应的多余未知力，这就使未知力的个数多于可列出的静力平衡方程数。因此，计算超静定结构的全部反力和内力，不仅要考虑静力平衡条件，同时必须要考虑位移条件。

超静定结构的类型有多种，不同类型的超静定结构适宜采用的计算方法也不同，常用的计算超静定结构的方法有以下几种：

(1) 力法。**力法**是以多余未知力作为基本未知量，以静定结构计算为基础，由位移条件建立力法方程求解出多余未知力，从而把超静定结构计算问题转化为静定结构计算问题。

(2) 位移法。**位移法**是以结构的节点位移作为基本未知量，由平衡条件建立位移法方程求解位移，利用位移和内力之间的关系计算结构的内力，从而把超静定结构的计算问题转化为单跨超静定梁的计算问题。

(3) 渐近法。**力矩分配法**是在位移法基础上发展起来的一种渐近解法，它不需计算节点位移，而是直接分析结构的受力情况，通过代数运算直接得到杆端弯矩值。

(4) 近似法。近似法是在近似计算假定下，用较小的计算工作量，取得较为粗略的解答，用于初步设计和估算具有一定实用价值。**分层法**和**反弯点法**是多层多跨刚架中两种常用的近似计算方法。

## 8.2 力法的基本原理和典型方程

### 8.2.1 力法的基本原理

下面以一个简单的例子阐述力法计算基本原理。图 8-7 ($a$) 所示超静定梁，为一次超静定结构。现将支座 $B$ 处的竖向支座链杆作为多余约束去掉，并以多余未知力 $X_1$ 代替其作用，我们将这个去掉了多余约束的静定结构（悬臂梁），称为**力法的基本**

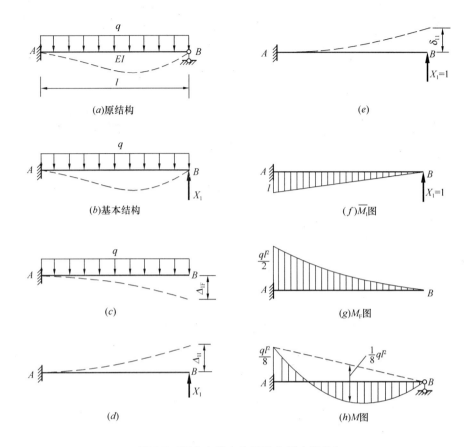

图 8-7（图 b 中基本体系改为基本结构）

**结构**。这样，原结构的内力计算问题就转变为基本结构在多余未知力 $X_1$ 及荷载 $q$ 共同作用下的内力计算问题了（图 8-7b）。只要设法求出多余未知力 $X_1$，其余的计算就迎刃而解了。因此，力法计算的基本未知量就是多余未知力。

多余未知力 $X_1$ 必须考虑位移条件才能求解。在图 8-7（b）所示的基本结构上，多余未知力 $X_1$ 是代替原结构支座 $B$ 的作用，故基本结构的受力与原结构完全相同。基本结构的变形也应与原结构完全相同。由于在原结构（图 8-7a）中，支座 $B$ 处的竖向位移等于零，因而在基本结构（图 8-7b）中，$B$ 点由荷载 $q$ 与多余未知力 $X_1$ 共同作用下在 $X_1$ 方向上的位移 $\Delta_1$ 也应该为零。即

$$\Delta_1 = 0 \tag{a}$$

设 $\Delta_{1F}$（图 8-7c）和 $\Delta_{11}$（图 8-7d）分别表示荷载 $q$ 与多余未知力 $X_1$ 单独作用于基本结构上时，引起的 $B$ 点沿 $X_1$ 方向上的位移。由叠加原理，有

$$\Delta_1 = \Delta_{11} + \Delta_{1F} = 0 \tag{b}$$

若以 $\delta_{11}$ 表示 $X_1=1$ 单独作用于基本结构上时（图 8-7e），引起的 $B$ 点沿 $X_1$ 方向上的位移，则有 $\Delta_{11} = \delta_{11} X_1$，代入式（b），有

$$\delta_{11} X_1 + \Delta_{1F} = 0 \tag{c}$$

式（c）称为**力法方程**。方程中只有 $X_1$ 为未知量，而 $\delta_{11}$ 和 $\Delta_{1F}$ 可由第 7 章所述的位移计算方法求得。因此由力法方程可解出多余未知力 $X_1$。

计算 $\delta_{11}$ 和 $\Delta_{1F}$ 时可采用图乘法。为此，绘出 $X_1=1$ 和荷载 $q$ 单独作用下的 $\overline{M}_1$ 图和 $M_F$ 图(图 8-7$f$、$g$)。求 $\delta_{11}$ 时为 $\overline{M}_1$ 图与 $\overline{M}_1$ 图相乘，称为"**自乘**"；求 $\Delta_{1F}$ 时为 $\overline{M}_1$ 图与 $M_F$ 图相乘。于是有

$$\delta_{11} = \frac{1}{EI} \times \frac{1}{2} \times l \times l \times \frac{2l}{3} = \frac{l^3}{3EI}$$

$$\Delta_{1F} = -\frac{1}{EI} \times \frac{1}{3} \times l \times \frac{1}{2}ql^2 \times \frac{3}{4}l = -\frac{ql^4}{8EI}$$

将 $\delta_{11}$ 和 $\Delta_{1F}$ 代入式（c），有

$$\frac{l^3}{3EI}X_1 - \frac{ql^4}{8EI} = 0$$

解得

$$X_1 = \frac{3}{8}ql$$

所得未知力 $X_1$ 为正号，表示反力 $X_1$ 的实际方向与所设的方向相同。

当多余未知力 $X_1$ 求出后，其余反力和内力的计算就可以利用静力平衡条件逐一求出，最后绘出原结构的弯矩图，如图 8-7（$h$）所示。

原结构的弯矩图也可利用已经绘出的 $\overline{M}_1$ 图和 $M_F$ 图按叠加原理绘出，即

$$M = \overline{M}_1 X_1 + M_F$$

由上式算出杆端弯矩值后，绘出 $M$ 图(图 8-7$h$)。

综上所述，力法是以多余未知力作为基本未知量，以去掉多余约束后的静定结构作为基本结构，根据基本结构在多余约束处与原结构完全相同的位移条件建立力法方程，求解多余未知力，从而把超静定结构的计算问题转化为静定结构的计算问题。

### 8.2.2 力法的典型方程

前面用一次超静定结构说明了力法计算的基本原理，下面以一个三次超静定结构为例进一步说明力法计算超静定结构的基本原理和力法的典型方程。

图 8-8（$a$）所示为一个三次超静定刚架，去掉固定端支座 $B$ 处的多余约束，用多余未知力 $X_1$、$X_2$、$X_3$ 代替，得到如图 8-8（$b$）所示的基本结构（悬臂刚架）。

由于原结构 $B$ 处为固定端支座，其线位移和角位移都为零。所以，基本结构在荷载 $q$ 及 $X_1$、$X_2$、$X_3$ 共同作用下，$B$ 点沿 $X_1$、$X_2$、$X_3$ 方向的位移都等于零，即基本结构应满足的位移条件为

$$\Delta_1 = 0, \ \Delta_2 = 0, \ \Delta_3 = 0$$

为了分析方便，分别考虑 $X_1$、$X_2$、$X_3$ 及荷载单独作用于基本结构上的情况。设在 $X_1=1$、$X_2=1$ 和 $X_3=1$ 单独作用下基本结构的变形分别如图 8-8（$c$、$d$、$e$）所示，在荷载 $q$ 单独作用下基本结构的变形如图 8-8（$f$）所示。由叠加原理，上面的

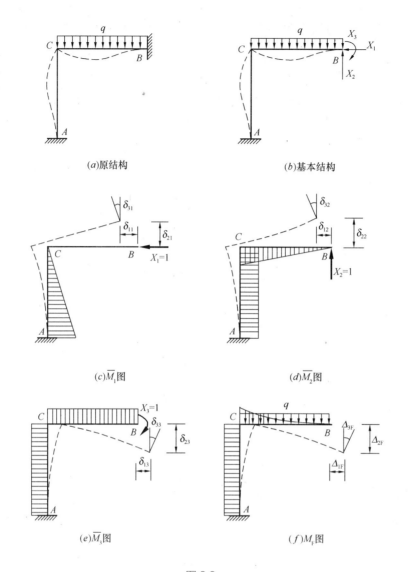

图 8-8

位移条件可表示为

$$\left.\begin{array}{l}\delta_{11}X_1+\delta_{12}X_2+\delta_{13}X_3+\Delta_{1F}=0\\ \delta_{21}X_1+\delta_{22}X_2+\delta_{23}X_3+\Delta_{2F}=0\\ \delta_{31}X_1+\delta_{32}X_2+\delta_{33}X_3+\Delta_{3F}=0\end{array}\right\}$$

式中　　$\delta_{11}$、$\delta_{12}$、$\delta_{13}$、$\Delta_{1F}$——$X_1=1$、$X_2=1$、$X_3=1$ 及荷载 $q$ 引起的基本结构上 $B$ 点沿 $X_1$ 方向上的位移；

$\delta_{21}$、$\delta_{22}$、$\delta_{23}$、$\Delta_{2F}$——$X_1=1$、$X_2=1$、$X_3=1$ 及荷载 $q$ 引起的基本结构上 $B$ 点沿 $X_2$ 方向上的位移；

$\delta_{31}$、$\delta_{32}$、$\delta_{33}$、$\Delta_{3F}$——$X_1=1$、$X_2=1$、$X_3=1$ 及荷载 $q$ 引起的基本结构上 $B$ 点沿 $X_3$ 方向上的位移。

上式就是三次超静定结构的力法方程。

对于高次超静定结构，其力法方程也可类似推出。若为 $n$ 次超静定结构，则有 $n$ 个多余未知力，可根据 $n$ 个已知位移条件建立 $n$ 个方程。当原结构在去掉多余约束处的已知位移为零时，其力法方程为

$$\left.\begin{aligned}\delta_{11}X_1+\delta_{12}X_2+\cdots\cdots+\delta_{1i}X_i+\cdots\cdots+\delta_{1n}X_n+\Delta_{1F}&=0\\ \delta_{21}X_1+\delta_{22}X_2+\cdots\cdots+\delta_{2i}X_i+\cdots\cdots+\delta_{2n}X_n+\Delta_{2F}&=0\\ \cdots\quad\cdots\quad\cdots\quad\cdots\quad\cdots\quad\cdots\quad\cdots\quad\cdots&\\ \delta_{n1}X_1+\delta_{n2}X_2+\cdots\cdots+\delta_{ni}X_i+\cdots\cdots+\delta_{nn}X_n+\Delta_{nF}&=0\end{aligned}\right\} \quad (8\text{-}1)$$

上述方程组在组成上有一定的规律，不论超静定结构的类型、次数、及所选的基本结构如何，所得的方程都具有式 (8-1) 的形式，故称为**力法典型方程**。

在力法典型方程前面 $n$ 项中，位于从左上方至右下方的一条主对角线上的系数 $\delta_{ii}$ 称为**主系数**，它表示 $X_i=1$ 时，引起的基本结构上 $X_i=1$ 作用点沿 $X_i$ 方向上的位移，故其值恒为正值；主对角线两侧的系数 $\delta_{ij}$（$i\neq j$）称为**副系数**，它表示 $X_j=1$ 时，引起的基本结构上 $X_i=1$ 作用点沿 $X_i$ 方向上的位移，其值可为正、为负或为零。可以证明，在关于主对角线对称位置上的副系数有互等关系，即

$$\delta_{ij}=\delta_{ji}$$

每个方程左边最后一项 $\Delta_{iF}$ 称为**自由项**，它表示荷载引起的基本结构上 $X_i=1$ 作用点沿 $X_i$ 方向上的位移，其值也可为正、为负或为零。

由于基本结构是静定的，所以力法典型方程中各系数和自由项都可按单元 7 中位移计算的方法求出。解力法方程求出多余未知力 $X_i$（$i=1、2,\cdots,n$）后，就可以按静定结构的分析方法求其余反力和内力，从而绘出原结构的内力图。

## 8.3 力法的计算步骤和举例

### 8.3.1 力法的计算步骤

根据上节所述，用力法计算超静定结构的步骤可归纳如下：

(1) 选取基本结构。以去掉多余约束，代之相应的多余未知力的静定结构作为基本结构。

(2) 建立力法典型方程。根据基本结构在去掉多余约束处的位移与原结构相应位置的位移相同的条件，建立力法方程。

(3) 计算力法方程中各系数和自由项。为此，须分别绘出基本结构在单位多余未

知力作用下的内力图和荷载作用下的内力图，或写出内力表达式，然后按求静定结构位移的方法计算各系数和自由项。

(4) 解方程求多余未知力。将计算所得各系数和自由项代入力法方程，解出多余未知力。

(5) 绘制原结构的内力图。

### 8.3.2 力法计算举例

1. 超静定梁和超静定刚架

梁和刚架是以弯曲变形为主的结构，根据式 (7-6)，力法方程中的各系数和自由项可按下列公式计算：

$$\left.\begin{aligned}\delta_{ii} &= \Sigma \int_l \frac{\overline{M}_i^2}{EI} \mathrm{d}s \\ \delta_{ij} = \delta_{ji} &= \Sigma \int_l \frac{\overline{M}_i \overline{M}_j}{EI} \mathrm{d}s \\ \Delta_{iF} &= \Sigma \int_l \frac{\overline{M}_i M_F}{EI} \mathrm{d}s\end{aligned}\right\} \qquad (8\text{-}2)$$

式中  $\overline{M}_i$、$\overline{M}_j$、$M_F$——$X_i=1$、$X_j=1$ 和荷载单独作用于基本结构上所产生的弯矩。

式 (8-2) 通常可用图乘法计算。从力法方程中解出多余未知力 $X_i$（$i=1$、$2$……$n$）后，可用叠加法按下式：

$$M = \overline{M}_1 X_1 + \overline{M}_2 X_2 + \cdots\cdots + \overline{M}_n X_n + M_F \qquad (8\text{-}3)$$

计算各杆端弯矩值，绘出结构最后的弯矩图。

**【例 8-1】** 图 8-9 (a) 所示为一两端固定的超静定梁，全跨承受均布荷载 $q$ 的作用，试用力法计算，并绘制内力图。

**【解】**

(1) 选取基本结构。这是一个三次超静定梁，可去掉 $A$、$B$ 端的转动约束和 $B$ 端的水平约束，代之以多余未知力 $X_1$、$X_2$、$X_3$，得到如图 8-9 (b) 所示的基本结构。

(2) 建立力法方程。在竖向荷载作用下，当不考虑梁的轴向变形时，可认为轴向约束力为零，即 $X_3=0$。基本结构在多余未知力 $X_1$、$X_2$ 及荷载的共同作用下，应满足在 $A$ 端和 $B$ 端的角位移等于零的位移条件。因此力法方程为

$$\delta_{11} X_1 + \delta_{12} X_2 + \Delta_{1F} = 0$$
$$\delta_{21} X_1 + \delta_{22} X_2 + \Delta_{2F} = 0$$

(3) 计算系数和自由项。分别绘出基本结构在单位多余未知力 $X_1=1$ 和 $X_2=1$ 作用下的弯矩图，即 $\overline{M}_1$ 图、$\overline{M}_2$ 图（图 8-9c、d），以及荷载作用下的弯矩图 $M_F$ 图（图 8-9e），利用图乘法计算方程中各系数和自由项。由 $\overline{M}_1$ 图自乘，可得

$$\delta_{11} = \frac{1}{EI} \times \frac{1}{2} \times l \times 1 \times \frac{2}{3} = \frac{l}{3EI}$$

由 $\overline{M}_2$ 图自乘，可得

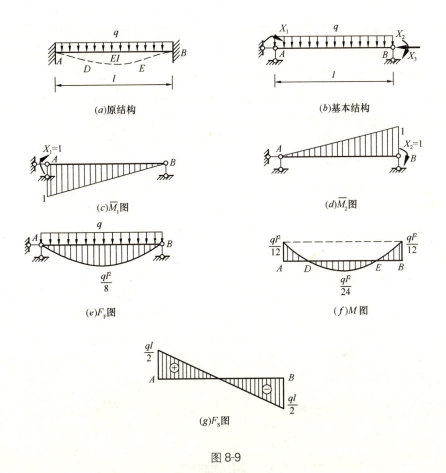

图 8-9

$$\delta_{22} = \frac{1}{EI} \times \frac{1}{2} \times l \times 1 \times \frac{2}{3} = \frac{l}{3EI}$$

由 $\overline{M}_1$ 图 $\overline{M}_2$ 图互乘，可得

$$\delta_{12} = \delta_{21} = -\frac{1}{EI} \times \frac{1}{2} \times l \times 1 \times \frac{1}{3} = -\frac{l}{6EI}$$

由 $\overline{M}_1$ 图与 $M_F$ 图互乘，可得

$$\Delta_{1F} = \frac{1}{EI} \times \frac{2}{3} \times l \times \frac{1}{8}ql^2 \times \frac{1}{2} = \frac{ql^3}{24EI}$$

由 $\overline{M}_2$ 图与 $M_F$ 图互乘，可得

$$\Delta_{2F} = -\frac{1}{EI} \times \frac{2}{3} \times l \times \frac{1}{8}ql^2 \times \frac{1}{2} = -\frac{ql^3}{24EI}$$

(4) 解方程求多余未知力。将求得的系数和自由项代入力法方程，化简后得到

$$2X_1 - X_2 + \frac{ql^2}{4} = 0$$

$$-X_1 + 2X_2 - \frac{ql^2}{4} = 0$$

由此解得

$$X_1 = -\frac{1}{12}ql^2 (\curvearrowright), X_2 = \frac{1}{12}ql^2 (\curvearrowleft)$$

负号表示 $X_1$ 的实际方向与假设的方向相反,即 $X_1$ 逆时针转向。

(5) 绘制内力图。本题中由于已求出 $A$、$B$ 两端截面上的弯矩,故用区段叠加法绘出原结构的弯矩图,如图 8-9 ($f$) 所示。

绘剪力图时,可以取杆件为隔离体,利用已知杆端弯矩,由静力平衡条件,求出杆端剪力,然后绘出原结构的剪力图(图 8-9$g$)。

由以上计算可知,单跨超静定梁的弯矩图与同跨度、同荷载的简支梁相比较,因超静定梁两端受多余约束限制,不能产生转角位移而出现负弯矩(上侧受拉),故梁中点处的弯矩值较相应简支梁减少,降低了最大内力峰值,使整个梁上内力分布得以改善。

**【例 8-2】** 试用力法计算图 8-10 ($a$) 所示超静定刚架,并绘制内力图。

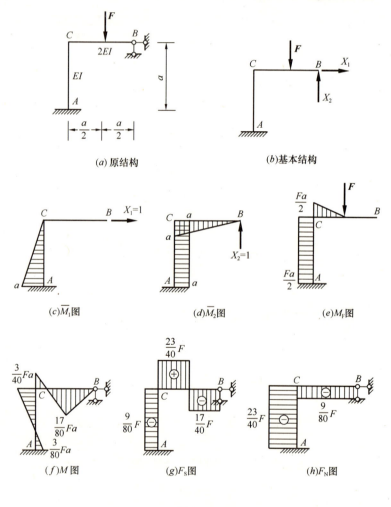

图 8-10

**【解】**

(1) 选取基本结构。此刚架为二次超静定结构,去掉 $B$ 支座处的两个约束,代之以相应的多余未知力 $X_1$、$X_2$,得到如图 8-10 ($b$) 所示的基本结构。

(2) 建立力法方程。由基本结构在多余未知力 $X_1$、$X_2$ 及荷载共同作用下，$B$ 支座处沿 $X_1$、$X_2$ 方向上的位移分别为零的位移条件，建立力法方程为

$$\delta_{11}X_1 + \delta_{12}X_2 + \Delta_{1F} = 0$$
$$\delta_{21}X_1 + \delta_{22}X_2 + \Delta_{2F} = 0$$

(3) 计算系数和自由项。分别绘出基本结构在单位多余未知力 $X_1=1$、$X_2=1$ 作用下的 $\overline{M}_1$ 图、$\overline{M}_2$ 图（图 8-10$c$、$d$），以及在荷载作用下的 $M_F$ 图（图 8-10$e$），利用图乘法计算方程中各系数和自由项。由 $\overline{M}_1$ 图自乘，可得

$$\delta_{11} = \frac{1}{EI}\left(\frac{1}{2}a^2 \times \frac{2}{3}a\right) = \frac{a^3}{3EI}$$

由 $\overline{M}_2$ 图自乘，可得

$$\delta_{22} = \frac{1}{2EI}\left(\frac{1}{2} \times a^2 \times \frac{2}{3}a\right) + \frac{1}{EI}(a^2 \times a) = \frac{7a^3}{6EI}$$

由 $\overline{M}_1$ 图与 $\overline{M}_2$ 图互乘，可得

$$\delta_{12} = \delta_{21} = -\frac{1}{EI} \times \left(\frac{1}{2}a^2 \times a\right) = -\frac{a^3}{2EI}$$

由 $\overline{M}_1$ 图与 $M_F$ 图互乘，可得

$$\Delta_{1F} = \frac{1}{EI}\left(\frac{1}{2}a^2 \times \frac{Fa}{2}\right) = \frac{Fa^3}{4EI}$$

由 $\overline{M}_2$ 图与 $M_F$ 图互乘，可得

$$\Delta_{2F} = -\frac{1}{2EI}\left(\frac{1}{2} \times \frac{Fa}{2} \times \frac{a}{2} \times \frac{5a}{6}\right) - \frac{1}{EI}\left(\frac{Fa^2}{2} \times a\right) = -\frac{53Fa^3}{96EI}$$

(4) 解方程求多余未知力。将以上各系数和自由项代入力法方程，消去 $\frac{a^3}{EI}$ 后得

$$\frac{1}{3}X_1 - \frac{1}{2}X_2 + \frac{1}{4}F = 0$$
$$-\frac{1}{2}X_1 + \frac{7}{6}X_2 - \frac{53}{96}F = 0$$

联立解得

$$X_1 = -\frac{9}{80}F(\leftarrow),\ X_2 = \frac{17}{40}F(\uparrow)$$

负号表示 $X_1$ 的实际方向与假设的方向相反，即 $X_1$ 向左。

(5) 绘制内力图。利用叠加公式 $M = \overline{M}_1 X_1 + \overline{M}_2 X_2 + M_F$，计算控制截面 $A$、$C$ 上的弯矩值，绘出弯矩图如图 8-10（$f$）所示。根据静定结构分析方法，由静力平衡条件，绘出剪力图和轴力图分别如图 8-10（$g$、$h$）所示。

2. 铰接排架

单层工业厂房通常采用**铰接排架**结构，它是由屋架（或屋面大梁）、柱和基础所组成的。柱与基础刚接在一起，屋架与柱顶的连接简化为铰接。因此称为铰接排架。在对铰接排架进行计算时，屋架可单独取出计算。而对柱进行计算时，屋架对柱顶起联系作用，由于屋架刚度较大，通常可将屋架视为拉压刚度 $EA$ 为无穷大的杆件。图

8-11（a）所示为一单跨厂房排架结构，其计算简图如图 8-11（b）所示，由于柱上需放置吊车梁，因此做成阶梯式。

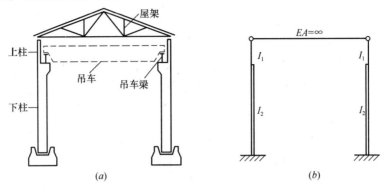

图 8-11

用力法计算铰接排架时，通常将横梁作为多余约束切断，代之以多余未知力，利用切口两侧相对位移为零的条件建立力法方程，下面举例说明计算过程。

**【例 8-3】** 图 8-12（a）所示铰接排架，左边立柱受风荷载 $q=1\text{kN/m}$ 的作用。试用力法计算，并绘制弯矩图。

**【解】**

切断横梁 $CD$，代之以多余未知力 $X_1$，取图 8-12（b）所示的基本结构。由横梁切口两侧截面在荷载和多余未知力共同作用下相对水平位移应该为零的条件，建立力法方程为

$$\delta_{11}X_1 + \Delta_{1F} = 0$$

绘出基本结构在单位多余未知力 $X_1$ 作用下的弯矩图 $\overline{M}_1$ 和荷载作用下的弯矩图 $M_F$ 图，分别如图 8-12（c、d）所示。由图乘法计算系数和自由项为

$$\delta_{11} = \frac{1}{EI_1} \times \frac{1}{2} \times 2.2 \times 2.2 \times \frac{2}{3} \times 2.2 \times 2 + \frac{2}{2EI_1}$$

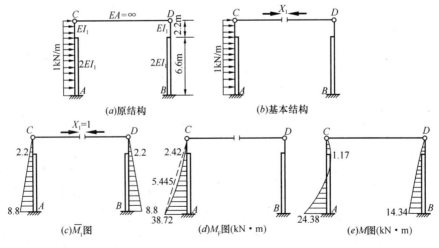

图 8-12

$$\left[\left(\frac{1}{2}\times 2.2\times 6.6\right)\left(\frac{2}{3}\times 2.2+\frac{1}{3}\times 8.8\right)+\right.$$
$$\left.\left(\frac{1}{2}\times 8.8\times 6.6\right)\left(\frac{1}{3}\times 2.2+\frac{2}{3}\times 8.8\right)\right]$$
$$=\frac{230.71}{EI_1}$$

$$\Delta_{1F}=\frac{1}{EI_1}\times\frac{1}{3}\times 2.42\times 2.2\times\frac{3}{4}\times 2.2+\frac{1}{2EI_1}\left[\frac{1}{2}\times 2.42\times 6.6\times\right.$$
$$\left(\frac{2}{3}\times 2.2+\frac{1}{3}\times 8.8\right)$$
$$+\frac{1}{2}\times 38.72\times 6.6\times\left(\frac{1}{3}\times 2.2+\frac{2}{3}\times 8.8\right)-\frac{2}{3}$$
$$\left.\times 5.445\times 6.6\times\frac{2.2+8.8}{2}\right]$$
$$=\frac{376.28}{EI_1}$$

将以上系数和自由项代入力法方程，消去 $EI_1$ 得
$$230.71X_1+376.28=0$$
解得
$$X_1=-1.63\text{kN}$$

负号表示 $X_1$ 的方向与假设方向相反，即横梁内力为压力。根据叠加公式 $M=\overline{M_1}X_1+M_F$ 即可绘出弯矩图，如图 8-12 (e) 所示。

在以上分析中，我们假定横梁的刚度为无穷大，即忽略横梁的轴向变形，认为排架受力时横梁两端的水平位移相等。这对于一般钢屋架，钢筋混凝土屋架是适用的，但对于刚度较小的屋架，则必须考虑其变形的影响。

3. 超静定桁架

由于在桁架各杆中只产生轴力，故用力法计算超静定桁架时，根据式 (7-7)，力法方程中的系数和自由项的计算公式为

$$\left.\begin{array}{l}\delta_{ii}=\Sigma\dfrac{\overline{F}_{Ni}^2 l}{EA}\\[2mm] \delta_{ij}=\Sigma\dfrac{\overline{F}_{Ni}\overline{F}_{Nj}l}{EA}\\[2mm] \Delta_{iF}=\Sigma\dfrac{\overline{F}_{Ni}F_{NF}l}{EA}\end{array}\right\} \quad (8\text{-}4)$$

桁架各杆的最后内力可按下式计算：
$$F_N=\overline{F}_{N1}X_1+\overline{F}_{N2}X_2+\cdots\cdots+\overline{F}_{Nn}X_n+F_{NF} \quad (8\text{-}5)$$

【例 8-4】 试用力法计算图 8-13 (a) 所示桁架，已知各杆刚度 $EA$ 为常数。

【解】

此桁架为一次超静定结构。支座反力可直接由静力平衡条件求得，其多余约束在体系内部。现切断杆 $CD$，代之以多余未知力 $X_1$，得到如图 8-13 (b) 所示的基本结

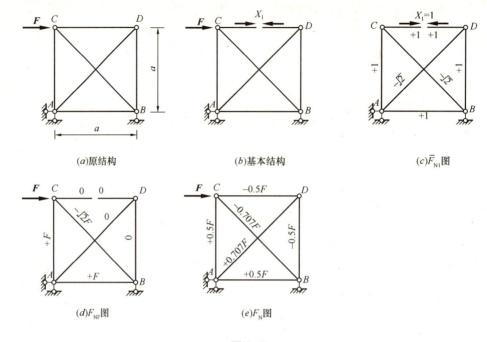

图 8-13

构。根据原结构中切口两侧截面沿杆轴方向的相对线位移为零的变形条件，建立力法方程为

$$\delta_{11}X_1 + \Delta_{1F} = 0$$

分别求出基本结构在 $X_1=1$ 和荷载单独作用下的各杆的轴力 $\overline{F}_{N1}$ 和 $F_{NF}$，分别如图 8-13 (c、d) 所示。由式 (8-4) 计算系数和自由项为

$$\delta_{11} = \Sigma \frac{\overline{F}^2_{N1} l}{EA} = \frac{2}{EA}\left[1^2 \times a + 1^2 \times a + (-\sqrt{2})^2 \times \sqrt{2}a\right]$$

$$= \frac{2a}{EA}(2+2\sqrt{2})$$

$$\Delta_{1F} = \Sigma \frac{\overline{F}_{N1} F_{NF}}{EA} = \frac{1}{EA}\left[1 \times F \times a + 1 \times F \times a + (-\sqrt{2}) \times (-\sqrt{2}F) \times \sqrt{2}a\right]$$

$$= \frac{Fa}{EA}(2+2\sqrt{2})$$

将以上系数和自由项代入力法方程，解得

$$X_1 = -\frac{F}{2}$$

负号表示 $X_1$ 的方向与假设方向相反，即 CD 杆的轴力为压力。

由叠加公式 $F_N = \overline{F}_{N1} X_1 + F_{NF}$ 计算出各杆轴力如图 8-13 (e) 所示。

### 4. 超静定组合结构

组合结构是由梁式杆和链杆共同组成的结构。如图 8-14 所示为一超静定组

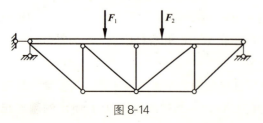

图 8-14

合结构，这种结构的优点在于节约材料、制造方便。在组合结构中，梁式杆主要承受弯矩，同时也承受剪力和轴力；而链杆只承受轴力。在计算力法方程中的系数和自由项时，对梁式杆一般可只考虑弯矩的影响，忽略轴力和剪力的影响；对于链杆只考虑轴力的影响。根据式 (7-8)，力法方程中的系数和自由项可由下式计算：

$$\delta_{ii} = \Sigma \int_l \frac{\overline{M}_i^2}{EI} dx + \Sigma \frac{\overline{F}_{Ni}^2}{EA} l$$

$$\delta_{ij} = \Sigma \int_l \frac{\overline{M}_i \overline{M}_j}{EI} dx + \Sigma \frac{\overline{F}_{Ni} \overline{F}_{Nj}}{EA} l$$

$$\Delta_{iF} = \Sigma \int_l \frac{\overline{M}_i M_F}{EI} dx + \Sigma \frac{\overline{F}_{Ni} F_{NF}}{EA} l \tag{8-6}$$

各杆内力可按以下叠加公式计算：

$$\left. \begin{array}{l} M = \overline{M}_1 X_1 + \overline{M}_2 X_2 + \cdots\cdots + \overline{M}_n X_n + M_F \\ F_N = \overline{F}_{N1} X_1 + \overline{F}_{N2} X_2 + \cdots\cdots + \overline{F}_{Nn} X_n + F_{NF} \end{array} \right\} \tag{8-7}$$

下面举例说明其计算过程。

【例 8-5】 图 8-15 (a) 所示的加劲梁，横梁的弯曲刚度 $E_1 I = 1 \times 10^4 \text{kN} \cdot \text{m}^2$，链杆的拉压刚度 $E_2 A = 15 \times 10^4 \text{kN}$。试用力法计算，并绘制梁的弯矩图。

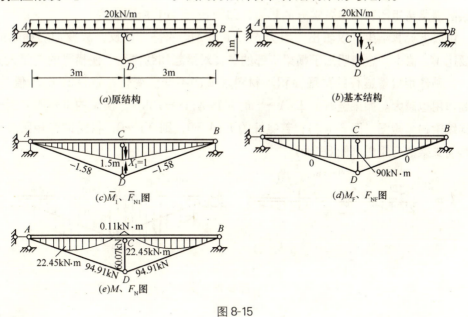

图 8-15

【解】

加劲梁为一次超静定结构。设切断 CD 杆，以多余未知力 $X_1$ 代替其轴力，选取基本结构如图 8-15 (b) 所示。根据切口处两侧截面轴向相对位移为零的条件，建立力法方程为

$$\delta_{11} X_1 + \Delta_{1F} = 0$$

分别绘出基本结构在 $X_1 = 1$ 和荷载单独作用下的弯矩图 $\overline{M}_1$ 和 $M_F$ 图，并计算出各链杆的轴力分别如图 8-15 (c、d) 所示。

由式 (8-6) 计算系数和自由项为

$$\delta_{11} = \int_l \frac{\overline{M}_1^2}{E_1 I} dx + \Sigma \frac{\overline{F}_{N1}^2 l}{E_2 A}$$

$$= \frac{2}{1 \times 10^4 \text{kN} \cdot \text{m}^2} \left( \frac{1}{2} \times 1.5\text{m} \times 3\text{m} \times \frac{2}{3} \times 1.5\text{m} \right)$$

$$+ \frac{1}{15 \times 10^4 \text{kN}} (1.58^2 \times 3.16\text{m} \times 2 + 1^2 \times 1\text{m})$$

$$= 5.618 \times 10^{-4} \text{m/kN}$$

$$\Delta_{1F} = \int_l \frac{\overline{M}_1 M_F}{E_1 I} dx + \Sigma \frac{\overline{F}_{N1} F_{NF}}{E_2 A} l$$

$$= \frac{2}{1 \times 10^4 \text{kN} \cdot \text{m}^2} \times \frac{2}{3} \times 90\text{kN} \cdot \text{m} \times 3\text{m} \times \frac{5}{8} \times 1.5\text{m} + 0$$

$$= 337.5 \times 10^{-4} \text{m}$$

将以上系数和自由项代入力法方程，解得

$$X_1 = -60.07 \text{kN}$$

根据叠加公式

$$M = \overline{M}_1 X_1 + M_F$$
$$F_N = \overline{F}_{N1} X_1 + F_{NF}$$

可绘出横梁弯矩图和求出各链杆的轴力，如图8-15（e）所示。

由以上计算结果可以看出，因为 $\overline{M}_1 X_1$ 与 $M_F$ 的符号相反，故叠加后横梁的 $M$ 值要比 $M_F$ 值小。这表明由于横梁下部的链杆对梁起加劲作用，使横梁的弯矩大为减小，这种作用随着链杆的截面面积和材料性质的不同而变化，链杆的 $E_2 A$ 值越大，加劲作用也越大。如果链杆的 $E_2 A \to \infty$ 时，则 $X_1 \to -75\text{kN}$，横梁的弯矩图接近于两跨连续梁的弯矩图（图8-16$a$）；若链杆的 $E_2 A \to 0$，则 $X_1 \to 0$，横梁的弯矩图趋近于同跨简支梁的弯矩图（图8-16$b$）。

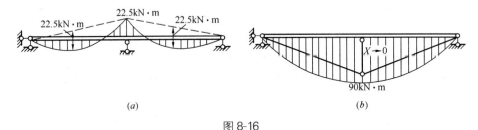

图 8-16

## 8.4 结构对称性的利用

用力法计算超静定结构要建立和解算力法方程，当结构的超静定次数增加时，计算力法方程中的系数和自由项的工作量将迅速增加。利用结构的对称性，恰当选取基本结构，可以使力法方程中尽可能多的副系数等于零，从而使计算大为简化。

### 8.4.1 对称结构和对称荷载

1. 对称结构

工程实际中有许多**对称结构**。所谓对称结构必须满足以下两个条件：

(1) 结构的几何形状和支座关于某一轴线对称；

(2) 杆件截面和材料性质也关于此轴对称。

图 8-17（$a$、$c$）所示刚架具有一根对称轴，图 8-17（$b$）所示箱形结构有两根对称轴，它们都是对称结构。

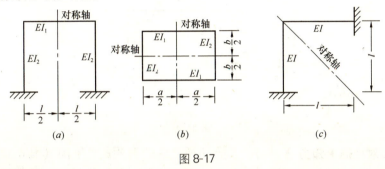

图 8-17

2. 对称荷载

对称荷载包括正对称荷载和反对称荷载。所谓正对称荷载是指力的大小相等，并且当结构绕对称轴对折后，力的作用线和指向完全重合的荷载（图 8-18$b$）。当结构绕对称轴对折后，虽然力的大小相等，力的作用线重合，但力的指向相反，这种荷载称为**反对称荷载**（图 8-18$c$）。不属于正对称或反对称的荷载称为**非对称荷载**（图 8-18$a$）。正对称荷载以后常简称为**对称荷载**。

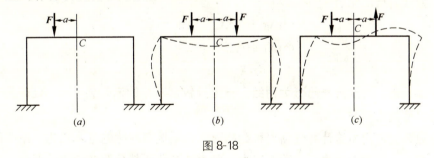

图 8-18

### 8.4.2 对称结构的计算

1. 选取对称的基本结构

计算对称结构时，应考虑选取对称的基本结构。如对于图 8-19（$a$）所示的三次超静定刚架，可从横梁中点对称轴处切开，选取图 8-19（$b$）所示的基本结构。横梁的切口两侧有三对大小相等而方向相反的多余未知力，其中 $X_1$、$X_2$ 为对称的未知力，$X_3$ 为反对称的未知力。根据基本结构在切口处相对位移为零的条件，建立力法

方程为

$$\left.\begin{array}{l}\delta_{11}X_1 + \delta_{12}X_2 + \delta_{13}X_3 + \Delta_{1F} = 0\\ \delta_{21}X_1 + \delta_{22}X_2 + \delta_{23}X_3 + \Delta_{2F} = 0\\ \delta_{31}X_1 + \delta_{32}X_2 + \delta_{33}X_3 + \Delta_{3F} = 0\end{array}\right\}$$

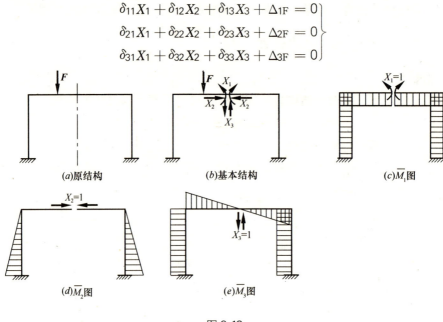

图 8-19

显然，对称的未知力 $X_1=1$、$X_2=1$ 所产生的弯矩图 $\overline{M}_1$ 图（图 8-19c）、$\overline{M}_2$ 图（图 8-19d）是对称的；反对称的未知力 $X_3=1$ 所产生的弯矩图 $\overline{M}_3$ 图（图 8-19e）是反对称的。因此

$$\delta_{13} = \delta_{31} = \Sigma \int_l \frac{\overline{M}_1 \overline{M}_3}{EI} ds = 0$$

$$\delta_{23} = \delta_{32} = \Sigma \int_l \frac{\overline{M}_2 \overline{M}_3}{EI} ds = 0$$

于是，力法方程简化为

$$\left.\begin{array}{l}\delta_{11}X_1 + \delta_{12}X_2 + \Delta_{1F} = 0\\ \delta_{21}X_1 + \delta_{22}X_2 + \Delta_{2F} = 0\end{array}\right\} \qquad (a)$$

$$\delta_{33}X_3 + \Delta_{3F} = 0 \qquad (b)$$

可以看出，力法方程已分为两组：一组只包含对称的未知力 $X_1$、$X_2$；另一组只包含反对称的未知力 $X_3$。

一般来说，用力法计算任何对称结构时，只要选取对称的基本结构，所取的基本未知量都是对称未知力或反对称未知力，则力法方程必然分解成独立的两组，其中一组只包含对称未知力，另一组只包含反对称未知力。这样一来，原来的高阶联立方程组就分解成两个独立的低阶方程组了，因此使计算得到简化。

2. 对称结构承受对称荷载作用

如图 8-20(a) 所示，当对称结构上的荷载为对称荷载时，同样从横梁对称轴处切开，选取图 8-20(b) 所示基本结构，这时力法方程仍为式(a)和式(b)所示两组。荷载作用于基本结构的 $M_F$ 图为对称图形，如图 8-20(c) 所示。因此

$$\Delta_{1F} = \Sigma \int_l \frac{\overline{M}_1 M_F}{EI} ds \neq 0$$

$$\Delta_{2F} = \Sigma \int_l \frac{\overline{M}_2 M_F}{EI} ds \neq 0$$

$$\Delta_{3F} = \Sigma \int_l \frac{\overline{M}_3 M_F}{EI} ds = 0$$

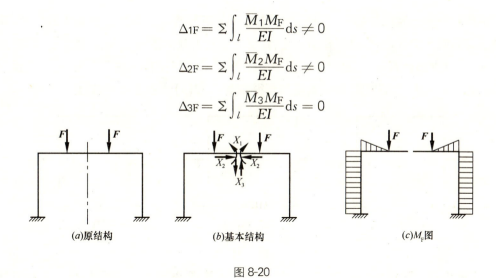

图 8-20

代入力法方程式 (a)、(b) 则有

$$X_1 \neq 0, X_2 \neq 0$$
$$X_3 = 0$$

由此得出结论：对称的超静定结构在对称荷载作用下，只存在对称的多余未知力，而反对称的多余未知力必为零。结构的内力和变形都是对称的。

3. 对称结构承受反对称荷载作用

图 8-21 (a) 所示对称刚架承受反对称荷载作用，同样选取图 8-21 (b) 所示基本结构，其力法方程也为式 (a) 和式 (b) 所示的两组。而绘出的荷载作用于基本结构的弯矩图为反对称图形，如图 8-21 (c) 所示。同理可得

$$\Delta_{1F} = 0, \Delta_{2F} = 0, \Delta_{3F} \neq 0$$

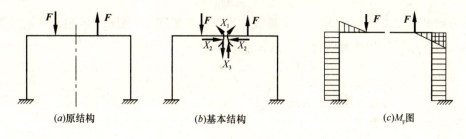

图 8-21

代入力法方程式(a)、(b)可得

$$X_1 = X_2 = 0$$
$$X_3 \neq 0$$

于是可得结论：对称的超静定结构在反对称荷载作用下，只存在反对称的多余未知力，而对称的多余未知力必为零。结构的内力和变形都是反对称的。

4. 荷载分组

当对称结构承受非对称荷载作用时，除按式(a)和式(b)所示力法方程计算外，还可

以把荷载分解为对称荷载作用和反对称荷载作用两种情况的叠加。如图 8-22(a)所示情况可分解为图 8-22(b、c)的叠加。这样,可分别用力法对图 8-22(b、c)进行计算,在对图 8-22(b)进行计算时,只设对称的多余未知力;在对图 8-22(c)进行计算时,只设反对称的多余未知力,然后把计算结果叠加而得到图 8-22(a)所示刚架的内力。

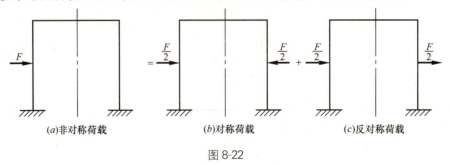

图 8-22

**【例 8-6】** 利用结构的对称性,试用力法计算图 8-23(a)所示刚架,并绘制弯矩图。

**【解】**

此结构为一个三次超静定对称刚架,荷载是非对称的。将荷载分解为对称荷载及反对称荷载两种情况,分别如图 8-23(b、c)所示。在对称荷载作用下(图 8-23b),如果忽略横梁的轴向变形,则只有横梁承受大小为 $\dfrac{F}{2}$ 的轴向压力,其他杆件没有内力。故原结构的弯矩都是由反对称荷载(图 8-23c)引起的,所以只需要对反对称荷载作用的情况进行计算。

在横梁中点处切开,选取图 8-23(d)所示基本结构,由于荷载是反对称的,由前述可知,对称多余未知力为零。故切口处只有反对称未知力 $X_1$,建立力法方程为

$$\delta_{11}X_1 + \Delta_{1F} = 0$$

分别绘出基本结构在 $X_1=1$ 及荷载作用下的弯矩图 $\overline{M}_1$ 图和 $M_F$ 图,分别如图 8-23(e、f)所示。由图乘法计算系数和自由项为

$$\delta_{11} = \frac{1}{3EI} \times \frac{1}{2} \times \frac{l}{2} \times \frac{l}{2} \times \frac{2}{3} \times \frac{l}{2} \times 2 + \frac{1}{EI} \times \frac{l}{2} \times l \times \frac{l}{2} \times 2 = \frac{19l^3}{36}$$

$$\Delta_{1F} = \frac{1}{EI}\left(\frac{1}{2} \times \frac{Fl}{2} \times l \times \frac{l}{2} \times 2\right) = \frac{Fl^3}{4EI}$$

将以上系数和自由项代入力法方程,解得

$$X_1 = -\frac{9}{19}F$$

根据叠加公式 $M = \overline{M}_1 X_1 + M_F$ 绘出弯矩图,如图 8-23(g)所示。

### 8.4.3 半刚架法

对称结构在对称荷载作用下内力和变形都是对称的;在反对称荷载作用下内力和变形都是反对称的。根据这一特点,可截取整个结构的一半来进行计算,称为**半刚架法**。下面分别讨论奇数跨和偶数跨两种对称刚架的计算。

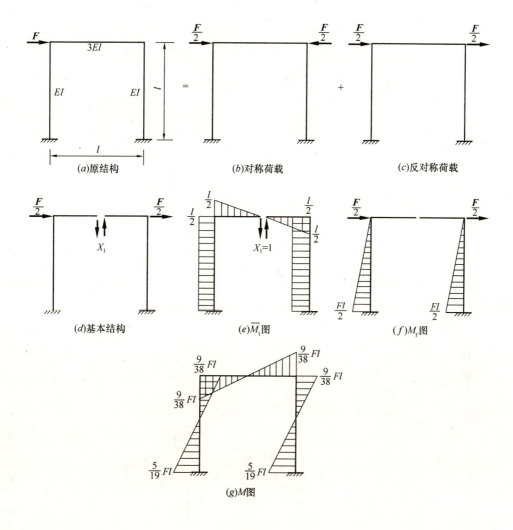

图 8-23

1. 对称荷载作用下的半刚架

(1) 奇数跨对称刚架

对于图 8-24 (a) 所示的单跨对称刚架，在对称荷载作用下，其内力和变形都是对称的。因此，位于横梁对称轴处的 C 截面上只有对称的未知力（弯矩和轴力），而反对称未知力（剪力）应为零。而 C 截面上的位移也只能产生竖向位移，不可能发生转角位移和水平位移。故在取一半刚架进行计算时，C 截面处可用一个定向支座代替原有的约束，得到如图 8-24 (b) 所示的半刚架的计算简图。这样就使原来三次超静定结构降为两次超静定结构，从而使计算简化。

(2) 偶数跨对称刚架

图 8-24 (c) 所示的两跨对称刚架，在对称荷载作用下，其内力和变形都是对称的。由于 CD 杆位于对称轴上，故无剪力和弯矩只有轴力。从变形对称的角度来分析，C 截面上的转角和水平位移为零，又由于 C 截面上还有一竖杆，当不考虑杆件的轴向变形时，C 截面也不能产生竖向位移。故 C 截面相当于受固定端支座约束。因

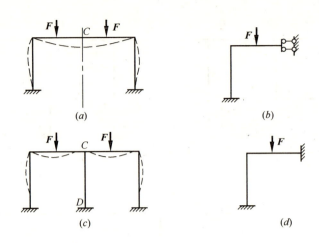

图 8-24

此，取半个刚架计算时，可不计算 CD 杆，取图 8-24（d）所示的计算简图。这样就使原来六次超静定结构降为三次超静定结构，从而使计算简化。

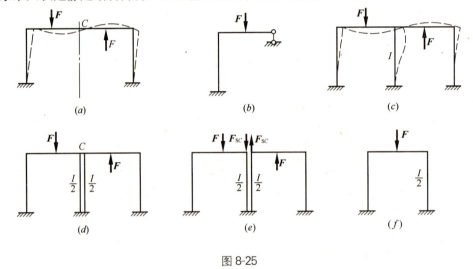

图 8-25

**2. 反对称荷载作用下的半刚架**

(1) 奇数跨对称刚架

对于图 8-25（a）所示刚架，在反对称荷载作用下，其内力和变形为反对称的。因此，在横梁对称轴处的 C 截面上只有反对称的未知力（剪力），而对称的未知力（弯矩和轴力）为零。C 截面的位移也只能产生转角位移和水平位移，而不能产生竖向位移。故取半个刚架计算时，C 截面可以用一根竖向支座链杆代替原有的约束作用，计算简图如图 8-25（b）所示。于是把原来的三次超静定的结构降为一次超静定结构，从而使计算简化。

(2) 偶数跨对称刚架

图 8-25（c）所示为两跨对称刚架，承受反对称荷载作用，其内力和变形为反对称的。取半刚架时，可将其中间立柱设想为由两根截面惯性矩为 $\dfrac{I}{2}$ 的立柱组成的，

如图 8-25（d）所示。将其沿对称轴切开，由于荷载是反对称的，故 C 截面上只有反对称的一对剪力 $F_{SC}$（图 8-25e）。当忽略杆件的轴向变形时，这一对剪力 $F_{SC}$ 对其他杆件均不产生内力，而仅在对称轴两侧的两根立柱中产生大小相等而性质相反的轴力，由于原有中间柱的内力是这两根立柱的内力之和，故叠加后剪力 $F_{SC}$ 对原结构的内力和变形均无影响。于是可将其略去，而取半刚架的计算简图如图 8-25（f）所示。于是把原来的六次超静定的结构降为三次超静定结构，从而使计算简化。

【例 8-7】 利用结构的对称性，试用力法计算图 8-26（a）所示刚架，并绘制弯矩图。已知各杆刚度 $EI$ 为常数。

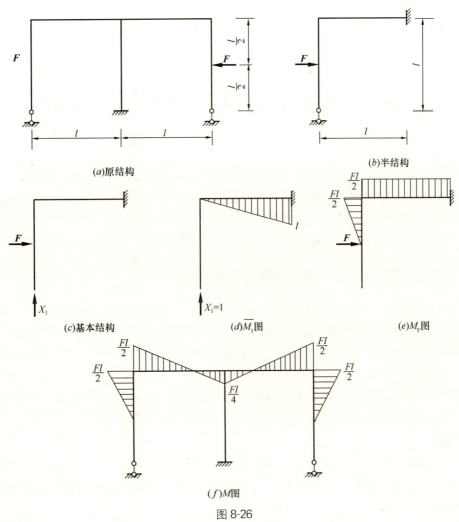

图 8-26

【解】
此结构为对称荷载作用下的两跨超静定刚架，取图 8-26（b）所示半刚架进行计算。该半刚架为一次超静定结构，取图 8-26（c）所示基本结构。建立力法方程为

$$\delta_{11}X_1 + \Delta_{1F} = 0$$

分别绘出基本结构在 $X_1=1$ 及荷载作用下的弯矩图 $\overline{M}_1$ 图和 $M_F$ 图，分别如图 8-26（d、e）所示。令 $EI=1$，由图乘法计算系数和自由项为

$$\delta_{11} = \frac{1}{2} \times l \times l \times \frac{2l}{3} = \frac{l^3}{3}$$

$$\Delta_{1F} = -\frac{1}{2} \times l \times l \times \frac{Fl}{2} = -\frac{Fl^3}{4}$$

将以上系数和自由项代入力法方程，解得

$$X_1 = \frac{3}{4}F$$

由叠加公式 $M = \overline{M}_1 X_1 + M_F$ 计算各杆端弯矩值，并由对称性绘出整个结构的弯矩图如图 8-26（$f$）所示。

## 8.5 支座移动与温度改变时超静定结构的内力计算

在静定结构中只有荷载才会使结构产生内力，非荷载因素不会使静定结构产生内力。而在超静定结构中，只要有使结构产生变形的因素，如支座移动、温度改变、材料收缩、制造误差等，都会使超静定结构产生内力。这也是超静定结构的一个重要特性。下面讨论如何用力法计算支座移动和温度改变所引起的超静定结构的内力。

### 8.5.1 支座移动时超静定结构的内力计算

用力法计算支座移动引起的超静定结构的内力，与在荷载作用下的计算类似，唯一的区别是力法方程中自由项的计算不同。在荷载作用的情况下，自由项表示荷载引起的基本结构上 $X_i = 1$ 作用点沿 $X_i$ 方向上的位移；在支座移动的情况下，自由项表示支座移动引起的基本结构上 $X_i = 1$ 作用点沿 $X_i$ 方向上的位移。下面通过例题加以说明。

【例 8-8】 图 8-27（$a$）所示为一单跨超静定梁，支座 $A$ 顺时针转动了角位移 $\varphi$。试用力法计算，并绘制内力图。

【解】

若不计轴向变形，图 8-27（$a$）所示梁为二次超静定结构，取图 8-27（$b$）所示的基本结构。基本结构在多余未知力及支座移动共同作用下在 $B$ 支座处引起的位移应与原结构相同，因此力法方程为

$$\delta_{11}X_1 + \delta_{12}X_2 + \Delta_{1c} = 0$$
$$\delta_{21}X_1 + \delta_{22}X_2 + \Delta_{2c} = 0$$

式中 $\Delta_{1c}$、$\Delta_{2c}$——支座移动引起的基本结构上点 $B$ 沿 $X_1$、$X_2$ 方向上的位移。它们可由单元 7 中式（7-12）计算。

基本结构在 $X_1 = 1$、$X_2 = 1$ 作用下的 $\overline{M}_1$ 图、$\overline{M}_2$ 图以及相应的 $A$ 支座反力分别如图 8-27（$c$、$d$）所示。计算系数和自由项为

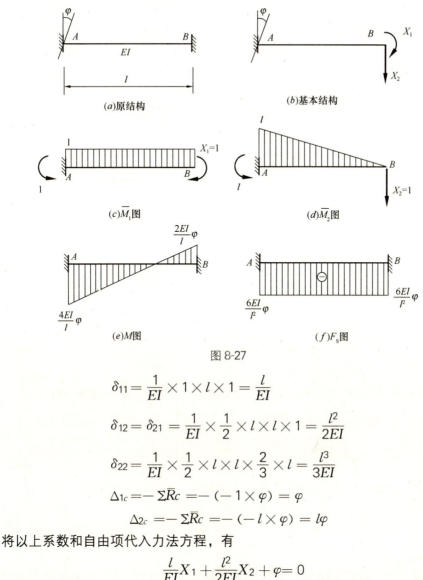

图 8-27

$$\delta_{11} = \frac{1}{EI} \times 1 \times l \times 1 = \frac{l}{EI}$$

$$\delta_{12} = \delta_{21} = \frac{1}{EI} \times \frac{1}{2} \times l \times l \times 1 = \frac{l^2}{2EI}$$

$$\delta_{22} = \frac{1}{EI} \times \frac{1}{2} \times l \times l \times \frac{2}{3} \times l = \frac{l^3}{3EI}$$

$$\Delta_{1c} = -\Sigma \overline{R}c = -(-1 \times \varphi) = \varphi$$

$$\Delta_{2c} = -\Sigma \overline{R}c = -(-l \times \varphi) = l\varphi$$

将以上系数和自由项代入力法方程，有

$$\frac{l}{EI}X_1 + \frac{l^2}{2EI}X_2 + \varphi = 0$$

$$\frac{l^2}{2EI}X_1 + \frac{l^3}{3EI}X_2 + l\varphi = 0$$

联立解得

$$X_1 = \frac{2EI}{l}\varphi$$

$$X_2 = -\frac{6EI}{l^2}\varphi$$

根据叠加公式 $M = \overline{M}_1 X_1 + \overline{M}_2 X_2$ 绘出最后弯矩图，如图 8-27 (e) 所示。梁的剪力图如图 8-27 (f) 所示。

### 8.5.2 温度改变时超静定结构的内力计算

在用力法计算温度改变引起的超静定结构的内力时，力法方程中自由项表示温度

**【例 8-9】** 图 8-28 (a) 所示刚架，各杆内侧温度升高 15℃，外侧温度降低 5℃，各杆线膨胀系数为 $\alpha_l$，刚度 $EI$ 为常数，截面形心轴为对称轴，截面高度 $h=0.4$m。试用力法计算，并绘制内力图。

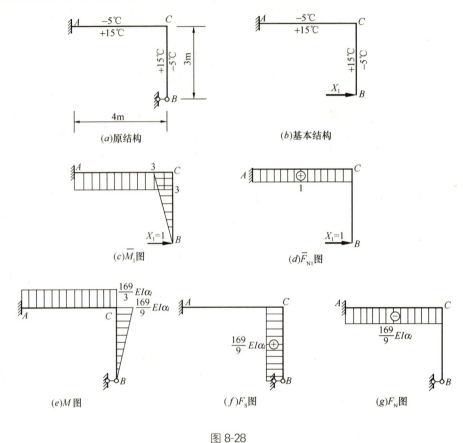

图 8-28

**【解】**

此刚架为一次超静定结构，取基本结构如图 8-28 (b) 所示。基本结构在多余未知力及温度改变共同作用下在 $B$ 支座处引起的 $X_1$ 方向上的位移应与原结构相同，因此力法方程为

$$\delta_{11}X_1 + \Delta_{1t} = 0$$

式中 $\Delta_{1t}$——温度改变引起的基本结构上点 $B$ 沿 $X_1$ 方向上的位移。它们可由单元 7 中式 (7-14) 计算。

绘出 $\overline{M}_1$、$\overline{F}_{N1}$ 图，分别如图 8-28 (c、d) 所示。$t_0 = \dfrac{15-5}{2} = 5℃, \Delta t = 15 - (-5) = 20℃$。计算系数和自由项如下：

$$\delta_{11} = \frac{1}{EI}\left(\frac{1}{2} \times 3 \times 3 \times \frac{2}{3} \times 3 + 3 \times 4 \times 3\right) = \frac{45}{EI}$$

$$\Delta_{1t} = \Sigma(\pm)\alpha_l t_0 A_{\overline{N}1} + \Sigma(\pm)\alpha_l \frac{\Delta t}{h} A_{\overline{M}1}$$

$$= \alpha_l \times 5 \times 1 \times 4 + \left[\alpha_l \times \frac{20}{0.4} \times \left(\frac{1}{2} \times 3^2 + 3 \times 4\right)\right]$$

$$= 845\alpha_l$$

将以上系数和自由项代入力法方程，解得

$$X_1 = -\frac{169}{9} EI\alpha_l$$

根据叠加公式 $M = \overline{M}_1 X_1$ 绘出弯矩图如图 8-28 (e) 所示。根据平衡条件可得剪力图和轴力图分别如图 8-28 (f、g) 所示。

由以上计算结果可以看出，**温度变化时超静定结构的内力与各杆弯曲刚度 $EI$ 的绝对值成正比，当温度改变一定时，截面尺寸越大，内力也越大。并且杆件温度低的一侧纤维受拉**。对于钢筋混凝土构件，在温度低的一侧可能会开裂。

## 8.6 位移法的基本原理和典型方程

### 8.6.1 位移法的基本原理

力法计算超静定结构是以多余未知力为基本未知量，当结构的超静定次数较高时，用力法计算比较麻烦。而位移法则是以独立的节点位移为基本未知量，未知量个数与超静定次数无关，故一些高次超静定结构用位移法计算比较简便。下面介绍位移法的基本原理。

图 8-29 (a) 所示等截面连续梁，在均布荷载作用下产生如图中虚线所示的变形。其中杆 $AB$ 和杆 $BC$ 在 $B$ 点处刚性连接，在 $B$ 端两杆发生了共同的角位移 $\varphi_B$。该连续梁的受力和变形情况与图 8-29 (b) 所示情况相同，即杆 $AB$ 相当于两端固定梁在 $B$ 端发生角位移 $\varphi_B$；杆 $BC$ 相当于 $B$ 端固定、$C$ 端铰支的梁，在梁上受均布荷载作用，并在 $B$ 端发生角位移 $\varphi_B$。如把节点 $B$ 的角位移 $\varphi_B$ 作为支座移动的外因看待，则上述连续梁可转化为两个单跨超静定梁来计算。只要知道角位移 $\varphi_B$ 的大小，则可由力法计算出这两个单跨超静定梁的全部反力、内力。下面就研究如何计算角位移 $\varphi_B$。

为了将图 8-29 (a) 转化为图 8-29 (b) 进行计算，我们假设在连续梁节点 $B$ 处加入一附加刚臂 (图 8-29c)，附加刚臂的作用是约束 $B$ 点的转动，而不能约束移动。由于节点 $B$ 无线位移，所以加入此附加刚臂后，$B$ 点任何位移都不能产生了，即相当于固定端。于是原结构变成了由 $AB$ 和 $BC$ 两个单跨超静定梁的组合体，我们称该组合体**为位移法的基本结构**。在基本结构上受荷载作用，并使 $B$ 点处的附加刚臂转过与实际变形相同的转角 $Z_1 = \varphi_B$，使基本结构的受力和变形与原结构一样（图8-29c），用基本结构代替原结构进行计算。

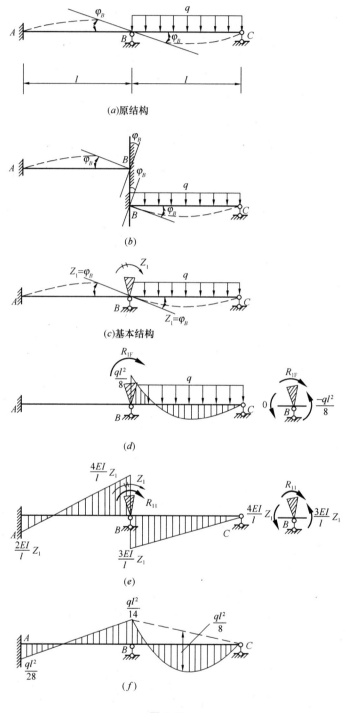

图 8-29

为了方便计算，把基本结构上的外界因素分为两种情况。一种情况是荷载的作用（图8-29d）；另一种情况是 $B$ 点角位移的影响（图8-29e）。分别单独计算以上各因素的作用，然后由叠加原理将计算结果叠加。在图 8-29 (d) 中，只有荷载 $q$ 的作用，无角位移 $Z_1$ 影响。$AB$ 梁上无荷载作用故无内力；$BC$ 梁相当于 $B$ 端固定、$C$ 端铰支，在梁上受均布荷载 $q$ 的作用，其弯矩图可由力法求出如图 8-29 (d) 所示，在附加刚臂上产生的约束力矩为 $R_{1F}$。在图 8-29 (e) 中，只有 $Z_1$ 的影响。$AB$ 梁相当于两端固定梁，在 $B$ 端产生一角位移 $Z_1$ 的支座移动；$BC$ 梁相当于 $B$ 端固定、$C$ 端铰支，在 $B$ 端产生一角位移 $Z_1$ 的支座移动。它们的弯矩图同样可由力法求出如图 8-29 (e) 所示，在附加刚臂上产生的约束力矩为 $R_{11}$。在基本结构上由荷载及角位移 $Z_1$ 两种因素引起的约束力矩，由叠加原理可得为 $R_{11}+R_{1F}$。由于基本结构的受力和变形应与原结构相同，而在原结构上没有附加刚臂，故基本结构中附加刚臂上的约束力矩应为零。即

$$R_{11}+R_{1F}=0$$

如在图 8-29 (e) 中令 $r_{11}$ 表示当 $Z_1=1$ 时附加刚臂上的约束力矩，则 $R_{11}=r_{11}Z_1$，故上式改写为

$$r_{11}Z_1+R_{1F}=0 \tag{a}$$

式 (a) 称为**位移法方程**。式中的 $r_{11}$ 称为系数，$R_{1F}$ 称为自由项。**它们的方向与 $Z_1$ 方向相同时规定为正，反之为负。**

为了由式 (a) 求解 $Z_1$，可由图 8-29 (d) 中取节点 $B$ 为隔离体，由力矩平衡条件得出 $R_{1F}=-\dfrac{ql^2}{8}$；由图 8-29 (e) 中取节点 $B$ 为隔离体，并令 $Z_1=1$，由力矩平衡条件得出 $r_{11}=\dfrac{7EI}{l}$。代入式 (a)，得

$$Z_1=\frac{ql^3}{56EI}$$

求出 $Z_1$ 后，将图 8-29 (d、e) 两种情况叠加，即得原结构的弯矩图如图 8-29 (f) 所示。

综上所述，位移法是以独立的节点位移（包括节点角位移和节点线位移）为基本未知量，以一系列单跨超静定梁的组合体为基本结构，由基本结构在附加约束处的受力与原结构一致的平衡条件建立位移法方程，先求出节点位移，进一步计算出杆件内力。

在位移法计算中，要用力法对每个单跨超静定梁进行受力变形分析，为了使用方便，对各种约束的单跨超静定梁由荷载及支座移动引起的杆端弯矩和杆端剪力数值均列于表 8-1 中，以备查用。

在表 8-1 中，$i=EI/l$，称为杆件的**线刚度**。表 8-1 中杆端弯矩、剪力以及角位移的正、负号规定如下：**对杆端而言弯矩以顺时针转向为正（对支座或节点而言，则以逆时针转向为正），反之为负**（图 8-30）；至于剪力的正、负号仍与以前规定相同；**角位移以顺时针转动为正，反之为负。**

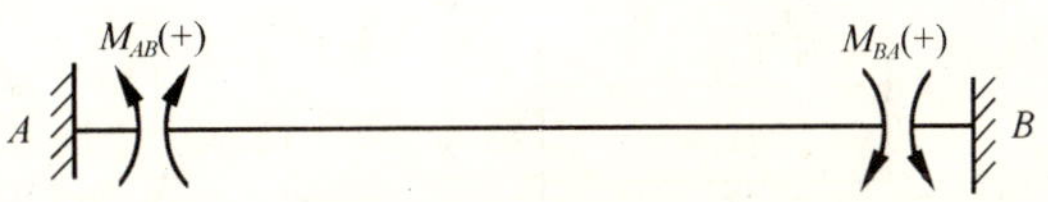

图 8-30

## 等截面直杆的杆端弯矩和剪力　　　　表 8-1

| 序号 | 梁的简图 | 杆端弯矩 $M_{AB}$ | 杆端弯矩 $M_{BA}$ | 杆端剪力 $F_{SAB}$ | 杆端剪力 $F_{SBA}$ |
|---|---|---|---|---|---|
| 1 | | $4i$ | $2i$ | $-\dfrac{6i}{l}$ | $-\dfrac{6i}{l}$ |
| 2 | | $-\dfrac{6i}{l}$ | $-\dfrac{6i}{l}$ | $\dfrac{12i}{l^2}$ | $\dfrac{12i}{l^2}$ |
| 3 | | $3i$ | $0$ | $-\dfrac{3i}{l}$ | $-\dfrac{3i}{l}$ |
| 4 | | $-\dfrac{3i}{l}$ | $0$ | $\dfrac{3i}{l^2}$ | $\dfrac{3i}{l^2}$ |
| 5 | | $i$ | $-i$ | $0$ | $0$ |
| 6 | | $-i$ | $i$ | $0$ | $0$ |
| 7 | | $-\dfrac{Fab^2}{l^2}$ | $\dfrac{Fa^2b}{l^2}$ | $\dfrac{Fb^2(l+2a)}{l^3}$ | $-\dfrac{Fa^2(l+2b)}{l^3}$ |
| 8 | | $-\dfrac{Fl}{8}$ | $\dfrac{Fl}{8}$ | $\dfrac{F}{2}$ | $-\dfrac{F}{2}$ |
| 9 | | $\dfrac{b(3a-l)}{l^2}M_e$ | $\dfrac{a(3b-l)}{l^2}M_e$ | $-\dfrac{6ab}{l^3}M_e$ | $-\dfrac{6ab}{l^3}M_e$ |
| 10 | | $-\dfrac{ql^2}{12}$ | $\dfrac{ql^2}{12}$ | $\dfrac{ql}{2}$ | $-\dfrac{ql}{12}$ |

续表

| 序号 | 梁的简图 | 杆端弯矩 $M_{AB}$ | $M_{BA}$ | 杆端剪力 $F_{SAB}$ | $F_{SBA}$ |
|---|---|---|---|---|---|
| 11 | | $-\dfrac{Fab(l+b)}{2l^2}$ | 0 | $\dfrac{Fb(3l^2-b^2)}{2l^3}$ | $-\dfrac{Fa^2(2l+b)}{2l^3}$ |
| 12 | | $-\dfrac{3}{16}Fl$ | 0 | $\dfrac{11}{16}F$ | $-\dfrac{5}{16}F$ |
| 13 | | $\dfrac{l^2-3b^2}{2l^2}M_e$ | 0 | $-\dfrac{3(l^2-b^2)}{2l^3}M_e$ | $-\dfrac{3(l^2-b^2)}{2l^3}M_e$ |
| 14 | | $-\dfrac{ql^2}{8}$ | 0 | $\dfrac{5}{8}ql$ | $-\dfrac{3}{8}ql$ |
| 15 | | $-\dfrac{Fa(2l-a)}{2l}$ | $-\dfrac{Fa^2}{2l}$ | $F$ | 0 |
| 16 | | $-\dfrac{3}{8}Fl$ | $-\dfrac{1}{8}Fl$ | $F$ | 0 |
| 17 | | $-\dfrac{M_e b}{l}$ | $-\dfrac{M_e a}{l}$ | 0 | 0 |
| 18 | | $-\dfrac{ql^2}{3}$ | $-\dfrac{ql^2}{6}$ | $ql$ | 0 |

### 8.6.2 位移法的典型方程

**1. 位移法基本未知量的确定**

位移法是以结构上刚节点的角位移和独立的节点线位移为基本未知量的。对于结构上的铰节点所对应的角位移,是由各杆自身的变形和受力情况所决定的,与其他杆件无关,故不作为基本未知量。这样结构角位移未知量数目就等于刚节点的数目(不包括固定端支座)。如图8-31($a$)所示结构,有两个刚节点(1、2节点),故其角位移未知量数目为2,设为$Z_1$、$Z_2$。

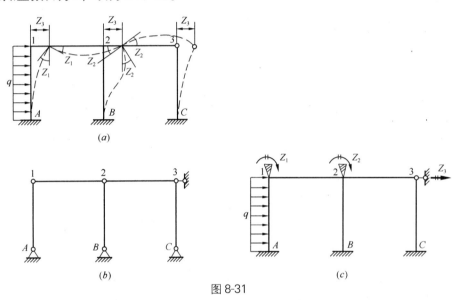

图 8-31

确定结构独立的节点线位移时,既要考虑刚节点的水平和竖向线位移,也要考虑铰节点的水平和竖向线位移。对于受弯直杆通常略去轴向变形,即认为杆件长度是不变的,从而减少了结构独立的线位移未知量数目。如图8-31($a$)所示结构的节点1、2、3均无竖向线位移,由于横杆长度不变,节点1、2、3水平线位移是相同的,故只有一个独立的水平线位移未知量$Z_3$。因此结构(图8-31$a$)的基本未知量数目为3。

结构独立的节点线位移一般可用下述方法确定:先把结构中所有刚节点和固定端支座都改为铰节点和固定铰支座,然后增加最少的支座链杆使结构成为几何不变体系,所增加的链杆数目就是独立的节点线位移数目。例如图8-31($a$)所示结构,将其"铰化"后须增加一个支座链杆才能成为几何不变体系(图8-31$b$),故结构有一个独立的节点线位移。

**2. 位移法基本结构的选取**

位移法是以一系列单跨超静定梁的组合体为原结构的基本结构的。为了构成基本结构,要在刚节点上附加刚臂,以控制刚节点的转动;在有线位移的节点处附加支座链杆,以控制节点线位移。例如,图8-31($a$)所示刚架的位移法基本结构如图8-31($c$)所示。其中附加刚臂处的"⌒"表示角位移;附加支座链杆处的"⇢"表示线位移。

3. 位移法的典型方程

对于具有 $n$ 个基本未知量 $Z_1$、$Z_2$、$\cdots$、$Z_n$ 的结构，则附加约束（附加刚臂或附加链杆）也有 $n$ 个，由 $n$ 个附加约束上的受力与原结构一致的平衡条件，可建立 $n$ 个位移法方程为（推导从略）

$$\left.\begin{array}{l} r_{11}Z_1 + r_{12}Z_2 + \cdots + r_{1n}Z_n + R_{1F} = 0 \\ r_{21}Z_1 + r_{22}Z_2 + \cdots + r_{2n}Z_n + R_{2F} = 0 \\ \cdots \quad \cdots \quad \cdots \quad \cdots \quad \cdots \\ r_{n1}Z_1 + r_{n2}Z_2 + \cdots + r_{nn}Z_n + R_{nF} = 0 \end{array}\right\} \quad (8\text{-}8)$$

上式称为**位移法典型方程**。式中的 $r_{ii}$ 称为**主系数**，它表示基本结构上 $Z_i=1$ 时，附加约束 $i$ 上的反力，其值恒为正值。$r_{ij}$ 称为**副系数**，它表示基本结构上 $Z_j=1$ 时，附加约束 $i$ 上的反力，其值可为正、为负或为零；可以证明，$r_{ij}=r_{ji}$。$R_{iF}$ 称为**自由项**，它表示荷载作用于基本结构上时，附加约束 $i$ 上的反力，其值可为正、为负或为零。

求出节点位移 $Z_1$、$Z_2$、$\cdots$、$Z_n$ 后，可用叠加法按下式计算各杆端弯矩值并绘出结构的最后弯矩图：

$$M = \overline{M}_1 Z_1 + \overline{M}_2 Z_2 + \cdots + \overline{M}_n Z_n + M_F$$

式中　$\overline{M}_i$ 和 $M_F$ ——$Z_i=1$ 和荷载单独作用于基本结构上时的弯矩。

用位移法解超静定结构的计算步骤与力法的类似。下面举例加以说明。

【**例 8-10**】 试用位移法计算图 8-32 (*a*) 所示刚架，并绘制弯矩图。

【**解**】

(1) 形成基本结构。此刚架有两个刚节点 1 和 2，无节点线位移。因此，基本未知量为节点 1 和 2 处的转角 $Z_1$ 和 $Z_2$，基本结构如图 8-32 (*b*) 所示。

(2) 建立位移法方程。由节点 1、2 处附加刚臂约束力矩总和分别为零，建立位移法方程为

$$r_{11}Z_1 + r_{12}Z_2 + R_{1F} = 0$$
$$r_{21}Z_1 + r_{22}Z_2 + R_{2F} = 0$$

(3) 计算系数和自由项。令 $i = \dfrac{EI}{4}$，绘出 $Z_1=1$、$Z_2=1$ 和荷载单独作用于基本结构上时的弯矩图 $\overline{M}_1$ 图、$\overline{M}_2$ 图和 $M_F$ 图，分别如图 8-32 (*c~e*) 所示。

在图 8-32 (*c~e*) 中分别利用节点 1、2 的力矩平衡条件可计算出系数和自由项如下：

$$r_{11} = 20i, r_{12} = 4i = r_{21}, r_{22} = 12i, R_{1F} = 40, R_{2F} = 0$$

(4) 解方程求基本未知量。将系数和自由项代入位移法方程，得

$$20iZ_1 + 4iZ_2 + 40 = 0$$
$$4iZ_1 + 12iZ_2 + 0 = 0$$

解方程得

$$Z_1 = -\frac{15}{7i}, Z_2 = \frac{5}{7i}$$

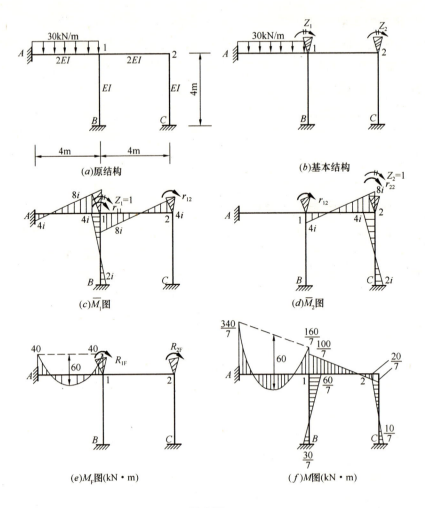

图 8-32

(5) 绘制弯矩图。由叠加公式 $M = \overline{M}_1 Z_1 + \overline{M}_2 Z_2 + M_F$ 计算各杆端弯矩值，绘出刚架的弯矩图，如图 8-32（$f$）所示。

# 8.7　超静定结构的特性

超静定结构与静定结构相比较，具有以下一些特性。了解这些特性，有助于我们合理地利用它们。

(1) 在静定结构中，除荷载以外，其他任何因素都不会引起内力。在超静定结构中，只要存在变形因素（如荷载作用、支座移动、温度改变、制造误差等），通常都会使其产生内力。这是因为超静定结构存在多余约束，而结构的变形受到多余约束的限制，因而往往使结构产生内力。这是超静定结构的不足之处。

(2) 静定结构的内力仅用静力平衡条件即可确定，其值与结构的杆件性质和截面尺寸无关。而超静定结构的内力仅用静力平衡条件无法全部确定，还需考虑变形条件，所以其内力与结构的材料性质及杆件的截面尺寸有关，并且内力分布随杆件之间相对刚度的变化而不同，刚度较大的杆件，其承担的内力较大。

(3) 静定结构的任一约束遭到破坏后，立即变成几何可变体系，完全丧失承载能力。超静定结构由于具有多余约束，在多余约束被破坏时，结构仍为几何不变体系，因而还具有一定的承载能力。因此，超静定结构比静定结构具有较强的防护突然破坏的能力。在设计防护结构时，应选择超静定结构。

(4) 超静定结构由于存在多余约束，有多余约束力的影响，在局部荷载作用下，内力分布范围大，峰值小，且变形小，刚度大。例如，图 8-33 (a) 所示的三跨连续梁的中跨受荷载作用时，由于梁的连续性，两边跨也产生内力，因而内力分布较均匀、变形较小；而当图 8-33 (b) 所示静定梁的中跨受荷载作用时，两边跨不产生内力，因而中跨的内力和变形都比连续梁大。

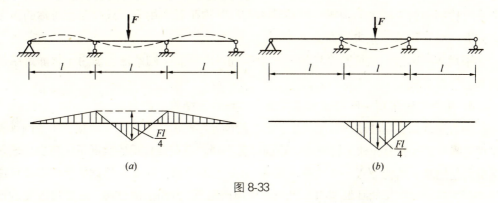

图 8-33

## 单元小结

1. 掌握超静定次数的确定方法。掌握力法的基本原理和解题步骤。

(1) 结构的超静定次数就是多余约束的个数。确定超静定次数的方法就是把原结构中的多余约束去掉，使之变成静定结构，去掉了几个多余约束即为几次超静定结构。

(2) 力法是以多余未知力作为基本未知量，以去掉多余约束后的静定结构作为基本结构,根据基本结构在多余约束处与原结构完全相同的位移条件建立力法方程,求解多余未知力,从而把超静定结构的计算问题转化为静定结构的计算问题。

(3) 用力法计算超静定结构的步骤:①选取基本结构;②建立力法典型方程;③计算力法方程中各系数和自由项;④解方程求多余未知力;⑤绘制原结构的内力图。

2. 熟练掌握用力法求解简单超静定梁和刚架的内力。能用力法求解铰结排架、超静定桁架和组合结构的内力。

3. 了解对称结构与对称荷载的概念,掌握对称结构的计算方法。

(1) 对称结构必须满足两个条件:①结构的几何形状和支座关于某一轴线对称;②杆件截面和材料性质也关于此轴对称。

(2) 对称荷载是指力的大小相等,并且当结构绕对称轴对折后,力的作用线和指向完全重合的荷载。当结构绕对称轴对折后,虽然力的大小相等,力的作用线重合,但力的指向相反,这种荷载称为反对称荷载。不属于对称或反对称的荷载称为非对称荷载。

(3) 用力法计算对称结构时,通常选取对称的基本结构,选取的基本未知量为对称未知力或反对称未知力,那么力法方程必然分解成独立的两组,其中一组只包含对称未知力,另一组只包含反对称未知力,从而使计算得到简化。

当对称结构承受非对称荷载作用时,还可以把荷载分解为对称荷载作用和反对称荷载作用两种情况的叠加。对称结构在对称荷载作用下,只存在对称的多余未知力,而反对称的多余未知力必为零;对称结构在反对称荷载作用下,只存在反对称的多余未知力,而对称的多余未知力必为零。

采用半刚架法,截取整个结构的一半来进行计算。半刚架法也适用于超静定结构的其他计算方法。

4. 能用力法求解支座移动和温度改变时超静定结构的内力。

用力法计算支座移动和温度改变引起的超静定结构的内力,与在荷载作用下的计算类似,唯一的区别是力法方程中自由项的计算不同。在荷载作用的情况下,自由项表示荷载引起的基本结构上 $X_i=1$ 作用点沿 $X_i$ 方向上的位移;在支座移动的情况下,自由项表示支座移动引起的基本结构上 $X_i=1$ 作用点沿 $X_i$ 方向上的位移。在温度改变的情况下,自由项表示温度改变引起的基本结构上 $X_i=1$ 作用点沿 $X_i$ 方向上的位移。

5. 掌握位移法基本未知量的确定方法。掌握位移法的基本原理和解题步骤。了解单跨超静定梁的弯矩和剪力图表。

(1) 位移法是以结构上刚节点的角位移和独立的节点线位移作为基本未知量。结构角位移未知量数目就等于刚节点的数目(不包括固定端支座)。把结构中所有刚节点和固定端支座都改为铰节点和固定铰支座,然后增加最少的支座链杆使结构成为几何不变体系,所增加的链杆数目就是独立的节点线位移数目。

(2) 位移法是以独立的节点位移为基本未知量,以一系列单跨超静定梁的组合体为基本结构,由基本结构在附加约束处的受力与原结构一致的平衡条件建立位移法方程,先求出节点位移,进一步计算出杆件内力。用位移法解超静定结构的计算步骤与力法的类似。

6. 了解超静定结构的特性。

## 思考题

8-1 如何确定超静定次数？确定超静定次数时应注意什么？能否把图示结构中支座 A 处的竖向支座链杆作为多余约束去掉？

8-2 计算超静定结构的方法有哪些？

8-3 用力法求解超静定结构的思路是什么？什么是力法的基本结构和基本未知量？

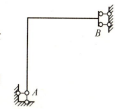

思考题 8-1 图

8-4 力法典型方程的物理意义是什么？方程中各系数和自由项的物理意义又是什么？

8-5 图（a）所示刚架在荷载作用下 C 点处产生了一个转角 $\varphi_C$。若取图（b）所示基本结构，其力法方程为 $\delta_{11}X_1 + \Delta_{1F} = 0$，由于 $X_1$ 表示的未知力是弯矩，相对应的位移应为转角，那么如何理解方程中的转角位移等于零？

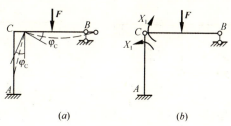

思考题 8-5 图

8-6 试从物理意义上说明，为什么主系数必为正值，而副系数可为正值、为负值或为零？

8-7 为什么在荷载作用下超静定结构的内力只与各杆刚度 $EI$（$EA$）的相对值有关，而与其绝对值无关？

8-8 怎样利用结构的对称性简化计算？

8-9 用力法计算超静定结构在支座移动、温度改变时的内力，与在荷载作用下的内力计算有何异同？

8-10 当温度改变时，钢筋混凝土制成的刚架在结构的外侧常出现裂缝，试问此刚架外侧温度比建造时升高还是降低了？

8-11 如果已经用力法求出了超静定结构的内力，如何用单位荷载法求超静定结构的位移？

8-12 用位移法求解超静定结构的思路是什么？如何确定位移法的基本未知量和基本结构？

8-13 位移法典型方程的物理意义是什么？方程中各系数和自由项的物理意义又是什么？

8-14 将力法和位移法比较，说明二者的基本未知量、基本结构、典型方程和适用范围有何不同？

8-15 超静定结构有哪些特性？

# 习题

8-1 试确定图示结构的超静定次数。

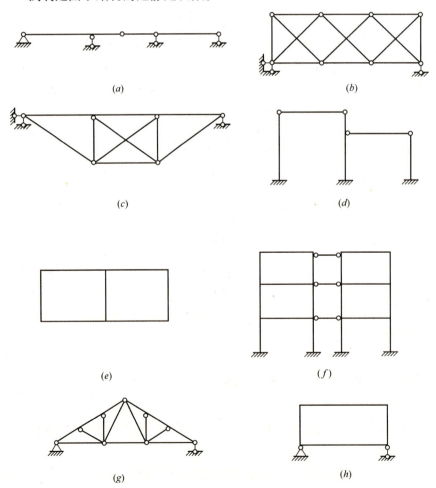

习题 8-1 图

8-2 试用力法计算图示超静定梁,并绘制内力图。

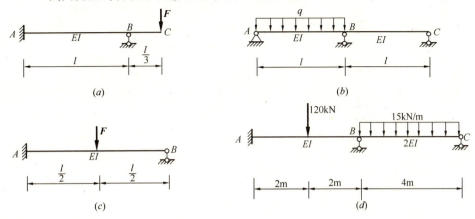

习题 8-2 图

8-3 试用力法计算图示刚架,并绘制内力图。

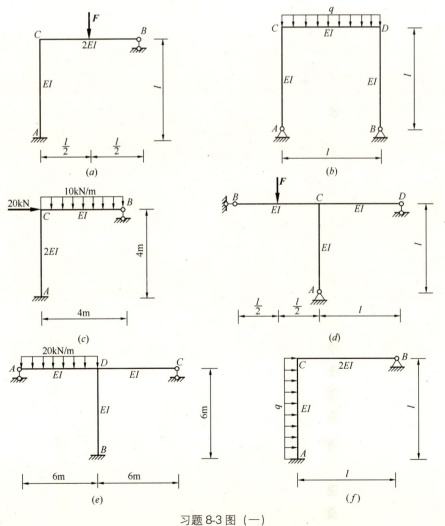

习题 8-3 图(一)

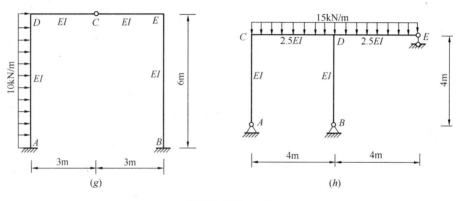

习题 8-3 图 （二）

8-4 试用力法计算图示排架，并绘制弯矩图。

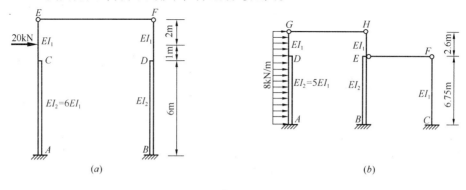

习题 8-4 图

8-5 求图示桁架中各杆的轴力，已知各杆的刚度 $EA$ 为常数。

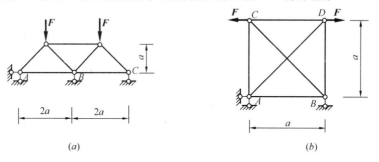

习题 8-5 图

8-6 求图示加劲梁各链杆的轴力，并绘制横梁 $AB$ 的弯矩图。设杆 $AD$、$CD$、$BD$ 的刚度 $EA$ 相同，且 $A=I/16$。

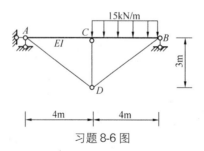

习题 8-6 图

8-7 求图示组合结构中各链杆的轴力，并绘制横梁的弯矩图。已知横梁的刚度 $EI = 1 \times 10^4 \text{kN} \cdot \text{m}^2$，链杆的刚度 $EA = 15 \times 10^4 \text{kN}$。

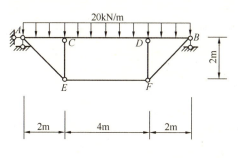

习题 8-7 图

8-8 利用对称性计算图示结构，并绘制弯矩图。已知刚度 $EI$ 为常数。

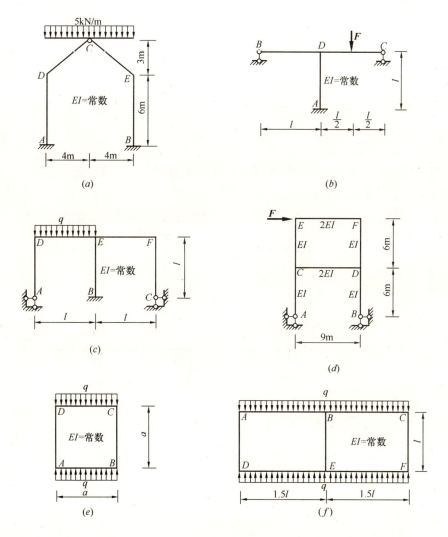

习题 8-8 图

8-9 绘制图示单跨超静定梁因支座移动引起的弯矩图和剪力图。

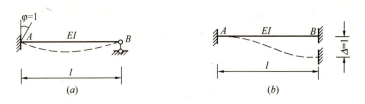

习题 8-9 图

8-10 绘制图示刚架支座 $A$ 发生角位移 $\varphi$ 时的弯矩图。

8-11 设结构的温度变化如图所示,试绘制其弯矩图。设各杆截面为矩形,截面的高度 $h=l/10$,线膨胀系数为 $\alpha_l$,刚度 $EI$ 为常数。

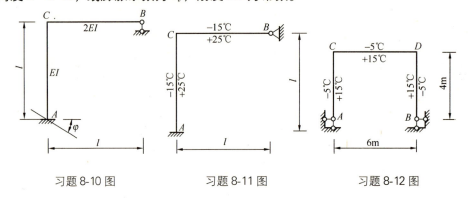

习题 8-10 图　　习题 8-11 图　　习题 8-12 图

8-12 设结构的温度变化如图所示,试绘制其弯矩图。设各杆截面为矩形,截面的高度 $h=l/10$,线膨胀系数为 $\alpha_l$,刚度 $EI$ 为常数。

8-13 试确定用位移法计算时的基本未知量数目,并形成基本结构。

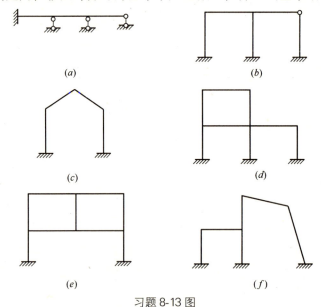

习题 8-13 图

8-14 试用位移法计算图示结构,并绘制弯矩图。各杆材料的弹性模量 $E$ 为常数。

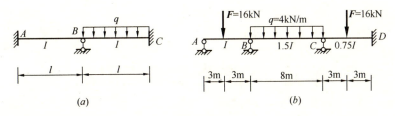

习题 8-14 图

8-15 试用位移法计算图示结构,并绘制弯矩图。

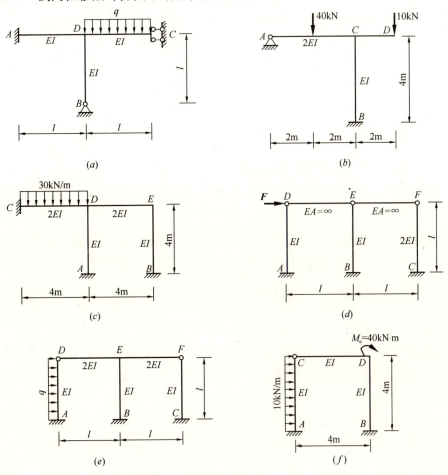

习题 8-15 图

8-16 试用位移法绘制图示对称刚架的弯矩图。已知各杆刚度 $EI$ 为常数。

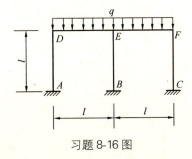

习题 8-16 图

# 单元 9　渐近法与近似法

力法和位移法是计算超静定结构的两种基本方法。它们都要建立和求解联立方程，当基本未知量较多时，手算工作十分繁重。本单元介绍的力矩分配法属于渐近解法，它的特点是不需建立和解算联立方程，直接分析结构的受力情况，从开始的近似状态，逐步修正，最后收敛于真实解，直接算得杆端弯矩值。其计算精度随计算轮次增高而提高。本单元还介绍用分层法和反弯点法对多层多跨刚架进行近似计算。

## 9.1　力矩分配法的基本原理

力矩分配法是建立在位移法基础上的一种渐近解法，它不必计算节点位移，可直接算得杆端弯矩。适用范围是连续梁和无节点线位移（无侧移）刚架的内力计算。

### 9.1.1　力矩分配法的解题思路

以具有一个刚节点的刚架（图9-1a）为例说明其解题思路。当不考虑杆件轴向变形时，在荷载作用下刚节点 1 处不产生线位移，只产生一个角位移 $Z_1$。刚架中各杆的杆端弯矩值可看成是由两种因素引起的，一种是刚节点处不产生角位移，只由荷载引起的杆端弯矩值，即相当于节点 1 处附加刚臂，以 $M_1^F$ 约束转动时，荷载引起的杆端弯矩值（图9-1b），我们称其为**固定状态**；另一种是刚节点产生 $Z_1$ 角位移所引起的杆端弯矩值，

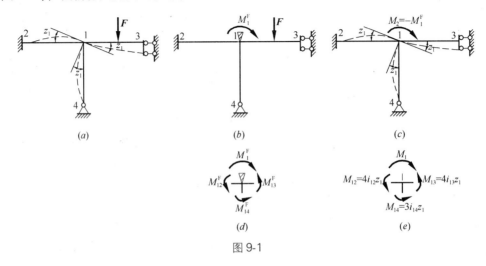

图 9-1

即相当于在节点 1 处施加一力矩 $M_1 = -M_1^F$，使节点 1 转动 $Z_1$ 角时的杆端弯矩值（图 9-1c），我们称其为**放松状态**。于是我们可以分别对固定状态和放松状态进行计算，再把算得的各杆杆端弯矩值对应叠加，即得到原刚架各杆的杆端弯矩值。

### 9.1.2 单节点力矩分配法计算

在力矩分配法计算中，杆端弯矩及角位移的正、负号规定与位移法相同。

1. 固端弯矩

我们先对固定状态（图 9-1b）进行计算。在此状态中刚节点不产生角位移，故此情况下荷载引起的杆端弯矩称为**固端弯矩**，以 $M_{ij}^F$ 表示。刚架的固端弯矩值同位移法计算一样，可根据荷载情况及杆两端约束情况从表 8-1 中查出，然后利用节点 1 的力矩平衡条件（图 9-1d）可以求得 1 点约束力矩 $M_1^F$。即

$$M_1^F = M_{12}^F + M_{13}^F + M_{14}^F$$

写成一般式为

$$M_i^F = \Sigma M_{ij}^F \tag{9-1}$$

上式表明，约束力矩 $M_i^F$ 等于汇交于该节点的各杆固端弯矩的代数和，以顺时针转向为正。汇交于节点的各杆的固端弯矩不能平衡，其离平衡所差的力矩值正好等于约束力矩 $M_i^F$，故 $M_i^F$ 也称为**不平衡力矩**。

2. 力矩分配系数和分配弯矩

现在对放松状态（图 9-1c）进行计算。此状态中，在节点 1 的力矩 $M_1$ 的作用下，各杆 1 端都产生了 $Z_1$ 角位移，由表 8-1，各杆 1 端的杆端弯矩为

$$\left. \begin{aligned} M_{12} &= 4i_{12}Z_1 = S_{12}Z_1 \\ M_{13} &= i_{13}Z_1 = S_{13}Z_1 \\ M_{14} &= 3i_{14}Z_1 = S_{14}Z_1 \end{aligned} \right\} \tag{a}$$

式中 $S_{1j}$（$j=2$，3，4）——杆件在 1 端的**转动刚度**。转动刚度 $S_{AB}$ 的物理意义是指杆件 $AB$ 在 $A$ 端产生单位角位移时，在 $A$ 端所需施加的力矩值。其中转动端（$A$ 端）又称为**近端**，不转动端（$B$ 端）又称为**远端**。图 9-2 中给出了等截面的直杆远端为不同约束时的转动刚度。

由节点 1 的平衡条件（图 9-1e），有

$$M_{12} + M_{13} + M_{14} = M_1$$

或

$$S_{12}Z_1 + S_{13}Z_1 + S_{14}Z_1 = M_1$$

故

$$Z_1 = \frac{M_1}{\sum_{(1)} S_{ij}}$$

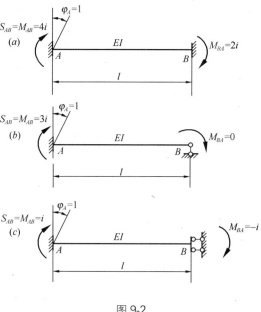

图 9-2

式中 $\sum\limits_{(1)} S_{ij}$ ——汇交于节点 1 的各杆 1 端转动刚度之和。

将 $Z_1$ 代入式 $(a)$, 得

$$\left.\begin{aligned} M_{12} &= \frac{S_{12}}{\sum\limits_{(1)} S_{ij}} M_1 = \frac{S_{12}}{\sum\limits_{(1)} S_{ij}} (-M_1^F) \\ M_{13} &= \frac{S_{13}}{\sum\limits_{(1)} S_{ij}} M_1 = \frac{S_{13}}{\sum\limits_{(1)} S_{ij}} (-M_1^F) \\ M_{14} &= \frac{S_{14}}{\sum\limits_{(1)} S_{ij}} M_1 = \frac{S_{14}}{\sum\limits_{(1)} S_{ij}} (-M_1^F) \end{aligned}\right\} \qquad (b)$$

由此可见，各杆 1 端的弯矩与各杆 1 端转动刚度成正比。式 $(b)$ 可写为

$$M_{ij} = \frac{S_{ij}}{\sum\limits_{(i)} S_{ij}} M_i \qquad (c)$$

令

$$\mu_{ij} = \frac{S_{ij}}{\sum\limits_{(i)} S_{ij}} \qquad (9\text{-}2)$$

则式 $(c)$ 可表示为

$$M_{ij} = \mu_{ij} M_i \qquad (d)$$

式中 $\mu_{ij}$ ——**力矩分配系数**。它等于所考察杆 $i$ 端的转动刚度除以汇交于 $i$ 点的各杆转动刚度之总和。显然，同一节点各杆力矩分配系数之和应等于 1，即

$$\sum \mu_{ij} = 1$$

为了区别由其他运算得到的杆端弯矩值，把由式 $(d)$ 算得的杆端弯矩以 $M_{ij}^{\mu}$ 表示，称为**分配弯矩**。即

$$M_{ij}^{\mu} = \mu_{ij} M_i \qquad (9\text{-}3)$$

利用式（9-3）计算各杆近端分配弯矩的过程称为**力矩分配**。

3. 传递系数和传递弯矩

等直杆 $ij$，当 $i$ 端转动时，杆 $ij$ 变形，从而使远端 $j$ 也产生一定弯矩。在放松状态中，通过力矩分配运算，各杆的近端弯矩已经得出，现在考虑远端弯矩的计算。杆的远端弯矩与近端弯矩的比值，称为由近端向远端传递弯矩的**传递系数**。即

$$C_{ij} = \frac{M_{ji}}{M_{ij}}$$

当远端取不同约束时，由图 9-2 可知其传递系数为

远端固定 $\qquad C_{ij} = \dfrac{1}{2}$

远端铰支 $\qquad C_{ij} = 0$

远端定向支承 $\qquad C_{ij} = -1$

利用传递系数的概念，各杆的远端弯矩为

$$M_{ji} = C_{ij} M_{ij}^{\mu} \qquad (e)$$

为了区别由其他运算得到的杆端弯矩值，把由式（$e$）算得的杆端弯矩以 $M_{ji}^{C}$ 表示，称为**传递弯矩**。即

$$M_{ji}^{C} = C_{ij} M_{ij}^{\mu} \qquad (9\text{-}4)$$

利用式（16-4）计算各杆远端传递弯矩的过程称为**力矩传递**。

综合以上运算过程，把固定状态下各杆固端弯矩与放松状态中对应各杆的分配弯矩值及传递弯矩值相叠加，就得到各杆的杆端最后弯矩值。据此可绘出弯矩图。这种计算方法称为**力矩分配法**。

单节点力矩分配法的计算要点可归纳如下：

(1) 由式（9-2）计算节点处各杆的力矩分配系数 $\mu_{ij}$（可由 $\Sigma \mu_{ij} = 1$ 验算）。

(2) 固定节点。查表 8-1 算得各杆固端弯矩 $M_{ij}^{F}$，计算不平衡力矩 $M_i^{F} = \Sigma M_{ij}^{F}$。

(3) 放松节点。相当于在节点处施加一转动力矩 $M_i = -M_i^{F}$。由式（9-3）计算分配弯矩 $M_{ij}^{\mu}$，由式（9-4）计算传递弯矩 $M_{ji}^{C}$。

(4) 叠加计算各杆端最后弯矩。将各杆固端弯矩与对应的分配弯矩或传递弯矩叠加，便得到各杆端最后弯矩，即 $M_{ij} = M_{ij}^{F} + M_{ij}^{\mu} + M_{ij}^{C}$。

【**例 9-1**】 试用力矩分配法计算两跨连续梁（图 9-3$a$），并绘制弯矩图。

【**解**】

(1) 计算力矩分配系数。

$$S_{BA} = 4i_{AB} = \frac{4 \times EI}{4} = EI$$

$$S_{BC} = 3i_{BC} = \frac{3 \times 2EI}{4} = 1.5EI$$

$$\mu_{BA} = \frac{S_{BA}}{S_{BA} + S_{BC}} = 0.4$$

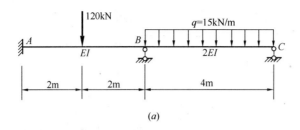

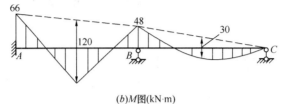

图 9-3

$$\mu_{BC} = \frac{S_{BC}}{S_{BA} + S_{BC}} = 0.6$$

(2) 计算固端弯矩和不平衡力矩。

$$M_{AB}^F = -\frac{120\text{kN} \times 4\text{m}}{8} = -60\text{kN} \cdot \text{m}$$

$$M_{BA}^F = \frac{120\text{kN} \times 4\text{m}}{8} = 60\text{kN} \cdot \text{m}$$

$$M_{BC}^F = -\frac{15\text{kN/m} \times (4\text{m})^2}{8} = -30\text{kN} \cdot \text{m}$$

$$M_B^F = M_{BA}^F + M_{BC}^F = 30\text{kN} \cdot \text{m}$$

(3) 计算分配弯矩。

$$M_{BA}^\mu = \mu_{BA}(-M_B^F) = 0.4 \times (-30\text{kN} \cdot \text{m}) = -12\text{kN} \cdot \text{m}$$

$$M_{BC}^\mu = \mu_{BC}(-M_B^F) = 0.6 \times (-30\text{kN} \cdot \text{m}) = -18\text{kN} \cdot \text{m}$$

(4) 计算传递弯矩。

$$M_{AB}^C = C_{AB} M_{BA}^\mu = \frac{1}{2} \times (-12\text{kN} \cdot \text{m}) = -6\text{kN} \cdot \text{m}$$

$$M_{CB}^C = C_{BC} M_{BC}^\mu = 0$$

(5) 计算杆端最后弯矩，绘 M 图。

$$M_{AB} = M_{AB}^F + M_{AB}^C = -60\text{kN} \cdot \text{m} - 6\text{kN} \cdot \text{m} = -66\text{kN} \cdot \text{m}$$

$$M_{BA} = M_{BA}^F + M_{BA}^C = 60\text{kN} \cdot \text{m} - 12\text{kN} \cdot \text{m} = 48\text{kN} \cdot \text{m}$$

$$M_{BC} = M_{BC}^F + M_{BC}^C = -30\text{kN} \cdot \text{m} - 18\text{kN} \cdot \text{m} = -48\text{kN} \cdot \text{m}$$

$$M_{CB} = 0$$

以上计算过程也可列表进行（见表 9-1）。表中节点 $B$ 分配弯矩下画一横线表示节点 $B$ 力矩分配完毕，节点已达到新的平衡。表中箭头表示将近端分配弯矩，通过传递系数传向远端。

根据杆端最后弯矩值，绘出 $M$ 图（图 9-3$b$）。注意节点 $B$ 应满足平衡条件。即
$$\Sigma M_B = 48 kN \cdot m - 48 kN \cdot m = 0$$

算表（力矩单位：kN·m）　　　　　　　　　　表 9-1

| 杆　端 | AB | BA | BC | CB |
|---|---|---|---|---|
| 力矩分配系数 |  | 0.4 | 0.6 |  |
| 固端弯矩 | −60 | 60 | −30 | 0 |
| 力矩分配与力矩传递 | −6 ← | −12 | −18 → | 0 |
| 最后弯矩 | −66 | 48 | −48 | 0 |

【例 9-2】 试用力矩分配法计算刚架（图 9-4$a$），并绘制弯矩图。已知各杆刚度 $EI$ 为常数。

【解】

(1) 计算力矩分配系数。令
$$\frac{EI}{4} = 1$$
则有
$$S_{BA} = 3 \times 1 = 3, \ S_{BC} = 4 \times 1 = 4, \ S_{BD} = 0$$
$$\mu_{BA} = \frac{3}{3+4} = 0.429, \ \mu_{BC} = \frac{4}{3+4} = 0.571, \ \mu_{BD} = 0$$

(2) 计算固端弯矩和不平衡力矩。
$$M_{BA}^F = \frac{1}{8} \times 20 kN/m \times (4m)^2 = 40 kN \cdot m$$
$$M_{BD}^F = -50 kN \times 2m = -100 kN \cdot m$$
$$M_{BC}^F = 0$$
$$M_B^F = M_{BD}^F + M_{BA}^F = -100 kN \cdot m + 40 kN \cdot m = -60 kN \cdot m$$

(3) 力矩分配与力矩传递计算列表进行（见表 9-2）。

算表（力矩单位：kN·m）　　　　　　　　　　表 9-2

| 节　点 | A | B | | | C | D |
|---|---|---|---|---|---|---|
| 杆端 | AB | BA | BC | BD | CB | DB |
| 力矩分配系数 |  | 0.429 | 0.571 | 0 |  |  |
| 固端弯矩 |  | 40 | 0 | −100 |  |  |
| 力矩分配与力矩传递 |  | 25.74 | 34.26 | 0 | 17.13 |  |
| 最后弯矩 | 0 | 65.74 | 34.26 | −100 | 17.13 | 0 |

(4) 根据杆端最后弯矩绘出 $M$ 图（图 9-4$b$）。

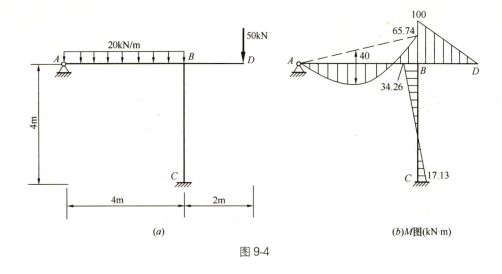

图 9-4

## 9.2 多节点的力矩分配法

上节已经介绍了力矩分配法的基本原理。对于只有一个刚节点的连续梁和无侧移的刚架,用力矩分配法只需一次分配和传递就可以求出各杆端弯矩,并且得到的是精确解答。对于具有多个刚节点的连续梁和无侧移的刚架,用力矩分配法计算时,只要对各刚节点应用上节的基本运算依次轮流分配和传递,经过几轮循环计算后,就可求出各杆端弯矩。

现以一个三跨连续梁为例,说明逐步渐近的过程。连续梁在中间跨受集中荷载作用,其变形曲线的实际情况如图 9-5 (a) 的虚线所示。为计算梁的弯矩,可按以下步骤进行。

第一步,在节点 $B$、$C$ 处附加刚臂约束转动。然后再加荷载 $F$,节点 $B$、$C$ 的不平衡力矩分别为 $M_B^F$、$M_C^F$。此时,仅在荷载作用跨有变形如图 9-5 (b) 所示。

第二步,松开 $B$ 点的约束刚臂($C$ 点约束刚臂仍夹紧),$B$ 点产生一个角位移,如图 9-5 (c) 所示。同时消除了 $B$ 点的不平衡力矩 $M_B^F$,即将 $M_B^F$ 反号进行力矩分配、传递。这时 $C$ 节点上的不平衡力矩又新增加了 $M_C^{F'}$,它等于 $B$ 点力矩分配时传递来的传递力矩 $M_{CB}^C$。

第三步,重新约束 $B$ 点,然后松开 $C$ 点的约束刚臂,$C$ 点产生一个角位移,如图 9-5 (d) 所示。同时将 $C$ 点的不平衡力矩 $M_C^F + M_C^{F'}$ 反号进行力矩分配、传递。这时 $B$ 节点又重新产生了一个不平衡力矩 $M_B^{F'}$,它等于 $C$ 点放松时传递过来的传递力

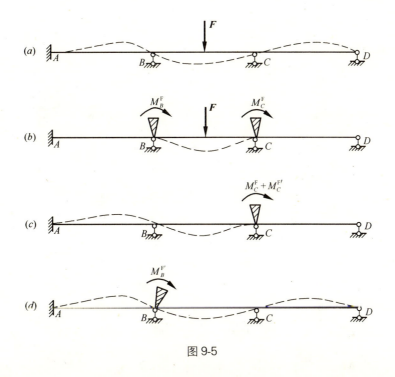

图 9-5

矩 $M_{BC}^C$。

至此，完成了第一轮计算。连续梁变形曲线和杆端弯矩已比较接近实际情况，为了进一步消除约束力矩，可重复第二步和第三步，进行第二轮计算。以此类推，经过几轮计算后，直到各点不平衡力矩很小时，就可停止力矩分配、传递。

第四步，把以上计算过程中各杆杆端的固端弯矩 $M_{ij}^F$、分配弯矩 $M_{ij}^\mu$、传递弯矩 $M_{ij}^C$ 对应叠加，就得到该杆端弯矩的最后值。

由上可见，对于具有多个刚节点的连续梁和无侧移的刚架，用力矩分配法得到的结果是渐近解，因而该法属于渐近法。为了使计算的收敛速度较快，通常可从不平衡力矩较大的刚节点开始计算。

【例 9-3】 试用力矩分配法计算连续梁（图 9-6a），并绘制弯矩图。已知各杆刚度 $EI$ 为常数。

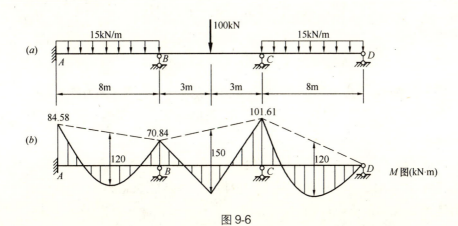

图 9-6

【解】

(1) 计算力矩分配系数。令
$$EI=1$$
则有
$$S_{BA}=4i_{BA}=4\times\frac{1}{8}=\frac{1}{2},\ S_{BC}=4i_{BC}=4\times\frac{1}{6}=\frac{2}{3}$$
$$S_{CB}=4i_{BC}=4\times\frac{1}{6}=\frac{2}{3},\ S_{CD}=3i_{CD}=3\times\frac{1}{8}=\frac{3}{8}$$
$$\mu_{BA}=\frac{\frac{1}{2}}{\frac{1}{2}+\frac{2}{3}}=0.429,\ \mu_{BC}=\frac{\frac{2}{3}}{\frac{1}{2}+\frac{2}{3}}=0.571$$
$$\mu_{CB}=\frac{\frac{2}{3}}{\frac{2}{3}+\frac{3}{8}}=0.64,\ \mu_{CD}=\frac{\frac{3}{8}}{\frac{2}{3}+\frac{3}{8}}=0.36$$

(2) 计算固端弯矩。
$$M_{AB}^{F}=-\frac{ql^2}{12}=-\frac{15\text{kN/m}\times(8\text{m})^2}{12}=-80\text{kN}\cdot\text{m}$$
$$M_{BA}^{F}=\frac{ql^2}{12}=80\text{kN}\cdot\text{m}$$
$$M_{BC}^{F}=-\frac{Fl}{8}=-\frac{100\text{kN}\times 6\text{m}}{8}=-75\text{kN}\cdot\text{m}$$
$$M_{CB}^{F}=\frac{Fl}{8}=75\text{kN}\cdot\text{m}$$
$$M_{CD}^{F}=-\frac{ql^2}{8}=-\frac{15\text{kN/m}\times(8\text{m})^2}{8}=-120\text{kN}\cdot\text{m}$$

(3) 放松节点 $C$，固定节点 $B$（因 $C$ 节点的不平衡力矩较大），进行力矩分配和传递。不平衡力矩为
$$M_C^F=M_{CB}^F+M_{CD}^F=75\text{kN}\cdot\text{m}-120\text{kN}\cdot\text{m}=-45\text{kN}\cdot\text{m}$$
分配弯矩为
$$M_{CB}^{\mu}=0.64\times 45\text{kN}\cdot\text{m}=28.8\text{kN}\cdot\text{m}$$
$$M_{CD}^{\mu}=0.36\times 45\text{kN}\cdot\text{m}=16.2\text{kN}\cdot\text{m}$$
传递弯矩为
$$M_{BC}^{C}=\frac{1}{2}\times 28.8\text{kN}\cdot\text{m}=14.4\text{kN}\cdot\text{m}$$

(4) 固定节点 $C$，放松节点 $B$，进行力矩分配和传递。不平衡力矩为
$$M_B^F+M_B^{F'}=M_{BA}^F+M_{BC}^F+M_{BC}^C=80\text{kN}\cdot\text{m}-75\text{kN}\cdot\text{m}+14.4\text{kN}\cdot\text{m}=19.4\text{kN}\cdot\text{m}$$
分配弯矩为
$$M_{BA}^{\mu}=0.429\times(-19.4\text{kN}\cdot\text{m})=-8.32\text{kN}\cdot\text{m}$$
$$M_{BC}^{\mu}=0.571\times(-19.4\text{kN}\cdot\text{m})=-11.08\text{kN}\cdot\text{m}$$
传递力矩为

$$M_{AB}^C = \frac{1}{2} \times (-8.32 \text{kN} \cdot \text{m}) = -4.16 \text{kN} \cdot \text{m}$$

$$M_{CB}^C = \frac{1}{2} \times (-11.08 \text{kN} \cdot \text{m}) = -5.54 \text{kN} \cdot \text{m}$$

至此进行了第一轮计算。第二轮计算,重新固定 $B$ 点,放松 $C$ 点,把第一轮计算中 $B$ 点传来的新的不平衡力矩 $M_C^F = M_{CB}^C = -5.54 \text{kN} \cdot \text{m}$ 反号分配、传递,依次进行下去,直至达到精度为止。演算过程及格式见例 9-3 算表。

(5) 将固端弯矩 $M_{ij}^F$ 与各轮计算中的分配弯矩 $M_{ij}^\mu$、传递弯矩 $M_{ij}^C$ 叠加得杆端最后弯矩 $M_{ij}$。计算过程见表 9-3。

(6) 由各杆端最后弯矩绘出 $M$ 图,如图 9-6(b) 所示。

算表(力矩单位:kN·m)　　　　　　　　表 9-3

| 杆端 | AB | BA | BC | CB | CD | DC |
|---|---|---|---|---|---|---|
| 力矩分配系数 |  | 0.429 | 0.571 | 0.64 | 0.36 |  |
| 固端弯矩 | −80 | 80 | −75 | 75 | −120 | 0 |
| 第一轮力矩 |  |  | 14.4 ← | 28.8 | 16.2 → | 0 |
| 分配、传递 | −4.16 ← | −8.32 | −11.08 → | −5.54 |  |  |
| 第二轮力矩 |  |  | 1.78 ← | 3.55 | 1.99 → | 0 |
| 分配、传递 | −0.38 ← | −0.76 | −1.02 → | −0.51 |  |  |
| 第三轮力矩 |  |  | 0.17 ← | 0.33 | 0.18 → | 0 |
| 分配、传递 | −0.04 ← | −0.07 | −0.10 → | −0.05 |  |  |
| 第四轮力矩 |  |  | 0.02 ← | 0.03 | 0.02 → | 0 |
| 分配、传递 |  | −0.01 | −0.01 |  |  |  |
| 最后弯矩 | −84.58 | 70.84 | −70.84 | 101.61 | −101.61 | 0 |

【例 9-4】 试用力矩分配法计算连续梁(图 9-7a),并绘制弯矩图。已知各杆刚度 $EI$ 为常数。

【解】

连续梁具有伸臂部分 $EF$,$EF$ 为静定部分,其内力可由平衡条件求得。为了计算简便,可将该部分对梁的作用等效替换到 $E$ 点,如图 16-7(b) 所示,以此代替原结构进行计算。

(1) 计算力矩分配系数。令

$$\frac{EI}{4} = 1$$

则有

$$\mu_{BA} = \frac{3 \times 1}{3 \times 1 + 4 \times 1} = \frac{3}{7}, \mu_{BC} = \frac{4 \times 1}{3 \times 1 + 4 \times 1} = \frac{4}{7}$$

$$\mu_{CB} = \mu_{CD} = \frac{4 \times 1}{4 \times 1 + 4 \times 1} = \frac{1}{2}$$

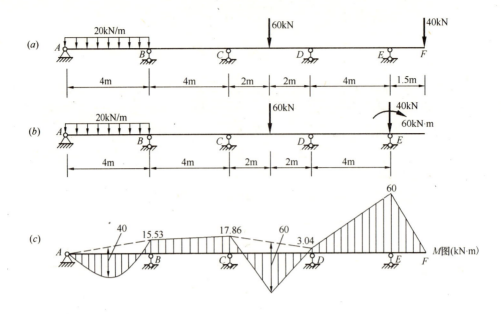

图 9-7

$$\mu_{DC} = \frac{4 \times 1}{4 \times 1 + 3 \times 1} = \frac{4}{7}, \mu_{DE} = \frac{3 \times 1}{4 \times 1 + 3 \times 1} = \frac{3}{7}$$

(2) 计算固端弯矩。

$$M_{BA}^F = \frac{ql^2}{8} = \frac{1}{8} \times 20\text{kN/m} \times (4\text{m})^2 = 40\text{kN} \cdot \text{m}$$

$$M_{CD}^F = -\frac{Fl}{8} = -\frac{1}{8} \times 60\text{kN} \times 4\text{m} = -30\text{kN} \cdot \text{m}$$

$$M_{DC}^F = \frac{Fl}{8} = \frac{1}{8} \times 60\text{kN} \times 4\text{m} = 30\text{kN} \cdot \text{m}$$

$$M_{DE}^F = \frac{M_e}{2} = \frac{1}{2} \times 60\text{kN} \cdot \text{m} = 30\text{kN} \cdot \text{m}$$

$$M_{ED}^F = M_e = 60\text{kN} \cdot \text{m}$$

(3) 力矩分配和传递。为了使计算的收敛速度快一些，当节点数多于两个时，放松过程可分两组进行。第一组为节点 $B$ 和节点 $D$ 同时放松，节点 $C$ 固定。第二组为节点 $C$ 放松，同时固定 $B$、$D$ 两点。计算过程见表 9-4。

(4) 由杆端最后弯矩绘出 $M$ 图，如图 9-7（$c$）所示。

【例 9-5】 试用力矩分配法计算两层单跨刚架（图 9-8$a$），并绘制弯矩图。

【解】

利用对称性，取图 9-8（$b$）所示半刚架进行计算。

(1) 计算力矩分配系数。

算表（力矩单位：kN·m）  表 9-4

| 杆端 | AB | BA | BC | CB | CD | DC | DE | ED |
|---|---|---|---|---|---|---|---|---|
| 力矩分配系数 |  | 3/7 | 4/7 | 1/2 | 1/2 | 4/7 | 3/7 |  |
| 固端弯矩 |  | 40 | 0 | 0 | −30 | 30 | 30 | 60 |
| 力矩分配 |  | −17.14 | −22.86 → | −11.43 | −17.15 ← | −34.29 | −25.71 |  |
| 与 |  | | 14.65 ← | 29.29 | 29.29 → | 14.65 | | |
|  |  | −6.28 | −8.37 → | −4.19 | −4.19 ← | −8.37 | −6.28 |  |
|  |  | | 2.09 ← | 4.19 | 4.19 → | 2.09 | | |
|  |  | −0.90 | −1.19 → | −0.60 | −0.60 ← | −1.19 | −0.90 |  |
|  |  | | 0.30 ← | 0.60 | 0.60 → | 0.30 | | |
| 力矩传递 |  | −0.13 | −0.17 → | −0.09 | −0.09 ← | −0.17 | −0.13 |  |
|  |  | | 0.05 ← | 0.09 | 0.09 → | 0.05 | | |
|  |  | −0.02 | −0.03 | | | −0.03 | −0.02 | |
| 最后弯矩 |  | 15.53 | −15.53 | 17.86 | −17.86 | 3.04 | −3.04 | 60 |

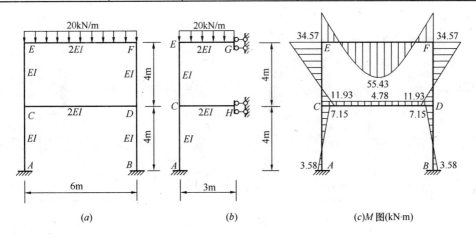

图 9-8

$$S_{EG} = i_{EG} = \frac{2EI}{3}, \quad S_{EC} = 4i_{EC} = \frac{4EI}{4} = EI$$

$$S_{CE} = 4i_{EC} = \frac{4EI}{4} = EI, \quad S_{CH} = i_{CH} = \frac{2EI}{3}$$

$$S_{CA} = 4i_{CA} = \frac{4EI}{4} = EI$$

$$\mu_{EG} = \frac{\frac{2}{3}EI}{\frac{2}{3}EI + EI} = 0.4, \quad \mu_{EC} = \frac{EI}{\frac{2}{3}EI + EI} = 0.6$$

$$\mu_{CE} = \frac{EI}{EI + \frac{2}{3}EI + EI} = 0.375, \quad \mu_{CH} = \frac{\frac{2}{3}EI}{EI + \frac{2}{3}EI + EI} = 0.25$$

$$\mu_{CA} = \frac{EI}{EI + \frac{2}{3}EI + EI} = 0.375$$

(2) 计算固端弯矩。

$$M_{EG}^F = -\frac{1}{3}ql^2 = -\frac{1}{3} \times 20\text{kN/m} \times (3\text{m})^2 = -60\text{kN} \cdot \text{m}$$

$$M_{GE}^F = -\frac{1}{6}ql^2 = -\frac{1}{6} \times 20\text{kN/m} \times (3\text{m})^2 = -30\text{kN} \cdot \text{m}$$

(3) 力矩分配和传递过程见表 9-5。
(4) 由杆端最后弯矩及对称性绘出 $M$ 图，如图 9-8 ($c$) 所示。

算表（力矩单位：kN·m）　　　　表 9-5

| 节点 | G | E | | C | | | A | H |
|---|---|---|---|---|---|---|---|---|
| 杆端 | GE | EG | EC | CE | CH | CA | AC | HC |
| 力矩分配系数 | | 0.4 | 0.6 | 0.375 | 0.25 | 0.375 | | |
| 固端弯矩 | −30 | −60 | | | | | | |
| 力矩分配<br>与<br>力矩传递 | −24 | 24 | 36 | 18 | | | | |
| | | | −3.38 | −6.75 | −4.50 | −6.75 | −3.38 | 4.5 |
| | −1.35 | 1.35 | 2.03 | 1.02 | | | | |
| | | | −0.19 | −0.38 | −0.26 | −0.38 | −0.19 | 0.26 |
| | −0.08 | 0.08 | 0.11 | 0.06 | | | | |
| | | | | 0.02 | −0.22 | −0.22 | −0.01 | 0.02 |
| 最后弯矩 | −55.43 | −34.57 | 34.57 | 11.93 | −4.78 | −7.15 | −3.58 | 4.78 |

## 9.3 多层多跨刚架的近似计算

多层多跨刚架是建筑工程中广泛使用的结构，用精确法计算的工作量很大，如不借助于计算机，往往非常困难。在一定条件下，近似法可以用较小的计算工作量，取得较为粗略的解答，用于初步设计和估算具有一定实用价值。下面介绍两种常用近似法。

### 9.3.1 竖向荷载作用下的近似计算法——分层法

分层法适用于计算多层多跨承受竖向荷载作用的刚架。它采用了如下两个假定：

(1) 忽略侧移影响。虽然有节点线位移的多层多跨刚架，在一般竖向荷载作用下，也会产生侧向位移，但侧移通常很小，可以忽略，而只考虑节点角位移，按无侧移刚架对待，用力矩分配法进行计算。

(2) 忽略每层横梁上的竖向荷载对相邻层的影响。从力矩分配法的计算过程可知，某层梁上的竖向荷载产生的约束力矩，要经过本层节点的力矩分配由柱子近端传递到柱子远端，再由远端节点通过力矩分配，才能影响到相邻层的横梁。即通过了"分配——传递——分配"的计算过程，故对相邻层影响较小，可以忽略。

根据以上两个假定，我们就可把一个多层刚架（图9-9a），分成若干单层敞口刚架（图9-9b）分别计算，然后再把计算结果对应叠加。

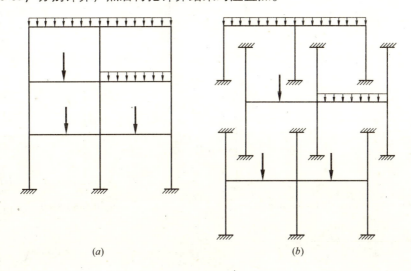

图 9-9

应该注意，在图9-9（b）各分层刚架中，柱的远端都假设为固定端。实际上，除底层外其余各层柱的远端应看成弹性固定端。为了反映这个特点，**可将除底层外的各柱线刚度乘以折减系数 0.9，相应传递系数由 $\frac{1}{2}$ 改为 $\frac{1}{3}$**。

分层计算的结果，在刚节点上弯矩是不平衡的，但一般误差不会很大。如有必要，可对各节点的不平衡弯矩再作一次力矩分配，但不传递。

【例 9-6】 试用分层法计算图9-10（a）所示刚架，并绘制弯矩图。

【解】

(1) 将图9-10（a）所示刚架分为上、下两个刚架（图9-10b）。上层柱的线刚度乘以系数0.9。

(2) 忽略侧移，上、下两刚架分别用力矩分配法计算。上层刚架计算时，由对称性可取半刚架（图9-10c）计算。两层刚架计算过程见表9-6。根据杆端最后弯矩，绘出上、下层弯矩图（图9-10d、e）。

(3) 将上、下两层弯矩图对应叠加后即为最后弯矩图（图9-10f）。

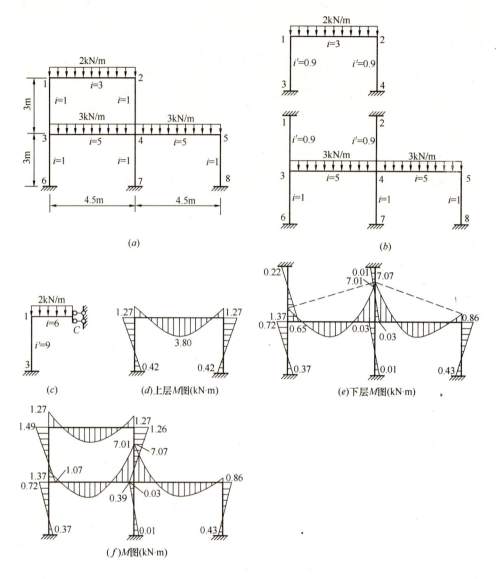

图 9-10

### 9.3.2 水平荷载作用下的近似计算法——反弯点法

前面介绍的分层法,不能应用于承受水平荷载作用的刚架。因为此时不能忽略侧移的影响,而且荷载的影响也不局限于本层。反弯点法是多层多跨刚架在水平节点荷载作用下常用的一种近似计算法。反弯点法的计算假定是把刚架中的横梁简化为刚性梁,即忽略了杆件的角位移。因此,反弯点法对于强梁弱柱的情况最为适用。

图 9-11 ($a$) 所示刚架,当横梁与立柱线刚度之比 $\dfrac{i_b}{i_c}=3$ 时,便是属于强梁弱柱的情况,其弯矩图如图 9-11 ($b$) 所示(见例 8-6)。如果横梁 $i_b=\infty$ 时,其弯矩图如

算表（力矩单位：kN·m） 表 9-6

| | 上 层 | | | |
|---|---|---|---|---|
| 杆 端 | 31 | 13 | 1C | C1 |
| 力矩分配系数 | | 0.375 | 0.625 | |
| 固端弯矩 | 0 | 0 | −3.38 | −1.69 |
| 力矩分配与力矩传递 | 0.42 | 1.27 | 2.11 | −2.11 |
| 最后弯矩 | 0.42 | 1.27 | −1.27 | −3.80 |

| | 下 层 | | | | | | | | | | | | |
|---|---|---|---|---|---|---|---|---|---|---|---|---|---|
| 杆 端 | 63 | 13 | 31 | 36 | 34 | 43 | 42 | 47 | 45 | 54 | 58 | 85 | 24 | 74 |
| 力矩分配系数 | | | 0.130 | 0.145 | 0.725 | 0.420 | 0.076 | 0.084 | 0.420 | 0.833 | 0.167 | | | |
| 固端弯矩 | 0 | 0 | 0 | 0 | −5.06 | 5.06 | | | −5.06 | 5.06 | | | | |
| 力矩分配与力矩传递 | 0.37 | 0.22 | 0.66 | 0.73 | 3.67 | 1.84 | | | −2.11 | −4.21 | −0.85 | −0.43 | | |
| | | | 0.06 | | 0.11 | 0.02 | 0.02 | 0.11 | 0.06 | | | | 0.01 | 0.01 |
| | | | −0.01 | −0.01 | −0.04 | −0.02 | | | −0.03 | −0.05 | −0.01 | | | |
| | | | | | 0.02 | 0.01 | 0.01 | 0.02 | | | | | | |
| 最后弯矩 | 0.37 | 0.22 | 0.65 | 0.72 | −1.37 | 7.01 | 0.03 | 0.03 | −7.07 | 0.86 | −0.86 | −0.43 | 0.01 | 0.01 |

图 9-11 (c) 所示。对以上两个弯矩图进行比较可以看到，对于强梁弱柱的刚架 $\left(即 \frac{i_b}{i_c} \geq 3\right)$，如果把横梁看成完全刚性杆（$i_b = \infty$），则弯矩的相对误差仅在 5% 左右。故当横梁与立柱线刚度比 $\frac{i_b}{i_c} \geq 3$ 时，可把横梁看成完全刚性杆，用反弯点法计算。

1. 反弯点法计算思路

刚架在水平节点荷载作用下，如果横梁为完全刚性杆（$i_b = \infty$），刚架的变形特点是：节点有侧移而无转角；内力特点是：各杆弯矩图均为一条直线的图形，而柱中点的弯矩为零（图 9-11c）。弯矩为零的点称为**反弯点**。利用这些特点，如果求出各柱端剪力，根据反弯点在柱中点，用剪力乘以柱高的一半就可计算出柱端弯矩，再根据节点平衡条件，可求出梁端弯矩，从而绘出刚架的弯矩图。下面介绍在一般情况下，各柱端剪力的计算。

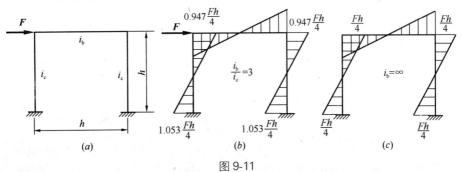

图 9-11

## 2. 各柱端剪力的计算

以横梁为刚性梁,两柱刚度不相等,柱高不同的刚架(图 9-12a)为例。在水平节点荷载作用下,立柱两端产生了相对侧移 $\Delta$,由表 8-1,两柱端的剪力分别为

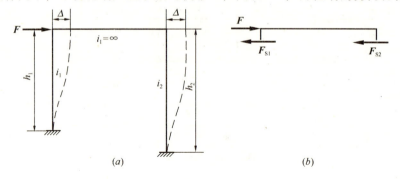

图 9-12

$$F_{S1} = \frac{12i_1}{h_1^2}\Delta \\ F_{S2} = \frac{12i_2}{h_2^2}\Delta \right\} \tag{a}$$

令

$$D_i = \frac{12i_i}{h_i^2} \tag{9-5}$$

式中 $D_i$——柱的**侧移刚度**。其物理意义为柱顶单位侧移所引起的剪力。则有

$$F_{S1} = D_1\Delta \\ F_{S2} = D_2\Delta \right\} \tag{b}$$

取横梁为研究对象(图 9-12b),由平衡条件有

$$F_{S1} + F_{S2} = F \tag{c}$$

由式 (b) 和式 (c) 得

$$\Delta = \frac{F}{\Sigma D_i}$$

代入式 (b),得

$$F_{S1} = \frac{D_1}{\Sigma D_i}F$$

$$F_{S2} = \frac{D_2}{\Sigma D_i}F$$

令

$$r_i = \frac{D_i}{\Sigma D_i} \tag{9-6}$$

则有

$$F_{S1} = r_1 F \\ F_{S2} = r_2 F$$

或

$$F_{Si} = r_i F \tag{9-7}$$

式中 $r_i$——剪力分配系数。它等于 $i$ 柱的侧移刚度除以同层各柱侧移刚度之和。

由式（9-7）可见，荷载 $F$ 按剪力分配系数分配给各柱。

3. 反弯点法计算要点

综合以上分析，反弯点法的计算要点归纳如下：

(1) 刚架在节点水平荷载作用下，当梁、柱线刚度之比 $\dfrac{i_b}{i_c} \geqslant 3$ 时，可假设刚节点不产生转角，只有侧移。

(2) 计算柱端弯矩。由式（9-5）计算各柱侧移刚度，再由式（9-6）计算各柱剪力分配系数，用剪力分配系数乘以该层以上水平荷载的总和即得该柱的柱端剪力，由柱端剪力乘以反弯点至柱顶距离可得柱端弯矩。

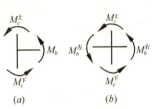

图 9-13

(3) 计算梁端弯矩。由节点的力矩平衡条件 $\Sigma M = 0$ 可知，梁端弯矩必与同一节点上的柱端弯矩平衡。对于边节点只有一个梁端弯矩 $M_b$（图 9-13$a$），显然，它应与上、下柱端弯矩平衡，即 $M_b = -(M_c^{上} + M_c^{下})$。对于中间节点（图 9-13$b$），左、右两个梁端弯矩分别以 $M_b^{左}$、$M_b^{右}$ 表示，它们应与柱端弯矩平衡，即 $M_b^{左} + M_b^{右} = -(M_c^{上} + M_c^{下})$，而各自的大小则应按梁的线刚度 $i$ 来分配。即

$$M_b^{左} = -(M_c^{上} + M_c^{下}) \frac{i_b^{左}}{i_b^{左} + i_b^{右}}$$

$$M_b^{右} = -(M_c^{上} + M_c^{下}) \frac{i_b^{右}}{i_b^{左} + i_b^{右}}$$

**【例 9-7】** 试用反弯点法计算图 9-14（$a$）所示刚架，并绘制弯矩图。图中括号内数字为杆件线刚度的相对值。

**【解】**

(1) 计算各柱剪力分配系数。

$$r_{GD} = r_{IF} = \frac{2}{2 \times 2 + 3} = 0.286, \quad r_{HE} = \frac{3}{2 \times 2 + 3} = 0.428$$

$$r_{DA} = r_{FC} = \frac{3}{3 \times 2 + 4} = 0.3, \quad r_{EB} = \frac{4}{3 \times 2 + 4} = 0.4$$

(2) 计算各柱端剪力。

$$F_{SGD} = F_{SIF} = 0.286 \times 8\text{kN} = 2.29\text{kN}$$

$$F_{SHE} = 0.428 \times 8\text{kN} = 3.42\text{kN}$$

$$F_{SDA} = F_{SFC} = 0.3 \times (17\text{kN} + 8\text{kN}) = 7.5\text{kN}$$

$$F_{SEB} = 0.4 \times (17\text{kN} + 8\text{kN}) = 10\text{kN}$$

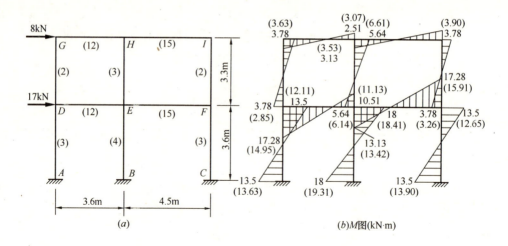

图 9-14

(3) 计算各柱端弯矩。

$$M_{GD} = M_{DG} = M_{IF} = M_{FI} = -F_{SGD} \times \frac{h_1}{2} = -2.29\text{kN} \times \frac{3.3\text{m}}{2} = -3.78\text{kN} \cdot \text{m}$$

$$M_{HE} = M_{EH} = -F_{SHE} \times \frac{h_1}{2} = -3.42\text{kN} \times \frac{3.3\text{m}}{2} = -5.46\text{kN} \cdot \text{m}$$

$$M_{DA} = M_{AD} = M_{FC} = M_{CF} = -F_{SDA} \times \frac{h_2}{2} = -7.5\text{kN} \times \frac{3.6\text{m}}{2} = -13.5\text{kN} \cdot \text{m}$$

$$M_{EB} = M_{BE} = -F_{SEB} \times \frac{h_2}{2} = -10\text{kN} \times \frac{3.6\text{m}}{2} = -18\text{kN} \cdot \text{m}$$

(4) 计算各梁端弯矩。

$$M_{GH} = -M_{GD} = 3.78\text{kN} \cdot \text{m}$$

$$M_{HG} = -M_{HE}\frac{i_{HG}}{i_{HG}+i_{HI}} = 5.64\text{kN} \cdot \text{m} \times \frac{12}{12+15} = 2.51\text{kN} \cdot \text{m}$$

$$M_{HI} = -M_{HE}\frac{i_{HI}}{i_{HG}+i_{HI}} = 5.64\text{kN} \cdot \text{m} \times \frac{15}{12+15} = 3.13\text{kN} \cdot \text{m}$$

$$M_{IH} = -M_{IF} = 3.78\text{kN} \cdot \text{m}$$

$$M_{DE} = -(M_{DG}+M_{DA}) = 3.78\text{kN} \cdot \text{m} + 13.5\text{kN} \cdot \text{m} = 17.28\text{kN} \cdot \text{m}$$

$$M_{ED} = -(M_{EH}+M_{EB})\frac{i_{ED}}{i_{ED}+i_{EF}} = (5.64\text{kN} \cdot \text{m} + 18\text{kN} \cdot \text{m}) \times \frac{12}{12+5}$$

$$= 10.5\text{kN} \cdot \text{m}$$

$$M_{EF} = -(M_{EH}+M_{EB})\frac{i_{EF}}{i_{ED}+i_{EF}} = (5.64\text{kN} \cdot \text{m} + 18\text{kN} \cdot \text{m}) \times \frac{12}{12+5}$$

$$= 13.13 \text{kN} \cdot \text{m}$$

$$M_{FE} = -(M_{FI} + M_{FC}) = 3.78 \text{kN} \cdot \text{m} + 13.5 \text{kN} \cdot \text{m} = 17.28 \text{kN} \cdot \text{m}$$

(5) 绘出弯矩图。根据各杆端弯矩绘出弯矩图,如图9-14 (b) 所示。图中括号内数值为精确法计算出的杆端弯矩。

## 单元小结

1. 了解转动刚度、分配弯矩和传递弯矩等概念,掌握力矩分配法的基本原理。

力矩分配法是建立在位移法基础上的一种渐近解法,它的特点是不需建立和解算联立方程、求出节点位移,而是直接分析结构的受力情况,分别对固定状态和放松状态进行计算,通过代数运算直接得到杆端弯矩值。它适用于连续梁和无侧移刚架的内力计算。

2. 熟练掌握用力矩分配法求解连续梁和无侧移刚架的内力。

力矩分配法的计算步骤如下:

1) 计算力矩分配系数。
2) 计算固端弯矩。
3) 进行力矩分配和传递。
4) 叠加计算各杆端最后弯矩。

上述计算过程常列表进行。

3. 能用分层法和反弯点法求多层多跨刚架的内力。

(1) 分层法适用于计算多层多跨承受竖向荷载作用的刚架。分层法忽略侧移影响,忽略每层横梁上的竖向荷载对相邻层的影响,把一个多层刚架分成若干单层敞口刚架,用力矩分配法分别计算,然后再把计算结果对应叠加。

应该注意,除底层外的各柱线刚度乘以折减系数 0.9,相应传递系数由 $\frac{1}{2}$ 改为 $\frac{1}{3}$。

(2) 反弯点法适用于在水平节点荷载作用下的多层多跨刚架。反弯点法假定刚架中的横梁为刚性梁,因而柱中点处的弯矩为零。反弯点法的计算步骤如下:

1) 计算各柱剪力分配系数。
2) 计算各柱端剪力。
3) 计算各柱端弯矩。
4) 计算各梁端弯矩。

## 思考题

9-1 什么是固端弯矩？什么是不平衡力矩？

9-2 转动刚度的物理意义是什么？它与力矩分配系数有什么关系？

9-3 什么是分配弯矩？什么是传递弯矩？

9-4 为什么用力矩分配法计算单个刚节点的连续梁和无侧移刚架得到的解答是精确的？而用力矩分配法计算多个刚节点的连续梁和无侧移刚架得到的解答是渐近的？

9-5 在多节点的力矩分配法中，如何使计算的收敛速度较快？

9-6 在多节点的力矩分配法中，能否同时放松两个相邻节点？为什么？

9-7 为什么力矩分配法不能直接应用于有节点线位移的刚架？

9-8 侧移刚度的物理意义是什么？剪力分配系数与力矩分配系数有什么异同？

## 习题

9-1 试用力矩分配法计算图示连续梁，并绘制弯矩图。

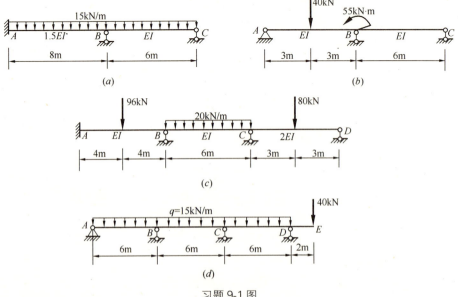

习题 9-1 图

9-2 试用力矩分配法计算图示刚架，并绘制弯矩图。

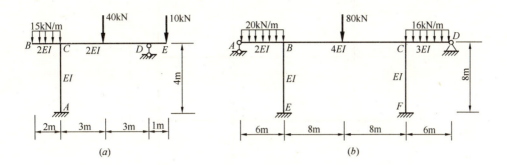

习题 9-2 图

9-3 试用力矩分配法并利用对称性计算图示刚架，并绘制弯矩图。

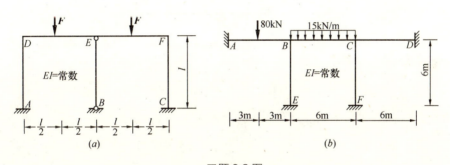

习题 9-3 图

9-4 试用分层法计算图示刚架，并绘制弯矩图。

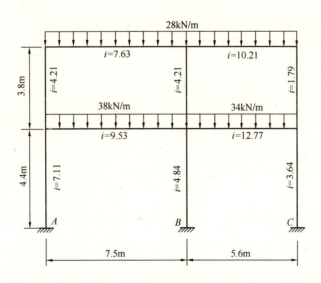

习题 9-4 图

9-5 试用反弯点法计算图示刚架，并绘制弯矩图。

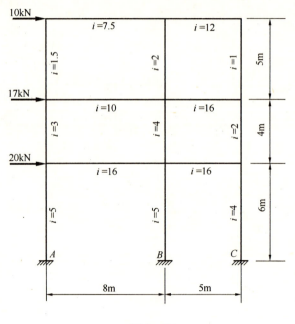

习题 9-5 图

# 单元 10　用 PKPM 软件计算平面杆件结构

大型复杂结构的计算必须依靠计算机才能完成。本单元简要介绍国内建筑行业普遍使用的 PKPM 软件的功能，通过算例详细介绍 PKPM 软件在计算连续梁、刚架以及排架方面的应用。

## 10.1　PKPM 系列软件简介

PKPM 系列软件是目前国内建筑工程界应用最广、用户最多的一套计算机辅助设计系统。PKPM 系列软件包含了结构、特种结构、建筑、设备、概预算、钢结构和节能七个专业模块。其操作界面、菜单和命令输入都与 Autocad 相似，数据采用交互式输入，使用起来非常方便，并且能实现向 Autocad 的输出。如图 10-1 所示。

应用 PKPM 进行结构设计所涉及的程序模块主要有："结构"、"钢结构"及

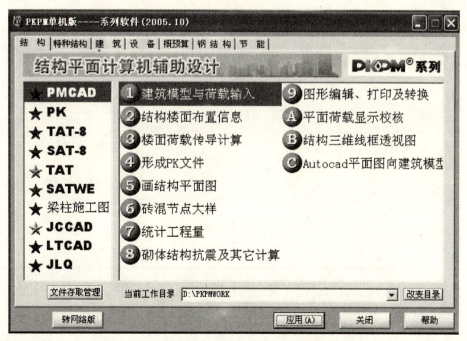

图 10-1　PKPM 主要专业模块

"特种结构"，这里仅涉及介绍"结构"程序模块，其中包括的菜单及主要功能见表10-1。

PKPM系列软件的功能非常强大，我们用来计算结构力学中的连续梁和框架结构只要用到其中的PK软件中的一个小模块即可。因此，本节仅介绍PK的特点和主要功能，下一节通过对PK部分内容的介绍和实例应用，使读者能了解PK软件在结构力学计算中的基本使用方法。

PK是钢筋混凝土排架及连续梁结构计算与施工图绘制软件，其主要特点及功能如下：

PK模块可以接PKCAD建立的结构模型进行分析计算，也可以方便地使用其自身的交互建模功能单独建立结构模型并进行分析计算，是进行框排架结构设计较常用的设计程序。

PK模块本身包含二维杆系结构的人机交互输入和计算，也可以接PMCAD数据形成PK文件，生成平面图上任意一榀的数据文件和任意一层上单跨或连续次梁的数据文件，以供PK计算等。并且在文件后部还有绘图所需的若干绘图参数。

PKPM各模块系列软件名称及功能　　　　表10-1

| 专业模块 | 包含软件 | 功　能 | 模块类别 |
| --- | --- | --- | --- |
| 结构 | PMCAD | 结构平面计算机辅助设计 | 前处理，后处理 |
| | PK | 钢筋混凝土框架及连续梁结构计算与施工图绘制 | 前处理，分析计算，后处理 |
| | TAT-8 | 8层以下建筑结构三维分析与设计软件 | 分析计算 |
| | SAT-8 | 8层以下建筑结构空间有限元分析设计软件 | 分析计算 |
| | TAT | 高层建筑结构三维分析与设计软件 | 分析计算 |
| | SATWE | 高层建筑结构空间有限元分析设计软件 | 分析计算 |
| | 梁柱施工图 | 梁柱施工图设计 | 后处理 |
| | JCCAD | 基础工程计算机辅助设计 | 前处理，分析计算，后处理 |
| | LTCAD | 楼梯计算机辅助设计 | 前处理，分析计算，后处理 |
| | JLQ | 剪力墙计算机辅助设计 | 后处理 |

【提示】 PKPM系列软件的不同版本，操作界面有所不同，本节采用的是PKPM单机版（2005.10）。

PK采用二维内力计算模型，可以进行各种规则的和不规则的平面框架、连续梁、排架、框排架结构的内力分析、抗震验算及裂缝宽度计算等。它还可以处理梁柱正交或斜交、梁错层、铰接梁柱等各种结构连接方式以及任意布置悬挑梁和牛腿，进行各种荷载效应组合和结构施工图的绘制。但 PK 的功能不仅限于 PK 菜单本身显示的内容，它还可以在 SATWE、TAT 等三维分析程序计算完成之后，接力绘制梁柱平面施工图、梁柱整体或梁柱分开表示的框架结构施工图。同时，PK 程序也是预应力结构和钢结构二维分析设计的内力计算内核。

## 10.2 用 PKPM 软件计算示例

### 10.2.1 PK 的基本操作

打开 PKPM 后，显示如图 10-1 所示主菜单，单击选中 PK，显示如图 10-2 所示 PK 操作界面。由图可知，PK 主菜单的操作主要为三个部分：一是计算模型输入，如模块①；二是结构计算，如模块②～④；三是施工图设计，如模块⑤～⑧。下面对三个部分实现的功能进行简单介绍。

1. 计算模型输入

执行 PK 时，首先要输入结构的计算模型。在 PKPM 软件中，有两种方式形成 PK 的计算模型文件。

一种是通过 PK 主菜单①即"PK 数据交互输入和计算"来实现结构模型的人机交互输入。进行模型输入时，可以直接输入文本式数据文件，也可采用人机交互输入方式。一般采用人机交互方式，由用户直接在屏幕上勾画框架、连续梁的外形尺寸，布置相应的截面和荷载，填写相关的计算参数后完成。人机交互建模后也生成描述该结构的文本式数据文件。

一种就是利用 PMCAD 软件，从建立好的整体空间模型中直接生成任一轴线框架或任一连续梁结构的结构计算数据文件，再由 PK 接力完成结构计算和绘图，从而省略人工准备框架计算数据的大量工作。一般 PMCAD 生成数据文件后，只要利用 PK 主菜单①进一步补充绘图数据文件的内容，主要有柱子对轴线的偏心、柱轴线号、框架梁上的次梁布置信息和连续梁的支座状况等信息。此时的绘图补充数据最好也是采用人机交互方式生成，使用户操作大大简化。

2. 结构计算

计算模型输入完毕后，执行 PK 主菜单②～④即进行框架、排架、连续梁的结构计算。

3. 施工图设计

根据主菜单②～④的计算结果，就可以进行施工图绘制了。

这里需要特别提出的：当在做某个实际工程的结构设计时，最好不要直接采用

PKPM 软件默认的文件存储位置（一般在 C 盘的 PKPMWORK 文件夹下），而需要在计算机中别的盘符中（如图 10-2 所示在 D 盘）另外建立一个专用的文件夹用于该工程文件的存储，当启动 PK 后，在"当前工作目录"位置选择工程文件存储位置为建立的该文件夹，从而建立该工程文件设计的专用文件存储位置，以便于对文件进行编辑和管理。

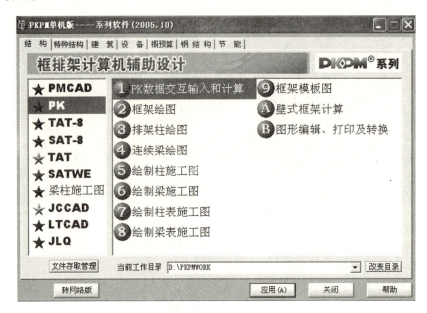

图 10-2　PK 操作界面

### 10.2.2　数据交互输入

双击进入 PK 主菜单①即"PK 数据交互输入和计算"，屏幕弹出如图 10-3 所示 PK 启动界面，供用户选择启动方式。

图 10-3　PK 启动界面

1. 新建文件

选择"新建文件",将从零开始创建一个框架、排架或连续梁结构模型。建模前,首先要为新文件起个名字,如图10-4所示。

按确定后,屏幕将弹出"PK数据交互输入"界面,即PK主菜单①的操作界面(图10-5)。

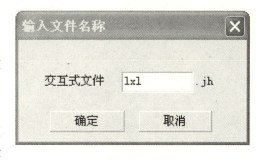

图 10-4 "输入文件名称"对话框

2. 打开已有交互文件

选择"打开已有交互文件"进入,将在一已有交互式文件的基础上,进行补充创建新的交互式文件。进入后,屏幕上显示已有结构的立面图。

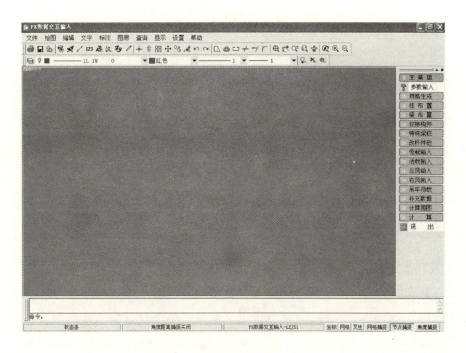

图 10-5 "PK数据交互输入"界面

3. 打开已有数据文件

如果是从PMCAD生成的框架或连续梁的数据文件,则可选择"打开已有数据文件"方式进入。数据文件名为工程名.SJ。

不管何种方式进入,"PK数据交互输入"界面是相同的。

操作界面右侧的主控菜单,如图10-6所示,在我们进行结构内力计算时,只要用到其中的网格生成、柱布置、梁布置、铰接构件、恒载输入、计算等选项。下面在应用实例中予以说明。

图 10-6 "PK 数据交互输入"主菜单

图 10-7 "网格生成"菜单

### 10.2.3 连续梁结构内力图实训

绘制如图 10-8 所示连续梁的内力图。

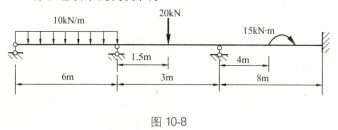

图 10-8

1. 网格生成

建立新文件"1x1",进入"PK 数据交互输入"界面,如图 10-5 所示。在右侧主菜单中选择 网格生成 ,"网格生成"菜单是整个交互输入程序最为重要的一步,用于勾画出框架或排架的立面网格线,这网格线应是柱的轴线或梁的顶面。

出现子菜单如图 10-7 所示,在子菜单中选择 框架网格。"框架网格"可不通过屏幕画图方式,而是参数定义方式形成立面框架的梁柱轴线,点击后出来如图 10-9 所示对话框。

操作步骤如下:

(1) 选择"跨度",在"数据输入"框中输入 6000,选择"增加",继续数据输入 3000,选择"增加",再输入 8000,"增加"。跨度的数据输入是从左往右的逐渐增加的。

(2) 选择"层高",在"数据输入"框中输入 1000,选择"增加",选择确定。层高的数据输入是从下往上的逐渐增加的。

【提示】 由于我们要计算的是连续梁，柱子作为连续梁的支座，适当输入高度即可。

确定后，"PK 数据交互输入"界面，如图 10-10 所示。

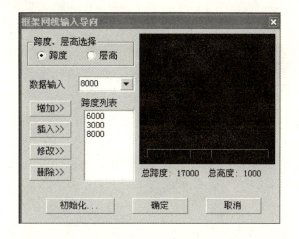

图 10-9 "框架网线输入导向"对话框

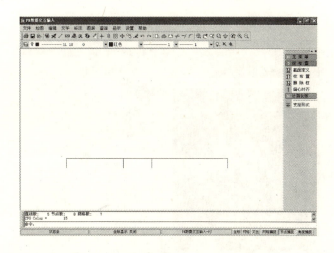

图 10-10 连续梁网格生成

另外，我们也可使用" 两点直线"或" 平行直线"直接在屏幕上绘制红色直轴线。也可用"删除图素"、" 删除节点"和" 删除网格"来进行修改，修改后可按快捷键 F5 进行屏幕刷新。

如果是从空间结构中取出的某一榀框架或某一根连续梁，也可按" 轴线显示"来显示轴线，或者按" 轴线命名"自己手动给轴线命名。

2. 柱布置

回主菜单，选择 >> 柱 布 置 ，出现子菜单如图 10-11 所示。

(1) " 截面定义"。选择 截面定义，弹出对话框如图 10-12 所示。

图 10-11 "柱布置"子菜单　　　　图 10-12 "截面设置"对话框

连续梁的固定端支座需要设置较大的柱子截面,我们取 1000×1000,其他柱子取 500×500,然后将柱梁之间设为铰接。

操作步骤如下:

选择"增加",在新弹出的对话框中,如图 10-13,截面宽和高都输入 500,选择"确认",继续选择"增加",输入 1000,选择"确认",如图 10-14 所示,选择"确认"。

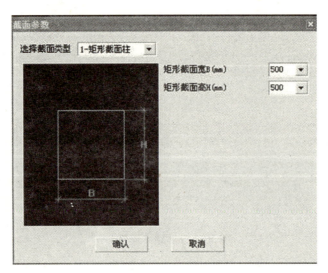

图 10-13 "截面参数"对话框

(2)  柱布置。选择 柱布置,出现"柱子截面数据"对话框,如图 10-13 所示,在对话框中选择序号 1,确认,出现如图 10-15 所示对话框,要求输入柱对轴线的偏心,在键盘中输入 0,回车确认。

屏幕中,光标变成了一个拾取框,点中第一、二、三根柱子,按鼠标右键或 Esc 键确认,继续出现"截面设置"对话框,选择序号 2,确认,同样输入偏心为 0,选择第四根柱子,确认后,再次出现的对话框可按取消。结果如图 10-16 所示。

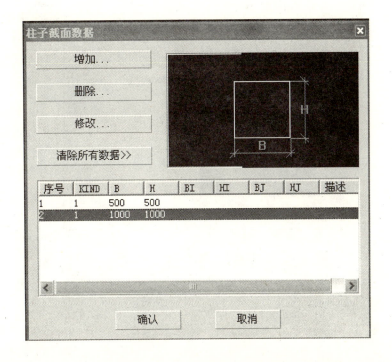

图 10-14 "柱子截面数据"对话框

图 10-15 "柱对轴线的偏心"对话框

图 10-16 柱布置完毕

3. 梁布置

回主菜单，选择 >> 梁 布 置 ，出现子菜单如图 10-17 所示。

(1)" ✓ 截面定义"。选择 ✓ 截面定义，操作步骤类似柱布置，设置梁的截面尺寸为 250×500，如图 10-18 所示。

(2) ▬ 梁 布 置 。同样将梁的截面布置好，结果如图 10-19 所示。

4. 铰接构件

回主菜单，选择 >> 铰接构件 ，出现子菜单如图 10-20 所示。选择" ▬ 布置柱铰"，屏幕下方的命

图 10-17 "梁布置"子菜单

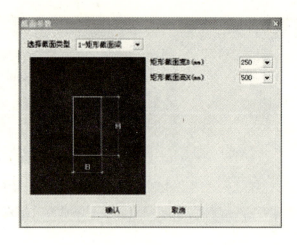

图 10-18 "截面设置"对话框

图 10-19 梁布置完毕

令行出来三个选项：左下端铰接（1）、右上端铰接（2）、两端铰接（3）。选择（3）回车，光标变成拾取框，拾取第一、第二、第三根柱，结果如图 10-21 所示。

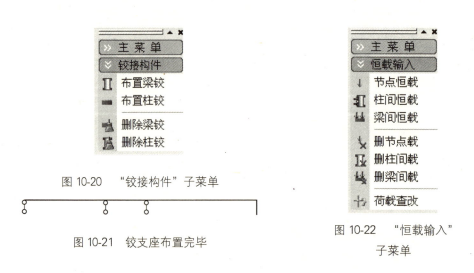

图 10-20 "铰接构件"子菜单

图 10-21 铰支座布置完毕

图 10-22 "恒载输入"子菜单

5. 恒载输入

回主菜单，选择 ⟫ 恒载输入 ，出现子菜单如图 10-22 所示。选择 梁间恒载，弹出如图 10-23 所示对话框。选择线荷载，输入 10kN/m，选择"确定"，用鼠标拾取第一根梁；右键确定后又出现"荷载输入对话框"，选择集中力，输入 20kN 和 $X=1500$，选择"确定"，用鼠标拾取第二根梁；同样选择集中力偶，输入 15kN·m 和 $X=4000$，右键确定后再次出现"荷载输入对话框"，可按取消，结果如图 10-24 所示。

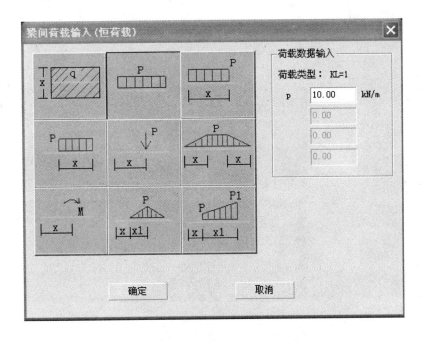

图 10-23 "梁间恒载输入"对话框

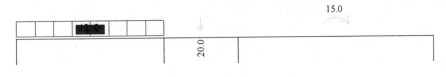

图 10-24 恒载输入结果

6. 计算简图

回到主菜单，可以选择"　》计算简图　"查看计算简图，如图 10-25。

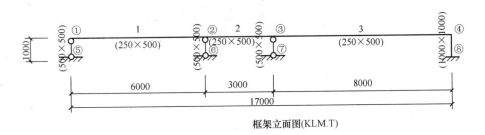

框架立面图(KLM.T)

图 10-25 连续梁计算简图

7. 计算

回到主菜单，选择"　》计　算　"，出现子菜单如图 10-26 所示。选择所需的内力计算结果，如恒载弯矩、恒载剪力，结果如图 10-27 所示。

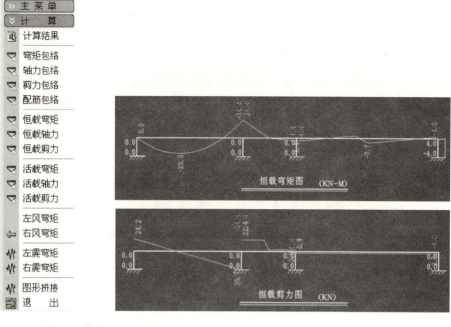

图10-26 "计算"子菜单　　　　图 10-27 计算结果

### 10.2.4 框架结构内力图实训

绘制如图 10-28 所示框架结构的内力图。已知柱子截面尺寸为 300mm×500mm，梁截面尺寸为 250mm×500mm。

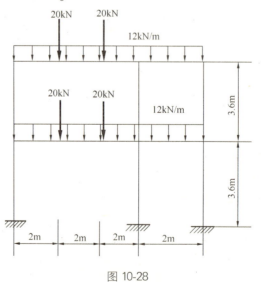

图 10-28

打开 PKPM 主程序，选择"结构"模块，选择 PK，双击进入 PK 主菜单①即"PK 数据交互输入和计算"，选择"新建文件"，在"输入文件名称"对话框中，输入"kj"，如图 10-4 所示，按确定，进入"PK 数据交互输入"界面，如图 10-5 所示。

1. 网格生成

在右侧主菜单中选择 >> 网格生成 ，出现子菜单如图 10-7 所示，在子菜单中选择"▦框架网格"，弹出"框架网线输入导向"对话框如图 10-29 所示。

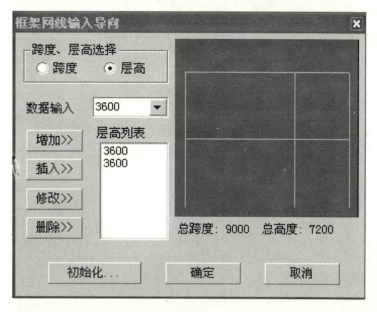

图 10-29  "框架网线输入导向"对话框

操作步骤如下：

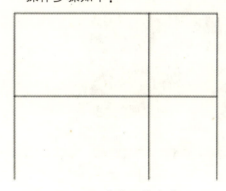

图 10-30  框架网格生成

(1) 选择"跨度"，在"数据输入"框中输入 6000，选择"增加"，继续数据输入 3000，选择"增加"。

(2) 选择"层高"，在"数据输入"框中输入 3600，选择 2 次"增加"，选择确定。结果如图 10-30 所示。

【提示】 菜单中各命令的用法可以参考上个例题连续梁。

2. 柱布置

回主菜单，选择 >> 柱布置 ，出现子菜单如图 10-11 所示。

(1) " ▨ 截面定义 "。选择 ▨ 截面定义 ，在弹出的对话框中设置柱截面为 300×500。具体操作步骤参考上个例题连续梁，如图 10-31 和图 10-32 所示。

(2) ▯ 柱布置。选择 ▯ 柱布置，在对话框中选择序号 1，输入柱对轴线的偏心为 0，回车确认。

拾取框架中所有柱子，确认，结果如图 10-33 所示。

3. 梁布置

回主菜单，选择 >> 梁布置 ，出现子菜单如图 10-17 所示。

(1)"✓ 截面定义"。选择 ✓ 截面定义,设置梁的截面尺寸为 250×500,如图 10-18 所示。

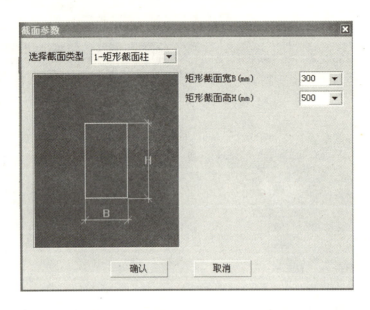

图 10-31 "截面参数"对话框

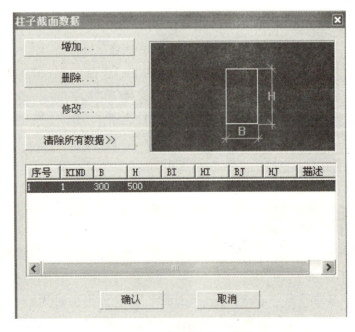

图 10-32 "截面设置"对话框

(2) ■ 梁 布 置。同样将梁的截面布置好,结果如图 10-34 所示。

4. 恒载输入

回主菜单,选择 >> 恒载输入 ,选择" 梁间恒载",弹出如图 10-35 所示

图 10-33 柱布置完毕

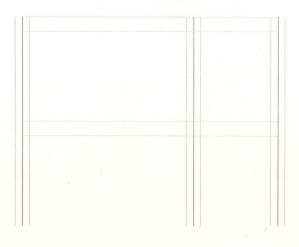

图 10-34 梁布置完毕

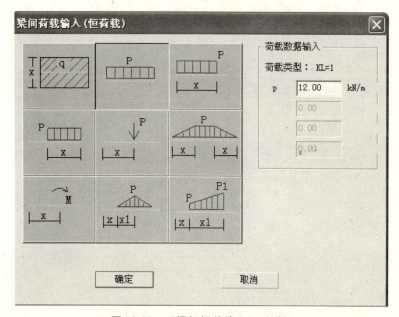

图 10-35 "梁间恒载输入"对话框

对话框。选择线荷载，输入 12kN/m，选择"确定"，用鼠标拾取所有梁；右键确定后又出现"荷载输入对话框"，选择集中力，输入 20kN 和 $X=2000$，选择"确定"，用鼠标拾取第一跨上下两根梁；右键确定后再次选择集中力，输入 20kN 和 $X=4000$，用鼠标拾取第一跨上下两根梁，结果如图 10-36 所示。

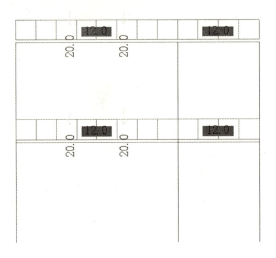

图 10-36　恒载输入结果

5. 计算简图

回到主菜单，可以选择"〉〉 计算简图"查看计算简图，如图 10-37。

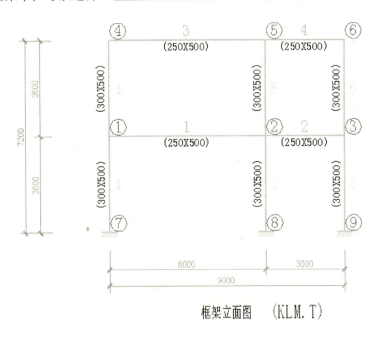

图 10-37　框架立面计算简图

6. 计算

回到主菜单，选择"〉〉 计　算"，屏幕出现"输入计算结果文件名"对话框,如图 10-38 所示,若直接按回车键,则程序采用缺省文件名为 PK11.OUT,计算结果都存到这个文件里。每次计算采用隐含的计算结果文件名 PK11.OUT,可以节省存储空间,待最终确定了计算结果需要保留时可改名保存。

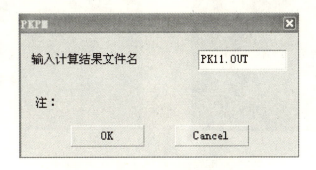

图 10-38 "输入计算结果文件名"对话框

屏幕上出现配筋包络图,在子菜单中还可选择所需的内力计算结果,如恒载弯矩、恒载剪力,也可选择"⚡图形拼接",把弯矩、剪力、轴力、配筋等项计算结果布置在同一张图纸内。

选择"图形拼接",屏幕左上角出现一个小选项卡,如图 10-39 所示,其中 AS.T

图 10-39 "图形拼接"选项卡

表示配筋包络图,M.T、N.T 和 Q.T 分别表示弯矩包络图、柱轴力图和剪力包络图,D-M.T、D-N.T 和 D-V.T 分别表示恒载弯矩图、轴力图和剪力图,L-M.T、L-N.T 和 L-V.T 分别表示活载弯矩图、轴力图和剪力图,用鼠标选取所需的内力图,移到图纸上即可,可再次选取,不需要时按鼠标右键确认。

选择所需的内力计算结果,如恒载弯矩、恒载剪力、恒载轴力,结果如图 10-40 所示。

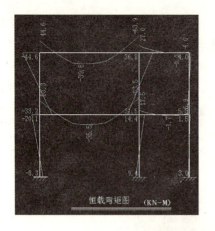
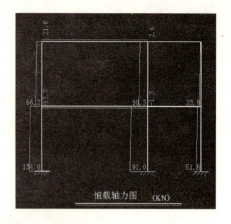

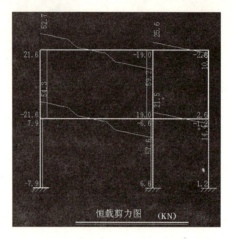

图 10-40　计算结果

### 10.2.5　排架结构内力图实训

打开 PKPM 主程序，选择"结构"模块，选择 PK，双击进入 PK 主菜单①即"PK 数据交互输入和计算"，选择"新建文件"，在"输入文件名称"对话框中，输入"pj"，如图 10-4 所示，按确定，进入"PK 数据交互输入"界面，如图 10-5。

下面介绍具体操作过程：

第一步：网格生成。

第二步：柱布置。

上述两步同框架结构内力图绘制类同。

第三步：梁布置。截面定义时选择 4 刚性杆。

第四步：铰接构件。单击【布置梁铰】，根据程序提示，输入 3，选择两端铰接，回车，用光标选择目标即可。

第五步：恒载输入。

第六步：计算简图。

第七步：计算。

上述三步同框架结构内力图绘制类同。

## 单元小结

1. 了解 PKPM 软件的主要功能。

PKPM 系列软件包含了结构、特种结构、建筑、设备、概预算、钢结构和节能七个专业模块。其中结构模块功能见表 10-1。

2. 掌握 PK 功能绘制连续梁、框架、排架结构的内力图。

绘制内力图的主要操作步骤为：

第一步：网格生成。

第二步：柱布置。

第三步：梁布置。

第四步：铰接构件。

第五步：恒载输入。

第六步：计算简图。

第七步：计算。

## 思考题

10-1　简述 PKPM 的主要专业模块。

10-2　简述 PKPM 结构模块的主要功能。

10-3　简述 PKPM 软件绘制连续梁、框架、排架内力图的基本步骤。

## 习题

10-1  绘制如图所示连续梁的内力图。

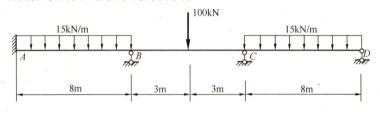

习题 10-1 图

10-2  某二跨二层框架，底层高 4.5m，第二层高为 4.0m，跨度分别为 6.0m 和 5.0m，长跨梁的截面尺寸为 300mm×600mm，短跨梁的截面尺寸为 300mm×500mm，柱子截面尺寸为 400mm×400mm。试绘制此框架内力图。

10-3  绘制如图所示排架内力图（其中梁的截面尺寸为 250mm×500mm，柱子的截面尺寸为 300mm×500mm）。

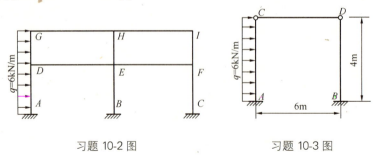

习题 10-2 图　　　　　　　习题 10-3 图

# 第五篇
# 移动荷载的作用效应

# 单元 11  影 响 线

影响线是研究结构在移动荷载作用下的反力和内力计算的工具。本单元主要介绍静定梁和连续梁的影响线的绘制方法，以及在移动荷载作用下最不利荷载位置的确定、最大内力的计算和内力包络图的绘制方法，从而为结构设计提供依据。

## 11.1  影响线的概念

前面各单元所讨论的荷载，其大小、方向和作用点都是固定不变的，称为**固定荷载**。在这种荷载作用下，结构的支座反力和内力都固定不变。但在工程实际中，有些结构要承受移动荷载，即荷载作用在结构上的位置是移动的。例如，在桥梁上行驶的汽车（图 11-1a）、火车和活动的人群，在吊车梁上行驶的吊车（图 11-1b）等，均为移动荷载。在移动荷载作用下，结构的支座反力和内力都将随荷载的移动而变化。因此，必须研究这种变化规律，确定支座反力和内力的最大值，以及达到最大值时荷载的位置，作为结构设计的依据。

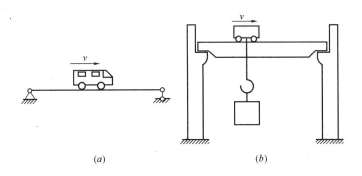

图 11-1

在工程实际中，所遇到的移动荷载通常是一系列间距保持不变的平行集中荷载和均布活载。为了使问题简化，先研究一个单位集中荷载（$F=1$）在结构上移动时，某一量值（某个支座反力或内力的值）的变化规律，再根据叠加原理，就可确定在各种移动荷载作用下该量值的变化规律以及最不利的荷载位置。在一个单位移动荷载作用下，表示结构某一量值变化规律的图形，称为该量值的**影响线**。下面通过一个简单的例子说明影响线的概念。

图 11-2 (a) 所示为一简支梁，其上作用一单位移动荷载 $F=1$。现讨论支座反力 $F_{By}$ 的变化规律。

取 $A$ 点为坐标原点，以 $x$ 表示荷载作用点的位置，$y$ 表示相应反力 $F_{By}$ 的值（图 11-2b），设反力向上为正。由平衡方程 $\Sigma M_A=0$，得

$$F_{By} = \frac{x}{l} \quad (0 \leqslant x \leqslant l)$$

上式表示量值 $F_{By}$ 与荷载位置参数 $x$ 之间的函数关系，我们称之为 $F_{By}$ 的**影响线方程**。据此绘出的图形就是 $F_{By}$ 的影响线。显然，$F_{By}$ 的影响线是一条直线。设 $x=0$，得 $F_{By}=0$；再设 $x=l$，得 $F_{By}=1$。由此定出两点，再连成直线，即得 $F_{By}$ 的影响线如图 11-2 (b) 所示。

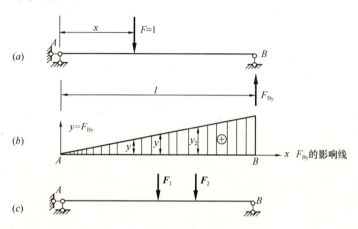

图 11-2

图 11-2 (b) 中的影响线形象地表明了量值 $F_{By}$ 随荷载 $F=1$ 的移动而变化的规律，当 $F=1$ 作用于 $A$ 点时，$F_{By}=0$；当 $F=1$ 移动到 $B$ 点时，$F_{By}$ 增大到 1。求出了 $F_{By}$ 的影响线，就可以利用影响线求得任意荷载作用时支座反力 $F_{By}$ 的数值。如图 11-2 (c) 所示，若梁上作用有汽车轮压力 $F_1$ 和 $F_2$，则支座反力 $F_{By}$ 为

$$F_{By} = F_1 \times y_1 + F_2 \times y_2$$

式中　$y_1$、$y_2$——荷载 $F_1$ 和 $F_2$ 所对应的影响线的竖标，是量纲为 1 的量。

以上是一个最简单的绘制影响线和利用影响线分析移动荷载问题的例子。从中可以看到影响线对移动荷载作用下结构计算的作用。

## 11.2　用静力法绘制静定梁的影响线

绘制影响线有两种基本方法：**静力法**和**机动法**。本节介绍用静力法绘制静定梁的

支座反力和内力的影响线。**静力法是以单位移动荷载 $F=1$ 的作用位置 $x$ 为变量，利用静力平衡条件列出某量值与 $x$ 之间的关系，即影响线方程，然后由影响线方程绘出该量值的影响线。**

### 11.2.1 反力的影响线

简支梁支座反力 $F_{By}$ 的影响线已在上一节中讨论过（图 11-2），现在讨论该简支梁支座反力 $F_{Ay}$ 的影响线。

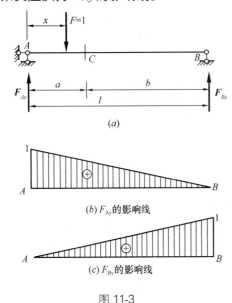

图 11-3

同样取 $A$ 点为坐标原点，以 $x$ 表示 $F=1$ 的作用位置（图 11-3$a$），设反力向上为正。由平衡方程 $\Sigma M_B=0$，得

$$F_{Ay} = \frac{l-x}{l} \quad (0 \leqslant x \leqslant l)$$

这就是 $F_{Ay}$ 的影响线方程。由此方程可知，$F_{Ay}$ 的影响线也是一条直线。确定直线上两点：

当 $x=0$ 时，$F_{Ay}=1$
当 $x=l$ 时，$F_{Ay}=0$

将上述两点相连，即得反力 $F_{Ay}$ 的影响线如图 11-3 ($b$) 所示。

绘制影响线时，规定把正的竖标绘在基线上边，负的竖标绘在基线下边，并在图中标注正负号。

为便于比较，反力 $F_{By}$ 的影响线也绘于图中（图 11-3$c$）。

### 11.2.2 剪力的影响线

现在绘制简支梁（图 11-4$a$）截面 $C$ 上剪力 $F_{SC}$ 的影响线。仍取 $A$ 点为坐标原点。当 $F=1$ 作用于截面 $C$ 以左或以右时，剪力 $F_{SC}$ 具有不同的表达式，应分段考虑。

当荷载 $F=1$ 在截面 $C$ 以左（$AC$ 段）移动时，取截面 $C$ 右边为隔离体，由平衡方程 $\Sigma Y=0$，得

$$F_{SC} = -F_{By} = -\frac{x}{l} \quad (0 \leqslant x < a)$$

在列剪力的影响线方程时，剪力的正负号规定与以前一样。由上式可知，在 $AC$ 段内，$F_{SC}$ 的影响线为一段直线且与 $F_{By}$ 的影响线相同，但正负号相反。因此，$AC$ 段内 $F_{SC}$ 的影响线也可这样绘制：将 $F_{By}$ 的影响线翻过来画在基线下面，只保留其中的 $AC$ 段。$C$ 点的竖标可按比例关系求得为 $-\dfrac{a}{l}$（图 11-4$b$）。

当荷载 $F=1$ 在截面 $C$ 以右（$CB$ 段）移动时，取截面 $C$ 的左边为隔离体，由平衡方程 $\Sigma Y=0$，得

$$F_{SC} = F_{Ay} = \frac{l-x}{l} \quad (a < x \leqslant l)$$

由上式可知，在 $CB$ 段内，$F_{SC}$ 的影响线与 $F_{Ay}$ 的影响线相同。因此，可以绘出 $F_{Ay}$ 的影响线，只保留其中的 $CB$ 段。$C$ 点的竖标可按比例关系求得为 $b/l$（图 11-4b）。

由图 11-4 (b) 可见，$F_{SC}$ 的影响线分为 $AC$ 和 $CB$ 两段，且两段直线相互平行。$F_{SC}$ 的影响线在 $C$ 点出现突变，说明当 $F=1$ 由左侧越过 $C$ 点移到右侧时，截面 $C$ 上的剪力 $F_{SC}$ 将发生突变。当 $F=1$ 正好作用于点 $C$ 时，$F_{SC}$ 的影响线无意义。

### 11.2.3 弯矩的影响线

绘制简支梁（图 11-4a）截面 $C$ 上弯矩 $M_C$ 的影响线也应分段考虑。

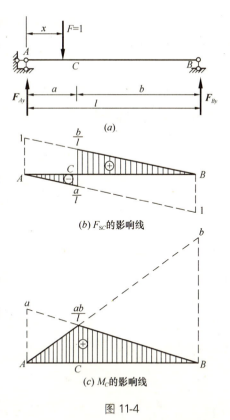

图 11-4

当荷载 $F=1$ 作用于 $AC$ 段时，取截面 $C$ 的右边为隔离体，由平衡方程 $\Sigma M_C=0$，得

$$M_C = F_{By} b = \frac{x}{l} b \quad (0 \leqslant x \leqslant a)$$

在列弯矩的影响线方程时，弯矩的正负号规定与以前一样。由上式可知，$M_C$ 的影响线在截面 $C$ 左边为一条直线。可以先将 $F_{By}$ 的影响线的竖标乘以 $b$，然后保留其中的 $AC$ 段，就得到 $M_C$ 在 $AC$ 段的影响线（图 11-4c）。这里 $C$ 点的竖标应为 $ab/l$。

当荷载 $F=1$ 作用于 $CB$ 段时，取截面 $C$ 的左边为隔离体，同理可得

$$M_C = F_{Ay} a = \frac{l-x}{l} a \quad (a \leqslant x \leqslant l)$$

可见，$M_C$ 的影响线在截面 $C$ 右边也是一条直线。可以先将 $F_{Ay}$ 的影响线的竖标乘以 $a$，然后保留其中的 $CB$ 段，就得到 $M_C$ 在 $CB$ 段的影响线（图 11-4c）。这里 $C$ 点的竖标仍为 $ab/l$。

由图 11-4 (c) 可见，$M_C$ 的影响线分为 $AC$ 和 $CB$ 两段，每一段都是直线，形成一个三角形。当 $F=1$ 作用于 $C$ 点时，弯矩 $M_C$ 为最大值。

应当注意，我们规定荷载 $F=1$ 的量纲为 1，故弯矩影响线的竖标的量纲为长度量纲。

**【例 11-1】** 试用静力法绘制图 11-5 所示外伸梁的 $F_{Ay}$、$F_{By}$、$F_{SC}$、$M_C$、$F_{SD}$、$M_D$ 的影响线。

**【解】**

(1) 绘制反力 $F_{Ay}$、$F_{By}$ 的影响线。取 $A$ 点为坐标原点，横坐标 $x$ 以向右为正。当荷载 $F=1$ 作用于梁上任一点 $x$ 时，分别求得反力 $F_{Ay}$、$F_{By}$ 的影响线方程为

$$F_{Ay} = \frac{l-x}{l} \quad (-l_1 \leqslant x \leqslant l+l_2)$$

$$F_{By} = \frac{x}{l} \quad (-l_1 \leqslant x \leqslant l+l_2)$$

以上两个方程与相应的简支梁的反力影响线方程完全相同，只是 $x$ 的取值范围有所扩大，因此，只需将相应简支梁的反力影响线向两个伸臂部分延长，即可绘出整个外伸梁的反力 $F_{Ay}$ 和 $F_{By}$ 的影响线，分别如图 11-5（$b$、$c$）所示。

(2) 绘制剪力 $F_{SC}$、弯矩 $M_C$ 的影响线。当 $F=1$ 作用于截面 $C$ 以左时，取截面 $C$ 右边为隔离体，求得影响线方程为

$$F_{SC} = -F_{By} \quad (-l_1 \leqslant x < a)$$

$$M_C = F_{By} \cdot b \quad (-l_1 \leqslant x \leqslant a)$$

当 $F=1$ 作用于截面以右时，取截面 $C$ 左边为隔离体，求得影响线方程为

$$F_{SC} = F_{Ay} \quad (a < x \leqslant l+l_2)$$

$$M_C = F_{Ay} \cdot a \quad (a \leqslant x \leqslant l+l_2)$$

由上可知，$F_{SC}$ 和 $M_C$ 的影响线方程也与简支梁的相同。因而与绘制反力影响线一样，只需将相应简支梁的 $F_{SC}$ 和 $M_C$ 的影响线向两外伸臂部分延长，即可得到外伸梁的 $F_{SC}$ 和 $M_C$ 的影响线，分别如图 11-5（$d$、$e$）所示。

(3) 绘制剪力 $F_{SD}$、弯矩 $M_D$ 的影响线。当 $F=1$ 作用于截面 $D$ 以左时，取截面 $D$ 右边为隔离体，求得影响线方程为

$$F_{SD} = 0 \quad (-l_1 \leqslant x < l+l_2-d)$$

$$M_D = 0 \quad (-l_1 \leqslant x \leqslant l+l_2-d)$$

当 $F=1$ 作用于截面 $D$ 以右时，仍取截面 $D$ 右边为隔离体，求得影响线方程为

$$F_{SD} = 1 \quad (l+l_2-d < x \leqslant l+l_2)$$

$$M_D = -(x-l-l_2+d) \quad (l+l_2-d \leqslant x \leqslant l+l_2)$$

由上绘出 $F_{SD}$ 和 $M_D$ 的影响线分别如图 11-5（$f$、$g$）所示。

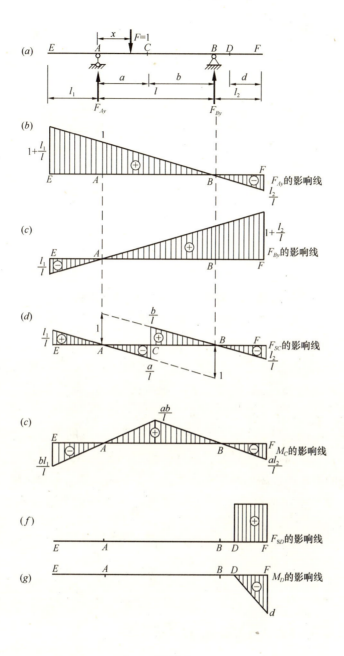

图 11-5

## 11.2.4　内力的影响线与内力图的区别

内力的影响线与内力图虽然都表示内力的变化规律，而且它们在形状上也有些相似，但两者在概念上却有本质的区别。对此，初学者容易混淆。现以图 11-6 ($a$、$b$) 所示弯矩的影响线与弯矩图为例，说明两者的区别。

(1) 荷载类型不同。绘弯矩的影响线时，所受的荷载是单位移动荷载 $F=1$；而绘弯矩图时，所受的荷载则是固定荷载 $F$。

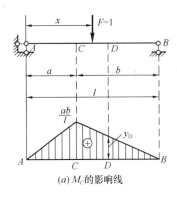
(a) $M_C$ 的影响线

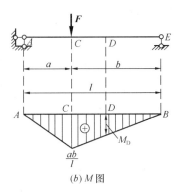
(b) $M$ 图

图 11-6

(2) 自变量 $x$ 表示的含义不同。弯矩影响线方程的自变量 $x$ 表示单位移动荷载 $F=1$ 的作用位置，而弯矩方程中的自变量 $x$ 表示的则是截面位置。

(3) 竖标表示的意义不同。$M_C$ 的影响线中任一点 $D$ 的竖标表示单位移动荷载 $F=1$ 作用于点 $D$ 时，截面 $C$ 上弯矩的大小，即 $M_C$ 的影响线只表示 $C$ 截面上的弯矩 $M_C$ 在单位荷载移动时的变化规律，与其他截面上的弯矩无关。而弯矩图中任一点 $D$ 的竖标表示的是在点 $C$ 作用固定荷载 $F$ 时，在截面 $D$ 上引起的弯矩值，即 $M$ 图表示在固定荷载作用下各个截面上的弯矩 $M$ 的大小。

(4) 绘制规定不同。$M_C$ 的影响线中的正弯矩绘在基线的上方，负弯矩绘在基线的下方，标明正负号。而弯矩图则绘在杆件的受拉一侧，不标注正负号。

总之，内力的影响线反映的是某一截面上的某一内力量值与单位移动荷载作用位置之间的关系；内力图反映的是在固定荷载作用下某一内力量值在各个截面上的大小。

## 11.3 用机动法绘制静定梁的影响线

用静力法可以绘出任何结构的影响线，但当结构型式比较复杂时，用静力法就比较繁琐。在有些工程问题中，只需要绘出影响线的大致轮廓，而并不需要知道影响线的数值，此时用机动法绘制影响线就比较简便。此外，用静力法绘出的影响线也可用机动法进行校核。

用机动法绘制静定梁的影响线是以刚体虚功原理为依据，把绘制支座反力或内力影响线的静力问题转化为绘制位移图的几何问题。下面以绘制简支梁支座反力的影响线为例，说明机动法的原理。

为了求图 11-7 (a) 所示简支梁的反力 $F_{By}$ 的影响线，将与 $F_{By}$ 相对应的活动铰支座约束去掉，代之以力 $F_{By}$，如图 11-7 (b) 所示。这样，原结构便成为具有一个自由度的机构。使该机构发生任意微小的虚位移，并以 $\delta$ 和 $\delta_F$ 分别表示力 $F_{By}$ 和 $F$ 的作用点沿力的作用方向的虚位移，则根据虚功原理，列出虚功方程为

$$F_{By}\delta + F\delta_F = 0$$

因绘制影响线时，取 $F=1$，故得

$$F_{By} = -\frac{\delta_F}{\delta}$$

上式中的 $\delta$ 为给定的虚位移，它是不变的；而 $\delta_F$ 是随荷载 $F=1$ 的位置不同而变化的。因此，$F_{By}$ 的变化规律就与 $\delta_F$ 的变化规律一致。如令 $\delta=1$，则上式变为

$$F_{By} = -\delta_F$$

由此可知，使 $\delta=1$ 时 $\delta_F$ 的虚位移图就代表了 $F_{By}$ 的影响线，只是符号相反。由于规定 $\delta_F$ 是以与力 $F$ 的方向一致者为正，即 $\delta_F$ 图以向下为正，而 $F_{By}$ 与 $\delta_F$ 反号，故 $F_{By}$ 的影响线应以向上为正。$F_{By}$ 的影响线如图 11-7 (c) 所示。

由上可知，**用机动法绘制结构某量值的影响线，只需将与该量值相对应的约束去掉，代之以该量值，并使该量值的作用点（面）沿该量值的正方向发生单位虚位移，则由此得到的虚位移图就是该量值的影响线。**

【**例 11-2**】 试用机动法绘制图 11-8 (a) 所示简支梁截面 $C$ 上的弯矩 $M_C$ 和剪力 $F_{SC}$ 的影响线。

【**解**】

(1) 绘弯矩 $M_C$ 的影响线。将与 $M_C$ 相对应的转动约束去掉，即在截面 $C$ 处改刚接为铰接，并以一对大小为 $M_C$ 的力偶代替转动约束的作用。然后使 $M_C$ 的作用面沿 $M_C$ 的正方向发生单位虚位移 $\delta=1$，$\delta=\alpha+\beta$ 是 $C$ 点左右两截面的相对转角，如图 11-8 (b) 所示。所得的虚位移图即表示 $M_C$ 的影响线，如图 11-8 (c) 中实线所示，根据几何关系，求得 $C$ 点处的竖标为 $\dfrac{ab}{l}$。

(2) 绘剪力 $F_{SC}$ 的影响线。去掉与剪力 $F_{SC}$ 相对应的约束，即将截面切开，在切口处用两个与梁轴平行且等长的链杆相连，如图 11-8 (d) 所示。此时，在截面 $C$ 处只能发生相对的竖向位移，而不能发生相对的转动和水平移动。以剪力 $F_{SC}$ 代替去掉约束的作用，并使 $F_{SC}$ 的作用面沿 $F_{SC}$ 的正方向发生单位虚位移 $\delta=1$（图 11-8d）。所得的虚位移图即表示 $F_{SC}$ 的影响线，由几何关系可确定影响线的各控制点的竖标，如图 11-8 (e) 所示。

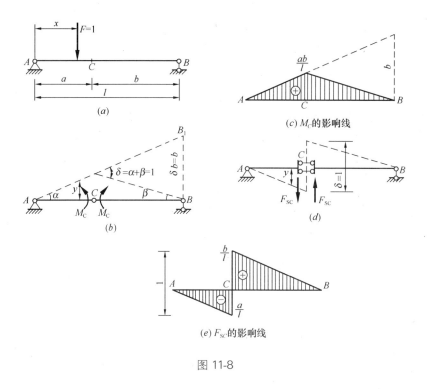

图 11-8

## 11.4 影响线的应用

绘制影响线的目的是利用它求出结构在移动荷载作用下的最大反力和最大内力,为结构设计提供依据。为此,尚需解决两方面的问题:一是当实际的移动荷载在结构上的位置已知时,如何利用某量值的影响线计算该量值的数值;二是如何利用某量值的影响线确定实际移动荷载对该量值的最不利荷载位置。下面分别加以讨论。

### 11.4.1 计算实际荷载作用下的影响量

绘制影响线时,考虑的是单位移动荷载。根据叠加原理,可利用影响线求实际荷载作用下产生的总影响量。

1. 集中荷载作用下的影响量

设有一组集中荷载 $F_1$、$F_2$、$F_3$ 作用于简支梁上(图 11-9$a$),剪力 $F_{SC}$ 的影响线在各荷载作用点处的竖标分别为 $y_1$、$y_2$、$y_3$,如图 11-9($b$)所示。显然,由 $F_1$ 所产生的 $F_{SC}$ 等于 $F_1 y_1$,$F_2$ 产生的 $F_{SC}$ 等于 $F_2 y_2$,$F_3$ 产生的 $F_{SC}$ 等于 $F_3 y_3$。根据叠加原理,在这组荷载作用下的 $F_{SC}$ 的数值为

$$F_{SC} = F_1 y_1 + F_2 y_2 + F_3 y_3$$

一般的，设有一组集中荷载 $F_1$，$F_2$，…，$F_n$ 作用于结构上，而结构的某量值 $S$ 的影响线在各荷载作用点处的竖标分别为 $y_1$，$y_2$，…，$y_n$，则有

$$S = F_1 y_1 + F_2 y_2 + \cdots + F_n y_n = \Sigma F_i y_i \tag{11-1}$$

2. 均布荷载作用下的影响量

如果结构在 $AB$ 段承受均布荷载 $q$ 的作用（图 11-10a），则可将微段 $\mathrm{d}x$ 上的荷载 $q\mathrm{d}x$ 看作集中荷载，它所引起的 $S$ 值为 $y \cdot q\mathrm{d}x$，如图 11-10（b）所示。根据叠加原理，在 $AB$ 段均布荷载作用下的 $S$ 值为

$$S = \int_A^B y q \mathrm{d}x = q \int_A^B y \mathrm{d}x = q A_0 \tag{11-2}$$

式中 $A_0$——影响线的图形在受载段 $AB$ 上的面积。

上式表示均布荷载引起的 $S$ 值等于荷载集度 $q$ 乘以受载段的影响线面积 $A_0$。应用此式时，规定 $q$ 向下为正，$A_0$ 的正负号与影响线的相同。

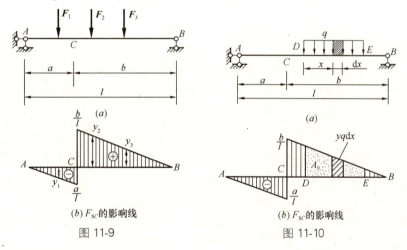

图 11-9　图 11-10

【例 11-3】　利用影响线求图 11-11（a）所示简支梁在图示荷载作用下截面 $C$ 上剪力 $F_{SC}$ 的数值。

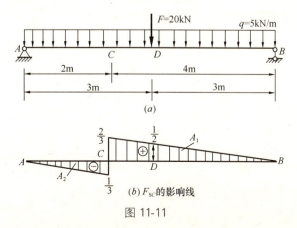

图 11-11

**【解】**

绘出剪力 $F_{SC}$ 的影响线，如图 11-11（b）所示。设影响线正号部分的面积为 $A_1$，负号部分的面积为 $A_2$，则有

$$A_1 = \frac{1}{2} \times \frac{2}{3} \times 4\text{m} = \frac{4}{3}\text{m}$$

$$A_2 = \frac{1}{2} \times \left(-\frac{1}{3}\right) \times 2\text{m} = -\frac{1}{3}\text{m}$$

剪力 $F_{SC}$ 的影响线在力 $F$ 作用点处的竖标 $y = \frac{1}{2}$。由式（11-1）和式（11-2），截面 $C$ 上剪力 $F_{SC}$ 的数值为

$$F_{SC} = Fy + q(A_1 + A_2)$$

$$= 20\text{kN} \times \frac{1}{2} + 5\text{kN/m}\left(\frac{4}{3}\text{m} - \frac{1}{3}\text{m}\right) = 15\text{kN}$$

### 11.4.2 确定最不利荷载位置

如果荷载移动到某一个位置，使某量值达到最大值，则此荷载位置称为该量值的**最不利荷载位置**。下面按荷载的类型分别讨论如何利用影响线来确定最不利荷载位置。

1. 均布荷载

（1）移动荷载是长度不定、可以任意分布的均布荷载。根据式（11-2），最不利荷载位置是在影响线（图 11-12a）的正值部分布满荷载（求最大正值），如图 11-12（b）所示；或在负值部分布满荷载（求最大负值），如图 11-12（c）所示。

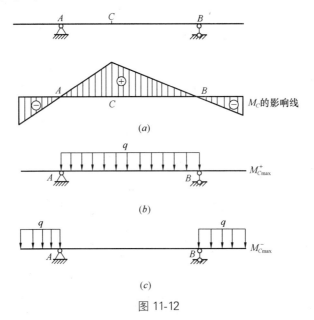

图 11-12

(2) 移动荷载是长度固定的均布荷载（图 11-13a）。在三角形影响线的情况下，根据式（11-2），最不利荷载位置是使均布荷载对应的面积 $A_0$ 为最大。可以证明，只有当 $y_C = y_D$（图 11-13b）时，$A_0$ 才能最大。因此，最不利荷载位置是使均布荷载两端点对应的影响线竖标相等的位置。

2. 集中荷载

(1) 移动荷载是单个集中荷载。根据式（11-1），最不利荷载位置是这个集中荷载作用在影响线的竖标最大处。

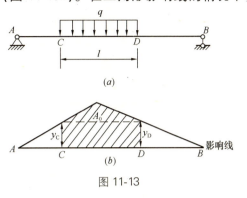

图 11-13

(2) 移动荷载是一系列间距不变的集中荷载（图 11-14）。根据式（11-1），**最不利荷载位置一般是数值较大且排列紧密的荷载位于影响线最大竖标处的附近**。要具体确定最不利荷载位置，通常分以下两步进行：

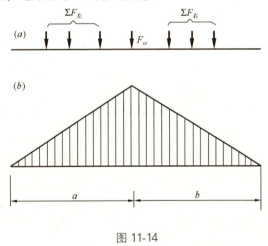

图 11-14

1）求出使该量值达到极值的荷载位置。这个荷载位置称为荷载的**临界位置**，这个荷载称为**临界荷载**。

2）从荷载的临界位置中选出荷载的最不利位置。也就是从极大值中选出最大值，从极小值中选出最小值。

利用高等数学中求极值的方法，可以证明，当影响线为三角形时，临界荷载 $F_{cr}$ 用下式判别：

$$\left.\begin{array}{c}\dfrac{\sum F_{左} + F_{cr}}{a} \geqslant \dfrac{\sum F_{右}}{b} \\ \dfrac{\sum F_{左}}{a} \leqslant \dfrac{F_{cr} + \sum F_{右}}{b}\end{array}\right\} \quad (11\text{-}3)$$

式中 $\sum F_{左}$、$\sum F_{右}$——$F_{cr}$ 以左、以右的荷载之和（图 11-14）。

**临界荷载 $F_{cr}$ 的特点是**：将 $F_{cr}$ 计入哪一边，哪一边的荷载平均集度就大。有时临界荷载可能不止一个，须将相应的极值分别算出，进行比较。产生最大极值的那个荷载位置就是最不利荷载位置，该极值即为所求量值的最大值。

现将确定最不利荷载位置的步骤归纳如下：

(1) 最不利荷载位置一般是数值较大且排列紧密的荷载位于影响线最大竖标处的附近，由此判断可能的临界荷载。

(2) 将可能的临界荷载放置于影响线的顶点。判定此荷载是否满足式 (11-3)，若满足，则此荷载为临界荷载 $F_{cr}$，荷载位置为临界位置，若不满足，则此荷载位置就不是临界位置。

(3) 对每个临界位置求出一个极值，然后从各个极值中选出最大值。与此相对应的荷载位置即为最不利荷载位置。

应当注意，在荷载向右或向左移动时，可能会有某一荷载离开了梁，在利用临界荷载判别式 (11-3) 时，$\Sigma F_左$ 和 $\Sigma F_右$ 中应不包含已离开了梁的荷载。

【例 11-4】 静定梁受吊车荷载的作用，如图 11-15 ($a$、$b$) 所示。已知 $F_1 = F_2 = 478.5\text{kN}$，$F_3 = F_4 = 324.5\text{kN}$，求支座 $B$ 处的最大反力。

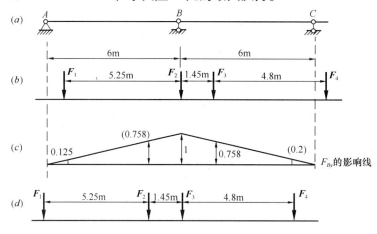

图 11-15

【解】

(1) 绘出支座反力 $F_{By}$ 的影响线，判断可能的临界荷载。支座反力 $F_{By}$ 的影响线如图 11-15 ($c$) 所示。根据梁上荷载的排列，判断可能的临界荷载是 $F_2$ 或 $F_3$。现分别按判别式进行验算。

(2) 验证 $F_2$ 是否为临界荷载。由图 11-15 ($b$)，利用式 (11-3)，有

$$\frac{478.5 + 478.5}{6} > \frac{324.5}{6}$$

$$\frac{478.5}{6} < \frac{478.5 + 324.5}{6}$$

因此，$F_2$ 为一临界荷载。

(3) 验证 $F_3$ 是否为临界荷载。由图 11-15 ($d$)，利用式 (11-3)，有

$$\frac{478.5+324.5}{6} > \frac{324.5}{6}$$

$$\frac{478.5}{6} < \frac{324.5+324.5}{6}$$

故 $F_3$ 也是一个临界荷载。

(4) 判别荷载最不利位置。分别算出各临界荷载位置时相应的影响线竖标 [图 11-15 ($c$)]，按式 (11-1) 计算影响量值，进行比较，确定荷载最不利位置。

当 $F_2$ 为临界荷载时，有

$$F_{By} = 478.5\text{kN} \times (0.125+1) + 324.5\text{kN} \times 0.758 = 784.3\text{kN}$$

当 $F_3$ 为临界荷载时，有

$$F_{By} = 478.5\text{kN} \times 0.758 + 324.5\text{kN} \times (1+0.2) = 752.1\text{kN}$$

比较两者可知，当 $F_2$ 作用于 $B$ 点时为最不利荷载位置，此时有 $F_{By\max} = 784.3\text{kN}$。

## 11.5 简支梁的内力包络图和绝对最大弯矩

### 11.5.1 简支梁的内力包络图

在设计承受移动荷载的结构时，必须求出每一截面上内力的最大值（最大正值和最大负值），连接各截面上内力最大值的曲线称为**内力包络图**。内力包络图是结构设计中重要的资料，在吊车梁、楼盖的连续梁和桥梁的设计中都要用到。

下面以简支梁为例，说明内力包络图的绘制方法。

(1) 简支梁受单个移动集中荷载的作用。如图 11-16 ($a$) 所示简支梁，现要绘出其弯矩包络图。为此，我们将梁分成若干等分（现分成十等分），根据影响线可以判定，每个截面上弯矩的最不利荷载位置就是荷载作用于该截面处的位置，利用影响线，逐个算出每个截面上的最大弯矩，连成曲线，即为这个简支梁的弯矩包络图 [图 11-16 ($b$)]。

(2) 简支梁受一组移动集中荷载作用。如图 11-17 ($a$、$b$) 所示吊车梁受两台吊车荷载的作用，现要绘制

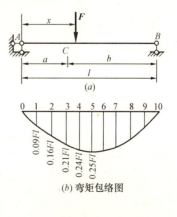

图 11-16

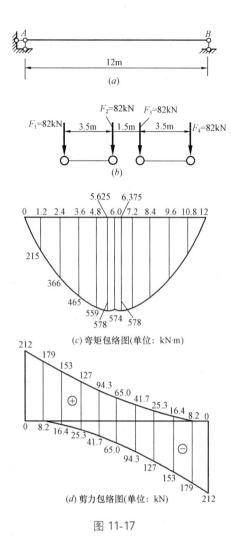

图 11-17

其弯矩包络图。同样可将梁分成十等分，依次绘出这些分点截面上的弯矩影响线及求出相应的最不利荷载位置，利用影响线求出它们的最大弯矩，在梁上用竖标标出并连成曲线，就得到该梁的弯矩包络图，如图 11-17 (c) 所示。

同理还可绘出该梁的剪力包络图。由于每一截面上都将产生相应的最大剪力和最小剪力，故剪力包络图有两根曲线，如图 11-17 (d) 所示。

由上可以看出，内力包络图是针对某种移动荷载而言的，对不同的移动荷载，内力包络图也不相同。

### 11.5.2 简支梁的绝对最大弯矩

弯矩包络图表示了在给定移动荷载作用下梁各截面上弯矩变化的极限情况。弯矩包络图中的最大竖标是给定移动荷载作用下，梁各截面上最大弯矩中的最大者，称为**绝对最大弯矩**。绝对最大弯矩及其所在位置是设计的重要依据。

用上述绘制弯矩包络图的方法，通常并不能求出弯矩包络图的最大竖标，这是因为最大竖标对应的荷载位置是未知的。下面讨论如何确定简支梁的绝对最大弯矩。

当某一移动集中荷载移到任一位置时，在它的下方梁的弯矩图一定会出现尖角，由此可以断定，绝对最大弯矩必定发生在某个集中荷载作用的截面上。因此可任选一个集中荷载作为考察对象，研究它在什么位置时会使本身作用的截面上产生最大弯矩。

如图 11-18 所示，任选一集中荷载 $F_i$，设它离支座 $A$ 的距离为 $x$，梁上荷载组的合力 $F_R$ 至 $F_i$ 的距离为 $a$。由平衡方程 $\Sigma M_B=0$，得支座 $A$ 处的反力为

$$F_{Ay} = \frac{F_R(l-x-a)}{l}$$

$F_i$ 作用点处的弯矩为

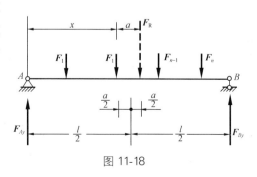

图 11-18

$$M = F_{Ay} \cdot x - M_i = \frac{F_R}{l}(l-x-a)x - M_i$$

式中 $M_i$——$F_i$ 以左的梁上荷载对 $F_i$ 作用点的力矩代数和。由于荷载间距保持不变，故 $M_i$ 是与 $x$ 无关的常数。为求 $M$ 的极值，令

$$\frac{dM}{dx} = \frac{F_R}{l}(l-2x-a) = 0$$

得

$$x = \frac{l}{2} - \frac{a}{2} \tag{11-4}$$

上式表明，当所选的 $F_i$ 与梁上荷载的合力 $F_R$ 对称于梁跨中点的位置时，$F_i$ 作用截面上的弯矩达到最大值。最大值为

$$M_{\max} = \frac{F_R}{l}\left(\frac{l}{2} - \frac{a}{2}\right)^2 - M_i \tag{11-5}$$

对于每个移动集中荷载都按以上的方法进行考察，即先求出梁上各力的合力 $F_R$，再计算出合力 $F_R$ 与所考察的力之间的距离 $a$，由式（11-5）计算相应的 $M_{\max}$，从中选出最大的即为绝对最大弯矩。但计算经验表明，**简支梁的绝对最大弯矩总是发生在梁跨中点附近的截面上；使梁跨中截面产生最大弯矩的临界荷载，通常就是产生绝对最大弯矩的临界荷载。**因此，计算简支梁的绝对最大弯矩可按如下的步骤进行：

（1）用上一节所述临界荷载的判定方法，求出使梁跨中截面产生最大弯矩的临界荷载 $F_{cr}$。

（2）使 $F_{cr}$ 与梁上全部荷载的合力 $F_R$ 对称于梁的中点布置。

（3）计算该荷载位置时 $F_{cr}$ 作用截面上的弯矩，即为绝对最大弯矩。

应当注意，$F_R$ 为梁上实有荷载的合力。在安排 $F_R$ 与 $F_{cr}$ 的位置时，可能会有来到或离开梁上的荷载，需要重新计算合力 $F_R$ 的数值和位置。至于合力 $F_R$ 作用线的位置，可用合力矩定理来确定。

用上述方法，可求得图 11-17（$a$、$b$）所示吊车梁的绝对最大弯矩为 $M_{\max} = 578$kN·m。其临界荷载为 $F_2$（或 $F_3$），距中点位置为 $\frac{a}{2} = 0.375$m。

【**例 11-5**】 求图 11-19（$a$）所示简支梁在吊车荷载作用下的绝对最大弯矩。

【**解**】

（1）求梁跨中截面 $C$ 上产生最大弯矩的临界荷载。绘出梁跨中截面 $C$ 上的弯矩 $M_C$ 的影响线，如图 11-19（$b$）所示。将轮 2 作用力置于影响线的顶点 [图 11-19（$c$）]，按临界荷载判别式（11-3），有

$$\frac{30+30}{10} > \frac{20+10+10}{10}$$

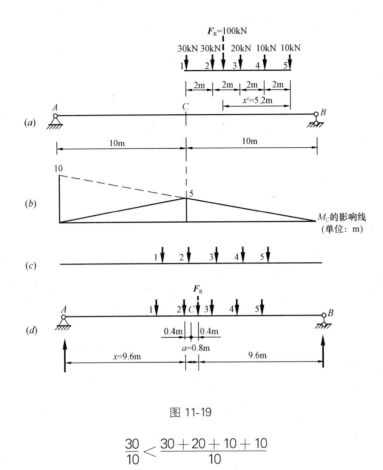

图 11-19

$$\frac{30}{10} < \frac{30+20+10+10}{10}$$

验算其他荷载均不满足判别式,故轮 2 作用力是使梁跨中截面 C 产生最大弯矩的临界荷载 $F_{cr}$。

(2) 求梁的绝对最大弯矩。梁上作用力的合力为

$$F_R = 30\text{kN} + 30\text{kN} + 20\text{kN} + 10\text{kN} + 10\text{kN} = 100\text{kN}$$

将轮 2 作用力与合力 $F_R$ 对称于梁的中点布置,如图 11-19(d)所示。设合力 $F_R$ 距轮 5 作用力的距离为 $x'$,则由

$$F_R \cdot x' = 10\text{kN} \times 2\text{m} + 20\text{kN} \times 4\text{m} + 30\text{kN} \times 6\text{m} + 30\text{kN} \times 8\text{m} = 520\text{kN} \cdot \text{m}$$

得

$$x' = \frac{520\text{kN} \cdot \text{m}}{F_R} = \frac{520\text{kN} \cdot \text{m}}{100\text{kN}} = 5.2\text{m}$$

故合力 $F_R$ 与临界荷载轮 2 作用力之间的距离为

$$a = 0.8\text{m}$$

由式 (11-4),轮 2 作用力离支座 A 的距离为

$$x = \frac{l}{2} - \frac{a}{2} = \frac{20\text{m}}{2} - \frac{0.8\text{m}}{2} = 9.6\text{m}$$

绝对最大弯矩发生在轮 2 作用的截面上。由式（11-5），绝对最大弯矩为

$$M_{\max} = \frac{F_R}{l}\left(\frac{l}{2}-\frac{a}{2}\right)^2 - M_i$$

$$= \frac{100\text{kN}}{20\text{m}} \times (9.6\text{m})^2 - 30\text{kN} \times 2\text{m} = 400.8\text{kN}\cdot\text{m}$$

## 11.6　连续梁的影响线和内力包络图

### 11.6.1　连续梁的影响线

连续梁是工程中常用的一种结构，例如桥梁中的主次梁结构，房屋建筑中的梁板结构等，都按连续梁进行计算。连续梁属于超静定梁，欲求影响线方程，必须先解超静定结构，并且反力、内力的影响线都为曲线，绘制较繁琐。

建筑工程中通常遇到的多跨连续梁在活载作用下的计算，大多是可动均布荷载的情况（如楼面上的人群荷载）。此时，只需知道影响线的轮廓，就可确定最不利荷载位置，而不必求出影响线竖标的数值。因此，对于活载作用下的连续梁，通常采用机动法绘制影响线的轮廓。

用机动法绘制连续梁影响线的方法与绘制静定梁影响线的方法类似。这里略去推导过程，直接给出绘制某量值 $X_K$（例如弯矩 $M_K$，图 11-20）影响线的步骤如下：

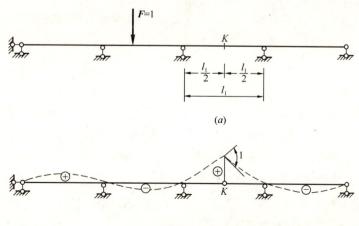

图 11-20

(1) 去掉与 $X_K$ 相应的约束,并用 $X_K$ 代替其作用。

(2) 使所得结构沿 $X_K$ 的正向产生单位虚位移,由此得到的梁的虚竖向位移图即代表 $X_K$ 的影响线。

(3) 在梁轴线上方的图形标注正号,下方的标注负号。

根据上述方法,很容易绘出剪力和支座反力的影响线,如图 11-21 所示。

上述方法也适用于绘制其他超静定结构的影响线。

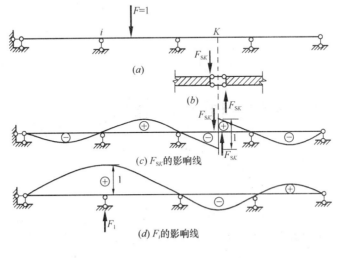

图 11-21

## 11.6.2 连续梁的内力包络图

1. 连续梁在均布活载作用下的最不利荷载位置

连续梁承受恒载和活载的共同作用,设计时应考虑两者的共同影响,求出各个截面上的最大内力和最小内力值,以此作为设计截面尺寸的依据。

连续梁在恒载作用下所产生的内力是固定不变的,而在活载作用下所产生的内力则随活载分布的不同而改变。因此,只需将活载作用下各截面上的最大内力和最小内力求出,然后叠加上恒载所产生的内力,即得各个截面上的最大内力和最小内力值。

计算在活载作用下某截面上的最大、最小内力,必须先确定活载的最不利布置情况,这需要利用影响线来解决。例如,欲求图 11-22 ($a$) 所示连续梁截面 $C$ 上的弯矩 $M_C$ 的最不利荷载位置,可先绘出弯矩 $M_C$ 的影响线 [图 11-22 ($b$)],将均布活载布满影响线的正号部分时,就是弯矩 $M_C$ 为最大值时最不利荷载分布情况,如图 11-22 ($c$) 所示;将均布活载布满影响线的负号部分时,就是弯矩 $M_C$ 为最小值(即最大负值)时最不利荷载分布情况,如图 11-22 ($d$) 所示。

一般的,连续梁最不利活载的布置规律如下:

(1) 求某跨跨中截面上的最大正弯矩时,应在该跨布满活载,其余每隔一跨布满活载。

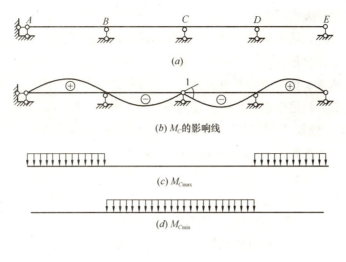

图 11-22

(2) 求某支座截面上的最大负弯矩时，应在该支座相邻两跨布满活载，其余每隔一跨布满活载。

(3) 求某支座截面上的最大剪力时，活载布置与求该截面上的最大负弯矩时相同。

读者可以在下面的例 11-6 中验证以上规律。

最不利荷载位置确定之后，可以用力矩分配法计算最大、最小弯矩值。也可查阅有关工程手册进行计算。

2. 连续梁内力包络图的绘制

求出了连续梁在活载作用下各截面上的最大内力和最小内力后，再叠加上恒载所产生的内力，将竖标用曲线相连，就得到连续梁的内力包络图。

当连续梁受均布活载作用时，各截面上弯矩的最不利荷载位置是在若干跨内布满荷载。若对于连续梁的每一跨单独布满活载的情况逐一绘出其弯矩图，然后就任一截面，将这些弯矩图中的对应的所有正弯矩值相加，则可得在活载作用下该截面上的最大正弯矩值；同样，将对应的所有的负弯矩值相加，则可得在活载作用下该截面上的最大负弯矩值。因此，对于均布活载作用下的连续梁，绘制其弯矩包络图的步骤如下：

(1) 绘出恒载作用下的弯矩图。

(2) 依次按每一跨上单独布满活载的情况，逐一绘出其弯矩图。

(3) 将各跨分为若干等分，对每一分点处的截面，将恒载弯矩图中各截面的竖标值与所有各个活载弯矩图中对应的正（负）竖标值叠加，便得到各截面的最大（小）弯矩值。

(4) 将上述各最大（小）弯矩值按同一比例用竖标表示，并以曲线相连，即得到弯矩包络图。

连续梁的弯矩包络图有两条曲线组成，其中一条为各截面上的最大正弯矩，另一条为各截面上的最大负弯矩。

连续梁的剪力包络图绘制步骤与弯矩包络图相同,由于在均布活载作用下剪力的最大值(包括正、负最大值)发生在支座两侧截面上。因此,通常只将各跨两端靠近支座处截面上的最大剪力值和最小剪力值求出,在跨中以直线相连,得到近似剪力包络图。显然,剪力包络图也有两条曲线组成。

【例 11-6】 绘制图 11-23(a)所示的三跨等截面连续梁的弯矩包络图和剪力包络图。梁上承受的恒载为 $q=20\text{kN/m}$,均布活载为 $q=40\text{kN/m}$。

【解】

(1) 绘制弯矩包络图。

1) 绘出恒载作用下的弯矩图,如图 11-23(b)所示。

2) 绘出各跨分别承受活载时的弯矩图,分别如图 11-23(c、d、e)所示。

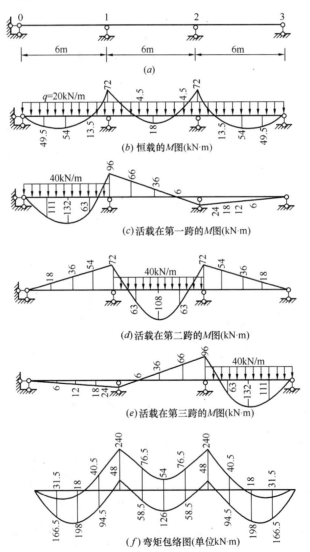

图 11-23

3) 将梁的每一跨分为四等分,求得各弯矩图中各等分点处的竖标值,然后将恒载弯矩图中各等分点处的竖标值与各个活载弯矩图中对应的正、负竖标值叠加,即得最大、最小弯矩值。例如在支座 2 截面上,其弯矩值为

$$M_{2(\max)} = (-72+24)\text{kN} \cdot \text{m} = -48\text{kN} \cdot \text{m}$$

$$M_{2(\min)} = (-72-72-96)\text{kN} \cdot \text{m} = -240\text{kN} \cdot \text{m}$$

4) 将各个最大弯矩值和最小弯矩值的竖标用曲线相连,即得弯矩包络图,如图 11-23 (f) 所示。

(2) 绘制剪力包络图。

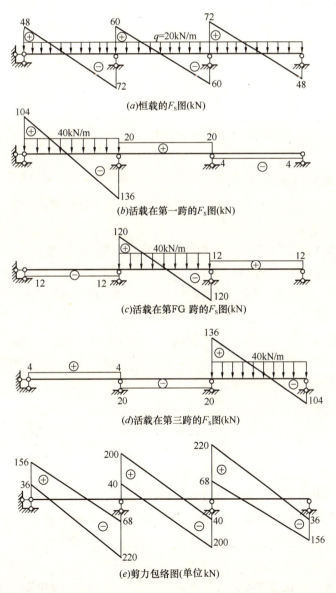

图 11-24

1) 绘出恒载作用下的剪力图,如图 11-24 (a) 所示。

2) 绘出各跨分别承受活载时的剪力图,分别如图 11-24 (b、c、d) 所示。

3) 将恒载剪力图中各支座左、右两侧截面的竖标值与各个活载剪力图中对应的正、负竖标值叠加,便得到各支座左、右两侧截面上剪力的最大、最小值。例如,在支座 1 右侧截面上的剪力值为

$$F_{S1(max)}^{R} = (60 + 20 + 120)\text{kN} = 200\text{kN}$$

$$F_{S1(min)}^{R} = (60 - 20)\text{kN} = 40\text{kN}$$

4) 将各跨两端截面上的最大剪力值和最小剪力值的竖标用直线相连,便得到近似剪力包络图,如图 11-24 (e) 所示。

## 单元小结

1. 理解影响线的概念。

在一个单位移动荷载作用下,表示结构某一量值变化规律的图形,称为该量值的影响线。

2. 掌握用静力法和机动法绘制静定梁的反力、内力的影响线。

(1) 静力法是以单位移动荷载 $F=1$ 的作用位置 $x$ 为变量,利用静力平衡条件列出某量值与 $x$ 之间的关系,即影响线方程,然后由影响线方程绘出该量值的影响线。

(2) 用机动法绘制结构某量值的影响线,只需将与该量值相对应的约束去掉,代之以该量值,并使该量值的作用点(面)沿该量值的正方向发生单位虚位移,则由此得到的虚位移图就是该量值的影响线。

3. 能利用影响线求反力和内力的影响量。

集中荷载作用下的影响量由式 (11-1) 计算。均布荷载作用下的影响量由式 (11-2) 计算。

4. 能利用影响线确定最不利荷载位置。

(1) 移动荷载是长度不定、可以任意分布的均布荷载。最不利荷载位置是在影响线的正值部分布满荷载(求最大正值),或在负值部分布满荷载(求最大负值)。

(2) 移动荷载是长度固定的均布荷载。在三角形影响线的情况下,最不利荷载位置是使均布荷载两端点对应的影响线竖标相等的位置。

(3) 移动荷载是单个集中荷载。最不利荷载位置是这个集中荷载作用在影响线的竖标最大处。

(4) 移动荷载是一系列间距不变的集中荷载。在三角形影响线的情况下，由式（11-3）判别临界荷载，计算各临界位置下的影响量，比较后确定最不利荷载位置。

5. 了解简支梁的内力包络图和绝对最大弯矩。

(1) 连接各截面上内力最大值的曲线称为内力包络图。内力包络图是针对某种移动荷载而言的，对不同的移动荷载，内力包络图不相同。

(2) 弯矩包络图中的最大竖标称为绝对最大弯矩。绝对最大弯矩及其所在位置由式（11-4）和式（11-5）计算。

6. 了解连续梁的影响线和内力包络图。

(1) 连续梁影响线的轮廓是用机动法绘制的。

(2) 对于均布活载作用下的连续梁，绘制其弯矩包络图的步骤如下：

①绘出恒载作用下的弯矩图。

②依次按每一跨上单独布满活载的情况，逐一绘出其弯矩图。

③将各跨分为若干等分，对每一分点处的截面，将恒载弯矩图中各截面的竖标值与所有各个活载弯矩图中对应的正（负）竖标值叠加，便得到各截面的最大（小）弯矩值。

④将上述各最大（小）弯矩值按同一比例用竖标表示，并以曲线相连，即得到弯矩包络图。

(3) 在绘制连续梁的剪力包络图时，只将各跨两端靠近支座处截面上的最大剪力值和最小剪力值求出，在跨中以直线相连，得到近似剪力包络图。

## 思考题

11-1 什么是影响线？影响线有什么用途？

11-2 影响线方程是根据什么条件列出的？在什么情况下，影响线的方程必须分段列出？

11-3 内力影响线与内力图有什么区别？

11-4 如何用机动法绘制静定梁的影响线？

11-5 比较静力法和机动法绘制影响线的优缺点。

11-6 什么是临界荷载和临界位置？

11-7 移动荷载组的临界位置和最不利荷载位置有何区别与联系？

11-8 什么是内力包络图？它有什么用途？内力包络图与内力图有何区别？

11-9 如何绘制简支梁的内力包络图？

11-10 简支梁的绝对最大弯矩如何确定？它与简支梁跨中截面上的最大弯矩是否相等？

11-11 如何绘制连续梁的影响线？

11-12 如何绘制连续梁的内力包络图？

## 习题

11-1 试用静力法绘制图示结构中指定量值的影响线，并用机动法校核。

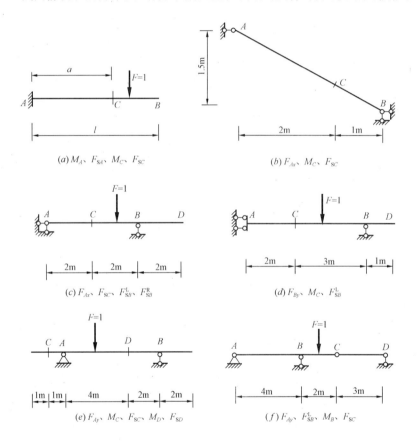

习题 11-1 图

11-2 绘制图示结构中指定量值 $M_C$、$F_{SC}$ 的影响线。

11-3 试用影响线求下列结构在图示固定荷载作用下指定量值的大小。

11-4 求图示简支梁在移动荷载作用下截面 $C$ 上的最大弯矩、最大正剪力和最大负剪力。

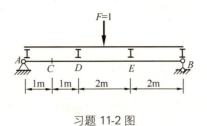

习题 11-2 图

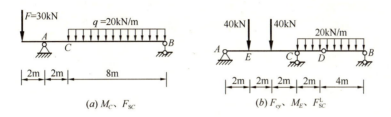

(a) $M_C$、$F_{SC}$  (b) $F_{Cy}$、$M_E$、$F_{SC}^L$

习题 11-3 图

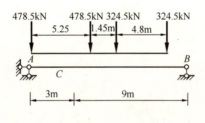

习题 11-4 图

**11-5** 求图示简支梁在移动荷载作用下的绝对最大弯矩,并与跨中截面上的最大弯矩作比较。

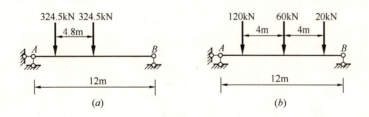

习题 11-5 图

**11-6** 绘制图示连续梁中量值 $M_A$、$M_K$、$M_C$、$F_{By}$、$F_{SK}$ 的影响线的轮廓。

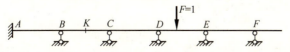

习题 11-6 图

**11-7** 绘制图示连续梁的弯矩包络图。已知连续梁各跨承受均布恒载 $q=10$kN/

m 和均布活载 $q=20\mathrm{kN/m}$ 的共同作用，梁的刚度 $EI$ 为常数。

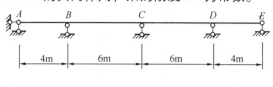

习题 11-7 图

# 第六篇
# 杆件的强度、刚度和稳定性

# 单元 12　拉压杆的强度

本单元介绍拉压杆的应力和强度计算,拉压杆变形以及材料在拉压时的力学性能,最后简单介绍应力集中的概念。

## 12.1　拉压杆的应力

### 12.1.1　应力的概念

根据经验我们知道：用同种材料制作两根粗细不同的杆件并使这两根杆件承受相同的轴向拉力,当拉力达到某一值时,细杆将首先被拉断(发生了破坏)。这一事实说明：杆件的强度不仅和杆件横截面上的内力有关,而且还与横截面的面积有关。细杆将先被拉断是因为内力在小截面上分布的密集程度(简称集度)大而造成的。因此,在求出内力的基础上,还应进一步研究内力在横截面上的分布**集度**。为此引入应力的概念。

受力杆件截面上某一点处的内力集度称为该点的应力。在构件的截开面上,围绕任意一点 $M$ 取微小面积 $\Delta A$[图 12-1($a$)],设 $\Delta A$ 上微内力的合力为 $\Delta \boldsymbol{F}$。$\Delta \boldsymbol{F}$ 与 $\Delta A$ 的比值

$$\boldsymbol{p}_m = \frac{\Delta \boldsymbol{F}}{\Delta A}$$

称为 $\Delta A$ 上的平均应力。而将极限值

$$\boldsymbol{p} = \lim_{\Delta A \to 0} \boldsymbol{p}_m = \lim_{\Delta A \to 0} \frac{\Delta \boldsymbol{F}}{\Delta A} = \frac{\mathrm{d}\boldsymbol{F}}{\mathrm{d}A} \tag{12-1}$$

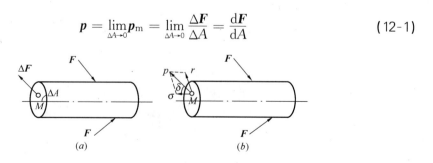

图 12-1

称为 $M$ 点处的**应力**。

应力 $p$ 是一个矢量，一般既不与截面垂直，也不与截面相切。通常把它分解为两个分量，如图 12-1 ($b$) 所示。垂直于截面的法向分量 $\sigma = p\cos\alpha$，称为**正应力**；相切于截面的切向分量 $\tau = p\sin\alpha$，称为**切应力**。

应力的单位是 Pa（帕），$1\text{Pa} = 1\text{N/m}^2$。工程中，常采用 Pa 的倍数单位：kPa（千帕）、MPa（兆帕）、GPa（吉帕），其关系为

$$1\text{kPa} = 1 \times 10^3 \text{Pa}$$

$$1\text{MPa} = 1 \times 10^6 \text{Pa}$$

$$1\text{GPa} = 1 \times 10^9 \text{Pa}$$

### 12.1.2 拉压杆横截面上的正应力

要解决拉压杆的强度问题，不但要知道杆件的内力，还必须知道内力在截面上的分布规律。内力在截面上的分布不能直接观察到，但内力与变形有关。因此要找出内力在截面上的分布规律，通常采用的方法是先做实验，然后由实验观察到的杆件在外力作用下的变形现象，作出一些假设，最后才能推导出应力的计算公式。下面我们就用这种方法推导轴向拉压杆的应力计算公式。

1. 实验

取一根等直杆（图 12-2$a$），为了便于通过实验观察轴向受拉杆所发生的变形现象，受力前在杆件表面均匀地画上若干与杆轴线平行的纵线及与轴线垂直的横线，使杆表面形成许多大小相同的方格。然后在杆的两端施加一对轴向拉力 $F$（图 12-2$b$），可以观察到，所有的纵线仍保持为直线，各纵线都伸长了，但仍互相平行，小方格变成长方格。所有的横线仍保持为直线，且仍垂直于杆轴，只是相对距离增大了。

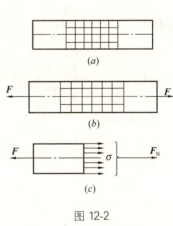

图 12-2

2. 假设

根据上述现象，可作如下假设：

(1) **平面假设**：若将各条横线看作是一个横截面，则杆件横截面在变形以后仍为平面且与杆轴线垂直，任意两个横截面只是作相对平移。

(2) 若将各纵向线看作是杆件由许多纤维组成，根据平面假设，任意两横截面之间的所有纤维的伸长都相同，即杆件横截面上各点处的变形都相同。

3. 结论

从上述均匀变形的推理可知，轴向拉杆横截面上的内力是均匀分布的，也就是横截面上各点的应力相等。由于拉压杆的轴力是垂直于横截面的，故与它相应的分布内力也必然垂直于横截面，由此可知，轴向拉杆横截面上只有正应力，而没有切应力。

从而可得结论：**轴向拉伸时，杆件横截面上各点处只产生正应力，且大小相等**（图 12-2c）。即

$$\sigma = \frac{F_N}{A} \tag{12-2}$$

式中　　$F_N$——横截面上的轴力；

　　　　$A$——横截面面积。

当杆件受轴向压缩时，上式同样适用。由于前面已规定了轴力的正负号，由式（12-2）可知，正应力也随轴力 $F_N$ 而有正负之分，即**拉应力为正，压应力为负**。

必须指出，作用于杆件上的轴向外力一般是外力系的静力等效力系，在外力作用点附近的应力比较复杂，并非均匀分布。研究表明，上述静力等效替换对原力系作用区域附近的应力分布有显著影响，但对稍远处的应力分布影响很小，可以忽略。这就是**圣维南原理**。根据这一原理，除了外力作用点附近以外，都可用式（12-2）计算应力。

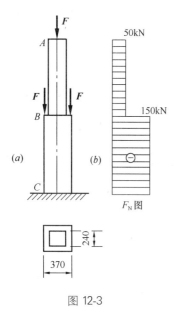

图 12-3

在对拉压杆进行强度计算时，需要知道杆的各横截面上正应力的最大值，称为**杆的最大正应力**。由式（12-2）可知，如果杆的各横截面上的轴力都相同，那么杆的最大正应力发生在截面积最小的横截面上。若是等直杆，则发生在轴力最大的横截面上。在一般情况下，应加以比较后确定。

【例 12-1】　一正方形截面的砖柱（压杆有时也称为柱）如图 12-3（a）所示，$F=50\text{kN}$。求砖柱的最大正应力。

【解】

用截面法求得上、下两段横截面上的轴力分别为

$$F_{N1}=-50\text{kN}, \quad F_{N2}=-150\text{kN}$$

绘出砖柱的轴力图如图 12-3（b）所示。

因为上、下两段横截面的面积也不相同，所以必须算出各段横截面上的应力，加以比较后才能确定柱的最大正应力。由式（12-2），得

$$\sigma_{AB} = \frac{F_{N1}}{A_{AB}} = \frac{-50\times 10^3 \text{N}}{240^2 \times 10^{-6}\text{m}^2}$$

$$= -0.87\times 10^6 \text{Pa} = -0.87\text{MPa}$$

$$\sigma_{BC} = \frac{F_{N2}}{A_{BC}} = \frac{-150\times 10^3 \text{N}}{370^2 \times 10^{-6}\text{m}^2} = -1.1\times 10^6 \text{Pa} = -1.1\text{MPa}$$

可见，砖柱的最大正应力发生在柱的下段各横截面上，其值为

$$\sigma_{max} = 1.1 \text{MPa} \ (压)$$

以后我们称应力较大的点为**危险点**，例如本题中柱下段横截面上各点。

## 12.2 拉压杆的变形

杆件在轴向拉伸或压缩时，所产生的主要变形是沿轴线方向的伸长或缩短，称为**纵向变形**；与此同时，垂直于轴线方向的横向尺寸也有所缩小或增大，称为**横向变形**（图 12-4a、b）。

### 12.2.1 纵向变形

设图 12-4 所示拉、压杆的原长为 $l$，在轴向外力 $F$ 的作用下，长度变为 $l_1$，杆的变形为

$$\Delta l = l_1 - l \quad (a)$$

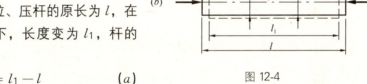

图 12-4

$\Delta l$ 即为杆的纵向变形。对于拉杆，$\Delta l$ 为正值，表示纵向伸长（图 12-4a）；对于压杆，$\Delta l$ 为负值，表示纵向缩短（图 12-4b）。

纵向变形 $\Delta l$ 只反映杆在纵向的总变形量，它与杆的原长有关。为了进一步刻划杆的变形程度，引进线应变的概念。根据平面假设，杆的各段都是均匀变形的，单位长度的纵向变形为

$$\varepsilon = \frac{\Delta l}{l} \qquad (12\text{-}3)$$

式中的 ε 称为**纵向线应变**。显然，拉伸时 ε>0，称为**拉应变**；压缩时 ε<0，称为**压应变**。ε 是一个量纲为 1 的量。

### 12.2.2 胡克定律

大量的实验表明，当杆的变形为弹性变形时，杆的纵向变形 $\Delta l$ 与外力 $F$ 及杆的原长 $l$ 成正比，而与杆的横截面面积 $A$ 成反比，即

$$\Delta l \propto \frac{Fl}{A}$$

引进比例常数 $E$，则有

$$\Delta l = \frac{Fl}{EA}$$

由于横截面上的轴力 $F_N = F$，故上式可改写为

$$\Delta l = \frac{F_N l}{EA} \quad (12\text{-}4)$$

上式称为**胡克定律**。式中的比例常数 $E$ 称为**弹性模量**，它与材料的性质有关，是衡量材料抵抗弹性变形能力的一个指标。$E$ 的数值可由实验测定。$E$ 的单位与应力的单位相同。一些常用材料的 $E$ 的约值列于表 12.1 中，以供参考。$EA$ 称为杆的**拉压刚度**，它是单位长度的杆产生单位长度的变形所需的力。所以拉压刚度 $EA$ 代表了杆件抵抗拉伸（压缩）变形的能力。

因 $\sigma = \frac{F_N}{A}$、$\varepsilon = \frac{\Delta l}{l}$，故式（12-4）变为

$$\sigma = E\varepsilon \quad (12\text{-}5)$$

上式是胡克定律的另一表达式。它表明：**当杆件应力不超过某一极限时，正应力与线应变成正比**。

### 12.2.3 横向变形

设图 12-4 所示拉、压杆在变形前、后的横向尺寸分别为 $d$ 与 $d_1$，则其横向变形 $\Delta d$ 为

$$\Delta d = d_1 - d \quad (b)$$

**横向线应变** $\varepsilon'$ 为

$$\varepsilon' = \frac{\Delta d}{d} \quad (12\text{-}6)$$

对于拉杆，$\Delta d$ 与 $\varepsilon'$ 都为负；对于压杆，$\Delta d$ 与 $\varepsilon'$ 都为正。

大量的实验表明，当杆的变形为弹性变形时，横向线应变 $\varepsilon'$ 与纵向线应变 $\varepsilon$ 的绝对值之比是一个常数。此比值称为**泊松比**或**横向变形系数**，用 $\nu$ 表示，即

$$\nu = \left|\frac{\varepsilon'}{\varepsilon}\right| \quad (c)$$

$\nu$ 是一个量纲为 1 的量，其数值随材料而异，也是通过试验测定的。一些常用材料的 $\nu$ 的约值也列于表 12.1 中。弹性模量 $E$ 和泊松比 $\nu$ 是材料固有的两个弹性常数，以后将会经常用到。

考虑到 $\varepsilon'$ 与 $\varepsilon$ 的正负号恒相反，由式（c）和式（12-5）可得

$$\varepsilon' = -\nu\varepsilon = -\nu\frac{\sigma}{E} \quad (12\text{-}7)$$

利用上式，可由纵向线应变或正应力求横向线应变。反之亦然。

**【例 12-2】** 为了测定钢材的弹性模量 $E$ 值，将钢材加工成直径 $d = 10\text{mm}$ 的试件，放在实验机上拉伸，当拉力 $F$ 达到 15kN 时，测得纵向线应变 $\varepsilon = 0.00096$，求这

一钢材的弹性模量。

【解】 当 $F$ 达到 15kN 时，正应力为

$$\sigma = \frac{F}{A} = \frac{15 \times 10^3 \text{N}}{\frac{1}{4} \times \pi \times (0.01\text{m})^2} = 191.08 \times 10^6 \text{Pa} = 191.08 \text{MPa}$$

由胡克定律得

$$E = \frac{\sigma}{\varepsilon} = \frac{191.08 \times 10^6 \text{Pa}}{0.00096} = 1.99 \times 10^{11} \text{Pa} = 199 \text{GPa}$$

常用材料的 $E$ 和 $\nu$ 的约值　　　　　　　　　　　表 12-1

| 材料名称 | $E$ /GPa | $\nu$ |
| --- | --- | --- |
| 低碳钢 | 196~216 | 0.24~0.28 |
| 中碳钢 | 205 | 0.24~0.28 |
| 16 锰钢 | 196~216 | 0.25~0.30 |
| 合金钢 | 186~216 | 0.25~0.30 |
| 铸　铁 | 59~162 | 0.23~0.27 |
| 混凝土 | 15~35 | 0.16~0.18 |
| 石灰岩 | 41 | 0.16~0.34 |
| 木材（顺纹） | 10~12 | |
| 橡　胶 | 0.0078 | 0.47 |

【例 12-3】　一木方柱（图 12-5）受轴向荷载作用，横截面边长 $a = 200$mm，材料的弹性模量 $E = 10$GPa，杆的自重不计。求各段柱的纵向线应变及柱的总变形。

【解】 由于上下两段柱的轴力不等，故两段柱的变形要分别计算。各段柱的轴力为

$$F_{NBC} = -100\text{kN}$$

$$F_{NAB} = -260\text{kN}$$

各段柱的纵向变形为

$$\Delta l_{BC} = \frac{F_{NBC} l_{BC}}{EA} = -\frac{100 \times 10^3 \text{N} \times 2\text{m}}{10 \times 10^9 \text{Pa} \times (0.2\text{m})^2}$$

$$= -0.5 \times 10^{-3} \text{m} = -0.5 \text{mm}$$

$$\Delta l_{AB} = \frac{F_{NAB} l_{AB}}{EA} = -\frac{260 \times 10^3 \text{N} \times 1.5\text{m}}{10 \times 10^9 \text{Pa} \times (0.2\text{m})^2}$$

$$= -0.975 \times 10^{-3} \text{m} = -0.975 \text{mm}$$

各段柱的纵向线应变为

$$\varepsilon_{BC} = \frac{\Delta l_{BC}}{l_{BC}} = -\frac{0.5 \text{mm}}{2000 \text{mm}} = -2.5 \times 10^{-4}$$

$$\varepsilon_{AB} = \frac{\Delta l_{AB}}{l_{AB}} = -\frac{0.975 \text{mm}}{1500 \text{mm}} = -6.5 \times 10^{-4}$$

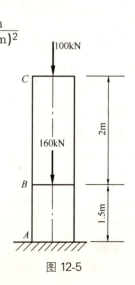

图 12-5

全柱的总变形为两段柱的变形之和，即

$$\Delta l = \Delta l_{BC} + \Delta l_{AB} = -0.5\text{mm} - 0.975\text{mm} = -1.475\text{mm}$$

## 12.3 材料在拉压时的力学性能

材料的力学性能是材料在外力作用下其强度和变形等方面表现出来的性质，它是构件强度计算及材料选用的重要依据。材料的力学性能由试验测定。现以工程中广泛使用的低碳钢（含碳量<0.25%）和铸铁两类材料为例，介绍材料在常温、静载（是指从零缓慢地增加到标定值的荷载）下拉压时的力学性能。

### 12.3.1 材料在拉伸时的力学性能

1. 低碳钢在拉伸时的力学性能

为了便于比较不同材料的试验结果，必须将试验材料按照国家标准制成标准试件。金属材料常用的拉伸试件如图 12-6 所示，中部工作段的直径为 $d_0$，工作段的长度为 $l_0$，称为标距，且 $l_0 = 10d_0$ 或 $l_0 = 5d_0$。

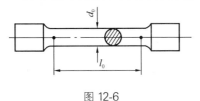

图 12-6

试验时将试件的两端装在试验机的夹头中，缓慢平稳地加载直至拉断。通过试验，可以看到随着拉力 $F$ 的逐渐增加，试件的伸长量 $\Delta l$ 也在增加。如取一直角坐标系，横坐标表示变形 $\Delta l$，纵坐标表示拉力 $F$，则在试验机的自动绘图装置上可以画出 $\Delta l$ 与 $F$ 之间的关系曲线，这条曲线称为**拉伸曲线**或 $F - \Delta l$ **曲线**。图 12-7 为 Q235 钢的拉伸曲线。

拉伸曲线受试件几何尺寸的影响，不能直接反映材料的力学性能。例如如果试件做得粗些，产生相同的伸长所需的拉力就要大一些；如果试件的标距长些，则在同样的拉力作用下，伸长也会大些。为了消除试件尺寸的影响，使试验结果能反映材料的性能，将拉力 $F$ 除以试件的原横截面面积 $A_0$，得到应力 $\sigma = F/A_0$ 作为纵坐标，将标距的伸长量 $\Delta l$ 除以标距的原有长度 $l_0$，得到应变 $\varepsilon = \Delta l/l_0$ 作为横坐标，这样就得到一条应力 $\sigma$ 与应变 $\varepsilon$ 之间的关系曲线（图 12-8），称为**应力—应变曲线**或 $\sigma - \varepsilon$ **曲线**。

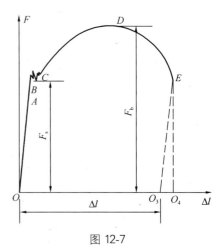

图 12-7

(1) 低碳钢拉伸过程的四个阶段

根据应力—应变曲线，低碳钢的拉伸过程可分为以下四个阶段：

1) 弹性阶段

$\sigma-\varepsilon$ 曲线上 OB 段为弹性阶段。在此阶段内，如果卸除荷载，则变形能够完全消失，即发生的是弹性变形，故称为弹性阶段。弹性阶段的应力最高值称为**弹性极限**，用 $\sigma_e$ 表示，即 B 点处的应力值。

在此阶段内，除 AB 这一小段外，OA 段为直线，应力与应变成线性关系，材料服从胡克定

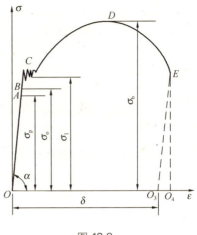

图 12-8

律，因此图中直线 OA 的斜率即为材料的弹性模量 E，即 $E=\tan\alpha$。在 $\sigma-\varepsilon$ 曲线上对应于点 A 的应力，表示应力与应变成比例关系的最大值，称为**比例极限**，用 $\sigma_p$ 表示。Q235 钢的比例极限 $\sigma_p=200\text{MPa}$。由于比例极限与弹性极限非常接近难以区分，实际应用中常将两者视为相等。

2) 屈服阶段

BC 段称为屈服阶段，在此阶段，$\sigma-\varepsilon$ 曲线沿着锯齿形上下摆动。此时应力基本保持不变而应变却急剧增加，材料暂时失去了抵抗变形的能力，这种现象称为屈服或**流动**。在屈服阶段中，对应于 $\sigma-\varepsilon$ 曲线首次下降后的最低点的应力称为屈服下限。通常，屈服下限的值较稳定，故一般将其作为材料的**屈服极限**，用 $\sigma_s$ 表示。Q235 钢的屈服极限 $\sigma_s=235\text{MPa}$。

如果试件表面经过磨光，屈服时试件表面会出现一些与试件轴线成 45°的条纹（图 12-9）称为**滑移线**，这是由于材料内部晶格之间产生相对滑移而形成的。

材料屈服时产生显著的塑性变形，这是构件正常工作所不允许的，因此**屈服极限 $\sigma_s$ 是衡量材料强度的重要指标。**

3) 强化阶段

屈服阶段以后的 CD 段，$\sigma-\varepsilon$ 曲线又开始逐渐上升，材料又恢复了抵抗变形的能力，要使它继续发生变形必须增加外力，这种现象称为**材料的强化**。这一阶段称为强化阶段。强化阶段曲线最高点 D 所对应的应力值称为**强度极限或抗拉强度**，用 $\sigma_b$ 表示，Q235 钢的强度极限 $\sigma_b=400\text{MPa}$。

4) 颈缩阶段

在应力达到抗拉强度之前，沿试件的长度变形是均匀的。当应力达到强度极限 $\sigma_b$ 后，试件的变形开始集中于某一局部区域内，横截面面积出现局部迅速收缩，这种现象称为**颈缩现象**（图 12-10）。由于局部截面的收缩，试件继续变形所需拉力逐渐减小，直至在曲线的 E 点，试件被拉断。故 DE 段称为颈缩阶段。

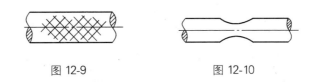

图 12-9        图 12-10

试件拉断后，**弹性应变**（$O_3O_4$）恢复，**塑性应变**（$OO_3$）永远残留（图 12-11）。试件工作段的长度由 $l_0$ 伸长到 $l$，断口处的横截面面积由原来的 $A_0$ 缩减到 $A$。通常用它们的相对残余变形来衡量材料的塑性性能。工程中反映材料塑性性能的两个指标分别为

**延伸率：**
$$\delta = \frac{l-l_0}{l_0} \times 100\% \tag{12-8}$$

**断面收缩率：**
$$\psi = \frac{A_0-A}{A_0} \times 100\% \tag{12-9}$$

Q235 钢的延伸率 $\delta=20\%\sim30\%$，断面收缩率 $\psi=60\%\sim70\%$。

工程中常把 $\delta\geqslant5\%$ 的材料称为**塑性材料**，如碳钢、黄铜、铝合金等；而把 $\delta<5\%$ 的材料称为**脆性材料**，如铸铁、陶瓷、玻璃、混凝土等。

(2) 冷作硬化

在拉伸试验过程中，当应力达到强化阶段任一点 $G$ 时，逐渐卸除荷载，则应力与应变之间的关系将沿着与 $OA$ 近乎平行的直线 $GO_1$ 回到 $O_1$ 点，如图 12-11 所示。$O_1O_2$ 这部分弹性应变消失，而 $OO_1$ 这部分塑性应变则永远残留。如果卸载后重新加载，则应力与应变曲线将大致沿着 $O_1GDE$ 的曲线变化，直至断裂。

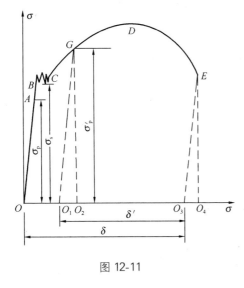

图 12-11

由此可以看出，重新加载后材料的比例极限提高了，而断裂后的塑性应变减少了 $OO_1$。这种在常温下将钢材拉伸超过屈服阶段，卸载再重新加载时，比例极限 $\sigma_p$ 提高而塑性变形降低的现象称为材料的**冷作硬化**。

在实际工程中常利用冷作硬化提高材料的强度。例如冷拉后的钢筋比例极限提高了，可以节约钢材的用量，降低结构造价。但是由于冷作硬化后材料的塑性降低，有些时候则要避免或设法消除冷作硬化。

2. 其他塑性材料在拉伸时的力学性能

图 12-12 给出了几种塑性材料的 $\sigma-\varepsilon$ 曲线。可以看出，除了 16Mn 钢与低碳钢的 $\sigma-\varepsilon$ 曲线比较相似外，一些材料（如铝合金）没有明显的屈服阶段，但它们的弹性阶段、强化阶段和颈缩阶段则都比较明显；另外一些材料（如 MnV 钢）则只有弹

性阶段和强化阶段而没有屈服阶段和颈缩阶段。对于没有屈服阶段的塑性材料，国家标准规定以产生 0.2% 塑性应变时的应力值作为材料的**名义屈服极限**，用 $\sigma_{0.2}$ 表示（图 12-13）。

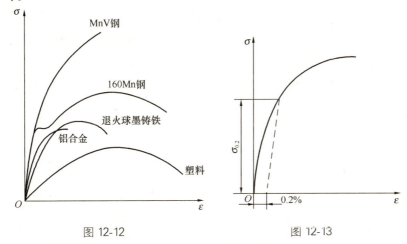

图 12-12　　　　　　　　　　图 12-13

3. 铸铁等脆性材料在拉伸时的力学性能

灰铸铁（简称铸铁）是工程中广泛应用的一种材料。将铸铁标准拉伸试件，按低碳钢拉伸试验同样的方法进行试验，得到铸铁拉伸时的应力—应变曲线如图 12-14 所示。由应力—应变曲线可以看出，它没有明显的直线段，应力与应变不成正比关系。在工程计算中通常以产生 0.1% 的总应变所对应的曲线的割线斜率来表示材料的弹性模量，$E=\tan\alpha$。

铸铁在拉伸过程中，没有屈服阶段，也没有颈缩现象。拉断时应变很小，约为 0.4%～0.5%，是典型的脆性材料。拉断时的应力称为强度极限或抗拉强度，用 $\sigma_b$ 表示。**强度极限 $\sigma_b$ 是衡量脆性材料强度的唯一指标**。常用灰铸铁的抗拉强度很低，约为 120～180MPa。由于铸铁等**脆性材料拉伸时的强度极限很低，因此不宜用于制作受拉构件**。

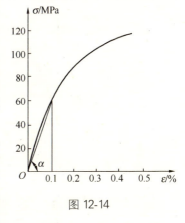

图 12-14

## 12.3.2　材料在压缩时的力学性能

1. 塑性材料在压缩时的力学性能

金属材料的压缩试件一般采用圆柱形的短试件，试件高度与截面直径的比值为 1.5～3。低碳钢压缩时的应力—应变曲线如图 12-15 所示，同时在图 12-15 中用虚线表示拉伸时的应力—应变曲线。由图可以看出，在屈服阶段以前，低碳钢拉伸与压缩的应力—应变曲线基本重合。因此，**低碳钢压缩时的弹性模量 $E$、屈服极限 $\sigma_s$ 都与拉伸试验的结果基本相同**。在屈服阶段后，试件出现了显著的塑性变形，越压越扁，由于上下压板与试件之间的摩擦力约束了试件两端的横向变形，试件被压成鼓形，如图 12-15 所示。由

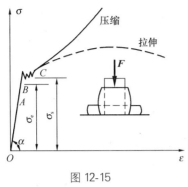

图 12-15

于横截面不断增大,要继续产生压缩变形,就要进一步增加压力,因此由 $\sigma=F/A_0$ 得出的 $\sigma$—$\varepsilon$ 曲线呈上翘趋势。由此可见,低碳钢压缩时的一些性能指标,可通过拉伸试验测出,而不必再作压缩试验。

一般塑性材料都存在上述情况。但有些塑性材料压缩与拉伸时的屈服极限不同。如铬钢、硅合金钢,因此对这些材料还要测定其压缩时的屈服极限。

### 2. 脆性材料在压缩时的力学性能

图 12-16 所示为铸铁压缩时的应力—应变曲线(图中也大致画出了拉伸时的应力—应变曲线)。铸铁拉、压时的应力—应变曲线都没有明显的屈服阶段。但压缩时塑性变形较明显。铸铁的**抗压强度** $\sigma_c$ 远大于抗拉强度 $\sigma_b$,大约为抗拉强度的 4~5 倍。破坏时不同于拉伸时沿横截面,而是沿与轴线约成 45°~55°的斜截面破坏(图 12-17),这说明铸铁的压缩破坏是由于超过了材料的抗剪能力而造成的。

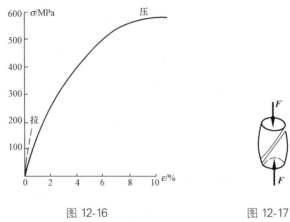

图 12-16          图 12-17

混凝土是由水泥、石子、沙子三种材料用水拌和经过凝固硬化后而成的人工石料。图 12-18 为混凝土拉、压时的 $\sigma$—$\varepsilon$ 曲线,由图可知混凝土的抗压强度为抗拉强度的 10 倍左右。

混凝土压缩时,破坏形式与端部摩擦有关。图 12-19 (a) 是立方体试块端部未加润滑剂时的破坏情况。由于两端未加润滑剂,压板与混凝土之间的摩擦力约束了试件两端的变形,因此试件破坏时先自中间部分开始四面向外逐渐剥落形成 X 状。图 12-19 (b) 则由于加润滑剂后两端摩擦约束力较小,因此沿纵向裂开。两种破坏形式所对应的抗压强度不同,后者破坏荷载较小。工程中统一规定采用两端不加润滑剂的试验结果,来确定材料的抗压强度。

由于铸铁、混凝土等脆性材料的抗压强度比抗拉强度高,**宜用于制作承压构件**。如底座、桥墩、基础等。

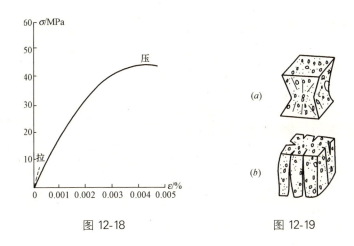

图 12-18    图 12-19

### 12.3.3 安全因数、许用应力

通过拉压试验，可以测出反映材料强度的两个性能指标，即 $\sigma_s$ 和 $\sigma_b$。对低碳钢等塑性材料，当应力达到屈服极限 $\sigma_s$（$\sigma_{0.2}$）时，会产生显著的塑性变形，影响构件正常工作；而对铸铁等脆性材料，当应力达到抗拉强度 $\sigma_b$ 或抗压强度 $\sigma_c$ 时，会发生断裂，丧失工作能力。工程中将塑性材料的屈服极限 $\sigma_s$（$\sigma_{0.2}$）和脆性材料的抗拉强度 $\sigma_b$（抗压强度 $\sigma_c$）统称为**极限应力**，用 $\sigma^0$ 表示。

要使构件能安全正常地工作，要求构件的最大应力必须小于极限应力 $\sigma^0$。但只将构件的最大应力限制在极限应力范围内还是不够的，还要考虑到计算简图与实际结构之间存在着差异、材料的不均匀性、荷载的估计和计算不精确以及构件需要有必要的强度储备等方面的因素，而将构件的最大应力限制在比极限应力 $\sigma^0$ 更低的范围内，即将材料的极限应力打一个折扣，除以一个大于1的因数 $n$ 以后，作为构件的最大应力所不允许超过的数值，这个应力值称为**许用应力**，用 $[\sigma]$ 表示，即

$$[\sigma] = \sigma^0/n \tag{12-10}$$

对于塑性材料

$$[\sigma] = \sigma_s/n_s \text{ 或 } [\sigma] = \sigma_{0.2}/n_s \tag{12-11}$$

对于脆性材料

$$[\sigma] = \sigma_b/n_b \text{ 或 } [\sigma] = \sigma_c/n_b \tag{12-12}$$

式中　$n_s$ 和 $n_b$——塑性材料和脆性材料的**安全因数**。从安全程度看，断裂比屈服更危险，所以一般 $n_b > n_s$。

安全因数的选取关系到构件的安全与经济，安全因数取得过大，使构件粗大笨重，浪费材料；取得过小，构件又不安全。因此安全因数的选取原则是：**在保证构件安全可靠的前提下，尽可能减小安全因数来提高许用应力。**

安全因数的确定是一件复杂的工作，一般情况下，在工业的各个部门都指定有自己的安全因数规范供设计人员查用。如无规范，则对塑性材料一般取 $n_s = 1.4 \sim 1.7$，

对脆性材料一般取 $n_b = 2.5 \sim 5$。

## 12.4 拉压杆的强度计算

由上节可知，要保证拉压杆不致因强度不足而破坏，应使杆的最大正应力 $\sigma_{\max}$ 不超过材料的许用应力 $[\sigma]$，即

$$\sigma_{\max} \leqslant [\sigma] \tag{12-13}$$

这就是拉（压）杆的**强度条件**。对于等直杆，由于 $\sigma_{\max} = \dfrac{F_{N\max}}{A}$，所以强度条件可写为

$$\sigma_{\max} = \frac{F_{N\max}}{A} \leqslant [\sigma] \tag{12-14}$$

根据强度条件，可以解决工程中三种不同类型的强度计算问题：

(1) 强度校核。已知杆的材料、尺寸和承受的荷载（即已知 $[\sigma]$、$A$ 和 $F_{N\max}$），要求校核杆的强度是否足够。此时只要检查式 (12-14) 是否成立。

(2) 设计截面尺寸。已知杆的材料、承受的荷载（即已知 $[\sigma]$、$F_{N\max}$），要求确定横截面面积或尺寸。为此，将式 (12-14) 改写为

$$A \geqslant \frac{F_{N\max}}{[\sigma]} \tag{a}$$

据此可算出必需的横截面面积。根据已知的横截面形状，再确定横截面尺寸。

当采用工程中规定的标准截面时，可能会遇到为了满足强度条件而须选用过大截面的情况。为经济起见，此时可以考虑选用小一号的截面，但由此而引起的杆的最大正应力超过许用应力的百分数一般限制在5%以内，即

$$\frac{\sigma_{\max} - [\sigma]}{[\sigma]} \times 100\% < 5\% \tag{b}$$

(3) 确定许用荷载。已知杆的材料和尺寸（即已知 $[\sigma]$ 和 $A$），要求确定杆所能承受的最大荷载。为此，将式 (12-14) 改写为

$$F_{N\max} \leqslant A[\sigma] \tag{c}$$

先计算出杆所能承受的最大轴力，再由荷载与轴力的关系，计算出杆所能承受的最大荷载。

**【例 12-4】** 图 12-20 (a) 所示三铰屋架的拉杆采用 16 锰圆钢，直径 $d=20\text{mm}$。已知材料的许用应力 $[\sigma]=200\text{MPa}$，试校核钢拉杆的强度。

**【解】**

三铰屋架的计算简图如图 12-20 (b) 所示。

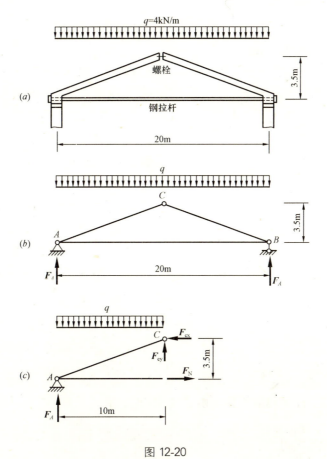

图 12-20

(1) 求支座反力。取整个屋架为研究对象（图 12-20b），利用对称性，得

$$F_A = F_B = \frac{1}{2} \times q \times 20\text{m} = \frac{1}{2} \times 4\text{kN/m} \times 20\text{m} = 40\text{kN}$$

(2) 求拉杆的轴力。取半个屋架为研究对象（图 12-20c），由平衡方程

$$\Sigma M_C = 0 \quad F_N \times 3.5\text{m} + q \times 10\text{m} \times \frac{10}{2}\text{m} - F_A \times 10\text{m} = 0$$

得

$$F_N = \frac{1}{3.5\text{m}}[F_A \times 10\text{m} - q \times 10\text{m} \times 5\text{m}]$$

$$= \frac{1}{3.5\text{m}}(40\text{kN} \times 10\text{m} - 4\text{kN/m} \times 10\text{m} \times 5\text{m}) = 57.1\text{kN}$$

(3) 求拉杆的最大正应力。钢拉杆是等直杆，横截面上的轴力相同，故杆的最大正应力为

$$\sigma_{max} = \frac{F_N}{A} = \frac{F_N}{\frac{\pi}{4}d^2} = \frac{57.1 \times 10^3 \text{N}}{\frac{\pi}{4} \times 20^2 \times 10^{-6}\text{m}^2}$$

$$= 182 \times 10^6 \text{Pa} = 182\text{MPa}$$

(4) 校核拉杆的强度。因为

$$\sigma_{\max} = 182\text{MPa} < [\sigma] = 200\text{MPa}$$

所以钢拉杆的强度是足够的。

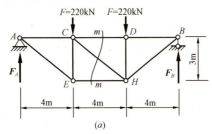

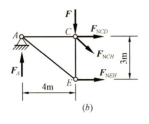

图 12-21

【例 12-5】 图 12-21 (a) 所示钢桁架的所有各杆都是由两个等边角钢组成。已知角钢的材料为 Q235 钢，其许用应力 $[\sigma] = 170\text{MPa}$，试为杆 EH 选择所需角钢的型号。

【解】

(1) 求支座反力。取整个桁架为研究对象 (图 12-21a)，由对称性，得

$$F_A = F_B = F = 220\text{kN}$$

(2) 求杆 EH 的轴力。假想用截面 $m-m$ 将桁架截开，取左边部分为研究对象 (图 12-21b)，由平衡方程

$$\Sigma M_C = 0 \quad F_{NEH} \times 3\text{m} - F_A \times 4\text{m} = 0$$

得

$$F_{NEH} = \frac{4}{3}F_A = \frac{4}{3} \times 220\text{kN} = 293\text{kN}$$

(3) 计算杆 EH 的横截面积。由式 (12-14)，有

$$A \geqslant \frac{F_{NEH}}{[\sigma]} = \frac{293 \times 10^3\text{N}}{170 \times 10^6\text{Pa}} = 1.72 \times 10^{-3}\text{m}^2 = 1720\text{mm}^2$$

(4) 选择等边角钢的型号。型钢是工程中常用的标准截面（见附录Ⅱ）。等边角钢是型钢的一种。它的型号用边长的厘米数表示，在设计图上则常用边长和厚度的毫米数来表示，例如符号 L80×7 表示 8 号角钢，其边长为 80mm，厚度为 7mm。现由型钢表查得，厚度为 6mm 的 7.5 号等边角钢的横截面面积为 $8.797 \times 10^2\text{mm}^2 = 879.7\text{mm}^2$，用两个这样的等边角钢组成的杆的横截面面积为 $879.7\text{mm}^2 \times 2 = 1759.4\text{mm}^2$，稍大于 $1720\text{mm}^2$。因此，选用 L75×6。

【例 12-6】 如图 12-22 (a) 所示三角形托架，AB 为钢杆，其横截面面积为 $A_1 = 400\text{mm}^2$，许用应力 $[\sigma] = 170\text{MPa}$；BC 为木杆，其横截面面积为 $A_2 = 10000\text{mm}^2$，许用压应力为 $[\sigma_c] = 10\text{MPa}$。求荷载 F 的最大值 $F_{\max}$。

【解】

(1) 求两杆的轴力与荷载的关系。取节点 B 为研究对象 (图 12-22b)，由平衡方程

$$\Sigma Y = 0 \quad F_{N2}\sin 30° - F = 0$$

得

$$F_{N2} = \frac{F}{\sin 30°} = 2F(\text{压})$$

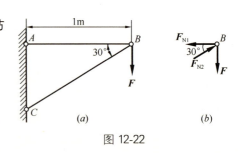

图 12-22

$$\Sigma X = 0 \quad F_{N2}\cos30° - F_{N1} = 0$$

得

$$F_{N1} = F_{N2}\cos30° = 2F \times \frac{\sqrt{3}}{2} = \sqrt{3}F(拉)$$

(2) 计算许用荷载。由式（12-14），$AB$ 杆的许用轴力为

$$F_{N1} = \sqrt{3}F \leqslant A_1[\sigma]$$

所以对于 $AB$ 杆，许用荷载为

$$F \leqslant \frac{A_1[\sigma]}{\sqrt{3}} = \frac{400 \times 10^{-6} m^2 \times 170 \times 10^6 Pa}{\sqrt{3}} = 39300N = 39.3kN$$

同样，对于 $BC$ 杆，许用轴力为

$$F_{N2} = 2F \leqslant A_2[\sigma_c]$$

许用荷载为

$$F \leqslant \frac{A_2[\sigma_c]}{2} = \frac{10000 \times 10^{-6} m^2 \times 10 \times 10^6 Pa}{2} = 50000N = 50kN$$

为了保证两杆都能安全地工作，荷载 $F$ 的最大值为

$$F_{max} = 39.3kN$$

【例 12-7】 图 12-23（$a$）表示一等直杆，其顶部受轴向荷载 $F$ 的作用。已知杆的长度为 $l$，横截面面积为 $A$，材料的容重为 $\gamma$，许用应力为 $[\sigma]$，试写出考虑杆自重时的强度条件。

【解】
杆的自重可看作沿轴线均匀分布的荷载（图 12-23$a$）。应用截面法（图 12-23$b$），杆的任一横截面 $m-m$ 上的轴力为

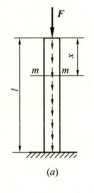
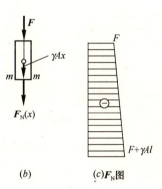

图 12-23

$$F_N(x) = -(F + \gamma A x)$$

负号表示轴力为压力。由此绘出杆的轴力图如图 12-23（$c$）所示。根部横截面上的轴力最大，其值为

$$F_{Nmax} = F + \gamma A l (压)$$

由式（12-14），杆的强度条件为

$$\sigma_{max} = \frac{F_{Nmax}}{A} = \frac{F}{A} + \gamma l \leqslant [\sigma]$$

或

$$\frac{F}{A} \leqslant [\sigma] - \gamma l$$

由此例可知,当考虑杆的自重时,相当于材料的许用应力减小了 $\gamma l$。若 $\dfrac{\gamma l}{[\sigma]} \ll 1$,则自重对杆的影响很小,可以忽略;若 $\dfrac{\gamma l}{[\sigma]}$ 有一定数量的值,则自重对强度的影响应加以考虑。例如,有一长 $l=10\text{m}$ 的等直钢杆,钢的容重 $\gamma=76440\text{N/m}^3$,许用应力 $[\sigma]=170\text{MPa}$,则 $\dfrac{\gamma l}{[\sigma]}=0.45\% \ll 1$;若有同样长度的砖柱,砖的容重 $\gamma=17640\text{N/m}^3$,许用应力 $[\sigma]=1.2\text{MPa}$,而 $\dfrac{\gamma l}{[\sigma]}=15\%$。因此,一般地,金属材料制成的拉压杆在强度计算中可以不考虑自重的影响(有些很长的杆件,如起重机的吊缆、钻探机的钻杆等除外);但对砖、石、混凝土制成的柱(压杆)在强度计算中应该考虑自重的影响。

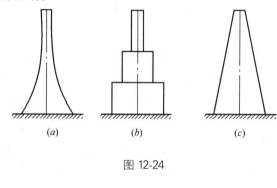

图 12-24

当考虑杆的自重时,如果按杆根部横截面上的正应力 $\sigma_{\max}$ 来设计截面,把杆制成等直杆,那么只有根部横截面上的应力达到材料的许用应力 $[\sigma]$,其他横截面上的应力都比 $[\sigma]$ 小,显然造成了材料的浪费。因此,为了合理地利用材料,应使杆的每一横截面上的应力都等于材料的许用应力 $[\sigma]$,这样设计的杆称为**等强度杆**,其形状如图 12-24($a$) 所示。不过,等强度杆的制作复杂而且昂贵,故在工程中,一般都制成与等强度杆相近的阶梯形杆(图 12-24$b$)或截锥形杆(图 12-24$c$)。

## 12.5  应力集中的概念

1. 应力集中的概念

等截面直杆受轴向拉伸和压缩时,横截面上的应力是均匀分布的。但是工程上由于实际的需要,常在一些构件上钻孔、开槽以及制成阶梯形等,以致截面的形状和尺寸发生了较大的改变。由实验和理论研究表明,构件在截面突变处应力并不是均匀分布的。例如图 12-25($a$) 所示开有圆孔的直杆受到轴向拉伸时,在圆孔附近的局部区域内,应力的数值剧烈增加,而在稍远的地方,应力迅速降低而趋于均匀(图 12-25$b$)。又如图 12-26($a$) 所示具有浅槽的圆截面拉杆,在靠近槽边处应力很大,在开槽的横截面上,其应力分布如图 12-26($b$) 所示。这种由于杆件外形的突然变化而引起局部应力急剧增大的现象，称为**应力集中**。

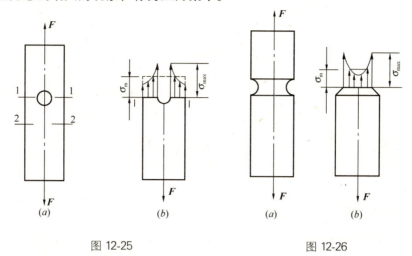

图 12-25　　　　　　　　图 12-26

2. 应力集中对构件强度的影响

应力集中对构件强度的影响随构件性能不同而异。当构件截面有突变时会在突变部分发生应力集中现象，截面应力呈不均匀分布（图 12-27a）。继续增大外力时，塑性材料构件截面上的应力最高点首先到达屈服极限 $\sigma_s$（图 12-27b）。若再继续增加外力，该点的应力不会增大，只是应变增加，其他点处的应力继续提高，以保持内外力平衡。外力不断加大，截面上到达屈服极限的区域也逐渐扩大（图 12-27c、d），直至整个截面上各点应力都达到屈服极限，构件才丧失工作能力。因此，对于用塑性材料制成的构件，尽管有应力集中，却并不显著降低它抵抗荷载的能力，所以在强度计算中可以不考虑应力集中的影响。脆性材料没有屈服阶段，当应力集中处的最大应力达到材料的强度极限时，将导致构件的突然断裂，大大降低了构件的承载能力。因此，必须考虑应力集中对其强度的影响。

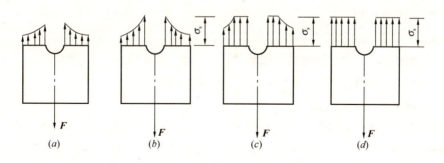

图 12-27

## 单元小结

1. 理解应力的概念。熟练掌握轴向拉压杆横截面上的应力计算和应力分布规律。

(1) 截面上某点处内力的密集程度（集度）称为该点处的应力。应力的法向分量 $\sigma$ 称为正应力，切向分量 $\tau$ 称为切应力。

(2) 拉压杆横截面上的正应力

1) 横截面上正应力的计算公式 $\sigma = \dfrac{F_N}{A}$

2) 横截面上正应力的分布规律：均匀分布

2. 了解纵向变形及横向变形相关概念。熟练掌握轴向拉压杆的变形计算。理解胡克定律，了解弹性模量、泊松比、拉压刚度的概念。

胡克定律：当杆的变形为弹性变形时，杆的纵向变形 $\Delta l$ 与外力 $F$ 及杆的原长 $l$ 成正比，而与杆的横截面面积 $A$ 成反比。或者说在弹性限度内，正应力与线应变成正比。

3. 掌握材料在拉压时的力学性能和测试方法。

低碳钢在拉压时的两个强度指标为屈服极限 $\sigma_s$ 和强度极限 $\sigma_b$。两个塑性指标为延伸率 $\delta$ 和断面收缩率 $\psi$。

4. 理解许用应力与安全因数的概念。

工程中将塑性材料的屈服极限 $\sigma_s$ ($\sigma_{0.2}$) 和脆性材料的抗拉强度 $\sigma_b$（抗压强度 $\sigma_c$）统称为极限应力，用 $\sigma^0$ 表示。将材料的极限应力除以安全因数得到许用应力，作为材料的强度设计值。

5. 熟练掌握轴向拉压杆的强度计算。

应用轴向拉压杆的强度条件可以解决以下三类工程问题：①强度校核；②设计截面尺寸；③确定许用荷载。

6. 了解应力集中的概念。

由于杆件外形的突然变化而引起局部应力急剧增大的现象，称为应力集中。

## 思考题

12-1 拉压杆横截面上正应力的分布规律是怎样的?

12-2 为什么要研究材料的力学性能?材料的主要力学性能指标有哪些?

12-3 低碳钢试件在整个拉伸过程中可分为哪几个阶段?每个阶段有什么特点?

12-4 如何区分塑性材料和脆性材料?两种材料的力学性能有哪些区别?

12-5 利用拉压杆的强度条件可以解决工程中哪三种类型的强度计算问题?

12-6 试在如图所示结构中为 $AB$、$AC$ 构件选择合理材料。

12-7 三种材料拉伸时的应力应变曲线图如右图所示,问哪一种材料:

(1) 弹性好 (2) 强度高 (3) 塑性好 (4) 刚度大

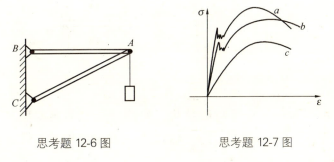

思考题 12-6 图　　思考题 12-7 图

12-8 胡克定律有几种表达形式?其应用条件是什么?

12-9 什么是应力集中?

## 习题

12-1 圆截面杆的直径及荷载如图所示,求各杆的最大正应力。

12-2 图示一钢制阶梯杆,各段横截面面积分别为 $A_1=A_3=300\text{mm}^2$,$A_2=200\text{mm}^2$,钢的弹性模量 $E=200\text{GPa}$。求杆的总变形。

12-3 一板状拉伸试件如图所示。为了测得试件的应变,在试件表面的纵向和横向贴上电阻片。在测定过程中,每增加 3kN 的拉力时,测得试件的纵向线应变 $\varepsilon=$

$120 \times 10^{-6}$,横向线应变 $\varepsilon' = -38 \times 10^{-6}$。求试件材料的弹性模量 $E$ 和泊松比 $\nu$。

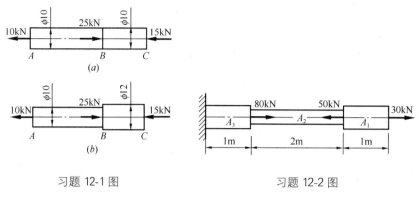

习题 12-1 图                习题 12-2 图

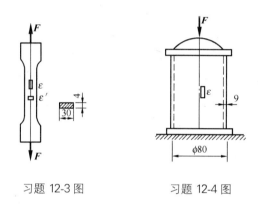

习题 12-3 图                习题 12-4 图

12-4  传感器为一空心圆筒形结构,如图所示。圆筒材料的弹性模量 $E = 200\text{GPa}$。当传感器受到一轴向压力 $F$ 作用时,测得筒壁的轴向线应变 $\varepsilon = -49.8 \times 10^{-6}$。求力 $F$ 的大小。

12-5  用绳索起吊钢筋混凝土管子如图所示。管子重 $W = 10\text{kN}$,绳索的直径 $d = 40\text{mm}$,许用应力 $[\sigma] = 10\text{MPa}$,试校核绳索的强度。

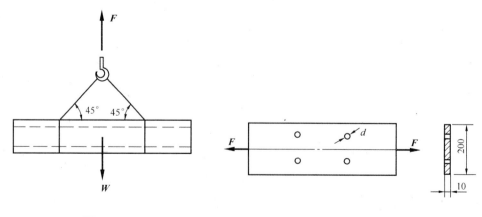

习题 12-5 图                习题 12-6 图

12-6  一块厚 10mm、宽 200mm 的钢板，其截面被直径 $d=20$mm 的圆孔所削弱，圆孔的排列对称于杆的轴线，如图所示。现用此钢板承受轴向拉力 $F=200$kN，如材料的许用应力 $[\sigma]=170$MPa，试校核钢板的强度。

12-7  图示一吊桥结构，求其钢拉杆 $AB$ 所需的横截面面积。已知钢的许用应力 $[\sigma]=170$MPa。

12-8  一结构受力如图所示，杆 $AB$、$AD$ 均由两根等边角钢组成。已知材料的许用应力 $[\sigma]=170$MPa，试选择 $AB$、$AD$ 杆的截面型号。

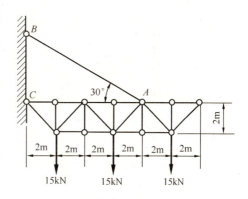

习题 12-7 图

12-9  起重机如图所示，钢丝绳 $AB$ 的横截面面积为 $500$mm$^2$，许用应力 $[\sigma]=40$MPa。试根据钢丝绳的强度求起重机的许可起重量 $F$。

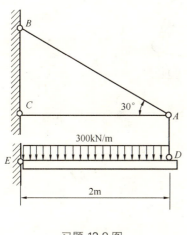

习题 12-8 图

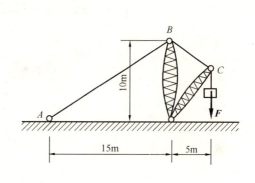

习题 12-9 图

12-10  三角架 $ABC$ 由 $AB$ 和 $AC$ 两杆组成。杆 $AB$ 由两根 12.6 号槽钢组成，其许用应力 $[\sigma]=160$MPa；杆 $AC$ 由一根 22a 号工字钢组成，其许用应力 $[\sigma]=100$MPa。求荷载 $F$ 的最大值。

12-11  图示结构中 $BC$ 和 $AC$ 都是圆截面直杆，直径均为 $d=20$mm，材料都是 Q235 钢，其许用应力 $[\sigma]=157$MPa。求该结构的许可荷载。有人说：根据铅垂方向的平衡条件，有 $F_{NBC}\cos30°+F_{NAC}\cos45°=F$，然后将 $F_{NBC}=(\pi d^2/4)[\sigma]$、$F_{NAC}=(\pi d^2/4)[\sigma]$ 代入后即可得许可荷载，这种解法对吗？为什么？

12-12  现场施工中起重机吊环的每一侧臂 $AB$ 和 $BC$，均由两根矩形截面杆组成，连接处 $A$、$B$、$C$ 均为铰链，如图所示。已知起重荷载 $F=1200$kN，每根矩形杆截面尺寸比例为 $b/h=0.3$，材料的许用应力 $[\sigma]=78.5$MPa。试设计矩形杆的截面

尺寸 $b$ 和 $h$。

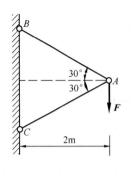

习题 12-10 图

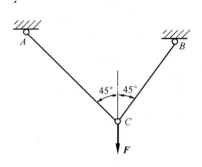

习题 12-11 图

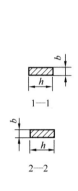

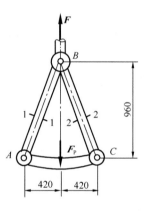

习题 12-12 图

# 单元 13  连接件的强度

本单元介绍工程中杆件的连接方式以及连接件的剪切和挤压强度计算。

## 13.1  工程中杆件的连接方式

建筑结构大都是由若干构件按一定规律组合而成,在构件和构件之间必须采用某种连接件或特定的连接方式加以连接。工程实践中常用的连接件如图 13-1 所示,诸

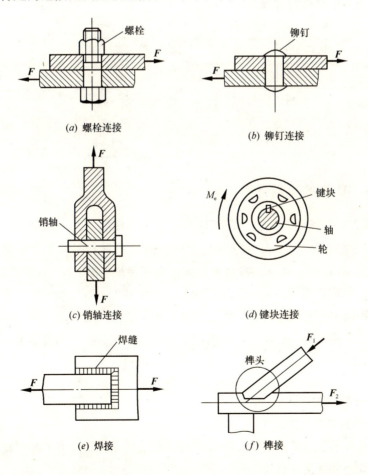

图 13-1

如铆钉、螺栓、焊缝、榫头、销钉等。连接件在工作中主要承受剪切和挤压作用。由于连接件大多为粗短杆，应力和变形规律比较复杂，因此理论分析十分困难，通常采用实用计算方法。

## 13.2 连接件的剪切和挤压强度计算

以铆钉连接为例，如图 13-2 ($a$) 所示，连接处可能产生的破坏包括：在两侧与钢板接触面的压力 $F$ 作用下，铆钉将沿 $m-m$ 截面被剪断，如图 13-2 ($b$) 所示；螺栓与钢板在接触面上因为相互挤压而产生破坏；钢板在受螺栓孔削弱的截面处产生破坏。相应地，为了保证连接件的正常工作，一般需要进行连接件的剪切强度、挤压强度计算和钢板的抗拉强度计算。

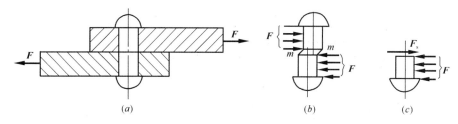

图 13-2

### 13.2.1 剪切的实用计算

如图 13-2 ($a$) 所示，当上、下两块钢板以大小相等、方向相反、作用线很近且垂直于铆钉轴线的两个力 $F$ 作用于铆钉上时，铆钉将沿 $m-m$ 发生相对错动，即剪切变形，如图 13-2 ($b$) 所示。如力 $F$ 过大，铆钉会被剪断。$m-m$ 截面称为**剪切面**。应用截面法，将铆钉假想沿 $m-m$ 截面切开，并取其中一部分为研究对象，如图 13-2 ($c$) 所示。利用平衡方程求得剪切面上的剪力 $F_S = F$。

在剪切的实用计算中，假定切应力在剪切面上均匀分布，因而有

$$\tau = \frac{F_S}{A_S} \tag{13-1}$$

式中  $A_S$——剪切面面积；

$F_S$——剪切面上的剪力。

为保证构件不发生剪切破坏，就要求剪切面上的平均切应力不超过材料的许用切应力，即剪切时的强度条件为

$$\tau = \frac{F_S}{A_S} \leqslant [\tau] \tag{13-2}$$

式中 $[\tau]$——许用切应力,许用切应力由剪切试验测定。对于钢材,其许用切应力与许用拉应力之间大致有如下关系:

$$[\tau] = (0.6 \sim 0.8)[\sigma]$$

各种材料的许用切应力可在有关手册中查得。

### 13.2.2 挤压的实用计算

图 13-2（$a$）所示的铆钉在受剪切的同时,在钢板和铆钉的相互接触面上,还会出现局部受压的现象,称为**挤压**。这种挤压作用有可能使接触面局部区域的材料发生较大的塑性变形而破坏,如图 13-3 所示。连接件与被连接件的相互接触面,称为**挤压面**

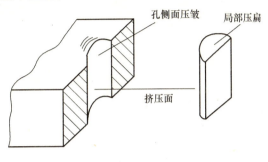

图 13-3

（图 13-3）。挤压面上所传递的压力称为**挤压力**,用 $F_c$ 表示。挤压面上的应力称为**挤压应力**,用 $\sigma_c$ 表示。在挤压的实用计算中,假定挤压应力在挤压面的计算面积 $A_c$ 上均匀分布,因而有

$$\sigma_c = \frac{F_c}{A_c} \quad (13\text{-}3)$$

式中 $F_c$——挤压面上的挤压力;
　　$A_c$——挤压面的计算面积。

挤压强度条件为

$$\sigma_c = \frac{F_c}{A_c} \leqslant [\sigma_c] \quad (13\text{-}4)$$

式中 $[\sigma_c]$——材料的许用挤压应力,由试验测得。对于钢材,其许用挤压应力 $[\sigma_c]$ 与许用拉应力 $[\sigma]$ 之间大致有如下关系:

$$[\sigma_c] = (1.7 \sim 2.0)[\sigma]$$

上两式中的挤压面计算面积 $A_c$ 规定如下:当接触面为平面时（如键连接）,接触面的面积就是挤压面的计算面积,当接触面为半圆柱面时（如铆钉、螺栓连接）,取圆柱体的直径平面作为挤压面的计算面积（图 13-4$b$）中阴影线部分的面积。这样计算所得的挤压应力和实际最大挤压应力值十分接近（图 13-4$a$）。

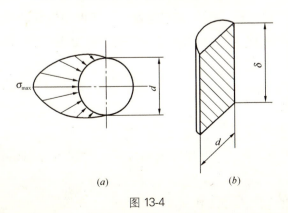

图 13-4

应用剪切强度条件、挤压强度条件可以解决强度校核、设计截面尺寸

和确定许用荷载等三类强度计算问题。

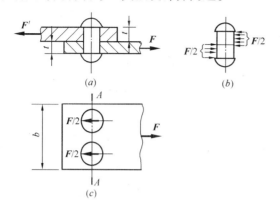

图 13-5

**【例 13-1】** 如图 13-5（a）所示为铆钉与钢板的连接。设钢板与铆钉材料相同，许用拉应力 $[\sigma]$ = 160MPa，许用切应力 $[\tau]$ = 100MPa，许用挤压应力 $[\sigma_c]$ = 300MPa，钢板厚度 $t=2$mm，宽度 $b=25$mm，铆钉直径 $d=4$mm。试计算该连接的许用荷载。

**【解】**

(1) 分析此连接件可能产生破坏的三种形式：铆钉沿其横截面被剪断，铆钉与钢板孔壁间被挤压而破坏，钢板沿其横截面被拉伸破坏。

(2) 按铆钉剪切面的切应力强度条件确定许用荷载 $[F]$。由于假设每个铆钉的受力相同，所以每个铆钉受力均为 $F/2$（图 13-5b），用截面法求得剪切面上的剪力为 $F_S=F/2$。由连接件的剪切强度条件，即

$$\tau = \frac{F_S}{A_S} = \frac{2F}{\pi d^2} \leqslant [\tau]$$

代入数据计算之，得许用荷载

$$[F] \leqslant \frac{\pi d^2 [\tau]}{2} = \frac{\pi(4\times 10^{-3})^2 \text{m}^2 \times 100 \times 10^6 \text{Pa}}{2} = 2.51\times 10^3 \text{N} = 2.51\text{kN}$$

(3) 按连接件的挤压应力强度条件确定许用荷载 $[F]$。每个铆钉在挤压面上所受到的挤压力为 $F_c=F/2$。由连接件的挤压强度条件，即

$$\sigma_c = \frac{F_c}{A_c} = \frac{F}{2dt} \leqslant [\sigma_c]$$

代入数据计算之，得许用荷载

$$[F] \leqslant 2dt[\sigma_c] = 2\times 4\times 10^{-3}\text{m} \times 2\times 10^{-3}\text{m} \times 300\times 10^6 \text{Pa} = 4.8\times 10^3 \text{N} = 4.8\text{kN}$$

(4) 按钢板的拉伸强度条件确定许用荷载 $[F]$。铆钉连接上、下两块钢板的受力情况完全相同，取下板为研究对象（图 13-5c），由截面法可求得横截面 1-1 上的轴力 $[F_N]=[F]$，由拉压杆的强度条件，即

$$\sigma_{\max} = \frac{F_{N\max}}{A} = \frac{F}{A} \leqslant [\sigma]$$

代入数据计算之，得

$$[F] \leqslant A[\sigma] = (b-2d)t[\sigma] = (25-2\times 4)\times 10^{-3}\text{m} \times 2\times 10^{-3}\text{m} \times 160\times 10^6 \text{Pa}$$
$$= 5.44\times 10^3 \text{N} = 5.44\text{kN}$$

综合以上，可得该连接的许用荷载 $[F]=2.51$kN。

### 13.2.3 焊缝计算

工程中有大量的连接是由金属焊接而成，像搭焊的构件在受拉伸或压缩后，其焊缝承受的是剪切变形，破坏时的剪切面是沿焊缝的最小断面发生，如图 13-6 所示。在实际计算中，另外还假定剪切面上的切应力是均匀分布的。于是，剪切面上的切应力为

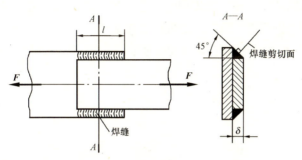

图 13-6

$$\tau = \frac{F_S}{A} = \frac{F_S}{\delta l \cos 45°} \tag{13-5}$$

式中　$F_S$——作用在单条焊缝最小断面上的剪力；
　　　$A$——焊缝的最小断面即剪切面面积；
　　　$\delta$——焊接板件的厚度；
　　　$l$——焊缝的长度。

通过焊接件实物的试验，可得到焊缝破坏时的剪切强度极限 $\tau_b$，再考虑一定的强度储备，就得到焊缝材料的许用切应力 $[\tau]$。由此得到焊缝的切应力强度条件为

$$\tau = \frac{F_S}{A} \leqslant [\tau] \tag{13-6}$$

【例 13-2】 图 13-7 所示两块钢板 $A$ 和 $B$ 搭焊在一起，已知钢板厚度 $\delta = 8$mm，所受拉力 $F = 150$kN，焊缝的许用切应力 $[\tau] = 108$MPa，求焊缝搭焊时所需的长度。

【解】 搭焊钢板在图 13-7 所示的受力情况下，焊缝受到的主要是剪切变

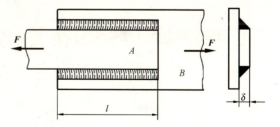

图 13-7

形。可以看出，对于单条焊缝所承受的剪力应为 $F_S = F/2$。焊缝的剪切面面积为 $A = \delta l \cos 45°$，由焊缝的切应力强度条件有

$$\tau = \frac{F_S}{A} = \frac{F_S}{2\delta l \cos 45°} \leqslant [\tau]$$

代入数据计算之，得焊缝搭焊时所需的长度 $l$ 为

$$l \geqslant \frac{F_S}{2\delta \cos 45°[\tau]} = \frac{150 \times 10^3 \text{N}}{2 \times 8 \times 10^{-3} \text{m} \times 0.707 \times 108 \times 10^6 \text{Pa}}$$

$$= 123 \times 10^{-3} \text{m} = 123 \text{mm}$$

在焊接施工工艺上，往往要考虑在焊接开始和焊接终了时，两端的焊缝有可能未焊透。因此，实际焊接时焊缝的长度应稍大于计算长度。通常在以上计算长度 $l$ 上再增加所焊钢板厚度 $\delta$ 的两倍，即实际焊缝的长度 $l'$ 为

$$l' = l + 2\delta = 123 \text{mm} + 2 \times 8 \text{mm} = 139 \text{mm} \approx 140 \text{mm}$$

## 单元小结

1. 了解工程中杆件的连接方式。

工程中杆件的常用连接方式有：螺栓连接、铆钉连接、销轴连接、键块连接、焊接、榫接。

2. 掌握连接件的剪切和挤压强度计算。

(1) 连接件剪切强度条件

$$\tau = \frac{F_S}{A} \leqslant [\tau]$$

(2) 连接件挤压强度条件

$$\sigma_c = \frac{F_c}{A_c} \leqslant [\sigma_c]$$

(3) 焊缝的切应力强度条件

$$\tau = \frac{F_S}{A} \leqslant [\tau]$$

## 思考题

13-1 剪切变形的受力特点和变形特点是什么？

13-2 挤压变形与轴向压缩变形有什么区别？

13-3 挤压面面积与挤压面的计算面积有何不同？

13-4 在剪切和挤压的实用计算中采用了哪些假定？

# 习题

13-1 有一连接件如图所示，已知连接件尺寸 $a=30\text{mm}$，$b=80\text{mm}$，$c=10\text{mm}$，承受拉力 $F=120\text{kN}$，许用切应力 $[\tau]=80\text{MPa}$，许用挤压应力 $[\sigma_c]=80\text{MPa}$，试按连接件的强度条件校核构件的强度。

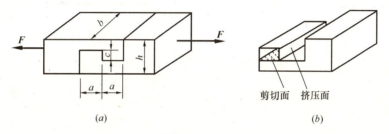

习题 13-1 图

13-2 如图所示的连接件为两块钢板用螺栓的连接而成。已知螺栓杆部直径 $d=16\text{mm}$，两块钢板厚度相等均为 $t_1=10\text{mm}$，螺栓的螺纹部分长度为 $l_1=22\text{mm}$，安装后的钢板外螺纹部分长度 $l_2=20\text{mm}$，已知许用切应力 $[\tau]=80\text{MPa}$，许用挤压应力 $[\sigma_c]=200\text{MPa}$，求螺栓所能承受的荷载。

13-3 如图所示承受轴向压力 $F=40\text{kN}$ 的木柱由混凝土底座支承，底座静置在平整的土壤上。已知土壤的许用挤压应力 $[\sigma_c]=145\text{kPa}$。求：(1) 混凝土底座中的平均挤压应力；(2) 底座的尺寸。

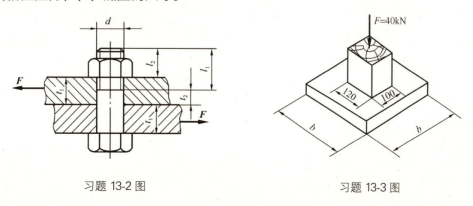

习题 13-2 图　　　　　　　习题 13-3 图

13-4 如图所示一铆钉连接件，受轴向拉力 $F$ 作用。已知：$F=100\text{kN}$，钢板厚

$\delta=8$mm，宽 $b=100$mm，铆钉 $d=16$mm，许用切应力 $[\tau]=140$MPa，许用挤压应力 $[\sigma_c]=340$MPa，钢板许用拉应力 $[\sigma]=170$MPa。试校核该连接件的强度。

13-5 如图所示，两块钢板搭接焊在一起，其厚度均为 $\delta=12$mm，左端钢板宽度 $d=120$mm，在钢板连接中采用了轴向加载，焊缝的许用切应力 $[\tau]=90$MPa，钢板的许用应力 $[\sigma]=120$MPa。求钢板与焊缝在同时达到许用应力时，所要求的搭接焊缝的长度。

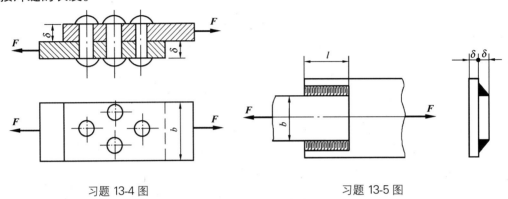

习题 13-4 图　　　　　　　习题 13-5 图

# 单元 14　受扭杆的强度和刚度

本单元介绍切应力互等定理和剪切胡克定律,圆轴扭转时的应力和变形,以及强度和刚度计算。简单介绍矩形截面杆自由扭转时的应力和变形。

## 14.1　圆轴扭转时的应力和强度计算

### 14.1.1　圆轴的扭转试验

1. 扭转试验现象与分析

图 14-1 ($a$) 所示为一圆轴,在其表面画上若干条纵向线和圆周线,形成矩形网格。在弹性范围内,扭转变形后 (图 14-1$b$),可以观察到以下现象:

(1) 各纵向线都倾斜了一个微小的角度 $\gamma$,矩形网格变成了平行四边形。
(2) 各圆周线的形状、大小及间距保持不变,但它们都绕轴线转动了不同的角度。

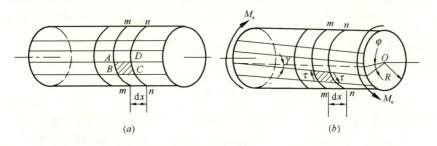

图 14-1

根据以上观察到的现象,可以作出如下的假设及推断:

1) 由于各圆周线的形状、大小及间距保持不变,可以假设圆轴的横截面在扭转后仍保持为平面,各横截面像刚性平面一样绕轴线作相对转动。这一假设称为圆轴扭转时的**平面假设**。

2) 由于各圆周线的间距保持不变,故知横截面上没有正应力。

3) 由于矩形网格歪斜成了平行四边形,即左右横截面发生了相对转动,故可推断横截面上必有切应力 $\tau$,且切应力的方向垂直于半径。

4) 由于各纵向线都倾斜了一个角度 $\gamma$,故各矩形网格的直角都改变了 $\gamma$ 角,直角的改变量称为**切应变**。切应变 $\gamma$ 是切应力 $\tau$ 引起的。

## 2. 切应力互等定理

设矩形网格 $ABCD$ 沿纵向长为 $dx$，沿圆周向长为 $dy$，以它作为一个面，再沿半径方向取长为 $dz$，截出一个微小正六面体，称为**单元体**，如图 14-2 所示。当圆轴发生扭转变形时，横截面上有切应力 $\tau$，故单元体左右面上有切应力 $\tau$。根据平衡条件，两个面上的切应力大小相等，方向相反，组成一个力偶，其矩为 $(\tau dydz)dx$。为了保持单元体的平衡，在上、下面上必定还存在着切应力 $\tau'$，组成一个方向相反的力偶，其矩为 $(\tau'dxdz)dy$。由平衡方程，得

$$(\tau dydz)dx = (\tau'dxdz)dy$$

故

$$\tau = \tau' \tag{14-1}$$

上式表明，**在单元体相互垂直的两个平面上，沿垂直于两面交线作用的切应力必然成对出现，且大小相等，方向共同指向或背离该两面的交线**。这一结论称为**切应力互等定理**。

图 14-2 所示单元体的两对面上只有切应力而没有正应力，这种应力情况称为**纯剪切**。

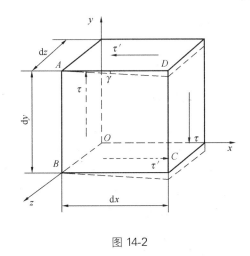

图 14-2

## 3. 剪切胡克定律

切应力越大，图 14-2 所示单元体的歪斜越厉害，即切应变 $\gamma$ 越大。大量的试验表明：**当切应力 $\tau$ 未超过材料的剪切比例极限 $\tau_p$ 时，切应力 $\tau$ 与其切应变 $\gamma$ 成正比**。引入比例常数 $G$，则可得到

$$\tau = G\gamma \tag{14-2}$$

上式称为**剪切胡克定律**。式中的比例常数 $G$ 称为材料的**切变模量**。它与材料的力学性能有关。对同一种材料，切变模量 $G$ 为常数，可由试验测定。$G$ 的单位与应力单位相同。

### 14.1.2 圆轴扭转时横截面上的切应力

圆轴扭转时横截面上任一点处切应力大小的计算公式为（推导从略）

$$\tau_\rho = \frac{T\rho}{I_p} \tag{14-3}$$

式中　$T$——横截面上的扭矩，以绝对值代入；

　　　$\rho$——横截面上欲求应力的点处到圆心的距离；

　　　$I_p$——横截面对圆心的极惯性矩（见附录Ⅰ）。

由式（14-3）可知，**横截面上任一点处切应力的大小与该点到圆心的距离成正**

比。至于切应力的方向则与半径垂直，并与扭矩的转向一致［图 14-3］。

由式（14-3）可知，当 $\rho=R$ 时，切应力最大，最大切应力为

$$\tau_{\max}=\frac{TR}{I_p}$$

令

$$W_p=\frac{I_p}{R} \qquad (14\text{-}4)$$

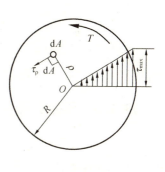

图 14-3

则有

$$\tau_{\max}=\frac{T}{W_p} \qquad (14\text{-}5)$$

式中　$W_p$——扭转截面系数。

极惯性矩 $I_p$ 和扭转截面系数 $W_p$ 是只与横截面形状、尺寸有关的几何量。直径为 $D$ 的圆形截面和外径为 $D$、内径为 $d$ 的圆环形截面，它们对圆心的极惯性矩和扭转截面系数分别为

圆截面：
$$\left.\begin{array}{l} I_p=\dfrac{\pi D^4}{32} \\ W_p=\dfrac{\pi D^3}{16} \end{array}\right\} \qquad (14\text{-}6)$$

圆环形截面：
$$\left.\begin{array}{l} I_p=\dfrac{\pi D^4}{32}(1-\alpha^4) \\ W_p=\dfrac{\pi D^3}{16}(1-\alpha^4) \end{array}\right\} \qquad (14\text{-}7)$$

式中　$\alpha=\dfrac{d}{D}$——内、外径的比值。极惯性矩 $I_p$ 的单位为 $mm^4$ 或 $m^4$，扭转截面系数 $W_p$ 的单位为 $mm^3$ 或 $m^3$。

应该注意，扭转时应力的计算公式（14-3）只适用于圆轴。

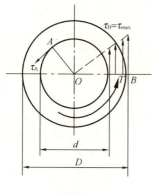

图 14-4

【例 14-1】　空心圆轴的横截面外径 $D=90$mm，内径 $d=85$mm，横截面上的扭矩 $T=1.5$kN·m（图 14-4）。求横截面上内外边缘处的切应力，并绘制横截面上切应力的分布图。

【解】

(1) 计算极惯性矩。极惯性矩为

$$I_p=\frac{\pi}{32}(D^4-d^4)=\frac{\pi}{32}\times(90^4-80^4)\,\text{mm}^4$$

$$=1.32\times 10^6\,\text{mm}^4$$

(2) 计算切应力。内外边缘处的切应力分别为

$$\tau_{内}=\tau_A=\frac{T}{I_p}\times\frac{d}{2}=\frac{1.5\times 10^3\,\text{N·m}\times\frac{85}{2}\times 10^{-3}\,\text{m}}{1.32\times 10^6\times 10^{-12}\,\text{m}^4}=48.3\times 10^6\,\text{Pa}=48.3\,\text{MPa}$$

$$\tau_{\text{外}} = \tau_B = \frac{T}{I_p} \times \frac{D}{2} = \frac{1.5 \times 10^3 \text{N} \cdot \text{m} \times \frac{90}{2} \times 10^{-3} \text{m}}{1.32 \times 10^6 \times 10^{-12} \text{m}^4} = 51.1 \times 10^6 \text{Pa} = 51.1 \text{MPa}$$

横截面上切应力的分布图如图 14-4 所示。

### 14.1.3　圆轴的强度计算

为使圆轴扭转时能正常工作，必须要求轴内的最大切应力 $\tau_{\max}$ 不超过材料的许用切应力 $[\tau]$，若用 $T_{\max}$ 表示危险截面上的扭矩，则圆轴扭转时的强度条件为

$$\tau_{\max} = \frac{T_{\max}}{W_p} \leqslant [\tau] \tag{14-8}$$

式中　$[\tau]$——材料的许用切应力，通过试验测得。

利用式（14-8）可以解决圆轴的强度校核、设计截面尺寸和确定许用荷载等三类强度计算问题。

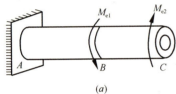

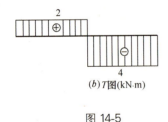

图 14-5

【例 14-2】　如图 14-5（a）所示的空心圆轴，外径 $D=100\text{mm}$，内径 $d=80\text{mm}$，外力偶矩 $M_{e1}=6\text{kN} \cdot \text{m}$、$M_{e2}=4\text{kN} \cdot \text{m}$。材料的许用切应力 $[\tau]=50\text{MPa}$，试对该轴进行强度校核。

【解】

(1) 求危险截面上的扭矩。绘出轴的扭矩图如图 14-5（b）所示，$BC$ 段各横截面为危险截面，其上的扭矩为

$$T_{\max} = 4\text{kN} \cdot \text{m}$$

(2) 校核轴的扭转强度。截面的扭转截面系数为

$$W_p = \frac{\pi}{16} \times 0.1^3 \times (1 - 0.8^4) \text{m}^3 = 1.16 \times 10^{-4} \text{m}^3$$

轴的最大切应力为

$$\tau_{\max} = \frac{T_{\max}}{W_p} = \frac{4 \times 10^3 \text{N} \cdot \text{m}}{1.16 \times 10^{-4} \text{m}^3} = 34.5 \times 10^6 \text{Pa}$$
$$= 34.5 \text{MPa} < [\tau] = 50 \text{MPa}$$

可见轴是安全的。

【例 14-3】　实心圆轴和空心圆轴通过牙嵌离合器连在一起，如图 14-6 所示。已知轴的转速 $n=100\text{r/min}$，传递功率 $P=10\text{kW}$，材料的许用切应力 $[\tau]=20\text{MPa}$。(1) 选择实心轴的直径 $D_1$。(2) 若空心轴的内外径比为

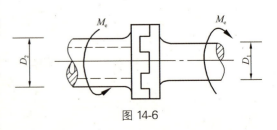

图 14-6

1/2，选择空心轴的外径 $D_2$。(3) 若实心部分与空心部分长度相等且采用同一种材料，求实心部分与空心部分的重量比。

**【解】**

轴承受的外力偶矩为

$$M_e = 9549 \frac{P}{n} = 9549 \frac{10}{100} \text{N} \cdot \text{m} = 955 \text{N} \cdot \text{m}$$

故轴任一横截面上的扭矩为

$$T = M_e = 955 \text{N} \cdot \text{m}$$

(1) 选择实心轴的直径。由强度条件

$$\tau_{\max} = \frac{T}{W_p} = \frac{16T}{\pi D_1^3} \leqslant [\tau]$$

得

$$D_1 \geqslant \sqrt[3]{\frac{16T}{\pi [\tau]}} = \sqrt[3]{\frac{16 \times 955 \text{N} \cdot \text{m}}{\pi \times 20 \times 10^6 \text{Pa}}} = 0.062 \text{m}$$

(2) 选择空心轴的外径 $D_2$。空心圆截面的扭转截面系数为

$$W_p = \frac{\pi D_2^3 (1 - \alpha^4)}{16} = \frac{\pi D_2^3 (1 - 0.5^4)}{16} = 0.184 D_2^3$$

由强度条件

$$\tau_{\max} = \frac{T}{W_p} = \frac{T}{0.184 D_2^3} \leqslant [\tau]$$

得

$$D_2 \geqslant \sqrt[3]{\frac{T}{0.184 [\tau]}} = \sqrt[3]{\frac{955 \text{N} \cdot \text{m}}{0.184 \times 20 \times 10^6 \text{Pa}}} = 0.0638 \text{m}$$

(3) 实心部分与空心部分的重量比为

$$\frac{W_{\text{实}}}{W_{\text{空}}} = \frac{A_{\text{实}}}{A_{\text{空}}} = \frac{D_1^2}{D_2^2 - d_2^2} = 1.259$$

显然空心轴比实心轴节省材料。

工程中许多受扭杆件采用空心圆截面，请读者从横截面上切应力的分布规律来说明其道理。

## 14.2 圆轴扭转时的变形和刚度计算

### 14.2.1 圆轴扭转时的变形

圆轴扭转时的变形通常是用两个横截面绕轴线转动的相对扭转角 $\varphi$ 来度量的，其

计算公式（推导从略）为

$$\frac{\mathrm{d}\varphi}{\mathrm{d}x} = \frac{T}{GI_\mathrm{p}}$$

式中　$\mathrm{d}\varphi$——相距为 $\mathrm{d}x$ 的两横截面间的扭转角；
　　　$T$——横截面上的扭矩，以绝对值代入；
　　　$G$——材料的切变模量；
　　　$I_\mathrm{p}$——横截面对圆心的极惯性矩。

上式也可写成为

$$\mathrm{d}\varphi = \frac{T}{GI_\mathrm{p}}\mathrm{d}x$$

因此，相距为 $l$ 的两横截面间的扭转角为

$$\varphi = \int_l \mathrm{d}\varphi = \int_0^l \frac{T}{GI_\mathrm{p}}\mathrm{d}x \tag{14-9}$$

若该段轴为同一材料制成的等直圆轴，并且各横截面上扭矩 $T$ 的数值相同，则上式中的 $T$、$G$、$I_\mathrm{p}$ 均为常量，积分后得

$$\varphi = \frac{Tl}{GI_\mathrm{p}} \tag{14-10}$$

扭转角 $\varphi$ 的单位为 rad。

由上式可见，扭转角 $\varphi$ 与 $GI_\mathrm{p}$ 成反比，即 $GI_\mathrm{p}$ 越大，轴就越不容易发生扭转变形。因此把 $GI_\mathrm{p}$ 称为圆轴的**扭转刚度**，用它来表示圆轴抵抗扭转变形的能力。

工程中通常采用**单位长度扭转角**，即

$$\theta = \frac{\mathrm{d}\varphi}{\mathrm{d}x}$$

由式（14-10），得

$$\theta = \frac{T}{GI_\mathrm{p}} \tag{14-11}$$

单位长度扭转角 $\theta$ 的单位为 rad/m。

### 14.2.2　圆轴的刚度计算

对于承受扭转的圆轴，除了满足强度条件外，还必须对轴的扭转变形加以限制，即使其满足刚度条件：

$$\theta_\mathrm{max} = \frac{T_\mathrm{max}}{GI_\mathrm{p}} \leqslant [\theta] \tag{14-12}$$

式中　$[\theta]$——单位长度许用扭转角，单位为 rad/m，其数值是由轴上荷载的性质及轴的工作条件等因素决定的，可从有关设计手册中查到。在实际工程中 $[\theta]$ 的单位通常为 °/m，刚度条件变为

$$\theta_\mathrm{max} = \frac{T_\mathrm{max}}{GI_\mathrm{p}} \times \frac{180°}{\pi} \leqslant [\theta] \tag{14-13}$$

**【例 14-4】** 图 14-7（a）所示的传动轴，在截面 A、B、C 三处作用的外力偶矩分别为 $M_{eA} = 4.77$ kN·m、$M_{eB} = 2.86$ kN·m、$M_{eC} = 1.91$ kN·m。已知轴的直径 $D = 90$ mm，材料的切变模量 $G = 80 \times 10^3$ MPa，材料的许用切应力 $[\tau] = 60$ MPa，单位长度许用扭转角 $[\theta] = 1.1°/$m。试校核该轴的强度和刚度。

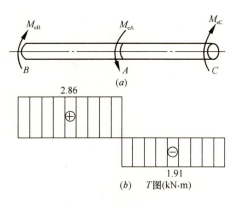

图 14-7

**【解】**

（1）求危险截面上的扭矩。绘出扭矩图如图 14-7（b）所示。由图可知，BA 段各横截面为危险截面，其上的扭矩为
$$T_{max} = 2.86 \text{ kN·m}$$

（2）强度校核。截面的扭转截面系数和极惯性矩分别为
$$W_p = \frac{\pi D^3}{16} = \frac{3.14 \times 90^3 \times 10^{-9} \text{m}^3}{16} = 1.43 \times 10^{-4} \text{m}^3$$
$$I_p = \frac{\pi D^4}{32} = \frac{3.14 \times 90^4 \times 10^{-12} \text{m}^4}{32} = 6.44 \times 10^{-6} \text{m}^4$$

轴的最大切应力为
$$\tau_{max} = \frac{T_{max}}{W_p} = \frac{2.86 \times 10^3 \text{N·m}}{1.43 \times 10^{-4} \text{m}^3} = 20 \times 10^6 \text{Pa} = 20 \text{MPa} < [\tau] = 60 \text{MPa}$$

可见强度满足要求。

（3）刚度校核。轴的单位长度最大扭转角为
$$\theta_{max} = \frac{T_{max}}{GI_p} \times \frac{180°}{\pi} = \frac{2.86 \times 10^3 \text{N·m}}{8.0 \times 10^{10} \text{Pa} \times 6.44 \times 10^{-6} \text{m}^4} \times \frac{180°}{3.14} = 0.318°/\text{m}$$
$$< [\theta] = 1.1°/\text{m}$$

可见刚度也满足要求。

## 14.3 矩形截面杆自由扭转时的应力和变形

前面我们研究了圆截面杆扭转时的应力和变形的计算，但在建筑工程中还经常会遇到非圆截面杆，例如矩形截面杆的扭转问题。在图 14-8（a）所示矩形截面杆的表面画上若干纵向线和横向线，则在扭转后可看到所有横向线都变成了曲线（图 14-8b），这说明横截面不再保持为平面而变为曲面，这种现象称为翘曲。试验表明，非**圆截面杆扭转时都会发生翘曲，圆轴扭转时的平面假设不再成立，应力和变形的计算**

**公式也不再适用。**

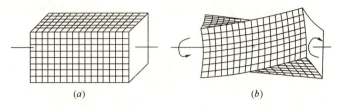

图 14-8

当非圆截面杆不受任何约束时,横截面能自由翘曲,各截面翘曲的程度相同(图 14-9a),截面上只有切应力而没有正应力,这种扭转称为**自由扭转**。若杆件受到约束,例如一端固定,则各截面的翘曲受到限制,横截面上不仅有切应力,而且还有正应力,这种扭转称为**约束扭转**(图 14-9b)。对于实体截面杆,由约束扭转所引起的正应力数据很小,可忽略不计;而对于薄壁截面杆,这种正应力往往较大,不能忽略。

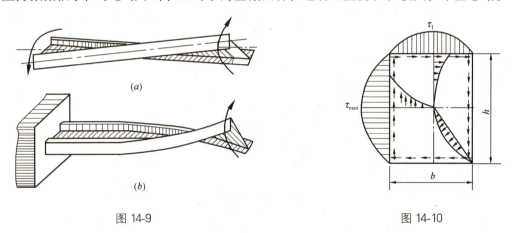

图 14-9　　　　　　　　　　图 14-10

非圆截面杆的扭转,必须用弹性力学的方法来研究。下面仅简单介绍矩形截面杆自由扭转的主要结论:

(1) 矩形截面杆自由扭转时横截面上切应力的分布规律如图 14-10 所示。截面周边各点处的切应力平行于周边且与扭转方向一致;在对称轴上,各点的切应力垂直于对称轴;其他各点的切应力是斜向的;角点及形心处的切应力为零;最大切应力 $\tau_{max}$ 发生在长边中点处;短边中点处有较大的切应力 $\tau_1$。

(2) 计算公式。最大切应力为

$$\tau_{max} = \frac{T}{W_p} = \frac{T}{\alpha h b^2} \tag{14-14}$$

短边中点处的切应力为

$$\tau_1 = \gamma \tau_{max} \tag{14-15}$$

单位长度扭转角为

$$\theta = \frac{T}{GI_t} = \frac{T}{G\beta h b^3} \tag{14-16}$$

式中　$W_p$——矩形截面的扭转截面系数,$W_p = \alpha h b^2$;

$I_t$——矩形截面的相当极惯性矩，$I_t = \beta h b^3$；

$\alpha$、$\beta$、$\gamma$——与矩形截面高度比 $h/b$ 有关的系数，可由表 14-1 查得。

由矩形截面杆扭转时的应力和变形的计算公式，可建立与圆轴扭转相同的强度、刚度条件，并对其进行强度和刚度计算。

**矩形截面杆在自由扭转时的系数**　　　　表 14-1

| $h/b$ | 1.0 | 1.2 | 1.5 | 2.0 | 2.5 | 3.0 | 4.0 | 5.0 | 6.0 | 8.0 | 10.0 | $\infty$ |
|---|---|---|---|---|---|---|---|---|---|---|---|---|
| $\alpha$ | 0.208 | 0.219 | 0.231 | 0.246 | 0.258 | 0.267 | 0.282 | 0.291 | 0.299 | 0.307 | 0.313 | 0.333 |
| $\beta$ | 0.141 | 0.166 | 0.196 | 0.229 | 0.249 | 0.263 | 0.281 | 0.291 | 0.299 | 0.307 | 0.313 | 0.333 |
| $\nu$ | 1.000 | 0.930 | 0.858 | 0.796 | 0.767 | 0.753 | 0.745 | 0.743 | 0.743 | 0.743 | 0.743 | 0.743 |

**【例 14-5】** 有一矩形截面的等直钢杆，其横截面尺寸为 $h=100\text{mm}$，$b=50\text{mm}$，杆两端作用一对扭转力偶矩，已知 $M_e = 4\text{kN}\cdot\text{m}$，钢的许用切应力 $[\tau]=100\text{MPa}$，切变模量 $G=80\times 10^3 \text{MPa}$，单位长度许用扭转角 $[\theta]=1.2°/\text{m}$。试对此杆进行强度和刚度校核。

**【解】**

杆的扭矩为

$$T = M_e = 4\text{kN}\cdot\text{m}$$

由 $h/b = 100\text{mm}/50\text{mm} = 2$，查表 14-1 得 $\alpha=0.246$，$\beta=0.229$。因此

$$\tau_{\max} = \frac{T}{\alpha h b^2} = \frac{4\times 10^3 \text{N}\cdot\text{m}}{0.246\times 100\times 10^{-3}\times (50\times 10^{-3})^2 \text{m}^4}$$

$$= 65\times 10^6 \text{Pa} = 65\text{MPa} < [\tau]$$

$$\theta_{\max} = \frac{T}{G\beta h b^3}\times \frac{180}{\pi}$$

$$= \frac{4\times 10^3 \text{N}\cdot\text{m}}{80\times 10^9 \text{Pa}\times 0.299\times 100\times 10^{-3}\times (50\times 10^{-3})^3 \text{m}^4}\times \frac{180}{\pi}$$

$$= 1.0°/\text{m} < 1.2°/\text{m}$$

可见此杆满足强度和刚度要求。

# 单元小结

1. 理解切应力互等定理。

在单元体相互垂直的两个平面上，沿垂直于两面交线作用的切应力必然成对出现，切应力大小相等，方向共同指向或背离该两面的交线。这一结论称为切应力互等

定理。

2. 理解剪切胡克定律。

大量的试验表明：当切应力 $\tau$ 未超过材料的剪切比例极限 $\tau_p$ 时，切应力 $\tau$ 与其切应变 $\gamma$ 成正比。即

$$\tau = G\gamma$$

3. 掌握圆轴扭转时的应力和强度计算以及变形和刚度计算。

圆轴扭转时的应力计算公式　　$\tau_\rho = \dfrac{T\rho}{I_p}$

圆轴扭转时的强度条件　　$\tau_{max} = \dfrac{T_{max}}{W_p} \leqslant [\tau]$

圆轴扭转时的刚度条件　　$\theta_{max} = \dfrac{T_{max}}{GI_p} \times \dfrac{180°}{\pi} \leqslant [\theta]$

4. 掌握矩形截面杆自由扭转时的应力和强度计算以及变形和刚度计算。

矩形截面杆自由扭转时的最大切应力　　$\tau_{max} = \dfrac{T}{W_p} = \dfrac{T}{\alpha h b^2}$

单位长度扭转角　　$\theta = \dfrac{T}{GI_t} = \dfrac{T}{G\beta h b^3}$

# 思考题

14-1　切应力互等定理是否由单元体的静力平衡导出的？

14-2　简述剪切胡克定律及切应力互等定理的条件。

14-3　若单元体的各面上同时存在切应力和正应力，切应力互等定理是否依然成立？

14-4　图示为实心圆轴和空心圆轴扭转时横截面上的切应力分布图，试判断它们是否正确？

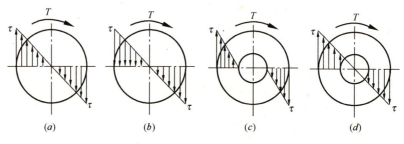

思考题 14-4 图

14-5 圆轴扭转时，圆形截面和圆环形截面哪一个更合理？为什么？

14-6 两直径相同而长度及材料均不同的圆轴，在相同的扭矩作用下，它们的最大切应力及单位长度扭转角是否相同？

14-7 简述矩形截面杆自由扭转时横截面上切应力的分布规律。

# 习题

14-1 图示圆轴的 $AB$ 段为圆形截面，直径 $D_1=50$mm，长度 $l_1=0.4$m；$BC$ 段为圆环形截面，内径 $d_2=50$mm，外径 $D_2=80$mm，长度 $l_2=0.6$m，两段轴在 $B$ 处牢固连接。轴上作用的外力偶如图所示。材料的切变模量 $G=80\times 10^3$MPa。求：(1) 轴中的最大切应力；(2) 轴的单位长度最大扭转角；(3) 全轴的扭转角。

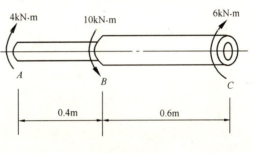

习题 14-1 图

14-2 图示传动轴，在截面 $A$ 处的输入功率为 $P_A=30$kW，在截面 $B$、$C$、$D$ 处的输出功率分别为 $P_B=P_C=P_D=10$kW。已知轴的转速 $n=300$r/min，$BA$ 段直径 $D_1=40$mm，$AC$ 段直径 $D_2=50$mm，$CD$ 段直径 $D_3=30$mm。材料的许用切应力 $[\tau]=60$MPa，试校核该轴的强度。

14-3 有一钢制圆形截面传动轴如图所示，其直径 $D=70$mm，转速 $n=120$r/min，材料的许用切应力 $[\tau]=60$MPa。试确定该轴所能传递的许用功率。

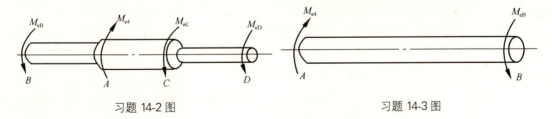

习题 14-2 图　　　　　　　习题 14-3 图

14-4 小型钻机由功率为 3kW，转速为 1430r/min 的电动机带动，经过减速之后，钻杆的转速为电动机的 $\frac{1}{36}$，求钻杆所承受的扭矩。若钻杆材料的许用切应力 $[\tau]=60$MPa。(1) 用强度条件设计圆形截面杆钻杆的直径；(2) 如改用圆环形截面杆，假定内外径之比 $\alpha=\dfrac{d_1}{d_2}=0.8$，求空心钻杆截面的外径 $d_2$ 和内径 $d_1$；(3) 比较实心和空心截面的大小。

14-5 有一钢制的空心圆轴，其内径 $d=60$mm，外径 $D=100$mm，所须承受的最大扭矩 $T=10$kN·m，单位长度许用扭转角$[\theta]=0.5°/$m；材料的许用切应力 $[\tau]=60$MPa，切变模量 $G=80×10^3$MPa。试对该轴进行强度和刚度校核。

14-6 已知某实心圆轴的转速 $n=200$r/min，所传递的功率 $P=100$kW；材料的许用切应力 $[\tau]=60$MPa，切变模量 $G=80×10^3$MPa，单位长度许用扭转角$[\theta]=0.6°/$m。试按强度条件和刚度条件设计轴的直径。

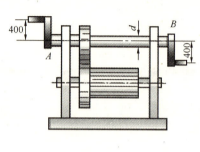

习题 14-7 图

14-7 手摇绞车驱动轴 AB 的直径 $d=3$cm，由两人摇动，每人加在手柄上的力 $F=250$N，若轴的许用切应力 $[\tau]=40$MPa，试校核 AB 轴的扭转强度。

14-8 一矩形截面杆 $b=60$mm，$h=90$mm，$l=1000$mm，所受的扭矩为 $T=80$N·m，已知材料的切变模量 $G=5.5×10^3$MPa。求：（1）最大切应力；（2）单位长度最大扭转角。

# 单元 15　梁的强度和刚度

本单元介绍等截面直梁平面弯曲时的应力和强度计算以及变形和刚度计算。

## 15.1　梁弯曲时的应力

### 15.1.1　梁横截面上的正应力

剪力和弯矩是横截面上分布内力的合力。在横截面上只有切向分布内力才能合成为剪力，只有法向分布内力才能合成为弯矩（图 15-1）。因此，梁的横截面上一般存在着切应力 $\tau$ 和正应力 $\sigma$，它们分别由剪力 $F_S$ 和弯矩 $M$ 所引起。

1. 纯弯曲时梁横截面上正应力的计算

梁弯曲时横截面上如果只有弯矩而无剪力，这种情况称为**纯弯曲**。如果既有弯矩又有剪力，则称这种弯曲为**横力弯曲**。如图 15-2 所示的简支梁，其 CD 段是纯弯曲情况，而 AC 和 DB 段则是横力弯曲情况。纯弯曲是弯曲中最简单的情况，下面先研究纯弯曲梁横截面上的正应力计算。

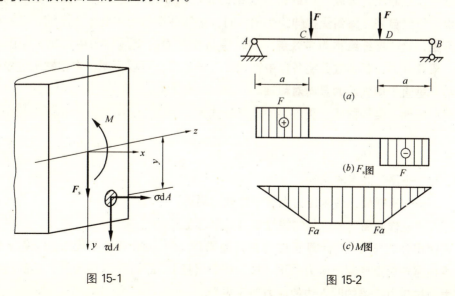

图 15-1　　　　　图 15-2

取截面具有竖向对称轴（例如矩形截面）的等直梁，在梁侧面画上与轴线平行的纵向直线和与轴线垂直的横向直线，如（图 15-3a）所示。然后在梁的两端施加外力

偶 $M_e$，使梁发生纯弯曲（图 15-3b）。此时可观察到下列现象：

（1）纵向直线变形后成为相互平行的曲线，靠近凹面的缩短，靠近凸面的伸长。

（2）横向直线变形后仍然为直线，只是相对地转动一个角度。

（3）纵向直线与横向直线变形后仍然保持正交关系。

根据所观察到的表面现象，对梁的内部变形情况进行推断，作出如下假设：

（1）梁的横截面在变形后仍然为一平面，并且与变形后梁的轴线正交，只是绕横截面内某一轴旋转了一个角度。这个假设称为**平面假设**。

（2）设想梁由许多纵向纤维组成。变形后，由于纵向直线与横向直线保持正交，即直角没有改变，可以认为纵向纤维没有受到横向剪切和挤压，只受到单方向的拉伸或压缩，即靠近凹面纤维受压缩，靠近凸面纤维受拉伸。

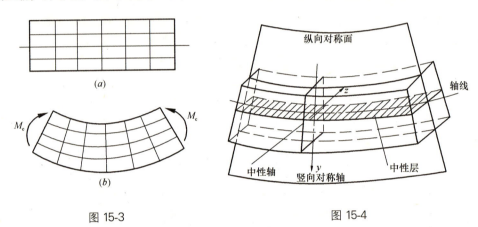

图 15-3

图 15-4

根据以上假设，靠近凹面纤维受压缩，靠近凸面纤维受拉伸。由于变形的连续性，纵向纤维自受压缩到受拉伸的变化之间，必然存在着一层既不受压缩、又不受拉伸的纤维，这一层纤维称为**中性层**。中性层与横截面的交线称为**中性轴**，如图 15-4 所示。梁弯曲时，各横截面绕各自中性轴转过一角度。可以证明，**中性轴通过横截面的形心并垂直于横截面的竖向对称轴**。

可以证明，梁横截面上正应力的计算公式为

$$\sigma = \frac{My}{I_z} \tag{15-1}$$

式中　$M$——横截面上的弯矩；

　　　$y$——横截面上待求应力点至中性轴的距离；

　　　$I_z$——横截面对中性轴的**惯性矩**（见附录Ⅰ）。

在使用公式（15-1）计算正应力时，通常以 $M$、$y$ 的绝对值代入，求得 $\sigma$ 的大小，再根据弯曲变形判断应力的正（拉）或负（压），即以中性层为界，梁的凸出边的应力为拉应力，梁的凹入边的应力为压应力。

2. 横截面上正应力的分布规律和最大正应力

在同一横截面上，弯矩 $M$ 和惯性矩 $I_z$ 为定值，因此，由式（15-1）可以看出，梁横截面上某点处的正应力 $\sigma$ 与该点到中性轴的距离 $y$ 成正比，当 $y=0$ 时，$\sigma=0$，即中性轴上各点处的正应力为零。中性轴两侧，一侧受拉，另一侧受压。离中性轴最远的上、下边缘 $y=y_{max}$ 处正应力最大，一边为最大拉应力 $\sigma_{tmax}$，另一边为最大压应力 $\sigma_{cmax}$（图 15-5）。最大应力值为

$$\sigma_{max} = \frac{My_{max}}{I_z} \tag{15-2}$$

令

$$W_z = \frac{I_z}{y_{max}} \tag{15-3}$$

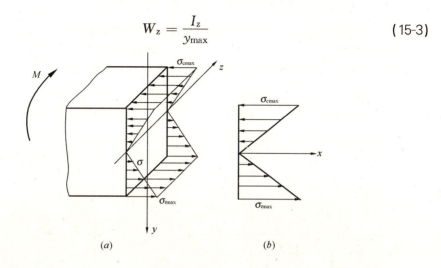

图 15-5

则最大正应力可表示为

$$\sigma_{max} = \frac{M}{W_z} \tag{15-4}$$

式中　$W_z$——截面对中性轴 $z$ 的**弯曲截面系数**。它只与截面的形状及尺寸有关，是衡量截面抗弯能力的一个几何量，常用单位为 $mm^3$ 或 $m^3$。

3. 惯性矩和弯曲截面系数的计算

几种常见简单截面如矩形、圆形及圆环形等的惯性矩 $I_z$ 和弯曲截面系数 $W_z$ 列于表 15-1 中，以备查用。由简单截面组合而成的截面的惯性矩计算，见附录 Ⅰ。

型钢截面的惯性矩和弯曲截面系数可由型钢规格表查得。

4. 横力弯曲时梁横截面上正应力的计算公式

横力弯曲时梁横截面上不仅有弯矩而且还有剪力，因此梁横截面上不仅有正应力，而且还有切应力。由于切应力的存在，梁变形后横截面不再保持为平面。按平面假设推导出的纯弯曲梁横截面上正应力计算公式，用于计算横力弯曲梁横截面上的正应力是有一些误差的。但是当梁的跨度和横截面的高度的比值 $\frac{l}{h} > 5$ 时，其误差甚小。因此，式（15-1）也适用于横力弯曲。但要注意，纯弯曲梁段 $M$ 为常量，而横力弯曲梁段 $M$ 是变量，故应用 $M(x)$ 代替式（15-1）中的 $M$。

在横力弯曲时，如果梁的横截面对称于中性轴，例如矩形、圆形和圆环形等截

面，则梁的最大正应力将发生在最大弯矩（绝对值）所在横截面的边缘各点处，且最大拉应力和最大压应力的值相等。梁的最大正应力为

$$\sigma_{\max} = \frac{M_{\max}}{W_z} \tag{15-5}$$

如果梁的横截面不对称于中性轴，例如图 15-6（b）所示 T 形截面，由于 $y_1 \neq y_2$，则梁的最大正应力将发生在最大正弯矩或最大负弯矩所在横截面上的边缘各点处，且最大拉应力和最大压应力的值不相等（详见例 15-1）。

常见简单截面的惯性矩与弯曲截面系数　　　　　　　　　表 15-1

| 截　面 | 惯性矩 | 弯曲截面系数 |
| --- | --- | --- |
| 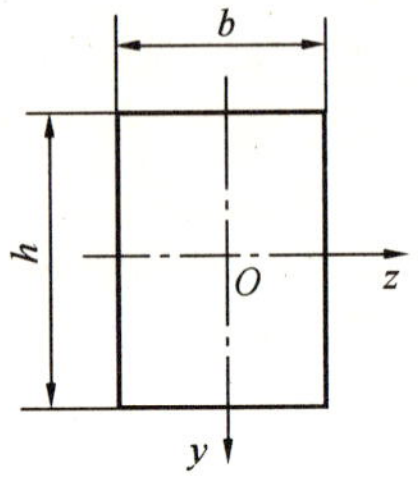 矩形 | $I_z = \dfrac{bh^3}{12}$<br>$I_y = \dfrac{hb^3}{12}$ | $W_z = \dfrac{bh^2}{6}$<br>$W_y = \dfrac{hb^2}{6}$ |
| 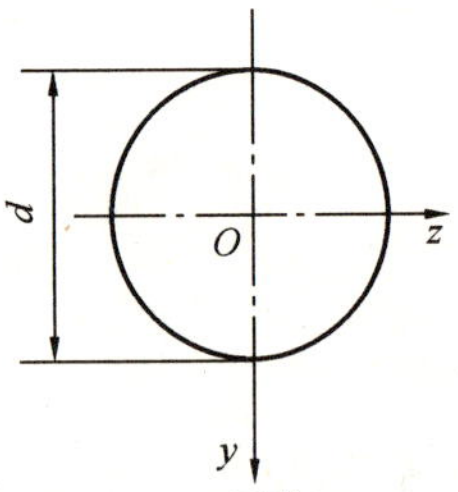 圆形 | $I_z = I_y = \dfrac{\pi d^4}{64}$ | $W_z = W_y = \dfrac{\pi d^3}{32}$ |
| 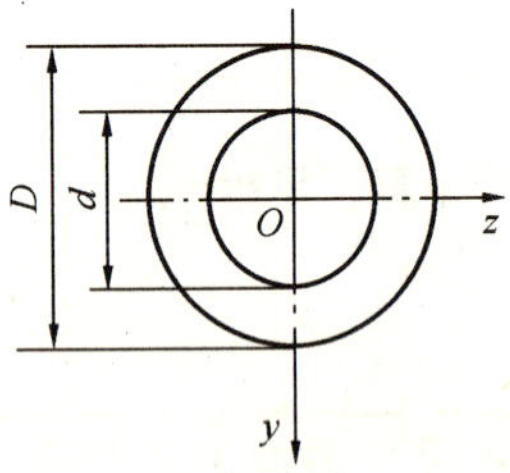 圆环形 | $I_z = I_y = \dfrac{\pi D^4(1-\alpha^4)}{64}$<br>$\left(\alpha = \dfrac{d}{D}\right)$ | $W_z = W_y = \dfrac{\pi D^3(1-\alpha^4)}{32}$<br>$\left(\alpha = \dfrac{d}{D}\right)$ |

**【例 15-1】** 求图 15-6（a、b）所示 T 形截面梁的最大拉应力和最大压应力。已知 T 形截面对中性轴的惯性矩 $I_z = 7.64 \times 10^6 \text{ mm}^4$，且 $y_1 = 52 \text{ mm}$。

**【解】**

（1）绘制梁的弯矩图。梁的弯矩图如图 15-6（c）所示。由图可知，梁的最大正弯矩发生在截面 C 上，$M_C = 2.5 \text{ kN·m}$；最大负弯矩发生在截面 B 上，$M_B = 4 \text{ kN·m}$。

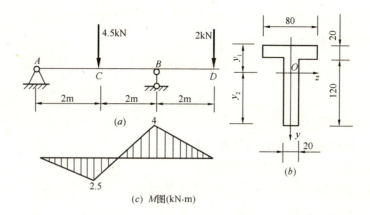

图 15-6

(2) 计算 C 截面上的最大拉应力和最大压应力。

$$\sigma_{tC} = \frac{M_C y_2}{I_z} = \frac{2.5 \times 10^3 \text{N} \cdot \text{m} \times 8.8 \times 10^{-2} \text{m}}{7.64 \times 10^{-6} \text{m}^4}$$
$$= 28.8 \times 10^6 \text{Pa} = 28.8 \text{MPa}$$

$$\sigma_{cC} = \frac{M_B y_1}{I_z} = \frac{2.5 \times 10^3 \text{N} \cdot \text{m} \times 5.2 \times 10^{-2} \text{m}}{7.64 \times 10^{-6} \text{m}^4}$$
$$= 17.0 \times 10^6 \text{Pa} = 17.0 \text{MPa}$$

(3) 计算 B 截面上的最大拉应力和最大压应力。

$$\sigma_{tB} = \frac{M_B y_1}{I_z} = \frac{4 \times 10^3 \text{N} \cdot \text{m} \times 5.2 \times 10^{-2} \text{m}}{7.64 \times 10^{-6} \text{m}^4}$$
$$= 27.2 \times 10^6 \text{Pa} = 27.2 \text{MPa}$$

$$\sigma_{cB} = \frac{M_B y_2}{I_z} = \frac{4 \times 10^3 \text{N} \cdot \text{m} \times 8.8 \times 10^{-2} \text{m}}{7.64 \times 10^{-6} \text{m}^4}$$
$$= 46.1 \times 10^6 \text{Pa} = 46.1 \text{MPa}$$

综合以上可知，梁的最大拉、压应力分别为

$$\sigma_{tmax} = \sigma_{tC} = 28.8 \text{MPa}$$
$$\sigma_{cmax} = \sigma_{cB} = 46.1 \text{MPa}$$

### 15.1.2 梁横截面上的切应力

前面已述，梁在横力弯曲时，横截面上有剪力 $F_S$，相应地在横截面上有切应力 $\tau$。下面以矩形截面梁为例，首先对切应力分布规律作出适当假设，根据假设，给出矩形截面梁切应力公式，并对几种常用截面梁的切应力作简要介绍。

**1. 切应力分布规律假设**

对于高度 $h$ 大于宽度 $b$ 的矩形截面梁，其横截面上的剪力 $F_S$ 沿 $y$ 轴方向，如图 15-7 所示，现假设切应力分布规律如下：

(1) 横截面上各点处的剪应力 $\tau$ 都与剪力 $F_S$ 方向一致；

(2) 横截面上距中性轴等距离各点处切应力大小相等，即沿截面宽度为均匀分布。

**2. 矩形截面梁的切应力计算公式**

根据以上假设,可以推导出矩形截面梁横截面上任意一点处剪应力的计算公式为

$$\tau = \frac{F_S S_z^*}{I_z b} \tag{15-6}$$

式中　$F_S$——横截面上的剪力;

　　　$I_z$——整个截面对中性轴的惯性矩;

　　　$b$——需求切应力处的横截面宽度;

　　　$S_z^*$——横截面上需求切应力点处的水平线以上(或以下)部分的面积 $A^*$ 对中性轴的静矩(见附录Ⅰ)。

用上式计算时,$F_S$ 与 $S_z^*$ 均用绝对值代入即可。

由式(15-7)可以看出,对于同一横截面,$F_S$、$I_z$ 及 $b$ 都为常量,故横截面上的切应力 $\tau$ 是随静矩 $S_z^*$ 的变化而变化的。

现求图 15-7(a)所示矩形截面上任意一点处的切应力,该点至中性轴的距离为 $y$,该点水平线以下部分面积 $A^*$ 对中性轴的静矩为

$$\begin{aligned} S_z^* &= A^* \bar{y} \\ &= b\left(\frac{h}{2} - y\right) \times \left[y + \frac{1}{2}\left(\frac{h}{2} - y\right)\right] \\ &= \frac{b}{2}\left[\left(\frac{h}{2}\right)^2 - y^2\right] \end{aligned}$$

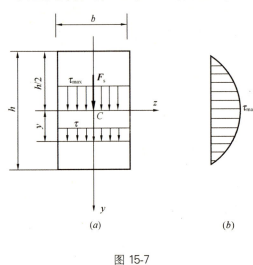

图 15-7

将上式及 $I_z = \frac{bh^3}{12}$ 代入式(15-6),得

$$\tau = \frac{3F_S}{2bh}\left(1 - \frac{4y^2}{h^2}\right)$$

上式表明切应力沿截面高度按二次抛物线规律分布(图 15-7b)。在上、下边缘处 $\left(y = \pm \frac{h}{2}\right)$,切应力为零;在中性轴上($y = 0$),切应力最大,其值为

$$\tau_{\max} = \frac{3F_S}{2bh} = 1.5\frac{F_S}{A} \tag{15-7}$$

式中　$F_S$——横截面上的剪力;

　　　$A = bh$——矩形截面的面积。

由上式可知,矩形截面梁横截面上的最大切应力值等于截面上平均切应力值的 1.5 倍。

**3. 工字形截面梁**

工字形截面由上、下翼缘和中间腹板组成(图 15-8)。腹板上的切应力接近于均

匀分布，翼缘上的切应力的数值比腹板上切应力的数值小许多，一般忽略不计。所以它的切应力可按矩形截面的切应力公式计算，即

$$\tau = \frac{F_S S_z^*}{I_z d} \tag{15-8}$$

式中　$d$——腹板的厚度；

　　　$S_z^*$——横截面上所求切应力处的水平线以下（或以上）至边缘部分面积 $A^*$ 对中性轴的静矩（图15-8）。

工字形截面上的最大切应力仍然发生在中性轴上各点处，并沿中性轴均匀分布，其值为

$$\tau_{max} \approx \frac{F_S}{A_f} \tag{15-9}$$

式中　$F_S$——横截面上的剪力；

　　　$A_f$——腹板的面积。

对于工字钢截面，最大切应力的值为

$$\tau_{max} = \frac{F_S}{\dfrac{I_z}{S_z} \cdot d} \tag{15-10}$$

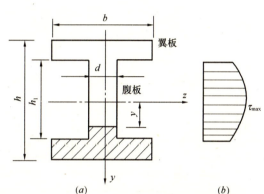

图 15-8

式中　$F_S$——横截面上的剪力；

　　　$\dfrac{I_z}{S_z}$——由型钢规格表查得；

　　　$d$——腹板的厚度。

4. 圆形截面梁和薄壁圆环形截面梁

圆形截面和薄壁圆环形截面梁横截面上的最大切应力均发生在中性轴上各点处（图15-9），并沿中性轴均匀分布，其值分别为

圆形截面梁：

$$\tau_{max} = \frac{4}{3} \times \frac{F_S}{A} \tag{15-11}$$

薄壁圆环形截面梁：

$$\tau_{max} = 2 \frac{F_S}{A} \tag{15-12}$$

式中　$F_S$——横截面上的剪力；

　　　$A$——横截面面积。

【例 15-2】　一矩形截面简支梁如图 15-10 所示。已知 $l=3\text{m}$，$h=160\text{mm}$，$b=100\text{mm}$，$h_1=40\text{mm}$，$F=3\text{kN}$，求 $m-m$ 截面上 $K$ 点处的切应力。

【解】

(1) 求支座反力及 $m-m$ 截面上的剪力。

$$F_A = F_B = F = 3\text{kN}$$

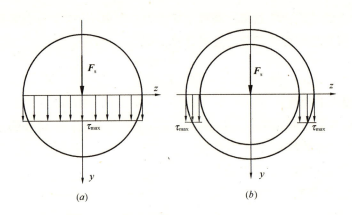

图 15-9

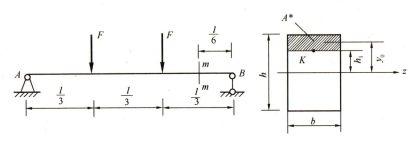

图 15-10

$$F_S = -F_B = -3\text{kN}$$

(2) 计算截面的惯性矩和静矩 $S_z^*$。截面对中性轴的惯性矩、静矩 $S_z^*$ 分别为

$$I_z = \frac{bh^3}{12} = \frac{100\text{mm} \times 160^3 \text{ mm}^3}{12} = 34.1 \times 10^6 \text{ mm}^4$$

$$S_z^* = A^* y_0 = 100\text{mm} \times 40\text{mm} \times 60\text{mm} = 24 \times 10^4 \text{ mm}^3$$

(3) 计算 $m-m$ 截面上 $K$ 点处的切应力。

$$\tau = \frac{F_S S_z^*}{I_z d} = \frac{3 \times 10^3 \text{N} \times 24 \times 10^4 \text{ mm}^3}{34.1 \times 10^6 \text{ mm}^4 \times 100\text{mm}} = 0.21\text{MPa}$$

【**例 15-3**】 图 15-11 (a) 所示矩形截面简支梁，受均布荷载 $q$ 作用。求梁的最大正应力和最大切应力，并进行比较。

【**解**】

绘出梁的剪力图和弯矩图，分别如图 15-11 (b、c) 所示。由图可知，最大剪力和最大弯矩分别为

$$F_{S\max} = \frac{1}{2}ql, \quad M_{\max} = \frac{1}{8}ql^2$$

由式 (15-5) 和式 (15-7)，梁的最大正应力和最大切应力分别为

$$\sigma_{\max} = \frac{M_{\max}}{W_z} = \frac{\frac{1}{8}ql^2}{\frac{bh^2}{6}} = \frac{3ql^2}{4bh^2}$$

$$\tau_{\max} = \frac{3}{2} \times \frac{F_{S\max}}{A} = \frac{3}{2} \times \frac{\frac{1}{2}ql}{bh} = \frac{3ql}{4bh}$$

最大正应力和最大切应力的比值为

$$\frac{\sigma_{\max}}{\tau_{\max}} = \frac{\frac{3}{4} \times \frac{ql^2}{bh^2}}{\frac{3}{4} \times \frac{ql}{bh}} = \frac{l}{h}$$

从本例看出，梁的最大正应力与最大切应力之比的数量级约等于梁的跨度 $l$ 与梁的高度 $h$ 之比。因为一般梁的跨度远大于其高度，所以梁内的主要应力是正应力。

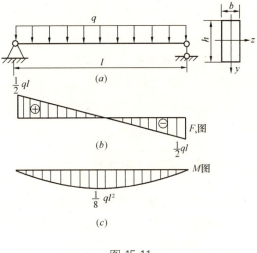

图 15-11

## 15.2 梁弯曲时的强度计算

在一般情况下，梁横截面上同时存在着正应力和切应力。最大正应力发生在最大弯矩所在截面上离中性轴最远的边缘各点处，此处切应力为零，是单向拉伸或压缩。最大切应力发生在最大剪力所在截面的中性轴上各点处，此处正应力为零，是纯剪切。因此，应该分别建立梁的正应力强度条件和切应力强度条件。只要梁满足这些强度条件，一般不会发生强度不够的问题。

### 15.2.1 梁的强度条件

1. 梁的正应力强度条件

梁的正应力强度条件为

$$\sigma_{\max} \leqslant [\sigma] \tag{15-13}$$

对于等截面直梁，利用式（15-5），上式可写为

$$\sigma_{\max} = \frac{M_{\max}}{W_z} \leqslant [\sigma] \tag{15-14}$$

式中　$[\sigma]$——材料的许用正应力，其值可在有关设计规范中查得。

对于抗拉和抗压强度不同的脆性材料，则要求梁的最大拉应力 $\sigma_{t\max}$ 不超过材料的许用拉应力 $[\sigma_t]$，最大压应力 $\sigma_{c\max}$ 不超过材料的许用压应力 $[\sigma_c]$，即

$$\sigma_{tmax} \leqslant [\sigma_t] \tag{15-15a}$$

$$\sigma_{cmax} \leqslant [\sigma_c] \tag{15-15b}$$

**2. 切应力强度条件**

梁的切应力强度条件为

$$\tau_{max} \leqslant [\tau] \tag{15-16}$$

式中 $[\tau]$ ——材料的许用切应力，其值可在有关设计规范中查得。

### 15.2.2 梁的强度计算

对于一般的跨度与横截面高度的比值较大的梁，其主要应力是正应力（见例15-3），因此通常只需进行梁的正应力强度计算。但是，对于以下三种情况还必须进行切应力强度计算：

① 薄壁截面梁。例如，自行焊接的工字形截面梁等。

② 对于最大弯矩较小而最大剪力却很大的梁。例如，跨度与横截面高度比值较小的短粗梁、集中荷载作用在支座附近的梁等。

③ 木梁。由于木材顺纹的抗剪能力很差，当截面上切应力很大时，木梁也可能沿中性层发生剪切破坏。

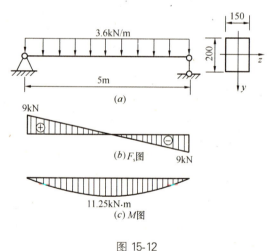

图 15-12

利用梁的强度条件，可以解决梁的强度校核、设计截面尺寸和确定许用荷载等三类强度计算问题。

【例 15-4】 图 15-12（a）为支承在墙上的木栅的计算简图。已知材料的许用应力 $[\sigma] = 12\text{MPa}$，$[\tau] = 1.2\text{MPa}$。试校核梁的强度。

【解】

（1）绘制剪力图和弯矩图。梁的剪力图和弯矩图分别如图 15-12（b）、（c）所示。由图可知，最大剪力和最大弯矩分别为

$$F_{Smax} = 9\text{kN} \quad M_{max} = 11.25\text{kN} \cdot \text{m}$$

（2）校核正应力强度。梁的最大正应力为

$$\sigma_{max} = \frac{M_{max}}{W_z} = \frac{11.25 \times 10^3 \text{N} \cdot \text{m}}{\frac{1}{6} \times 0.15\text{m} \times 0.2^2 \text{m}^2} = 11.25 \times 10^6 \text{Pa}$$

$$= 11.25\text{MPa} < [\sigma] = 12\text{MPa}$$

可见梁满足正应力强度条件。

（3）校核切应力强度。梁的最大切应力为

$$\tau_{max} = \frac{3}{2} \times \frac{F_{Smax}}{A} = \frac{3}{2} \times \frac{9 \times 10^3 \text{N}}{0.15\text{m} \times 0.2\text{m}} = 0.45 \times 10^6 \text{Pa}$$
$$= 0.45\text{MPa} < [\tau] = 1.2\text{MPa}$$

可见梁也满足切应力强度条件。

**【例 15-5】** 图 15-13（a）所示由 45c 号工字钢制成的悬臂梁，长 $l=6\text{m}$，材料的许用应力 $[\sigma]=150\text{MPa}$，不计梁的自重。试按正应力强度条件确定梁的许用荷载。

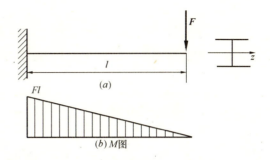

图 15-13

**【解】**

绘制弯矩图（图 15-13b），由图可知，最大弯矩发生在梁固定端截面上，其值 $M_{max}=Fl$。查型钢规格表，45c 号工字钢的 $W_z=1570\text{cm}^3$。由梁的正应力强度条件

$$\sigma_{max} = \frac{M_{max}}{W_z} = \frac{Fl}{W_z} \leqslant [\sigma]$$

可得

$$F \leqslant \frac{[\sigma]W_z}{l} = \frac{150 \times 10^6 \text{Pa} \times 1570 \times 10^{-6}\text{m}^3}{6\text{m}} = 39.3 \times 10^3 \text{N} = 39.3\text{kN}$$

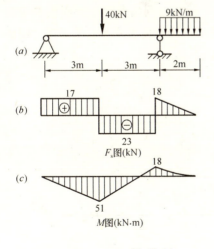

图 15-14

**【例 15-6】** 图 15-14（a）所示工字形截面外伸梁，已知材料的许用应力 $[\sigma]=160\text{MPa}$，$[\tau]=100\text{MPa}$。试选择工字钢型号。

**【解】**

(1) 绘制剪力图和弯矩图。梁的剪力图和弯矩图分别如图 15-14 (b)、(c) 所示。由图可知，最大剪力和最大弯矩分别为

$$F_{Smax}=23\text{kN}, \quad M_{max}=51\text{kN} \cdot \text{m}$$

(2) 按正应力强度条件选择工字钢型号。由式 (15-14) 可得

$$W_z \geqslant \frac{M_{max}}{[\sigma]} = \frac{51 \times 10^3 \text{N} \cdot \text{m}}{160 \times 10^6 \text{Pa}} = 3.1875 \times 10^{-4} \text{m}^3 = 318.75 \text{cm}^3$$

查型钢规格表，选用 22b 号工字钢，其 $W_z=325\text{cm}^3$，可满足要求。

(3) 按切应力强度条件进行校核。查型钢规格表，得 22b 号工字钢如下数据：

$$I_z : S_z = 18.7\text{cm}, \quad d = 9.5\text{mm}$$

由式（15-10）得

$$\tau_{max} = \frac{F_{Smax}}{\frac{I_z}{S_z} \cdot d} = \frac{23 \times 10^3 \text{N}}{18.7 \times 10^{-2}\text{m} \times 9.5 \times 10^{-3}\text{m}}$$

$$= 12.9 \times 10^6 \text{Pa} = 12.9 \text{MPa} < [\tau] = 100 \text{MPa}$$

可见满足切应力强度条件。因此选用 22b 号工字钢。

## 15.3 提高梁弯曲强度的主要措施

由梁的正应力强度条件可以看出，欲提高梁的强度，一方面应降低最大弯矩 $M_{max}$，另一方面则应提高弯曲截面系数 $W_z$。从以上两方面出发，工程上主要采取以下几个措施。

### 1. 合理布置梁的支座和荷载

当荷载一定时，梁的最大弯矩 $M_{max}$ 与梁的跨度有关，因此，首先应合理布置梁的支座。例如受均布荷载 $q$ 作用的简支梁（图 15-15a）其最大弯矩为 $0.125ql^2$，若将梁两端支座向跨中方向移动 $0.2l$（图 15-15b），则最大弯矩变为 $0.025ql^2$，仅为前者的 1/5。其次，若结构允许，应尽可能合理布置梁上荷载。例如在跨中作用集中荷载 $F$ 的简支梁（图 15-16a）其最大弯矩为 $Fl/4$，若在梁的中间安置一根长为 $l/2$ 的辅助梁（图 15-16b），则最大弯矩变为 $Fl/8$，即为前者的一半。

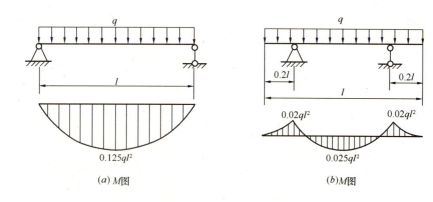

图 15-15

### 2. 采用合理的截面

梁的最大弯矩确定后，梁的弯曲强度取决于弯曲截面系数。梁的弯曲截面系数 $W_z$ 越大，正应力越小。因此，在设计中，应当力求在不增加材料（用横截面面积来

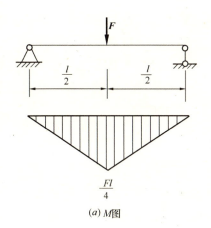
(a) $M$图

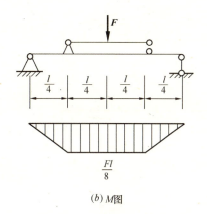
(b) $M$图

图 15-16

衡量）的前提下，使 $W_z$ 值尽可能增大，即应使截面的 $W_z/A$ 比值尽可能大，这种截面称为**合理截面**。例如宽为 $b$、高为 $h$（$h>b$）的矩形截面梁，如将截面竖置（图 15-17$a$），则 $W_{z1}=bh^2/6$，而将截面横置（图 15-17$b$），则 $W_{z2}=hb^2/6$，所以 $W_{z1}>W_{z2}$。显然，竖置比横置合理。另外，由于梁横截面上的正应力沿截面高度线性分布，中性轴附近应力很小，该处材料远未发挥作用，若将这些材料移置到离中性轴较远处，可使它们得到充分利用，形成合理截面。因此，工程中常采用工字形、箱形截面。

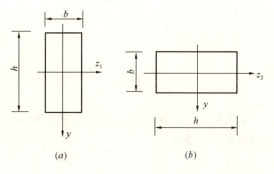

图 15-17

在讨论合理截面时，还应考虑材料的力学性能。对于抗压强度大于抗拉强度的脆性材料，如果采用对称于中性轴的横截面，则由于弯曲拉应力达到材料的许用拉应力 $[\sigma_t]$ 时，弯曲压应力没有达到许用压应力 $[\sigma_c]$，受压一侧的材料没有充分利用。因此，应采用不对称于中性轴的横截面（图 15-18$a$），并使中性轴偏向受拉的一侧，如图 15-18（$b$）所示。理想的情况是满足下式：

$$\frac{y_1}{y_2}=\frac{[\sigma_t]}{[\sigma_c]}$$

### 3. 采用变截面梁

对于等截面梁，当梁危险截面上危险点处的应力值达到材料的许用应

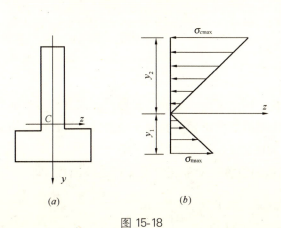

图 15-18

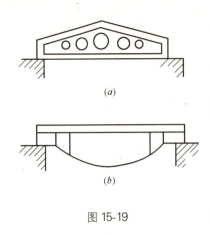

图 15-19

力时，其他截面上的应力值均小于许用应力，材料没有充分利用。为提高材料的利用率、提高梁的强度，可以设计成各截面应力值均同时达到许用应力值，这种梁称为**等强度梁**。其弯曲截面系数 $W_z$，可按下式确定：

$$W_z(x) = \frac{M(x)}{[\sigma]}$$

显然，等强度梁是最合理的结构形式。但是，由于等强度梁外形复杂，加工制造困难，所以工程中一般只采用近似等强度的**变截面梁**，例如图 15-19 所示各梁。

## 15.4 梁弯曲时的变形和刚度计算

### 15.4.1 挠度和转角

取变形前梁的轴线为 $x$ 轴，与轴线垂直向下的轴为 $w$ 轴（图 15-20）。在平面弯曲的情况下，梁的轴线 $AB$ 在 $xw$ 平面内弯成一条光滑而又连续的曲线 $AB'$，称为梁的**挠曲线**。梁的变形可用以下两个位移量来表示：

(1) 挠度。梁任一横截面的形心在垂直于轴线方向的线位移，称为该横截面的**挠度**，用 $w$ 表示。规定沿 $w$ 轴正向（即向下）的挠度为正，反之为负。实际上，横截面形心沿轴线方向也存在线位移，但在小变形条件下，这种位移与挠度相比很小，一般略去不计。

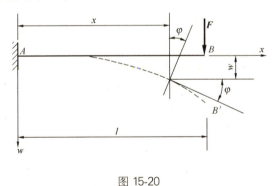

图 15-20

(2) 转角。梁任一横截面绕其中性轴转过的角度，称为该横截面的**转角**，用 $\varphi$ 表示。根据平面假设，梁变形后的横截面仍保持为平面并与挠曲线正交，因而横截面的转角 $\varphi$ 也等于挠曲线在该截面处的切线与 $x$ 轴的夹角。规定 $\varphi$ 以顺时针转向时为正，反之为负。

梁横截面的挠度 $w$ 和转角 $\varphi$ 都随截面位置 $x$ 而变化，是 $x$ 的连续函数，即

$$w = w(x)$$

$$\varphi = \varphi(x)$$

上两式分别称为**梁的挠曲线方程**和**转角方程**。在小变形条件下，由于转角 $\varphi$ 很小，两者之间存在下面的关系：

$$\varphi = \tan\varphi = \frac{\mathrm{d}w}{\mathrm{d}x} \tag{15-17}$$

即挠曲线上任一点处切线的斜率等于该处横截面的转角。因此，研究梁的变形关键就在于找出梁的挠曲线方程 $w = w(x)$，便可求得梁任一横截面的挠度 $w$ 和转角 $\varphi$。通过建立和求解梁的挠曲线的近似微分方程，就可以得到梁的挠曲线方程和转角方程，从而求出任一横截面的挠度和转角。这种求挠度和转角的方法称为**积分法**。

应用积分法求出单跨静定梁在简单荷载作用下的挠度和转角，列于表 15-2 中，以备查用。表中算式分母上的 $E$ 为材料的弹性模量，$I$ 为横截面对中性轴的惯性矩。$EI$ 称为梁的弯曲刚度。$EI$ 越大，梁越不容易发生弯曲变形，因此它表示梁抵抗弯曲变形的能力。

### 15.4.2 用叠加法求梁的变形

按照叠加原理，当梁上同时作用几个荷载时，可以先分别求出每个荷载单独作用下梁的挠度或转角，然后进行叠加（求代数和），即得这些荷载共同作用下的挠度或转角。这种求梁变形的方法称为**叠加法**。

【**例 15-7**】 图 15-21 所示简支梁，同时受均布荷载 $q$ 和集中荷载 $F$ 作用，试用叠加法计算梁的最大挠度。设弯曲刚度 $EI$ 为常数。

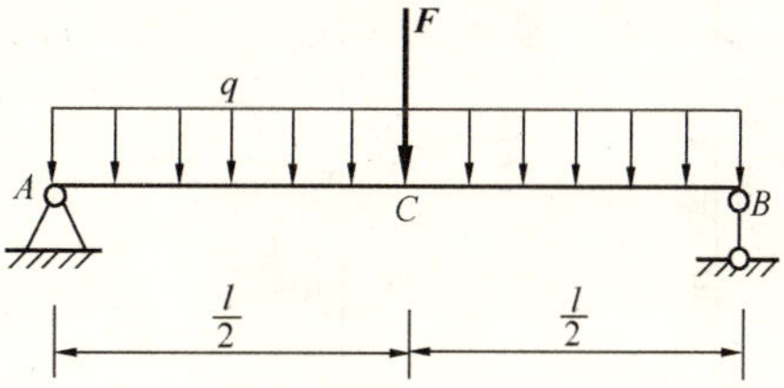

图 15-21

【**解**】

由表 15-2 查得，在均布荷载作用下，简支梁跨中点 $C$ 处有最大挠度，其值为

$$w_{Cq} = \frac{5ql^4}{384EI} \ (\downarrow)$$

在集中荷载作用下，简支梁跨中点 $C$ 处有最大挠度，其值为

$$w_{CF} = \frac{Fl^3}{38EI} \ (\downarrow)$$

因此，在荷载 $q$、$F$ 共同作用下，截面 $C$ 的挠度为该梁的最大挠度，其值为

$$w_{\max} = w_{Cq} = w_{CF} = \frac{5ql^4}{384EI} + \frac{Fl^3}{48EI} \ (\downarrow)$$

**简单荷载作用下梁的变形**　　表 15-2

| 序号 | 梁的计算简图 | 挠曲线方程 | 转 角 | 挠 度 |
|---|---|---|---|---|
| 1 | | $w = \dfrac{Fx^2}{6EI}(3l - x)$ | $\varphi_B = \dfrac{Fl^2}{2EI}$ | $w_B = \dfrac{Fl^3}{3EI}$ |
| 2 | | $w = \dfrac{qx^2}{24EI}(6l^2 - 4lx + x^2)$ | $\varphi_B = \dfrac{ql^3}{6EI}$ | $w_B = \dfrac{ql^4}{8EI}$ |
| 3 | | $w = \dfrac{M_e x^2}{2EI}$ | $\varphi_B = \dfrac{M_e l}{EI}$ | $w_B = \dfrac{M_e l^2}{2EI}$ |
| 4 | | $w = \dfrac{Fx}{48EI}(3l^2 - 4x^2)$ $\left(0 \leqslant x \leqslant \dfrac{l}{2}\right)$ $w = \dfrac{F(l-x)}{48EI}(-l^2 + 8lx - 4x^2)$ $\left(\dfrac{l}{2} \leqslant x \leqslant l\right)$ | $\varphi_A = \dfrac{Fl^2}{16EI}$ $\varphi_B = \dfrac{Fl^2}{16EI}$ | $w_C = \dfrac{Fl^3}{48EI}$ |

续表

| 序号 | 梁的计算简图 | 挠曲线方程 | 转 角 | 挠 度 |
|---|---|---|---|---|
| 5 | | $w = \dfrac{Fbx}{6lEI}(l^2 - x^2 - b^2)$ $(0 \leqslant x \leqslant a)$ $w = \dfrac{Fa(l-x)}{6lEI}(2lx - x^2 - a^2)$ $(a \leqslant x \leqslant l)$ | $\varphi_A = \dfrac{Fcb(l+b)}{6lEI}$ $\varphi_B = \dfrac{Fcb(l+a)}{6lEI}$ | 当 $a > b$ 时 $w_C = \dfrac{Fb}{48EI}(3l^2 - 4b^2)$ $w_{\max} = \dfrac{Fb}{9\sqrt{3}lEI}(l^2 - b^2)^{3/2}$ （发生在 $x = \sqrt{\dfrac{l^2 - b^2}{3}}$ 处） |
| 6 | | $w = \dfrac{qx}{24EI}(l^3 - 2lx^2 + x^3)$ | $\varphi_A = \dfrac{ql^3}{24EI}$ $\varphi_B = -\dfrac{ql^3}{24EI}$ | $w_C = \dfrac{5ql^4}{384EI}$ |
| 7 | | $w = \dfrac{M_e l}{6EI}(l^2 - x^2)$ | $\varphi_A = \dfrac{M_e l}{6EI}$ $\varphi_B = -\dfrac{M_e l}{3EI}$ | $w_C = \dfrac{M_e l^2}{16EI}$ $w_{\max} = \dfrac{M_e l^2}{9\sqrt{3}EI}$ （发生在 $x = \dfrac{l}{\sqrt{3}}$ 处） |
| 8 | | $w = \dfrac{M_e x}{6lEI}(l^2 - 3b^2 - x^2)$ $(0 \leqslant x \leqslant a)$ $w = \dfrac{M_e(l-x)}{6lEI}(3a^2 - 2lx^2 + x^2)$ $(a \leqslant x \leqslant l)$ | $\varphi_A = \dfrac{M_e}{6lEI}(l^2 - 3b^2)$ $\varphi_B = \dfrac{M_e}{6lEI}(l^2 - 3a^2)$ $\varphi_D = \dfrac{M_e}{6lEI}(l^2 - 3a^2 - 3b^2)$ | $w_{1\max} = \dfrac{M_e}{9\sqrt{3}lEI}(l^2 - 3b^2)^{3/2}$ （发生在 $x = \sqrt{\dfrac{l^2 - 3b^2}{3}}$ 处） $w_{2\max} = \dfrac{M_e}{9\sqrt{3}lEI}(l^2 - 3a^2)^{3/2}$ （发生在 $x = \sqrt{\dfrac{l^2 - 3a^2}{3}}$ 处） |

续表

| 序号 | 梁的计算简图 | 挠曲线方程 | 转 角 | 挠 度 |
|---|---|---|---|---|
| 9 | | $w = \dfrac{Fax}{6EI}(x^2 - l^2)$ $(0 \leqslant x \leqslant l)$ $w = \dfrac{F(x-l)}{6EI}[a(3x-l)-(x-l)^2]$ $(l \leqslant x \leqslant l+a)$ | $\varphi_A = \dfrac{Fal}{-6EI}$ $\varphi_B = \dfrac{Fal}{3EI}$ $\varphi_D = \dfrac{Fa}{6EI}(2l+3a)$ | $w_{1\max} = \dfrac{Fal^2}{9\sqrt{3}EI}$ (发生在 $x = \dfrac{l}{\sqrt{3}}$ 处) $w_D = w_{2\max} = \dfrac{Fa^2}{3EI}(l+a)$ |
| 10 | | $w = \dfrac{qa^2 x}{12EI}(x^2 - l^2)$ $(0 \leqslant x \leqslant l)$ $w = \dfrac{q(x-l)}{24lEI}[2a^2 x(x+l) - 2a(2l+a)$ $(x-l)^2 + l(x-l)^3]$ $(l \leqslant x \leqslant l+a)$ | $\varphi_A = \dfrac{qa^2 l}{12EI}$ $\varphi_B = \dfrac{qa^2 l}{6EI}$ $\varphi_D = \dfrac{qa^2}{6EI}(l+a)$ | $w_{1\max} = \dfrac{qa^2 l^2}{18\sqrt{3}EI}$ (发生在 $x = \dfrac{1}{\sqrt{3}}$ 处) $w_D = w_{2\max} = \dfrac{qa^3}{24EI}(4l+3a)$ |
| 11 | | $w = \dfrac{M_e x}{6lEI}(x^2 - l^2)$ $(0 \leqslant x \leqslant l)$ $w = \dfrac{M_e}{6EI}(l^2 - 4lx + 3x^2)$ $(l \leqslant x \leqslant l+a)$ | $\varphi_A = \dfrac{M_e l}{6EI}$ $\varphi_B = \dfrac{M_e l}{3EI}$ $\varphi_D = \dfrac{M_e}{3EI}(l+3a)$ | $w_{1\max} = \dfrac{M_e l^2}{9\sqrt{3}EI}$ (发生在 $x = \dfrac{1}{\sqrt{3}}$ 处) $w_D = w_{2\max} = \dfrac{M_e a}{6EI}(2l+3a)$ |

### 15.4.3 梁的刚度校核

在工程中，根据强度条件对梁进行设计后，往往还要对梁进行刚度校核。梁的**刚度条件为**

$$\left.\begin{array}{c} w_{\max} \leqslant [w] \\ \varphi_{\max} \leqslant [\varphi] \end{array}\right\} \qquad (15\text{-}18)$$

式中　$w_{\max}$、$\varphi_{\max}$ ——梁的最大挠度和最大转角；

　　　$[w]$、$[\varphi]$ ——许用挠度和许用转角。根据梁的用途，$[w]$、$[\varphi]$ 值可在有关设计规范中查得。

在建筑工程中，通常采用最大挠度 $w_{\max}$ 与跨度 $l$ 之比，即最大挠跨比限制在许用的挠跨比范围内，即

$$\frac{w_{\max}}{l} \leqslant \left[\frac{w}{l}\right] \qquad (15\text{-}19)$$

梁的许用挠跨比 $\left[\dfrac{w}{l}\right]$ 可从设计规范中查得，一般在 $\dfrac{1}{1000} \sim \dfrac{1}{200}$ 之间。

在一般情况下，如果梁的强度条件满足，则刚度条件也能满足。但对于刚度要求很高的梁，则必须进行刚度校核，此时刚度条件可能起到控制作用。

【例 15-8】 图 15-22 所示由 32a 号工字钢制成的悬臂梁，长 $l=3.5\text{m}$，荷载 $F=12\text{kN}$，已知材料的许用应力 $[\sigma]=170\text{MPa}$，弹性模量 $E=210\text{MPa}$，梁的许用挠跨比 $\left[\dfrac{w}{l}\right]=\dfrac{1}{400}$。试校核梁的强度和刚度。

【解】

（1）求梁的最大弯矩和最大挠度。最大弯矩发生在固定端 $A$ 截面上，其值为

$$M_{\max} = M_A = Fl = 42\text{kN}\cdot\text{m}$$

查表 15-2，该梁最大挠度发生在自由端 $B$ 截面处，其值为

$$w_{\max} = w_B = \frac{Fl^3}{3EI} \ (\downarrow)$$

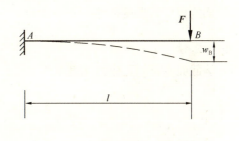

图 15-22

（2）校核梁的强度。查型钢规格表，32a 号工字钢的 $W_z=692.2\text{ cm}^3$。梁的最大正应力为

$$\sigma_{\max} = \frac{M_{\max}}{W_z} = \frac{42\times 10^3\text{N}\cdot\text{m}}{692.2\times 10^{-6}\text{m}^3} = 60.68\times 10^6\text{Pa}$$

$$= 60.68\text{MPa} < [\sigma] = 170\text{MPa}$$

可见梁满足强度条件。

（3）校核梁的刚度。查型钢规格表，32a 号工字钢的 $I_z=11075.5\text{cm}^4$。梁的最大挠跨比为

$$\frac{w_{max}}{l} = \frac{Fl^2}{3EI} = \frac{12 \times 10^3 \text{N} \times 3.5^2 \text{m}^2}{3 \times 210 \times 10^9 \text{Pa} \times 11075.5 \times 10^{-8} \text{m}^4}$$

$$= 2.1 \times 10^{-3} < \frac{1}{400} = 2.5 \times 10^{-3}$$

可见梁也满足刚度条件。

## 单元小结

1. 熟练掌握梁弯曲时横截面上正应力、切应力的计算和梁的强度计算。
(1) 梁弯曲时的正应力公式及其分布规律
1) 正应力公式。

$$\sigma = \frac{My}{I_z}$$

2) 分布规律。梁横截面上某点处的正应力 $\sigma$ 与该点到中性轴的距离 $y$ 成正比，当 $y=0$ 时，$\sigma=0$，即中性轴上各点处的正应力为零。中性轴两侧，一侧受拉，另一侧受压。离中性轴最远的上、下边缘 $y=y_{max}$ 处正应力最大，一边为最大拉应力 $\sigma_{tmax}$，另一边为最大压应力 $\sigma_{cmax}$。
(2) 梁的强度条件
梁的正应力强度条件

$$\sigma_{max} \leqslant [\sigma]$$

等截面直梁的正应力强度条件

$$\sigma_{max} = \frac{M_{max}}{W_Z} \leqslant [\sigma]$$

梁的切应力强度条件

$$\tau_{max} \leqslant [\tau]$$

2. 了解提高梁弯曲强度的主要措施。
1) 合理布置梁的支座和荷载。
2) 采用合理的截面。
3) 采用变截面梁。
3. 掌握用叠加法计算梁弯曲时的变形以及进行刚度计算。
(1) 叠加法就是当梁上同时作用几个荷载时，可以先分别求出每个荷载单独作用下梁的挠度或转角，然后进行叠加（求代数和），即得这些荷载共同作用下的挠度或转角。

(2) 梁的刚度条件

$$\frac{w_{\max}}{l} \leqslant \left[\frac{w}{l}\right]$$

## 思考题

15-1 梁的横截面上存在什么应力？它们分别是由什么引起的？

15-2 在推导梁的纯弯曲正应力公式时做了哪些假设？假设的依据是什么？

15-3 梁的正应力在横截面上如何分布？

15-4 在推导矩形截面梁的切应力时作了什么假设？切应力在横截面上的分布规律是什么？

15-5 工字形截面梁的切应力分布规律怎样？

15-6 提高梁弯曲强度的主要措施有哪些？选取梁合理截面的原则是什么？

15-7 简述用叠加原理求梁的挠度和转角的步骤。

## 习题

15-1 图示悬臂梁受集中力 $F=10\text{kN}$ 和均布荷载 $q=28\text{kN/m}$ 作用。计算 $A$ 右侧截面上 $a$、$b$、$c$、$d$ 四点处的正应力。

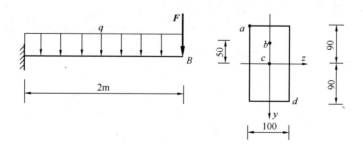

习题 15-1 图

15-2 图示外伸梁受均布荷载作用。求梁的最大拉应力和最大压应力。

15-3 图示简支梁受集中力作用。求全梁的最大切应力。

15-4 如图所示简支梁，用 28a 号工字型钢制成，受满跨均布荷载 $q$ 的作用。已

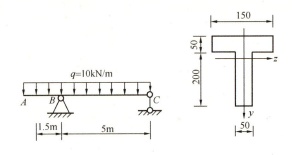

习题 15-2 图

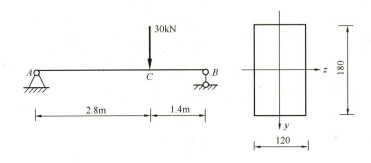

习题 15-3

知梁内最大正应力 $\sigma_{max}=120\text{MPa}$，试计算梁的最大切应力。

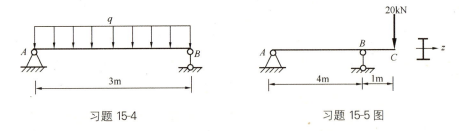

习题 15-4　　　　　　　　　习题 15-5 图

15-5　图示外伸梁受集中力作用，已知材料的许用应力 $[\sigma]=160\text{MPa}$，$[\tau]=85$ MPa。试选择工字钢的型号。

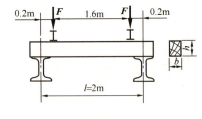

习题 15-6 图

15-6　试为图示施工用的钢轨枕木选择矩形截面尺寸。已知矩形截面的宽高比为 $b:h=3:4$，枕木的许用应力 $[\sigma]=15.6\text{MPa}$，$[\sigma]=1.7\text{MPa}$，钢轨传给枕木的压力 $F=49\text{kN}$。

15-7　一悬臂钢梁如图所示。钢的许用应力 $[\sigma]=170\text{MPa}$。试按正应力强度条件选择下述截面的尺寸，并比较所耗费的材料：

(1) 圆形截面；

(2) 正方形截面；

(3) 宽高之比为 $b:h=1:2$ 的矩形截面；

(4) 工字形截面。

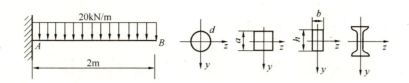

习题 15-7 图

15-8  图示一根 40a 号工字钢制成的悬臂梁，在自由端作用一集中荷载 $F$。已知钢的许用应力 $[\sigma]=150\text{MPa}$，若考虑梁的自重，问 $F$ 的许可值是多少？

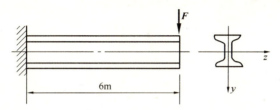

习题 15-8 图

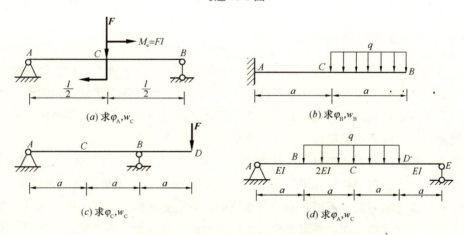

习题 15-9 图

15-9  图示各梁的弯曲刚度 $EI$ 均为常数。试用叠加法求指定截面的挠度和转角。

15-10  图示悬臂梁的弯曲刚度 $EI=2.2\times10^4\text{kN}\cdot\text{m}^2$，梁的许用挠跨比 $\left[\dfrac{w}{l}\right]=\dfrac{1}{200}$。试对该梁进行刚度校核。

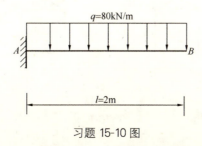

习题 15-10 图

# 单元 16  应力状态与强度理论

本单元介绍受力构件内一点处应力状态的概念，应力状态的分析和四个基本强度理论。着重研究平面应力状态分析，给出主平面、主应力和最大切应力的计算公式及危险点处于复杂应力状态时构件的强度计算问题。

## 16.1 应力状态的概念

### 16.1.1 应力状态的概念

一般的讲，在受力构件内，在通过同一点的不同方位的截面上，应力的大小和方向是随截面的方位不同而按一定的规律变化的。因此，为了深入了解受力构件内的应力情况，正确分析构件的强度，必须研究一点处的应力情况，即通过构件内某一点所有不同截面上的应力情况集合，称为**一点处的应力状态**。

研究一点处的应力状态时，往往围绕该点取一个微小的正六面体，称为**单元体**。作用在单元体上的应力可认为是均匀分布的。当围绕一点所取单元体的方位不同时，单元体各个面上的应力也不同。理论分析证明，对于受力构件内任一点，总可以找到三对互相垂直的平面，在这些面上只有正应力而没有切应力，这些切应力为零的平面称为**主平面**，其上的正应力称为**主应力**。三个主应力分别用 $\sigma_1$、$\sigma_2$、$\sigma_3$ 表示，并按代数值大小排序，即 $\sigma_1 \geqslant \sigma_2 \geqslant \sigma_3$。围绕一点按三个主平面取出的单元体称为**主应力单元体图** 16-1 ($a$)、($b$)、($c$))。

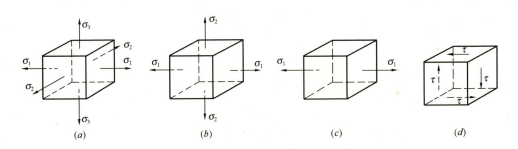

图 16-1

### 16.1.2 应力状态分类

根据一点处的应力状态中各应力在空间的位置，可以将应力状态分为空间应力状态、平面应力状态和单向应力状态。单元体上三对平面都存在应力的状态称为**空间应力状态**（图 16-1a）；只有两对平面存在应力的状态称为**平面应力状态**（图 16-1b）；只有一对平面存在应力的状态称为**单向应力状态**（图 16-1c）。若平面应力状态的单元体中，正应力都等于零，仅有切应力作用，则称为**纯剪切应力状态**（图 16-1d）。本节主要研究平面应力状态。

## 16.2 平面应力状态分析

### 16.2.1 任意斜截面上的应力

平面应力状态的单元体及其平面图形分别如图 16-2 ($a$)、($b$) 所示，在单元体上建立直角坐标系，让 $x$、$y$ 轴的正向分别与两个互相垂直的平面的外法线的方向一致。这两个平面分别称为 $x$ 平面和 $y$ 平面。设 $x$ 平面和 $y$ 平面上的应力分别为 $\sigma_x$、$\tau_x$ 和 $\sigma_y$、$\tau_y$。设任一斜截面 $ef$ 的外法线 $n$ 与 $x$ 轴的夹角为 $\alpha$，该斜截面也称为 $\alpha$ 截面。现在求单元体上任一斜截面 $ef$ 上的应力。

在以下的计算中，规定从 $x$ 轴正向到外法线 $n$ 为逆时针转向时，角 $\alpha$ 为正，反之为负。应力的符号规定与以前相同，即对正应力，规定拉应力为正，压应力为负；对切应力，规定其对单元体内任一点的矩为顺时针转动方向时为正，反之为负。图 16-2 ($c$) 中的 $\sigma_x$、$\sigma_y$、$\sigma_\alpha$、$\tau_x$ 均为正值，$\tau_y$ 为负值。

用一假想的平面沿 $\alpha$ 截面将单元体截开，取左边部分 $ebf$ 为研究对象，$\alpha$ 截面上的应力用 $\sigma_\alpha$ 和 $\tau_\alpha$ 表示，如图 16-2 ($c$) 所示。

设斜截面 $ef$ 的面积为 $\mathrm{d}A$，则 $eb$ 面的面积为 $\mathrm{d}A\cos\alpha$，$bf$ 面的面积为 $\mathrm{d}A\sin\alpha$。将作用于楔形体上所有的力分别向 $n$ 和 $t$ 轴上投影（图 16-2d），列出平衡方程

$$\sum N = 0$$

$$\sigma_\alpha \mathrm{d}A + (\tau_x \mathrm{d}A\cos\alpha)\sin\alpha - (\sigma_x \mathrm{d}A\cos\alpha)\cos\alpha + (\tau_y \mathrm{d}A\sin\alpha)\cos\alpha - (\sigma_y \mathrm{d}A\sin\alpha)\sin\alpha = 0$$

$$\sum T = 0$$

$$\tau_\alpha \mathrm{d}A - (\tau_x \mathrm{d}A\cos\alpha)\cos\alpha - (\sigma_x \mathrm{d}A\cos\alpha)\sin\alpha + (\tau_y \mathrm{d}A\sin\alpha)\sin\alpha + (\sigma_y \mathrm{d}A\sin\alpha)\cos\alpha = 0$$

根据切应力互等定理，$\tau_x = \tau_y$，并考虑到下列三角关系：

$$\cos^2\alpha = \frac{1+\cos 2\alpha}{2}, \ \sin^2\alpha = \frac{1-\sin 2\alpha}{2},$$

$$2\sin\alpha\cos\alpha = \sin 2\alpha$$

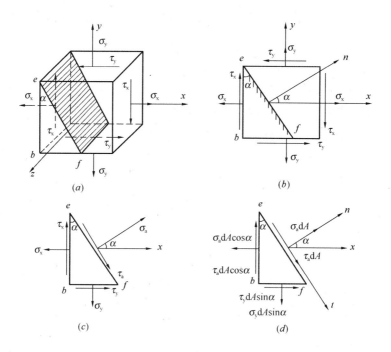

图 16-2

简化以上两个平衡方程，得

$$\sigma_\alpha = \frac{\sigma_x + \sigma_y}{2} + \frac{\sigma_x - \sigma_y}{2}\cos 2\alpha - \tau_x \sin 2\alpha \tag{16-1}$$

$$\tau_\alpha = \frac{\sigma_x - \sigma_y}{2}\sin 2\alpha + \tau_x \cos 2\alpha \tag{16-2}$$

式（16-1）和式（16-2）就是平面应力状态下任意斜截面上正应力 $\sigma_\alpha$ 和切应力 $\tau_\alpha$ 的计算公式。在应用这两个公式时，一定要注意式中各量的正负号。

### 16.2.2 应力圆

将式（16-1）和式（16-2）中 $\alpha$ 的消去，得

$$\left(\sigma_\alpha - \frac{\sigma_x + \sigma_y}{2}\right)^2 + \tau_\alpha^2 = \left(\frac{\sigma_x - \sigma_y}{2}\right)^2 + \tau_x^2 \tag{16-3}$$

由上式确定的以 $\sigma_\alpha$ 和 $\tau_\alpha$ 为变量的圆，称为**应力圆**。圆心的横坐标为 $\frac{1}{2}(\sigma_x + \sigma_y)$，纵坐标为零，圆的半径为 $\sqrt{\left(\frac{\sigma_x + \sigma_y}{2}\right)^2 + \tau_x^2}$。它是由德国工程师莫尔（O. Mohr）于 1882 年首先提出的，故也称为莫尔圆。

【例 16-1】 从受力构件内某点处取出的单元体的应力状态如图 16-3 所示，求该点处 $\alpha=30°$ 斜截面上的应力。

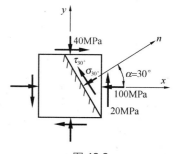

图 16-3

**【解】**

根据符号规定，有 $\sigma_x = 100\text{MPa}$，$\tau_x = 20\text{MPa}$，$\sigma_y = 40\text{MPa}$，代入式（16-1）和式（16-2），得

$$\sigma_{30°} = \frac{-100 + (-40)}{2}\text{MPa}$$
$$+ \frac{-100 - (-40)}{2}\text{MPa} \cdot \cos(2 \times 30°)$$
$$- (-20)\text{MPa} \cdot \sin(2 \times 30°)$$
$$= -67.7\text{MPa}$$

$$\tau_{30°} = \frac{-100 - (-40)}{2}\text{MPa} \cdot \sin(2 \times 30°) + (-20)\text{MPa} \cdot \cos(2 \times 30°)$$
$$= -36\text{MPa}$$

将求得的 $\sigma_{30°}$ 和 $\tau_{30°}$ 表示在单元体上，如图 16-3（a）所示。

### 16.2.3 主平面和主应力

由正应力和切应力计算公式可知，当 $\sigma_x$、$\sigma_y$、$\tau_x$ 为已知时，$\sigma_\alpha$ 和 $\tau_\alpha$ 是 $\alpha$ 的函数。即它们的大小和方向随截面方位 $\alpha$ 角的变化而变化。现在来求它们的极值及其作用面的方位。

将式（16-1）对 $\alpha$ 取导数，得

$$\frac{\mathrm{d}\sigma_\alpha}{\mathrm{d}\alpha} = -2\left[\frac{\sigma_x - \sigma_y}{2}\sin 2\alpha + \tau_x \cos 2\alpha\right]$$

若 $\alpha = \alpha_0$ 时，能使导数 $\frac{\mathrm{d}\sigma_\alpha}{\mathrm{d}\alpha} = 0$，则有

$$\tan 2\alpha_0 = -\frac{2\tau_x}{\sigma_x - \sigma_y} \tag{16-4}$$

上式有两个解：$\alpha_0$ 和 $\alpha_0 + 90°$。在它们所确定的两个互相垂直的平面上，正应力取得极值。可进一步求得最大或最小正应力为

$$\left.\begin{array}{r}\sigma_{\max} \\ \sigma_{\min}\end{array}\right\} = \frac{\sigma_x + \sigma_y}{2} \pm \sqrt{\left(\frac{\sigma_x - \sigma_y}{2}\right)^2 + \tau_x^2} \tag{16-5}$$

若将 $\alpha_0$ 代入式（16-2），则 $\tau_{\alpha_0}$ 为零。这就是说，正应力为最大或最小所在的平面即为主平面。因此，主应力就是最大或最小的正应力。

若将式（16-5）中的两式相加，得

$$\sigma_{\max} + \sigma_{\min} = \sigma_x + \sigma_y \tag{16-6}$$

式（16-6）表明，**单元体两个相互垂直的截面上的正应力之和为一定值**。式（16-6）常用来校验主应力计算的正确与否。

可以证明，由单元体上 $\tau_x$（或 $\tau_y$）所在平面，顺 $\tau_x$（或 $\tau_y$）方向转动而得到的那个主平面上的主应力为 $\sigma_{\max}$；逆 $\tau_x$（或 $\tau_y$）方向转动而得到的那个主平面上的主应力为 $\sigma_{\min}$。简述为：**顺 $\tau$ 转最大，逆 $\tau$ 转最小**。这个法则称为 **$\tau$ 判别法**。在确定了两个主平

面和主应力后，利用这个法则可以解决主应力与主平面之间的对应关系。

### 16.2.4 最大切应力及其平面位置

将式（16-2）对 $\alpha$ 求导，得

$$\frac{\mathrm{d}\tau_\alpha}{\mathrm{d}\alpha} = (\sigma_x - \sigma_y)\cos 2\alpha - 2\tau_x \sin 2\alpha$$

若 $\alpha = \alpha_1$ 时，能使导数 $\dfrac{\mathrm{d}\tau_\alpha}{\mathrm{d}\alpha} = 0$，则有

$$\tan 2\alpha_1 = \frac{\sigma_x - \sigma_y}{2\tau_x} \tag{16-7}$$

在 $\alpha_1$ 所确定的截面上，切应力取得极值。可进一步求得切应力的最大值和最小值为

$$\left.\begin{array}{c}\tau_{\max}\\ \tau_{\min}\end{array}\right\} = \pm\sqrt{\left(\frac{\sigma_x - \sigma_y}{2}\right)^2 + \tau_x^2} \tag{16-8}$$

比较式（16-4）和式（16-7），可知 $\alpha_0$ 与 $\alpha_1$ 之间的关系为

$$\alpha_1 = \alpha_0 + \frac{\pi}{4}$$

上式表明，**最大和最小切应力所在的平面与主平面的夹角为 45°**。

比较式（16-5）和式（16-8），可得

$$\left.\begin{array}{c}\tau_{\max}\\ \tau_{\min}\end{array}\right\} = \pm\frac{\sigma_{\max} - \sigma_{\min}}{2} \tag{16-9}$$

上式表明，最大切应力和最小切应力的数值等于最大主应力与最小主应力之差的一半。

应该指出，由式（16-8）和式（16-9）求出的最大切应力只适用于单元体所在平面内，称为面内最大切应力。

【**例 16-2**】 如图 16-4（a）所示矩形简支梁，已知其横截面 $m\text{-}m$ 上点 $B$（图 16-4b）的正应力和切应力分别为 $\sigma = 260\mathrm{MPa}$，$\tau = 40\mathrm{MPa}$。求点 $B$ 的主应力和主平面，并讨论同一截面上其他点处的主应力和主平面。

【**解**】

画出 $B$ 点处单元体应力状态（图 16-4c），单元体各个面上的应力为

$$\sigma_x = -60\mathrm{MPa},\ \sigma_y = 0,\ \tau_x = 40\mathrm{MPa}$$

由式（16-5），得

$$\left.\begin{array}{c}\sigma_{\max}\\ \sigma_{\min}\end{array}\right\} = \frac{\sigma_x + \sigma_y}{2} \pm \sqrt{\left(\frac{\sigma_x - \sigma_y}{2}\right)^2 + \tau_x^2} = \begin{array}{c}20\mathrm{MPa}\\ -80\mathrm{MPa}\end{array}$$

故 $B$ 点处的主应力为

$$\sigma_1 = 20\mathrm{MPa},\ \sigma_2 = 0,\ \sigma_3 = -80\mathrm{MPa}$$

由式（16-4），得

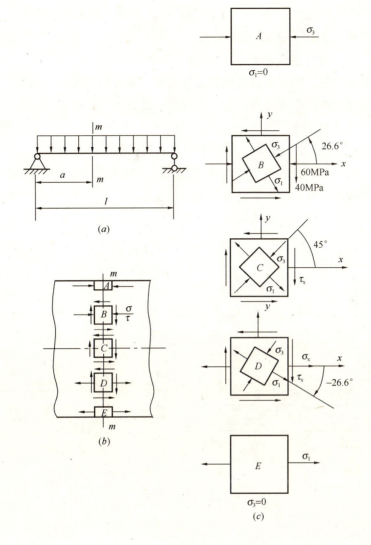

图 16-4

$$\tan 2\alpha_0 = -\frac{2\tau_x}{\sigma_x - \sigma_y} = 1.333$$

故主平面位置为

$$2\alpha_0 = 53.2°, \quad \alpha_0 = 26.6°$$

$\alpha'_0 = \alpha_0 - 90° = 26.6° - 99° = -63.4°$

第三对主平面与纸面平行。主平面、主应力以及两者之间的对应关系示于图 16-4 (c) 中。

根据横截面 $m\text{-}m$ 上其他点处的应力状态（图 16-4b），可以用同样的方法求出这些点处的主应力和主平面（定性），如图 16-4 (c) 所示。

### 16.2.5 梁的主应力迹线

由例 16.5 可以得到梁内主应力的特点是：除上、下边缘各点外，其他各点处的主应力必有一个主拉应力 $\sigma_1$ 和一个主压应力 $\sigma_3$，两者的方向互相垂直。主拉应力 $\sigma_1$ 与梁轴线的夹角从上到下由 90°连续减至 0°，在中性轴处为 45°；主压应力 $\sigma_3$ 与梁轴线的夹角从上到下由 0°连续增至 90°，在中性轴处也为 45°。

为了显示梁内各点处主应力方向的变化规律，需要绘制主应力迹线。主应力迹线有两组：一组称为**主拉应力迹线**，其上各点的切线方向为该点处主拉应力 $\sigma_1$ 的方向；另一组称为**主压应力迹线**，其上各点的切线方向为该点处主压应力 $\sigma_3$ 的方向。（图 16-5a、b）分别绘出了受均布荷载作用的简支梁和在集中荷载作用下的悬臂梁的两组主应力迹线。图中实线表示主拉应力 $\sigma_1$ 的迹线，虚线表示主压应力 $\sigma_3$ 的迹线。

在钢筋混凝土梁中，由于混凝土的抗拉强度较低，故放置钢筋的目的是承受拉应力。因此，钢筋应大体上沿最大拉应力 $\sigma_1$ 的方向布置（图 16-6a、b）。

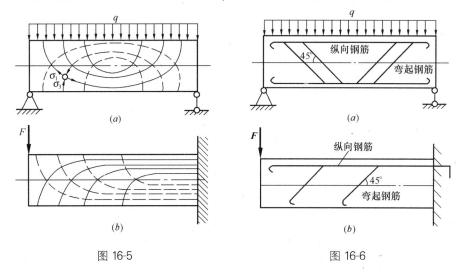

图 16-5　　　　　　　　　图 16-6

## 16.3　强度理论及其应用

### 16.3.1　强度理论的概念

强度理论的提出，是为了解决构件在复杂应力状态下的强度计算问题。

强度计算要依据强度条件才能进行，当杆件受力比较简单时，例如轴向拉压或扭转，杆件的危险点处于单向应力状态或纯剪切应力状态，已经建立了强度条件，即

$$\sigma_{\max} \leqslant [\sigma]$$
$$\tau_{\max} \leqslant [\tau]$$

式中的 $\sigma_{\max}$、$\tau_{\max}$ 分别为杆件横截面上的最大正应力和最大切应力；$[\sigma]$、$[\tau]$ 为材料的许用应力，它们是通过实验测出材料的极限应力除以适当的安全因数而得到。因此可以说，上述强度条件是根据试验结果建立起来的。

对于受力比较复杂的构件，其危险点处往往同时存在正应力和切应力，处于复杂应力状态。实践表明，将两种应力分开来建立强度条件是错误的。这是因为材料的破坏是由这两种应力共同作用的结果，不能将它们的影响分开来考虑。但若仿照以前直接通过试验测定材料的极限应力来建立强度条件，也是行不通的。因为复杂应力状态下的正应力和切应力有各种不同的组合，要对各种可能的组合一一进行试验是极其繁琐且难以实现的。因此，我们必须另辟途径来建立复杂应力状态下构件的强度条件。

长期以来，人们不断地观察材料的破坏现象，研究影响材料破坏的因素，根据积累的资料和经验，假定某一因素或几个因素是材料破坏的原因，提出了一些关于材料破坏的假说，**这些假说及基于假说所建立的强度计算准则，称为强度理论。**工程中较常用的各向同性材料在常温、静载条件下的强度理论有以下几个。

### 16.3.2 四个基本的强度理论

1. 最大拉应力理论（第一强度理论）

最大拉应力理论认为，**引起材料产生脆性断裂破坏的主要原因是最大拉应力。**即认为不论材料处于什么应力状态，只要构件内危险点处的最大拉应力 $\sigma_1$ 达到了材料单向拉伸断裂时的极限应力即抗拉强度 $\sigma_b$，材料就产生脆性断裂破坏。破坏条件为

$$\sigma_1 = \sigma_b \tag{16-10}$$

考虑一定的强度储备，将极限应力值除以安全因数，得到许用应力 $[\sigma]$。由最大拉应力理论得到的强度条件为

$$\sigma_1 \leqslant \frac{\sigma_b}{n_b} = [\sigma] \tag{16-11}$$

试验结果证明，这个理论与砖、石、铸铁等脆性材料的脆性断裂破坏的结果相符。该理论能很好地解释铸铁材料在拉伸、扭转或在二向、三向应力状态下所产生的破坏现象。但是，这个理论没有考虑其他两个主应力的影响，而且对于单向压缩、三向压缩等没有拉应力的应力状态，也无法应用。

2. 最大拉应变理论（第二强度理论）

最大拉应变理论认为，**引起材料产生脆性断裂破坏的主要原因是最大拉应变。**即认为不论材料处于什么应力状态，只要构件内危险点处的最大拉应变 $\varepsilon_1$ 达到了材料单向拉伸断裂时的极限拉应变 $\varepsilon_b$，材料就产生脆性断裂破坏。破坏条件为

$$\varepsilon_1 = \varepsilon_b \tag{a}$$

可以证明，根据这一理论建立的强度条件为

$$\sigma_1 - v(\sigma_2 + \sigma_3) \leqslant \frac{\sigma_b}{n_b} = [\sigma] \tag{16-12}$$

该理论对石料或混凝土等脆性材料受压时沿纵向发生脆性断裂的现象，能给予很好的解释。在试验机上进行砖、石、混凝土等脆性材料的轴向压缩试验，试件将沿垂直于压力的方向发生断裂破坏，这一方向正是最大拉应变的方向。但该理论与许多试验结果不相吻合，因此目前很少被采用。

### 3. 最大切应力理论（第三强度理论）

最大切应力理论认为，**引起材料产生塑性屈服破坏的主要原因是最大切应力**。即认为不论材料处于什么应力状态，只要构件内危险点处的最大切应力达到了材料在单向拉伸屈服时的最大切应力 $\tau_{\max} = \sigma_s/2$，材料就产生塑性屈服破坏。可以证明，根据这一理论建立的强度条件为

$$\sigma_1 - \sigma_3 \leqslant \frac{\sigma_s}{n_s} = [\sigma] \tag{16-13}$$

该理论已为钢、铅、铜等许多塑性材料在大多数受力形式下的塑性屈服破坏试验所证实，并且稍偏于安全。因该理论的计算式较为简单，故在工程中被广泛采用。

### 4. 形状改变比能理论（第四强度理论）

构件在外力作用下发生变形的同时，其内部也积储了能量，称为**变形能**。例如用手拧紧钟表的发条，发条在变形的同时积储了能量，带动指针转动。构件单位体积内存储的变形能称为**比能**。比能可分为两部分，即与体积的改变对应的比能，即**体积改变比能**和与形状的改变对应的比能，即**形状改变比能**。

形状改变比能理论认为，**引起材料产生塑性屈服破坏的主要原因是形状改变比能**。即认为无论材料处于何种应力状态，只要构件内危险点处的形状改变比能达到材料在单向拉伸时发生塑性屈服的极限形状改变比能，材料就会发生塑性屈服破坏。

可以证明，根据这一理论建立的强度条件为

$$\sqrt{\frac{1}{2}[(\sigma_1-\sigma_2)^2+(\sigma_2-\sigma_3)^2+(\sigma_3-\sigma_1)^2]} \leqslant \frac{\sigma_s}{n_s} = [\sigma] \tag{16-14}$$

形状改变比能理论与许多塑性材料的试验结果相吻合。由于这一强度理论比最大切应力理论更符合实际，而且按此强度理论所设计的构件尺寸要比按最大切应力理论所设计的小，因此在工程中被广泛的采用。

以上四个强度理论的强度条件可统一写成下面的表达形式：

$$\sigma_r \leqslant [\sigma] \tag{16-15}$$

式中　$\sigma_r$——相当应力，它是主应力的某种组合；

$[\sigma]$——材料的许用应力。

四个强度理论的相当应力分别为

$$\left.\begin{aligned}
\sigma_{r_1} &= \sigma_1 \\
\sigma_{r_2} &= \sigma_1 - v(\sigma_2 + \sigma_3) \\
\sigma_{r_3} &= \sigma_1 - \sigma_3 \\
\sigma_{r_4} &= \sqrt{\frac{1}{2}[(\sigma_1-\sigma_2)^2+(\sigma_2-\sigma_3)^2+(\sigma_3-\sigma_1)^2]}
\end{aligned}\right\} \tag{16-16}$$

以上各强度理论在运用于实际时，一定要注意它们的适用范围。一般来讲，像铸铁、石料、混凝土、玻璃和陶瓷等脆性材料通常产生脆性断裂破坏，宜采用第一和第二强度理论；像碳钢、铅、铜等塑性材料通常产生塑性屈服破坏，宜采用第三和第四强度理论。

### 16.3.3 强度理论的简单应用

对于一般截面的梁来说,在最大弯矩所在截面上距中性轴最远的各点处有最大正应力,而切应力等于零;在最大剪力所在截面的中性轴上各点处存在着最大切应力,而正应力等于零。因此,对这些危险点分别进行正应力和切应力强度计算,就可以保证梁的强度。但是,对截面宽度有突变的工字形或槽形截面梁,在危险截面上腹板与翼缘交界处各点的正应力和切应力都比较大,因而交界点也可能是梁的危险点。所以对这种梁在进行正应力和切应力强度计算后,还要对上述交界点进行补充强度计算(也称主应力强度校核)。上述三方面计算内容称为全面的强度计算。

梁的横截面上除了离中性轴最远的两边缘上的各点和中性轴上各点以外,其他各点处的应力状态都是平面应力状态。当已知这些点处的 $\sigma$、$\tau$ 时,三个主应力为

$$\sigma_1 = \frac{\sigma}{2} + \sqrt{\left(\frac{\sigma}{2}\right)^2 + \tau^2}$$

$$\sigma_2 = 0$$

$$\sigma_3 = \frac{\sigma}{2} - \sqrt{\left(\frac{\sigma}{2}\right)^2 + \tau^2}$$

对于钢梁,若按最大切应力理论建立强度条件,则相当应力为

$$\sigma_{r3} = \sigma_1 - \sigma_3 = \sqrt{\sigma^2 + 4\tau^2} \tag{16-17}$$

若按形状改变比能理论建立强度条件,则相当应力为

$$\sigma_{r4} = \sqrt{\frac{1}{2}[(\sigma_1 - \sigma_2)^2 + (\sigma_2 - \sigma_3)^2] + (\sigma_3 - \sigma_1)^2]} = \sqrt{\sigma^2 + 3\tau^2} \tag{16-18}$$

**【例 16-3】** 焊接工字形截面钢梁如图 16-7 ($a$、$c$) 所示,已知梁的许用应力 $[\sigma] = 150\text{MPa}$,$[\tau] = 95\text{MPa}$,试对梁进行全面的强度校核。

**【解】**

(1) 确定危险截面。绘出梁的剪力图和弯曲图,如图 16-7 ($b$) 所示。由图可见,最大剪力和最大弯矩发生在 $C$ 左侧或 $D$ 右侧截面上,其值为

$$F_{SC}^L = |F_{SC}^R| = F_{Smax} = 200\text{kN}$$

$$M_C = M_D = M_{max} = 80\text{kN} \cdot \text{m}$$

该两截面为危险截面。

(2) 确定危险点。绘出危险截面上正应力和切应力的分布图,如图 16-7 ($d$) 所示。最大正应力发生在上、下边缘处,例如 $a$ 点或 $e$ 点,该点处于单向应力状态。最大切应力发生在中性轴上,例如 $c$ 点,该点处于纯剪切应力状态。在腹板与翼缘的交界点,例如 $d$ 点或 $b$ 点处的正应力和切应力都比较大,该点处于平面应力状态。上述各点都是危险点,应分别对它们进行强度计算。

(3) 校核正应力强度和切应力强度。以下计算中需用到的截面几何参数为

$$I_z = \frac{120 \times 300^3}{12}\text{mm}^4 - \frac{\frac{120-9}{2} \times 270^3}{12} \times 2\text{mm}^4$$

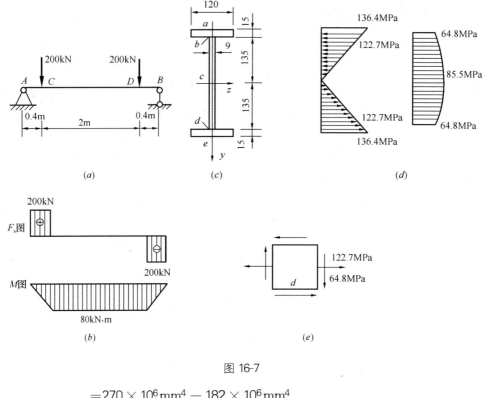

图 16-7

$$= 270 \times 10^6 \mathrm{mm}^4 - 182 \times 10^6 \mathrm{mm}^4$$
$$= 88 \times 10^6 \mathrm{mm}^4 = 88 \times 10^{-6} \mathrm{mm}^4$$
$$S_{zc}^* = 120 \times 15 \times \left(135 + \frac{15}{2}\right) \mathrm{mm}^3 + 135 \times 9 \times \frac{135}{2} \mathrm{mm}^3$$
$$= 256.5 \times 10^3 \mathrm{mm}^3 + 82 \times 10^3 \mathrm{mm}^3 = 338.5 \times 10^3 \mathrm{mm}^3$$
$$= 338.5 \times 10^{-6} \mathrm{m}^3$$
$$S_{zd}^* = 120 \times 15 \times \left(135 + \frac{15}{2}\right) \mathrm{mm}^3$$
$$= 256.5 \times 10^3 \mathrm{mm}^3$$

梁内最大正应力为

$$\sigma_{\max} = \sigma_e = \frac{M_{\max} y_e}{I_z} = \frac{80 \times 10^3 \mathrm{N \cdot m} \times (135 + 15) \times 10^{-3} \mathrm{m}}{88 \times 10^{-6} \mathrm{m}^4}$$
$$= 136.4 \times 10^6 \mathrm{Pa} = 136.4 \mathrm{MPa} < [\sigma]$$

可见梁的正应力强度足够。

梁内最大切应力为

$$\tau_{\max} = \tau_c = \frac{F_{S\max} S_{zc}}{I_z b} = \frac{200 \times 10^3 \mathrm{N} \times 338.5 \times 10^{-6} \mathrm{m}^3}{88 \times 10^{-6} \mathrm{m}^4 \times 9 \times 10^{-3} \mathrm{m}}$$
$$= 85.5 \times 10^6 \mathrm{Pa} = 85.5 \mathrm{MPa} < [\tau] = 100 \mathrm{MPa}$$

可见梁的切应力强度也足够。

(4) 校核主应力强度。腹板与翼板交界点 $d$ 处的正应力和切应力分别为

$$\sigma_d = \frac{M_{\max} y_d}{I_z b} = \frac{80 \times 10^3 \text{N} \cdot \text{m} \times 135 \times 10^{-3} \text{m}}{88 \times 10^{-6} \text{m}^4}$$

$$= 122.7 \times 10^6 \text{Pa} = 122.7 \text{MPa}$$

$$\tau_{\max} = \frac{F_{\text{Smax}} S_{zd}}{I_z b} = \frac{200 \times 10^3 \text{N} \times 256.5 \times 10^{-6} \text{m}^3}{88 \times 10^{-6} \text{m}^4 \times 9 \times 10^{-3} \text{m}}$$

$$= 64.8 \times 10^6 \text{Pa} = 64.8 \text{MPa}$$

在 $d$ 点处取出的单元体如图 16-7（$e$）所示。利用式（16-17）和式（16-18）得

$$\sigma_{r3} = \sqrt{\sigma^2 + 4\tau^2} = \sqrt{122.7^2 + 4 \times 64.8^2} \text{MPa}$$

$$= 178.5 \text{MPa} > [\sigma] = 150 \text{MPa}$$

$$\sigma_{r4} = \sqrt{\sigma^2 + 3\tau^2} = \sqrt{122.7^2 + 3 \times 64.8^2} \text{MPa}$$

$$= 166.3 \text{MPa} > [\sigma] = 150 \text{MPa}$$

因此，交界点 $d$ 处不满足强度要求。由此可见，梁的破坏将发生在正应力和切应力都较大的 $d$ 点处。

应该指出，对于符合国家标准的型钢（工字钢、槽钢），由于其腹板与翼缘交界处不仅有圆弧，而且翼缘的内侧还有 1：6 的斜度，因而增加了交界处的截面宽度，这就保证了在截面上、下边缘处的正应力和中性轴处的切应力都不超过许用应力的情况下，腹板与翼缘交界处附近各点一般不会发生强度不够的问题。但是对于自行设计焊接而成的薄腹截面梁，则必须按本例题中的方法对其腹板与翼缘交界处的点进行主应力强度校核。

由本例题可知，复杂应力状态下杆件的强度计算一般可按以下几个步骤进行：

(1) 绘制内力图，确定危险截面。

(2) 考虑危险截面上的应力分布规律，确定危险点及其应力状态。

(3) 计算危险点处应力状态中各应力分量。

(4) 若危险点处于单向或纯剪切应力状态，则分别按正应力或切应力强度条件进行强度计算；若危险点处于复杂应力状态，则应选择合适的强度理论，计算相当应力，进行强度计算。

## 单元小结

1. 理解应力状态的概念，了解应力状态的分类。

(1) 通过受力构件内一点处各个不同方位截面上应力的大小和方向情况，称为一点处的应力状态。

(2) 应力状态的分类：如果单元体上的全部应力都位于同一平面内，则称为平面应力状态；如果单元体上的全部应力不都位于同一平面内，则称为空间应力状态。

若平面应力状态的单元体中，正应力都等于零，仅有切应力作用，则称为纯剪切应力状态。

2. 掌握平面应力状态中单元体斜截面上的应力计算，主应力和主平面计算，最大切应力和最大切应力平面计算。

(1) 平面应力状态中单元体斜截面上的应力计算公式

$$\sigma_\alpha = \frac{\sigma_x + \sigma_y}{2} + \frac{\sigma_x - \sigma_y}{2}\cos2\alpha - \tau_x\sin2\alpha$$

$$\tau_\alpha = \frac{\sigma_x - \sigma_y}{2}\sin2\alpha + \tau_x\cos2\alpha$$

(2) 主平面计算公式

$$\tan2\alpha_0 = -\frac{2\tau_x}{\sigma_x - \sigma_y}$$

(3) 主应力计算公式

$$\left.\begin{array}{c}\sigma_{\max}\\ \sigma_{\min}\end{array}\right\} = \frac{\sigma_x + \sigma_y}{2} \pm \sqrt{\left(\frac{\sigma_x - \sigma_y}{2}\right)^2 + \tau_x^2}$$

(4) 最大切应力平面计算公式

$$\tan2\alpha_1 = \frac{\sigma_x - \sigma_y}{2\tau_x}$$

(5) 最大切应力计算公式

$$\left.\begin{array}{c}\tau_{\max}\\ \tau_{\min}\end{array}\right\} = \pm\sqrt{\left(\frac{\sigma_x - \sigma_y}{2}\right)^2 + \tau_x^2}$$

3. 理解强度理论的概念，了解基本的强度理论和强度理论选用原则。

(1) 长期以来，人们不断地观察材料的破坏现象，研究影响材料破坏的因素，根据积累的资料和经验，假定某一因素或几个因素是材料破坏的原因，提出了一些关于材料破坏的假说，这些假说及基于假说所建立的强度计算准则，称为强度理论。

(2) 四个基本的强度理论

1) 最大拉应力理论（第一强度理论）。

2) 最大拉应变理论（第二强度理论）。

3) 最大切应力理论（第三强度理论）。
4) 形状改变比能理论（第四强度理论）。
4. 了解钢梁的全面强度计算的内容。

## 思考题

16-1 何谓受力构件内一点处的应力状态？研究它有何意义？

16-2 应力状态是如何分类的？

16-3 何谓主平面和主应力？三个主应力排列顺序有何规定？

16-4 何谓梁的主应力迹线？它有何特点？它有什么用途？

16-5 何谓强度理论？为什么要提出强度理论？四个基本强度理论的强度条件是怎样的？

16-6 试述钢梁全面强度计算的内容。

## 习题

16-1 已知单元体的应力状态如图所示，图中应力单位为 MPa。计算指定斜截面上的应力值。

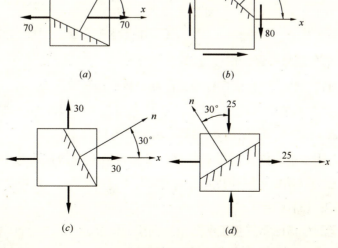

习题 16-1 图

16-2 单元体各个面上的应力如图所示,图中应力单位为 MPa。求主应力和主平面,并在单元体上表示出来。

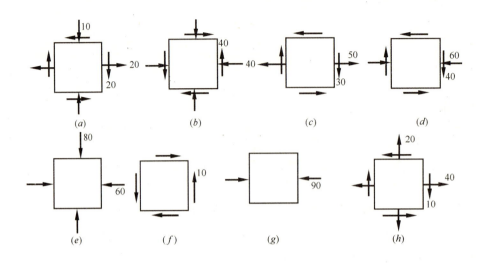

习题 16-2 图

16-3 平面弯曲梁的工字形截面如图所示。已求得截面上的弯矩 $M=375\text{kN}\cdot\text{m}$,剪力 $F_S=75\text{kN}$;截面的惯性矩 $I_z=6500\text{cm}^4$,翼缘对中性轴的面积矩 $S_z=940\times 10^3\text{mm}^3$;腹板高 $h=520\text{mm}$,宽 $b=12.5\text{mm}$。求腹板与翼缘交界点 $a$ 处的主应力。

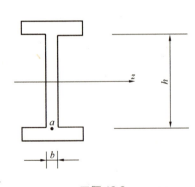

习题 16-3

16-4 一简支梁,长 $l=1\text{m}$,跨中点 $C$ 处受集中荷载 $F=150\text{kN}$ 作用。梁由 20b 号工字钢制成,如图所示。求危险截面上腹板与上翼缘交界点处的主应力及其方向。

16-5 已知矩形截面梁某截面上的弯矩 $M=20\text{kN}\cdot\text{m}$,剪力 $F_S=120\text{kN}$;截面尺寸如图所示。试绘出 1、2、3、4 点处的应力单元体,并求各点处的主应力。

16-6 单元体各个面上的应力如图所示,应力单位为 MPa。求主应力和最大切应力。

16-7 试对铸铁构件进行强度校核。已知材料的许用拉应力 $[\sigma_t]=30\text{ MPa}$,泊松比 $\nu=0.3$,危险点处的主应力(单位:MPa):(1) $\sigma_1=30$, $\sigma_2=20$, $\sigma_3=15$;(2) $\sigma_1=29$, $\sigma_2=20$, $\sigma_3=-20$;(3) $\sigma_1=29$, $\sigma_2=0$, $\sigma_3=-20$。

16-8 试对铝合金构件进行强度校核。已知材料的许用拉应力 $[\sigma_t]=120\text{MPa}$,危险点处的主应力(单位:MPa):(1) $\sigma_1=80$, $\sigma_2=70$, $\sigma_3=-40$;(2) $\sigma_1=70$, $\sigma_2=30$, $\sigma_3=-20$;(3) $\sigma_1=60$, $\sigma_2=0$, $\sigma_3=-50$。

16-9 试全面校核图示焊接工字形截面钢梁的强度。已知 $F=100\text{kN}$, $a=0.6\text{m}$,材料的许用应力 $[\sigma]=120\text{MPa}$。

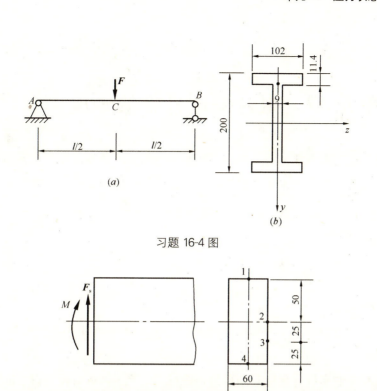

习题 16-4 图

习题 16-5 图

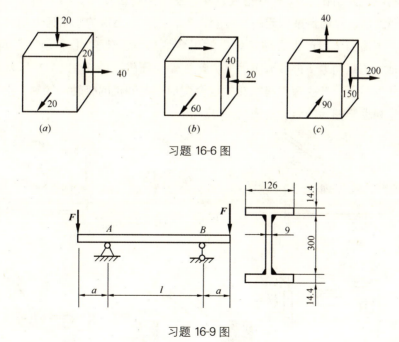

习题 16-6 图

习题 16-9 图

# 单元 17　组合变形杆件的强度和刚度

本单元介绍工程中常见的斜弯曲杆件的应力和强度计算以及变形和刚度计算；拉伸（压缩）与弯曲、偏心压缩（拉伸）等组合变形杆件的应力和强度计算以及截面核心的概念。

## 17.1　概述

实际工程中许多杆件受荷载作用后，往往同时产生两种或两种以上的同数量级的基本变形，这种变形情况称为组合变形。例如图 17-1（a）所示屋架上的檩条，在横向力 q 作用下，分别在 y、z 两个垂直方向产生平面弯曲变形，称为**斜弯曲**；图 17-1（b）所示挡土墙，除因自重引起的压缩变形外，还由于土壤的水平压力的作用而引起弯曲变形，因而挡土墙产生**压缩与弯曲的组合变形**。图 17-1（c）所示厂房排架柱，在不沿柱轴线的纵向力 $F_1$、$F_2$ 作用下，产生**偏心压缩**；图 17-1（d）所示平台梁在扶梯梁荷载作用下，产生**弯曲与扭转的组合变形**；电动机的转轴和轮轴在皮带拉力作用下也产生弯曲与扭转的组合变形（图 17-1e）。

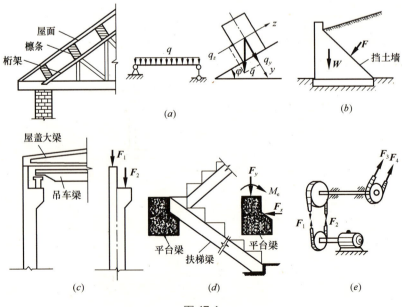

图 17-1

对于小变形且材料符合胡克定律的组合变形杆件，虽然同时产生几种基本变形，但每一种基本变形都各自独立，互不影响，因此可以应用叠加原理。其强度和刚度计算的步骤如下：

(1) 将杆件承受的荷载进行分解或简化，使每一种荷载各自只产生一种基本变形。

(2) 分别计算每一种基本变形下的应力和变形。

(3) 利用叠加原理，即将这些应力或变形进行叠加，计算杆件危险点处的应力，据此进行强度计算；或计算杆件的最大变形，据此进行刚度计算。

以上计算步骤简单概括为**"先分解，再叠加"**。

本章介绍工程中常见的斜弯曲、拉伸（压缩）与弯曲以及偏心压缩（拉伸）的组合变形。

## 17.2 斜弯曲

### 17.2.1 斜弯曲梁的应力和强度计算

矩形截面悬臂梁的自由端处作用一个垂直于梁轴线并通过截面形心的集中荷载 $F$，力 $F$ 与对称轴 $y$ 成 $\varphi$ 角，如图 17-2（a）所示。现以该梁为例，分析斜弯曲时的应力和强度计算问题。

1. 荷载分解

将荷载 $F$ 沿截面的两个对称轴 $y$、$z$ 分解为两个分量

$$F_y = F\cos\varphi, \quad F_z = F\sin\varphi$$

由图 17-2（a）可知，$F_y$ 将使梁在 $Oxy$ 纵向对称面内发生平面弯曲，$z$ 轴为中性轴；$F_z$ 将使梁在 $Oxz$ 纵向对称面内发生平面弯曲，$y$ 轴为中性轴。由此可见，斜弯曲是两个平面弯曲的组合。

2. 内力分析

梁的横截面上存在着剪力和弯矩两种内力，由于剪力的影响较小，在此忽略剪力的影响只计算弯矩。

$F_y$ 和 $F_z$ 在距固定端为 $x$ 处横截面 $m$—$m$ 上引起的弯矩（图 17-2b）

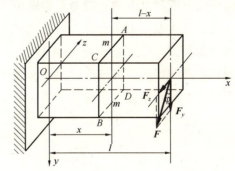

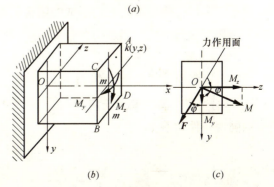

图 17-2

分别为
$$M_z = F_y(l-x) = F(l-x)\cos\varphi = M\cos\varphi$$
$$M_y = F_z(l-x) = F(l-x)\sin\varphi = M\sin\varphi$$

式中  $M = F(l-x)$ ——力 $F$ 引起的 $m$—$m$ 截面上的总弯矩。弯矩 $M_z$、$M_y$ 分别作用在梁的纵向对称面 $Oxy$、$Oxz$ 内。弯矩 $M_z$、$M_y$ 与总弯矩 $M$ 的关系也可用矢量表示（图 17-2c），矢量的方向按右手法则确定，即用四指表示弯矩的转向，拇指的方向为矢量的方向。

### 3. 应力分析

现在来求横截面 $m$—$m$ 上任一点 $K(y,z)$ 处的应力。

利用弯曲正应力公式，求得由 $M_z$ 和 $M_y$ 引起的 $K$ 点处的正应力分别为
$$\sigma' = \frac{M_z}{I_z}y, \quad \sigma'' = \frac{M_y}{I_y}z$$

应用上式时注意，$M_z$、$M_y$、$y$ 和 $z$ 均以正值代入，至于 $\sigma'$ 和 $\sigma''$ 为拉应力（拉应力为正）还是为压应力（压应力为负），可以直接观察变形来判断。各项应力作用情况如图 17-3 ($a$、$b$) 所示。

根据叠加原理，$K$ 点处的正应力 $\sigma$ 等于 $\sigma'$ 与 $\sigma''$ 的代数和，即

$$\sigma = \sigma' + \sigma'' = \frac{M_z}{I_z}y + \frac{M_y}{I_y}z = M\left(\frac{y\cos\varphi}{I_z} + \frac{z\sin\varphi}{I_y}\right) \tag{17-1}$$

### 4. 最大正应力

在斜弯曲中横截面上的正应力可看做由两个平面弯曲时正应力的叠加。对于矩形截面，可以直接断定最大拉应力 $\sigma_{tmax}$（或最大压应力 $\sigma_{cmax}$）必发生在 $\sigma'$ 和 $\sigma''$ 具有相同符号的截面的角点 $A$、$B$ 处（图 17-3c）。可以证明（此处从略），在斜弯曲情况下，中性轴是一根过截面形心的斜线，最大拉应力 $\sigma_{tmax}$ 或最大压应力 $\sigma_{cmax}$ 必发生在离中性轴最远的点处。梁任意截面上的最大正应力 $\sigma_{max}$（$\sigma_{tmax}$ 或 $\sigma_{cmax}$）可由下式求得

$$\sigma_{max} = \frac{M_z}{I_z}y_{max} + \frac{M_y}{I_y}z_{max} = \frac{M_z}{W_z} + \frac{M_y}{W_y} \tag{17-2}$$

对于工字形、槽形及由它们组成的组合截面，如将它们的角点连接起来后其轮廓线亦为矩形，因而上式仍然适用。

### 5. 强度计算

设梁危险截面上的最大弯矩为 $M_{max}$，两个弯矩分量为 $M_{zmax}$ 和 $M_{ymax}$，代入式 (17-2) 中可得整个梁的最大正应力 $\sigma_{max}$，若梁的材料抗拉压能力相同，则可建立斜弯曲梁的强度条件如下：

$$\sigma_{max} = \frac{M_{zmax}}{W_z} + \frac{M_{ymax}}{W_y} \leqslant [\sigma] \tag{17-3}$$

应当注意，如果材料的抗拉、压强度不同，则须分别对拉、压强度进行计算。

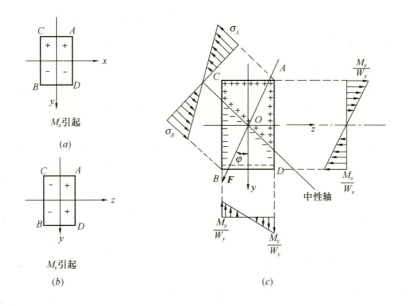

图 17-3

上述强度条件,可以解决斜弯曲梁的强度校核、设计截面尺寸和确定许用荷载等三类强度计算问题。在设计截面尺寸时,由于弯曲截面系数 $W_z$ 和 $W_y$ 两个都是未知量,所以必须先假设一个 $W_z/W_y$ 的比值,然后根据式(17-3)计算出 $W_z$(或 $W_y$)值,并进一步确定杆件所需的截面尺寸,再按式(17-3)进行强度校核,这样逐次渐进才能得出最后的合理尺寸。对于矩形截面,因为 $W_z/W_y=h/b$,所以在设计截面时,先假设一个 $h$ 与 $b$ 的比值(一般取 1.2~2);对于工字钢截面,从型钢规格表可知 $W_z/W_y$ 的比值在 5~15 之间,可在此范围内假设一个比值(一般先取 8~10)。

### 17.2.2 斜弯曲梁的挠度和刚度计算

斜弯曲梁的挠度也可以看作两个平面弯曲的挠度叠加。例如要计算图 17-2 所示悬臂梁自由端的挠度,可以先计算出在分荷载 $F_y$ 和 $F_z$ 作用下在自由端引起的挠度 $w_y$ 和 $w_z$ 如下:

$$w_y = \frac{F_y l^3}{3EI_z} = \frac{F\cos\varphi l^3}{3EI_z}, \quad w_z = \frac{F_z l^3}{3EI_y} = \frac{F\sin\varphi l^3}{3EI_y}$$

自由端的总挠度为上述两个分挠度的矢量和(图 17-4),其大小为

$$w = \sqrt{w_y^2 + w_z^2} \tag{17-4}$$

总挠度的方向可有 $w$ 与 $y$ 轴的夹角的正切来表示,即

$$\tan\beta = \frac{w_z}{w_y} = \frac{\sin\varphi I_z}{\cos\varphi I_y} = \frac{I_z}{I_y}\tan\varphi \tag{17-5}$$

一般的,$I_y \neq I_z$,由上式知,$\beta \neq \varphi$,故总挠度方向与外力方向不一致,即**外力作用平面与挠曲线平面不重合**,这正是斜弯曲的特点。只有当外力作用平面与挠曲线平面重合时,才是平面弯曲。

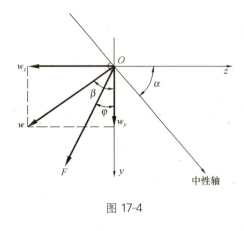

图 17-4

求出了斜弯曲梁的最大挠度后,其刚度条件和刚度计算就和以前一样,此处不再赘述。

以上讨论虽然是以图 17-2 所示悬臂梁为例,但其原理同样适用于其他支承形式的梁和荷载情况。

【例 17-1】 跨长 $l=4\mathrm{m}$ 的简支梁,用 32a 号工字钢制成。作用于梁跨中点的集中力 $F=33\mathrm{kN}$,其与横截面竖向对称轴 $y$ 的夹角 $\varphi=15°$(图 17-5a、c)。已知钢的许用应力 $[\sigma]=170\mathrm{MPa}$,梁的许用挠跨比 $\left[\dfrac{w}{l}\right]=\dfrac{1}{200}$,试校核此梁的强度和刚度。

【解】

(1) 外力分析和内力分析。将力 $F$ 沿两个对称轴 $y$ 和 $z$ 分解,分别求出两个分弯矩 $M_y$ 和 $M_z$。也可求出总弯矩 $M$ 以后再分解(图 17-5c)。现采用后一种方法。由梁的弯矩图(图 17-4b)可知,梁跨中截面是危险截面,其上弯矩的大小为

$$M_{\max}=\frac{Fl}{4}=\frac{33\mathrm{kN}\times 4\mathrm{m}}{4}=33\mathrm{kN}\cdot\mathrm{m}$$

沿 $z$、$y$ 轴的分弯矩的大小分别为

$$M_{z\max}=M_{\max}\cos\varphi=33\mathrm{kN}\cdot\mathrm{m}\times\cos15°=31.88\mathrm{kN}\cdot\mathrm{m}$$

$$M_{y\max}=M_{\max}\sin\varphi=33\mathrm{kN}\cdot\mathrm{m}\times\sin15°=8.55\mathrm{kN}\cdot\mathrm{m}$$

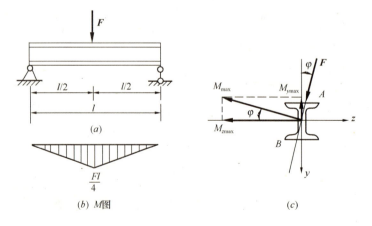

图 17-5

(2) 应力分析和强度校核。工字钢截面上角点 $A$ 和 $B$ 处是最大正应力所在的点。因为钢的抗拉和抗压强度相同,所以只取其中点 $A$ 进行强度校核。由型钢规格表查得,32a 号工字钢的弯曲截面系数为

$$W_z=692.2\ \mathrm{cm}^3,\ W_y=70.758\ \mathrm{cm}^3$$

将以上数据代入式(17-3),得危险点 $A$ 处的正应力为

$$\sigma_{max} = \frac{31.88 \times 10^3 \text{N} \cdot \text{m}}{692.2 \times 10^{-6} \text{m}^3} + \frac{8.55 \times 10^3 \text{N} \cdot \text{m}}{70.758 \times 10^{-6} \text{m}^3} = 166.88 \times 10^6 \text{Pa}$$

$$= 166.88 \text{MPa} < [\sigma] = 170 \text{MPa}$$

可见此梁满足强度要求。

(3) 刚度校核。由型钢规格表查得，32a 号工字钢的惯性矩为

$$I_z = 11075.5 \text{mm}^4, I_y = 11075.5 \text{mm}^4$$

梁跨中截面沿 $y$ 轴正向的挠度为

$$w_{y max} = \frac{F_y l^3}{48EI_z} = \frac{F\cos\varphi l^3}{48EI_z}$$

$$= \frac{33 \times 10^3 \times \cos 15° \times 4^3}{48 \times 200 \times 10^9 \times 11075.5 \times 10^{-8}} \text{m} = 0.00192 \text{m} = 1.92 \text{mm}$$

梁跨中截面沿 $z$ 轴负向的挠度为

$$w_{z max} = \frac{F_z l^3}{48EI_z} = \frac{F\sin\varphi l^3}{48EI_z}$$

$$= \frac{33 \times 10^3 \times \sin 15° \times 4^3}{48 \times 200 \times 10^9 \times 459.93 \times 10^{-8}} \text{m} = 0.01238 \text{m} = 12.38 \text{mm}$$

由式 (17-4)，梁的最大挠度为

$$w = \sqrt{w_{y max}^2 + w_{z max}^2} = \sqrt{1.92^2 + 12.38^2} = 12.53 \text{mm}$$

因为

$$\frac{w_{max}}{l} = \frac{12.53}{4 \times 10^3} = 0.00313 < \left[\frac{w}{l}\right] = \frac{1}{200} = 0.005$$

可见此梁也满足刚度要求。

讨论：在此例题中，若力 **F** 作用线与 $y$ 轴重合，即 $\varphi=0$，则梁的最大正应力 $\sigma = 33 \times 10^3 \text{N} \cdot \text{m}/692.2 \times 10^{-6} \text{m}^3 = 47.67 \times 10^6 \text{Pa} = 47.67 \text{MPa}$，仅为上述最大正应力的 28.6%；梁的最大挠度 $w_{max} = w_{y max} = 33 \times 10^3 \text{N} \times 4^3 \text{m}^3/48 \times 200 \times 10^9 \text{Pa} \times 11075.5 \times 10^{-8} \text{m}^4 = 0.0019688 \text{m}$，仅为上述最大挠度的 15.9%。由此可知，对于工字钢截面梁，当外力偏离 $y$ 轴一个很小的角度时，就会使最大正应力和最大挠度增加很多。其原因是由于工字钢截面的 $I_y$ 远小于 $I_z$。因此，对于截面的 $I_y$ 与 $I_z$ 相差很大的梁，应该使外力尽可能作用在梁的纵向对称面 $xy$ 内，以防止因斜弯曲而产生过大的应力和变形。

## 17.3 拉伸(压缩)与弯曲的组合变形

如果杆件除了在通过其轴线的纵向平面内受到垂直于轴线的荷载以外，还受到轴向拉（压）力，这时杆将发生拉伸（压缩）和弯曲组合变形。例如，如图 17-6 所示的烟囱在自重作用下引起轴向压缩，在风力作用下引起弯曲，所以是轴向压缩与弯曲

的组合变形。

现以图 17-7 所示矩形截面简支梁受横向力 $F_1$ 和轴向力 $F_2$ 的作用为例来说明正应力的计算。梁在横向力作用下发生弯曲，弯曲正应力 $\sigma_M$ 为

$$\sigma_M = \pm \frac{M}{I_z} y$$

其分布规律如图 17-7（c）所示，最大应力为

$$\sigma_{M,max} = \frac{M_{max}}{W_z}$$

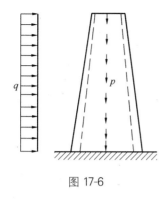

图 17-6

梁在轴力 $F_N$ 作用下引起轴向拉伸，如图 17-7（d）所示，其应力为

$$\sigma_N = \frac{F_N}{A}$$

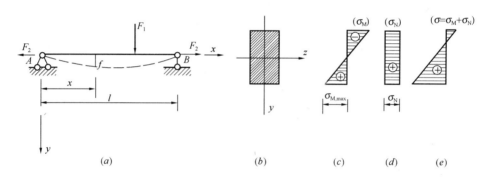

图 17-7

总应力为两项应力的叠加

$$\sigma = \sigma_M + \sigma_N = \pm \frac{M}{I_z} y + \frac{F_N}{A}$$

其分布规律如图 17-7（e）所示（设 $\sigma_{M,max} > \sigma_N$），最大应力为

$$\left. \begin{array}{c} \sigma_{max} \\ \sigma_{min} \end{array} \right\} = \frac{F_N}{A} \pm \frac{M_{max}}{W_z} \qquad (17\text{-}6)$$

求得最大应力后就可以进行强度计算。强度条件为

$$\sigma_{max} = \left| \frac{F_N}{A} \pm \frac{M_{max}}{W_z} \right|_{max} \leqslant [\sigma] \qquad (17\text{-}7)$$

若材料的许用拉应力 $[\sigma_t]$ 和许用压应力 $[\sigma_c]$ 不同，则最大拉应力和最大压应力必须分别满足杆件的拉、压强度条件。

【例 17-2】 如图 17-8 所示，简支工字钢梁，型号为 25a，受均布荷载 $q$ 及轴向压力 $F$ 的作用。已知 $q = 10\,\text{kN/m}$，$l = 3\,\text{m}$，$F = 20\,\text{kN}$。求最大正应力。

【解】

(1) 求最大弯矩 $\sigma_{max}$。最大弯矩发生在跨中截面上，其值为

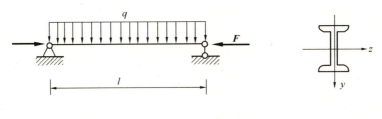

图 17-8

$$M_{\max} = \frac{ql^2}{8} = \frac{1}{8} \times 10 \times 3^2 \text{kN} \cdot \text{m} = 11.25 \text{kN} \cdot \text{m}$$

(2) 分别计算由于轴力和最大弯矩所引起的最大应力。查型钢规格表，得 $W_z = 402 \text{cm}^3$，$A = 48.5 \text{cm}^2$，则有

$$\sigma_{M,\max} = \frac{M_{\max}}{W_z} = -\frac{11.25 \times 10^3 \times 10^6 \text{N} \cdot \text{m}}{402 \times 10^{-6} \text{m}^2} = -28 \text{MPa}$$

$$\sigma_N = \frac{F_N}{A} = \frac{-20 \times 10^3 \text{N}}{48.5 \times 10^{-6} \text{m}^2} = -4.12 \text{MPa}$$

(3) 求最大总压应力。

$$\sigma_{\max} = \sigma_{M,\max} + \sigma_N = -(28 + 4.12) \text{MPa} = -32.12 \text{MPa}$$

【例 17-3】 图 17-9(a) 所示的简易起重机，其最大起吊重量 $F = 15.5 \text{kN}$，横梁 $AB$ 为工字钢，许用应力 $[\sigma] = 170 \text{MPa}$，若不计横梁的自重，试选择工字钢的型号。

【解】

(1) 确定横梁 $AB$ 危险截面上的内力分量。将横梁简化为简支梁，当起吊重物的电机移动到横梁 $AB$ 的中点时，中点截面上的弯矩为最大。画出横梁的受力图，并将拉杆 $BC$ 的拉力 $F_B$ 分解为 $F_{Bx}$ 和 $F_{By}$ (图 17-9b)，由平衡方程解得

$$F_{By} = F_{Ay} = \frac{F}{2} = 7.75 \text{kN}$$

$$F_{Bx} = F_{Ax} = F_{By} \cot\alpha$$
$$= 7.75 \times \frac{3.4}{1.5}$$
$$= 17.6 \text{kN}$$

外力 $F_{Ay}$、$F$ 与 $F_{By}$ 沿梁 $AB$ 横向作用，使梁发生弯曲变形；而外力 $F_{Ax}$ 与 $F_{Bx}$ 沿梁 $AB$ 轴向作用，使梁发生轴向压缩变形。显然，梁 $AB$ 产生压缩与弯曲的组合变形。绘出横梁 $AB$ 的轴力图 (图 17-9c) 和弯矩图 (图 17-9d)，从图中可以看出，横梁 $AB$ 的中点横

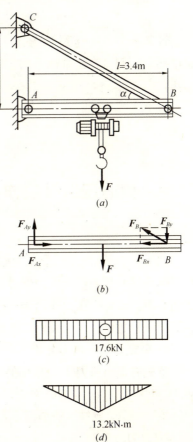

图 17-9

截面为危险截面，其上轴力和弯矩分别为

$$F_N = F_{Ax} = 17.6 \text{kN}$$

$$M_{max} = \frac{Fl}{4} = \frac{15.5 \times 10^3 \times 3.4}{4}$$

$$= 13.2 \times 10^3 \text{N} \cdot \text{m} = 13.2 \text{kN} \cdot \text{m}$$

(2) 初选工字钢型号。由梁弯曲时的正应力弯曲强度条件，得弯曲截面系数为

$$W_z \geq \frac{M_{max}}{[\sigma]} = \frac{13.2 \times 10^3}{170 \times 10^6} = 77.6 \times 10^{-6} \text{ m}^3$$

$$= 77.6 \text{ cm}^3$$

查型钢规格表，初选 14 号工字钢，其弯曲截面系数 $W_z = 102 \text{cm}^3$，截面面积 $A = 21.5 \text{cm}^2$。

(3) 校核横梁组合变形时的正应力强度。最大压应力发生在横梁 AB 的危险截面的上边缘各点处。由式 (17-7)，得

$$\sigma_{max} = \frac{F_N}{A} + \frac{M}{W_z} = \frac{17.6 \times 10^3}{21.5 \times 10^{-4}} + \frac{13.2 \times 10^3}{102 \times 10^{-6}}$$

$$= 137.6 \times 10^6 \text{Pa} = 137.6 \text{MPa} < [\sigma] = 170 \text{MPa}$$

计算表明，初选的 14 号工字钢能保证横梁具有足够的强度。若计算结果不符合强度要求，则可在此基础上将工字钢型号放大一号再进行校核，直到满足强度条件为止。

## 17.4 偏心压缩（拉伸）

图 17-10 ($a$) 所示矩形截面柱，承受的压力 $F$ 的作用线不沿着柱轴线，但与柱轴线平行，这种受力情况称为偏心压缩。偏心压力 $F$ 的作用点到截面形心 $C$ 的距离 $e$ 称为**偏心距**。当偏心压力作用于一根对称轴上而产生的偏心压缩，称为**单向偏心压缩**。下面以该柱为例，讨论偏心压缩时的应力和强度计算问题。

1. 荷载简化与内力分析

首先将偏心压力 $F$ 向截面的形心简化，得到一个通过轴线的压力 $F$ 和一个力偶矩 $M_e$ (图 17-10$b$)。由截面法可求得任意横截面上的内力为轴力 $F_N = -F$，弯矩 $M_z = M_e = Fe$。显然，各横截面上的内力相同。

2. 应力分析

由于柱各个横截面上的轴力 $F_N$ 和弯矩 $M_z$ 都是相同的，它又是等直杆，所以各

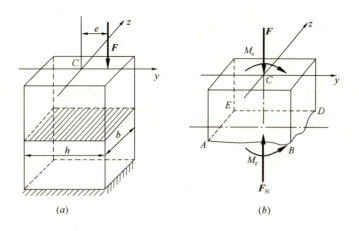

图 17-10

个横截面上的应力也相同。因此,可取任一个横截面作危险截面进行强度计算。

任意横截面上任一点的正应力,可看成由轴力 $F_N$ 引起的正应力 $\sigma_N = \dfrac{F_N}{A}$ 和由弯矩 $M_z$ 引起的正应力 $\sigma_W = \pm \dfrac{M_z}{I_z} y$ 的叠加(图 17-11a、b),其计算公式为

$$\sigma = \dfrac{F_N}{A} \pm \dfrac{M_z}{I_z} y = -\dfrac{F}{A} \pm \dfrac{Fe}{I_z} y \tag{17-8}$$

式中的 $M_z$、$y$、$e$ 均以绝对值代入;弯曲正应力的正负号一般可观察弯矩 $M_z$ 的转向来确定。

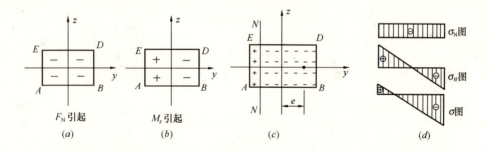

图 17-11

### 3. 最大正应力

柱横截面上由正应力为零的点组成的直线 N—N 即为中性轴。由式(17-8)可知,单向偏心压缩时中性轴不通过横截面的形心,与 $z$ 轴平行(图 17-11c)。中性轴的左侧为拉应力,右侧为压应力。最大正应力和最小正应力分别发生在横截面的左、右两个边缘上(图 17-11c、d),其计算公式为

$$\left.\begin{array}{r}\sigma_{\max}\\ \sigma_{\min}\end{array}\right\} = \dfrac{F_N}{A} \pm \dfrac{M_z}{W_z} \tag{17-9a}$$

或

$$\left.\begin{array}{l}\sigma_{\max}\\ \sigma_{\min}\end{array}\right\}=-\frac{F}{A}\pm\frac{Fe}{W_z} \qquad (17\text{-}9b)$$

由图 17-11（c）可以看出，在任一横截面上，最大的压应力总发生在离偏心力较近的一侧边缘（BD）上，在离偏心力较远的一侧边缘（AE）上则根据 $F$ 和 $Fe$ 的大小不同，可能发生最大拉应力、最小压应力或应力为零。

4. 强度计算

偏心受压柱的强度条件为

$$\sigma_{\max}=\left|-\frac{F}{A}-\frac{M_z}{W_z}\right|\leqslant[\sigma] \qquad (17\text{-}10)$$

若材料的抗拉、压能力不同，则须分别对拉、压强度进行计算。

5. 截面核心

工程中，对砖、石、混凝土等材料制成的构件，由于材料的抗拉强度很低，在承受偏心压缩时，应设法避免横截面上产生拉应力。例如，欲使图 17-11（c）中 ABDE 截面上不出现拉应力的条件为

$$\sigma_{AE}=-\frac{F}{bh}+\frac{Fe}{\frac{1}{6}bh^2}\leqslant 0$$

即

$$e\leqslant\frac{h}{6}$$

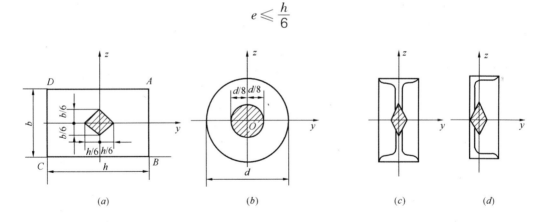

图 17-12

由上可见，当偏心压力作用点在截面形心周围的某个小范围内时，截面上不会出现拉应力。这个小范围称为**截面核心**。例如，矩形截面的截面核心为一菱形（图 17-12a），圆形截面的截面核心为一同心圆（图 17-12b）。凡是截面外轮廓边界线所围成的形状为矩形的，例如工字形、槽形截面（图 17-12c、d），它们的截面核心也为菱形。各种截面的截面核心可从有关设计手册中查得。

【**例 17-4**】 最大起吊重量 $F_1=80\text{kN}$ 的起重机，安装在混凝土基础上（图 17-13），起重机支架的轴线通过基础的中心，平衡锤重 $F_2=50\text{kN}$。起重机自重 $F_3=180\text{kN}$（不包含 $F_1$ 和 $F_2$），其作用线通过基础底面的轴 $y$，且偏心距 $e=0.6\text{m}$。

已知混凝土的容重为22kN/m³，混凝土基础的高为2.4m，基础截面的尺寸$b=3$m。求：(1) 基础截面的尺寸$h$应为多少才能使基础底部截面上不产生拉应力；(2) 若地基的许用压应力$[\sigma_c]=0.2$MPa，在所选的$h$值下，试校核地基的强度。

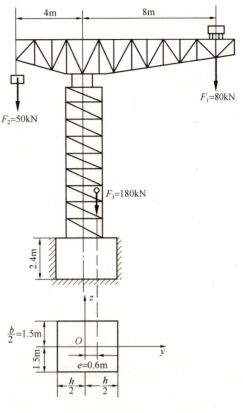

图 17-13

**【解】**

(1) 求尺寸$h$。将各力向基础截面中心简化，得到轴向压力$F$及对$z$轴的力矩$M_z$。设基础自重为$F_4$，则基础底部截面上的轴力和弯矩分别为

$$F_N = -F = -(F_1 + F_2 + F_3 + F_4)$$
$$= -(80 + 50 + 180 + 2.4 \times 3 \times h \times 22)\text{kN}$$
$$= -(310 + 158.4h)\text{kN}$$

$$M_z = (-50 \times 4 + 180 \times 0.6 + 80 \times 8)\text{kN·m}$$
$$= 548\text{kN·m}$$

根据式(17-9a)，要使基础底部截面上不产生拉应力，必须满足$\sigma_{tmax} = -\dfrac{F}{A} + \dfrac{M_z}{W_z} \leq 0$，将$A=3h$、$W_z = \dfrac{3h^2}{6}$及有关数据代入，可得

$$\sigma_{tmax} = -\frac{310 + 158.4h}{3h} + \frac{548}{\dfrac{3h^2}{6}} \leq 0$$

由此解得$h \geq 3.68$m，取$h = 3.7$m。

(2) 校核地基的强度。当取$h = 3.7$m时，由式(17-9a)，与地基接触的基础底部截面上的最大压应力为

$$\sigma_{cmax} = \left| -\frac{F}{A} - \frac{M_z}{W_z} \right|$$

$$= \left| -\frac{(310 + 158.4 \times 3.7) \times 10^3 \text{N}}{3\text{m} \times 3.7\text{m}} - \frac{548 \times 10^3 \text{N·m}}{\dfrac{3\text{m} \times 3.7^2 \text{m}^2}{6}} \right|$$

$$= 161 \times 10^3 \text{Pa} = 0.161\text{MPa} < [\sigma_c] = 0.2\text{MPa}$$

可见地基的强度是足够的。

## 单元小结

1. 了解工程实际中的组合变形。掌握组合变形问题的分析方法。

(1) 工程中常见的组合变形：斜弯曲、拉伸（压缩）、偏心压缩（拉伸）以及弯曲与扭转。

(2) 组合变形强度和刚度计算的步骤可以简单概括为"先分解，再叠加"。

2. 掌握斜弯曲杆件的应力和强度计算以及变形和刚度计算。

(1) 斜弯曲杆件的正应力计算公式

$$\sigma = \sigma' + \sigma'' = \frac{M_z}{I_z}y + \frac{M_y}{I_y}z = M\left(\frac{y\cos\varphi}{I_z} + \frac{z\sin\varphi}{I_y}\right)$$

(2) 斜弯曲杆件的强度条件

$$\sigma_{\max} = \frac{M_{z\max}}{W_z} + \frac{M_{y\max}}{W_y} \leqslant [\sigma]$$

(3) 斜弯曲杆件的挠度计算

$$w = \sqrt{w_y^2 + w_z^2}$$

3. 掌握拉伸（压缩）与弯曲组合变形、偏心压缩（拉伸）杆件的应力和强度计算。了解截面核心的概念。

(1) 拉伸（压缩）与弯曲组合变形的应力和强度计算

应力

$$\left.\begin{array}{r}\sigma_{\max} \\ \sigma_{\min}\end{array}\right\} = \frac{F_N}{A} \pm \frac{M_{\max}}{W_z}$$

强度条件

$$\sigma_{\max} = \left|\frac{F_N}{A} \pm \frac{M_{\max}}{W_z}\right|_{\max} \leqslant [\sigma]$$

(2) 偏心压缩（拉伸）杆件的应力和强度计算

应力

$$\sigma = \frac{F_N}{A} \pm \frac{M_z}{I_z}y = -\frac{F}{A} \pm \frac{Fe}{I_z}y$$

强度条件

$$\sigma_{\max} = \left|-\frac{F}{A} - \frac{M_z}{W_z}\right| \leqslant [\sigma]$$

(3) 截面核心

当偏心压力作用点在截面形心周围的某个小范围内时，截面上不会出现拉应力。

这个小范围称为截面核心。

## 思考题

17-1 计算组合变形的基本假设是什么？用什么方法进行计算？

17-2 简述用叠加原理解决组合变形强度问题的步骤。

17-3 举例说明哪些截面受斜弯曲以后挠曲线仍在荷载作用平面。

17-4 对工程结构的构件来说，当其他条件一样时，偏心拉伸与偏心压缩各有什么利弊？

17-5 什么叫截面核心？它在工程中有什么用途？

## 习题

17-1 如图所示简支梁由 25a 号工字钢制成。已知 $l=4$m，$F=20$kN，$\varphi=\pi/12$，钢的弹性模量 $E=210$GPa。试计算其最大应力和挠度。

17-2 如图所示矩形截面悬臂木梁，在自由端平面内作用一集中力 $F$，此力通过截面形心，与对称轴 $y$ 的夹角 $\varphi=\pi/6$，已知木材的弹性模量 $E=10$GPa，$F=2.4$kN，$l=2$m，$h=200$mm，$b=120$mm。求固定端截面上 a、b、c、d 四点处的正应力和自由端的挠度。

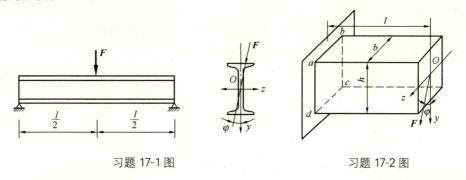

习题 17-1 图          习题 17-2 图

17-3 悬臂梁在自由端受集中力 $F$ 的作用如图所示，该力通过截面形心。设截面形状以及力 $F$ 在自由端截面平面的方向分别如图 b~d 所示，其中图 b、c 中的 $\varphi$ 角为任意角。试判别哪种情况属于斜弯曲，哪种情况属于平面弯曲？

17-4 如图所示木制楼梯斜梁，受竖直荷载作用，已知 $l=4$m，$b=0.12$m，$h=$

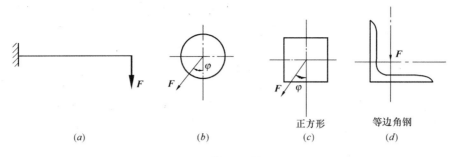

习题 17-3 图

$0.2\mathrm{m}$，$q=3.0\mathrm{kN/m}$。求危险截面上的最大拉应力和最大压应力。

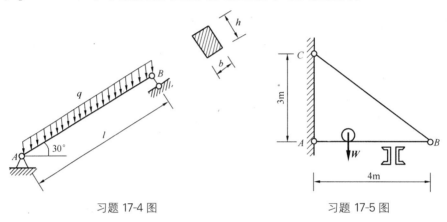

习题 17-4 图            习题 17-5 图

17-5 如图所示简易悬臂式吊车架，横梁 $AB$ 由两根 10 号槽钢组成，电葫芦可在 $AB$ 梁上来回移动，设电葫芦连同起吊重物的重量共重 $W=9.5\mathrm{kN}$。求在下列两种情况下，横梁的最大正应力。(1) 只考虑由重力 $W$ 所引起的弯矩影响；(2) 考虑弯矩和轴力的共同影响。

17-6 图示简支梁同时受竖直均布荷载和轴向拉力的作用，已知 $q=4\mathrm{kN/m}$，$F=40\mathrm{kN}$，$l=4\mathrm{m}$，$d=200\mathrm{mm}$，许用应力 $[\sigma]=12\mathrm{MPa}$，试校核其强度。

17-7 图示一正方形截面柱，边长为 $a$，顶端受轴向压力 $F$ 作用，在右侧中部挖一个槽，槽深 $a/4$，求：(1) 开槽前后柱内最大压应力值及所在点的位置；(2) 若在槽的对称位置再挖一个相同的槽，则应力有何变化？

17-8 图示矩形截面厂房立柱，受压力 $F_1=100\mathrm{kN}$、$F_2=45\mathrm{kN}$ 的作用，$F_2$ 与柱轴线的偏心距 $e=200\mathrm{mm}$，截面宽 $b=180\mathrm{mm}$，如要求柱截面上不出现拉应力，问截面高度 $h$ 应为多少？此时最大压应力为多大？

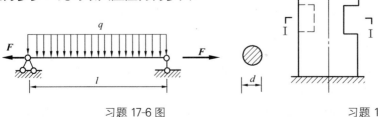

习题 17-6 图            习题 17-7 图

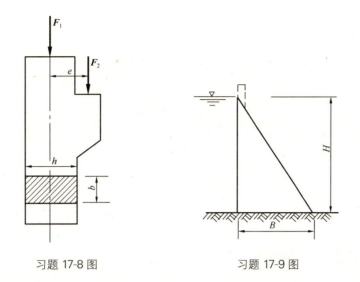

习题 17-8 图　　　　习题 17-9 图

17-9　图示混凝土重力坝，高 $H=30$m，底宽 $B=18$m。已知混凝土容重 $\gamma=24$kN/m³，许用压应力 $[\sigma_c]=10$MPa，坝底不容许出现拉应力。(1) 试校核坝底正应力强度；(2) 如果不满足要求，则重新设计底宽 $B$（提示：取 1m 长的坝段进行计算；不考虑坝底的浮力）。

# 单元 18 压 杆 稳 定

本单元介绍了压杆稳定的概念、细长压杆临界力的欧拉公式与欧拉公式的适用范围、压杆的稳定计算以及提高压杆稳定性的主要措施。

## 18.1 压杆稳定的概念

在单元 12 中,我们认为当压杆横截面上的应力超过材料的极限应力时,压杆就会因强度不够而引起破坏。这种观点对于始终保持其原有直线形状的粗短杆(杆的横向尺寸较大,纵向尺寸较小)来说是正确的。但是,对于细长的杆(杆的横向尺寸较小,纵向尺寸较大)则不然,它在应力远低于材料的极限应力时,就会突然产生显著的弯曲变形而失去承载能力。让我们来看一个简单的实验。取一根长为 300mm 的钢板尺,其横截面尺寸为 20mm×1mm。设钢的许用应力为 $[\sigma] = 196\text{MPa}$,则按拉、压杆的强度条件,钢尺能够承受的轴向压力为

$$F = A[\sigma] = 20 \times 1 \times 10^{-6}\,\text{m}^2 \times 196 \times 10^6 \text{Pa}$$

$$= 3920\text{N}$$

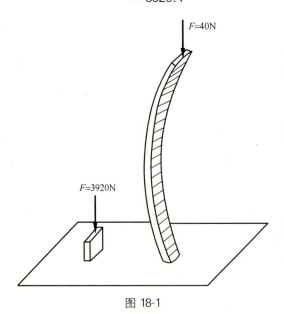

图 18-1

但若将钢尺竖立在桌面上,用手压其上端,则不到 40N 的压力,钢尺就会突然变弯而失去承载能力(图 18-1)。这时钢尺横截面上的正应力仅为 2MPa,其承载能力仅为许用承载能力的 1/98。这个实验说明:细长压杆丧失工作能力并不是由于其强度不够,而是由于其突然产生显著的弯曲变形、轴线不能维持原有直线形状的平衡状态所造成的。

为了研究上的方便,我们将实际的压杆抽象为如下的力学模型:

即将压杆看作轴线为直线,且压力作用线与轴线重合的均质等直杆,称为**中心受压直杆**或**理想柱**。而把杆轴线存在的初曲率、压力作用线稍微偏离轴线及材料不完全均匀等因素,抽象为使杆产生微小弯曲变形的微小的横向干扰。采用上述中心受压直杆的力学模型后,①在压杆所受的压力 $F$ 不大时,若给杆一微小的横向干扰,使杆发生微小的弯曲变形,在干扰撤去后,杆经若干次振动后仍会回到原来的直线形状的平衡状态(图 18-2a),我们把压杆原有直线形状的平衡状态称为**稳定的平衡状态**。②增大压力 $F$ 至某一极限值 $F_{cr}$ 时,若再给杆一微小的横向干扰,使杆发生微小的弯曲变形,则在干扰撤去后,杆不再恢复到原来直线形状的平衡状态,而是仍处于微弯形状的平衡状态(图 18-2b),我们把受干扰前杆的直线形状的平衡状态称为**临界平衡状态**,压力 $F_{cr}$ 称为压杆的**临界力**。临界平衡状态实质上是一种**不稳定的平衡状态**,因为此时杆一经干扰后就不能维持原有直线形状的平衡状态了。由此可见,当压力 $F$ 达到临界力 $F_{cr}$ 时,压杆就从稳定的平衡状态转变为不稳定的平衡状态,这种现象称为丧失稳定性,简称**失稳**。③当压力 $F$ 超过 $F_{cr}$,杆的弯曲变形将急剧增大,甚至最后造成弯折破坏(图 18-2c)。

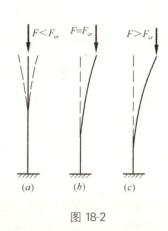

图 18-2

临界力 $F_{cr}$ 是压杆保持直线形状平衡状态所能承受的最大压力,因而压杆在开始失稳时杆的应力,仍可按轴向拉、压杆的应力公式计算,即

$$\sigma_{cr} = \frac{F_{cr}}{A} \tag{18-1}$$

式中　$A$——压杆的横截面面积;
　　　$\sigma_{cr}$——压杆的**临界应力**。

显然,为了保证压杆能够安全地工作,应使压杆承受的压力或杆的应力小于压杆的临界力 $F_{cr}$ 或临界应力 $\sigma_{cr}$。因此,确定压杆的临界力和临界应力是研究压杆稳定问题的核心内容。

由于杆件失稳是在远低于强度许用承载能力的情况下骤然发生的,所以往往造成严重的事故。例如在 1907 年,加拿大长达 548m 的魁北克大桥在施工中突然倒塌,就是由于两根受压杆件的失稳引起的。因此,在设计杆件(特别是受压杆件)时,除了进行强度计算外,还必须进行稳定计算,以满足其稳定性方面的要求。本单元仅讨论压杆的稳定计算问题。

## 18.2 压杆的临界力与临界应力

### 18.2.1 细长压杆临界力的欧拉公式

临界力 $F_{cr}$ 也是压杆处于微弯形状平衡状态所需的最小压力,由此我们得到确定压杆临界力的一个方法:假定压杆处于微弯形状的平衡状态,求出此时所需的最小压力即为压杆的临界力。

各种杆端约束下细长压杆的临界力可用下面的统一公式表示(推导从略):

$$F_{cr} = \frac{\pi^2 EI}{(\mu l)^2} \tag{18-2}$$

式(18-2)通常称为**欧拉公式**。式中的 $\mu$ 称为压杆的**长度因数**,它与杆端约束有关,杆端约束越强,$\mu$ 值越小;$\mu l$ 称为压杆的**相当长度**,它是压杆的挠曲线,为半个正弦波(相当于两端铰支细长压杆的挠曲线形状)所对应的杆长度。表 18-1 列出了四种典型的杆端约束下细长压杆的临界力,以备查用。

四种典型细长压杆的临界力　　　　表 18-1

| 杆端约束 | 两端铰支 | 一端铰支<br>一端固定 | 两端固定 | 一端固定<br>一端自由 |
|---|---|---|---|---|
| 失稳时挠曲线形状 | 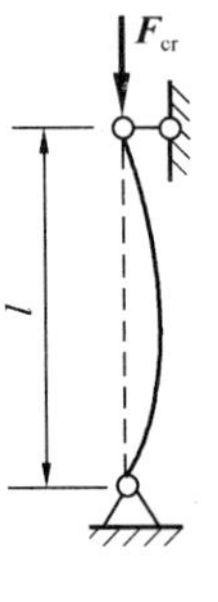 $l$ | 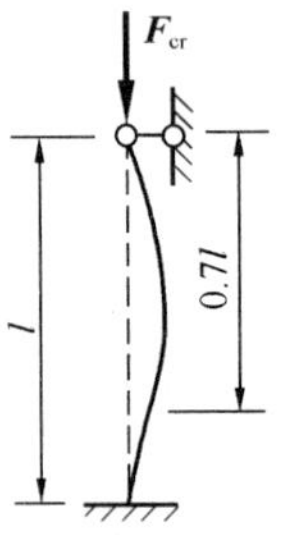 $l$，$0.7l$ | 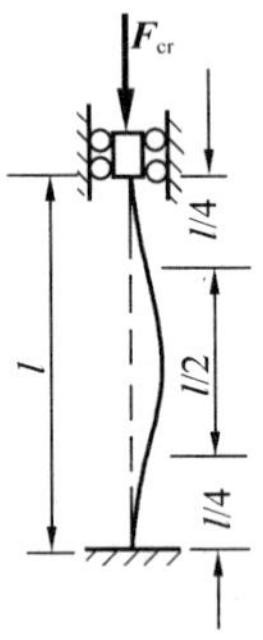 $l/4$，$l/2$，$l/4$ | 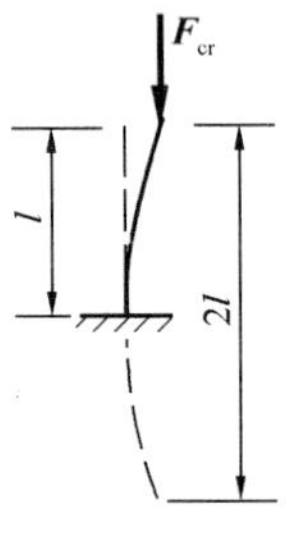 $l$，$2l$ |
| 临界力 | $F_{cr}=\dfrac{\pi^2 EI}{l^2}$ | $F_{cr}=\dfrac{\pi^2 EI}{(0.7l)^2}$ | $F_{cr}=\dfrac{\pi^2 EI}{(0.5l)^2}$ | $F_{cr}=\dfrac{\pi^2 EI}{(2l)^2}$ |
| 长度因数 | $\mu = 1$ | $\mu = 0.7$ | $\mu = 0.5$ | $\mu = 2$ |

应当指出,工程实际中压杆的杆端约束情况往往比较复杂,应对杆端支承情况作具体分析,或查阅有关的设计规范,定出合适的长度因数。

**【例 18-1】** 一长 $l=4$m,直径 $d=100$mm 的细长钢压杆,支承情况如图 18-3 所示,在 $xy$ 平面内为两端铰支,在 $xz$ 平面内为一端铰支、一端固定。已知钢的弹性

模量 $E=200\text{GPa}$，求此压杆的临界力。

【解】

钢压杆的横截面是圆形，圆形截面对其任一形心轴的惯性矩都相同，均为

$$I = \frac{\pi d^4}{64} = \frac{\pi \times 100^4 \times 10^{-12}\text{m}^4}{64} = 0.049 \times 10^{-4}\text{ m}^4$$

因为临界力是使压杆产生失稳所需要的最小压力，而钢压杆在各纵向平面内的弯曲刚度 $EI$ 相同，所以式（18-2）中的 $\mu$ 应取较大的值，即失稳发生在杆端约束最弱的纵向平面内。由已知条件，钢压杆在 $xy$ 平面内的杆端约束为两端铰支（图18-3a），$\mu=1$；在 $xz$ 平面内杆端约束为一端铰支、一端固定（图 18-3b），$\mu=0.7$。故失稳将发生在 $xy$ 平面内，应取 $\mu=1$ 进行计算。临界力为

$$F_{\text{cr}} = \frac{\pi^2 EI}{(\mu l)^2} = \frac{\pi^2 \times 200 \times 10^9 \times 0.049 \times 10^{-4}}{(1 \times 4)^2}\text{N} = 0.6 \times 10^6\text{N} = 600\text{kN}$$

【例 18-2】 有一两端铰支的细长木柱（图 18-4），已知柱长 $l=3\text{m}$，横截面为 $80\text{mm} \times 140\text{mm}$ 的矩形，木材的弹性模量 $E=10\text{GPa}$。求此木柱的临界力。

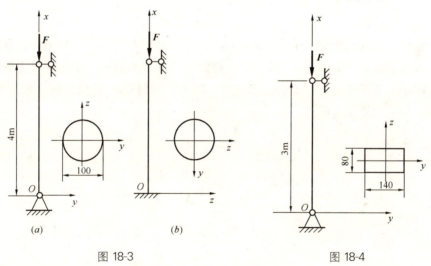

图 18-3　　　　　　　　　　图 18-4

【解】

由于木柱两端约束为球形铰支，故木柱两端在各个方向的约束都相同（都是铰支）。因为临界力是使压杆产生失稳所需要的最小压力，所以式（18-2）中的 $I$ 应取 $I_{\min}$。由图 18-4 知，$I_{\min} = I_y$，其值为

$$I_y = \frac{140 \times 80^3}{12}\text{ mm}^4 = 597.3 \times 10^4\text{ mm}^4$$

故临界力为

$$F_{\text{cr}} = \frac{\pi^2 EI_y}{(\mu l)^2} = \frac{\pi^2 \times 10 \times 10^9 \times 597.3 \times 10^4 \times 10^{-12}}{(1 \times 3)^2}\text{N}$$

$$= 655 \times 10^2\text{N} = 65.5\text{kN}$$

在临界力 $F_{\text{cr}}$ 作用下，木柱将在弯曲刚度最小的 $xz$ 平面内发生失稳。

### 18.2.2 欧拉公式的适用范围

在欧拉公式的推导中使用了压杆失稳时挠曲线的近似微分方程，该方程只有当材料处于线弹性范围内时才成立，这就要求在压杆的临界应力 $\sigma_{cr}$ 不大于材料的比例极限的情况下，方能应用欧拉公式。下面具体表达欧拉公式的适用范围。

将式（18-1）改写为

$$\sigma_{cr} = \frac{F_{cr}}{A} = \frac{\pi^2 EI}{A(\mu l)^2} = \frac{\pi^2 E}{\left(\frac{\mu l}{i}\right)^2}$$

故

$$\sigma_{cr} = \frac{\pi^2 E}{\lambda^2} \tag{18-3}$$

式中 $i = \sqrt{\dfrac{I}{A}}$——压杆横截面的**惯性半径**。而

$$\lambda = \frac{\mu l}{i} \tag{18-4}$$

称为压杆的**柔度**或**长细比**。柔度 $\lambda$ 综合地反映了压杆的杆端约束、杆长、杆横截面的形状和尺寸等因素对临界应力的影响。$\lambda$ **越大**，临界应力越小，使压杆产生失稳所需的压力越小，**压杆的稳定性越差**。反之，$\lambda$ 越小，压杆的稳定性越好。根据式（18-3），欧拉公式的适用范围为

$$\frac{\pi^2 E}{\lambda^2} \leqslant \sigma_p$$

或

$$\lambda \geqslant \sqrt{\frac{\pi^2 E}{\sigma_p}} \tag{18-5}$$

令

$$\lambda_p = \sqrt{\frac{\pi^2 E}{\sigma_p}} \tag{18-6}$$

$\lambda_p$ 是对应于比例极限的柔度值。由上可知，只有对柔度 $\lambda \geqslant \lambda_p$ 的压杆，才能用欧拉公式计算其临界力。柔度 $\lambda \geqslant \lambda_p$ 的压杆称为**大柔度压杆或细长压杆**。

为了直观地表示欧拉公式的适用范围，可以利用式（18-3）绘出临界应力 $\sigma_{cr}$ 与柔度 $\lambda$ 的关系曲线，称为**欧拉曲线**，如图 18-5 所示。图中欧拉曲线上 $B$ 点以右部分是适用的，$B$ 点以左部分是不适用的。

由式（18-6）可知，$\lambda_p$ 的值仅与压杆的材料有关。例如由 Q235 钢材制成

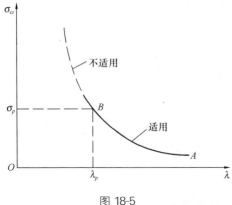

图 18-5

的压杆，$E$、$\sigma_p$ 的平均值分别为 206GPa 与 200MPa，代入式（18-6）后算得 $\lambda_p \approx 100$。对于木压杆，$\lambda_p \approx 110$。

### 18.2.3 抛物线公式

$\lambda < \lambda_p$ 的压杆称为**中、小柔度压杆**。这类压杆的临界应力通常采用经验公式进行计算。经验公式是根据大量试验结果建立起来的，目前常用的有直线公式和抛物线公式两种。本书仅介绍抛物线公式，其表达式为

$$\sigma_{cr} = \sigma_s - a\lambda^2 \tag{18-7}$$

式中　$\sigma_s$——材料的屈服极限，单位为MPa；

$a$——与材料有关的常数，单位为 MPa。例如，Q235 钢：$\sigma_{cr} = 235 - 0.00668\lambda^2$；16 锰钢：$\sigma_{cr} = 343 - 0.00142\lambda^2$。

实际压杆的柔度值不同，临界应力的计算公式将不同。为了直观地表达这一点，可以绘出临界应力随柔度的变化曲线，这种图线称为压杆的**临界应力总图**。

图 18-6 为 Q235 钢压杆的临界应力总图。图中，抛物线和欧拉曲线在 $C$ 处光滑连接，$C$ 点对应的柔度 $\lambda_c = 123$，临界应力为 134MPa。由于经验公式更符合压杆的实际情况，故在实用中，对 Q235 钢制成的压杆，当 $\lambda \geqslant \lambda_c = 123$ 时才按欧拉公式计算临界应力，当 $\lambda < 123$ 时，采用抛物线公式计算临界应力。

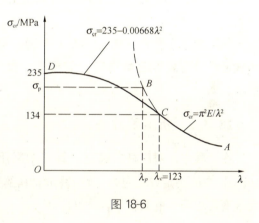

图 18-6

## 18.3 压杆的稳定计算

### 18.3.1 安全因数法

为了保证压杆能够安全地工作，要求压杆承受的压力 $F$ 应满足下面的条件：

$$F \leqslant \frac{F_{cr}}{n_{st}} = [F]_{st} \tag{18-8}$$

或者将上式两边同时除以横截面面积 $A$，得到压杆横截面上的应力 $\sigma$ 应满足的条件：

$$\sigma = \frac{F}{A} \leqslant \frac{\sigma_{st}}{n_{st}} = [\sigma]_{st} \tag{18-9}$$

式中 $n_{st}$——稳定安全因数；

$[F]_{st}$——稳定许用压力；

$[\sigma]_{st}$——稳定许用应力。

上两式称为压杆的**稳定条件**。

稳定安全因数 $n_{st}$ 的取值除考虑在确定强度安全因数时的因素外，还应考虑实际压杆不可避免地存在杆轴线的初曲率、压力的偏心和材料的不均匀等因素。这些因素将使压杆的临界力显著降低，对压杆稳定的影响较大，并且压杆的柔度越大，影响也越大。但是，这些因素对压杆强度的影响就不那么显著。因此，稳定安全因数 $n_{st}$ 的取值一般地大于强度安全因数 $n$，并且随柔度 $\lambda$ 而变化。例如，钢压杆的强度安全因数 $n=1.4\sim1.7$，而稳定安全因数 $n_{st}=1.8\sim3.0$，甚至更大。常用材料制成的压杆，在不同工作条件下的稳定安全因数 $n_{st}$ 的值，可在有关的设计手册中查到。

利用稳定条件式（18-8）或（18-9），可以解决压杆的稳定校核、设计截面尺寸和确定许用荷载等三类稳定计算问题。这样进行压杆稳定计算的方法称为**安全因数法**。

### 18.3.2 折减因数法

在工程中，对压杆的稳定计算还常采用折减因数法。这种方法是将稳定条件式 (18-9) 中的稳定许用应力 $[\sigma]_{st}$ 写成材料的强度许用应力 $[\sigma]$ 乘以一个随压杆柔度 $\lambda$ 而改变且小于 1 的因数 $\varphi = \varphi(\lambda)$，即

$$[\sigma]_{st} = \varphi[\sigma] \tag{18-10}$$

$\varphi$ 称为压杆的**折减因数或稳定因数**。于是得到按折减因数法的稳定条件为

$$\sigma = \frac{F}{A} \leqslant \varphi[\sigma] \tag{18-11}$$

在我国的钢结构设计规范（GB 50017—2003）中，根据工程中常用压杆的截面形状、尺寸和加工条件等因素，把截面分为 a、b、c、d 四类，例如轧制圆形截面属于 a 类截面。本书给出了 Q235 钢制成的 a 类和 b 类截面压杆的折减因数 $\varphi$ 的计算用表，以供参考。

对于木压杆的折减因数 $\varphi$，在我国的木结构设计规范（GB 50005—2003）中，给出了下面的两组计算公式。

树种强度等级为 TC17、TC15 及 TB20：

$$\left. \begin{array}{ll} \text{当柔度 } \lambda \leqslant 75 \text{ 时} & \varphi = \dfrac{1}{1+\left(\dfrac{\lambda}{80}\right)^2} \\[2ex] \text{当柔度 } \lambda > 75 \text{ 时} & \varphi = \dfrac{3000}{\lambda^2} \end{array} \right\} \tag{18-12}$$

Q235 钢 a 类截面中心受压直杆的折减因数 $\varphi$　　表 18-2

| $\lambda$ | 0 | 1 | 2 | 3 | 4 | 5 | 6 | 7 | 8 | 9 |
|---|---|---|---|---|---|---|---|---|---|---|
| 0 | 1.000 | 1.000 | 1.000 | 1.000 | 0.999 | 0.999 | 0.998 | 0.998 | 0.997 | 0.996 |
| 10 | 0.995 | 0.994 | 0.993 | 0.992 | 0.991 | 0.989 | 0.988 | 0.986 | 0.985 | 0.983 |
| 20 | 0.981 | 0.979 | 0.977 | 0.976 | 0.974 | 0.972 | 0.970 | 0.968 | 0.966 | 0.964 |
| 30 | 0.963 | 0.961 | 0.959 | 0.957 | 0.955 | 0.952 | 0.950 | 0.948 | 0.946 | 0.944 |
| 40 | 0.941 | 0.939 | 0.937 | 0.934 | 0.932 | 0.929 | 0.927 | 0.924 | 0.921 | 0.919 |
| 50 | 0.916 | 0.913 | 0.910 | 0.907 | 0.904 | 0.900 | 0.897 | 0.894 | 0.890 | 0.886 |
| 60 | 0.883 | 0.879 | 0.875 | 0.871 | 0.867 | 0.863 | 0.858 | 0.854 | 0.849 | 0.844 |
| 70 | 0.839 | 0.834 | 0.829 | 0.824 | 0.818 | 0.813 | 0.807 | 0.801 | 0.795 | 0.789 |
| 80 | 0.783 | 0.776 | 0.770 | 0.763 | 0.757 | 0.750 | 0.743 | 0.736 | 0.728 | 0.721 |
| 90 | 0.714 | 0.706 | 0.699 | 0.691 | 0.684 | 0.676 | 0.668 | 0.661 | 0.653 | 0.645 |
| 100 | 0.638 | 0.630 | 0.622 | 0.615 | 0.607 | 0.600 | 0.592 | 0.585 | 0.577 | 0.570 |
| 110 | 0.563 | 0.555 | 0.548 | 0.541 | 0.534 | 0.527 | 0.520 | 0.514 | 0.507 | 0.500 |
| 120 | 0.494 | 0.488 | 0.481 | 0.475 | 0.469 | 0.463 | 0.457 | 0.451 | 0.445 | 0.440 |
| 130 | 0.434 | 0.429 | 0.423 | 0.418 | 0.412 | 0.407 | 0.402 | 0.397 | 0.392 | 0.387 |
| 140 | 0.383 | 0.378 | 0.373 | 0.369 | 0.364 | 0.360 | 0.356 | 0.351 | 0.347 | 0.343 |
| 150 | 0.339 | 0.335 | 0.331 | 0.327 | 0.323 | 0.320 | 0.316 | 0.312 | 0.309 | 0.305 |
| 160 | 0.302 | 0.298 | 0.295 | 0.292 | 0.289 | 0.285 | 0.282 | 0.279 | 0.276 | 0.273 |
| 170 | 0.270 | 0.267 | 0.264 | 0.262 | 0.259 | 0.256 | 0.253 | 0.251 | 0.248 | 0.246 |
| 180 | 0.243 | 0.241 | 0.238 | 0.236 | 0.233 | 0.231 | 0.229 | 0.226 | 0.224 | 0.222 |
| 190 | 0.220 | 0.218 | 0.215 | 0.213 | 0.211 | 0.209 | 0.207 | 0.205 | 0.203 | 0.201 |
| 200 | 0.199 | 0.198 | 0.196 | 0.194 | 0.192 | 0.190 | 0.189 | 0.187 | 0.185 | 0.183 |
| 210 | 0.182 | 0.180 | 0.179 | 0.177 | 0.175 | 0.174 | 0.172 | 0.171 | 0.169 | 0.168 |
| 220 | 0.166 | 0.165 | 0.164 | 0.162 | 0.161 | 0.159 | 0.158 | 0.157 | 0.155 | 0.154 |
| 230 | 0.153 | 0.152 | 0.150 | 0.149 | 0.148 | 0.147 | 0.146 | 0.144 | 0.143 | 0.142 |
| 240 | 0.141 | 0.140 | 0.139 | 0.138 | 0.136 | 0.135 | 0.134 | 0.133 | 0.132 | 0.131 |
| 250 | 0.130 | — | — | — | — | — | — | — | — | — |

Q235 钢 b 类截面中心受压直杆的折减因数 $\varphi$   表 18-3

| λ | 0 | 1 | 2 | 3 | 4 | 5 | 6 | 7 | 8 | 9 |
|---|---|---|---|---|---|---|---|---|---|---|
| 0 | 1.000 | 1.000 | 1.000 | 0.999 | 0.999 | 0.998 | 0.997 | 0.996 | 0.995 | 0.994 |
| 10 | 0.992 | 0.991 | 0.989 | 0.987 | 0.985 | 0.983 | 0.981 | 0.978 | 0.976 | 0.973 |
| 20 | 0.970 | 0.967 | 0.963 | 0.960 | 0.957 | 0.953 | 0.950 | 0.946 | 0.943 | 0.939 |
| 30 | 0.936 | 0.932 | 0.929 | 0.925 | 0.922 | 0.918 | 0.914 | 0.910 | 0.906 | 0.903 |
| 40 | 0.899 | 0.895 | 0.891 | 0.887 | 0.882 | 0.878 | 0.874 | 0.870 | 0.865 | 0.861 |
| 50 | 0.856 | 0.852 | 0.847 | 0.842 | 0.838 | 0.833 | 0.828 | 0.823 | 0.818 | 0.813 |
| 60 | 0.807 | 0.802 | 0.797 | 0.791 | 0.786 | 0.780 | 0.774 | 0.769 | 0.763 | 0.757 |
| 70 | 0.751 | 0.745 | 0.739 | 0.732 | 0.726 | 0.720 | 0.714 | 0.707 | 0.701 | 0.694 |
| 80 | 0.688 | 0.681 | 0.675 | 0.668 | 0.661 | 0.655 | 0.648 | 0.641 | 0.635 | 0.628 |
| 90 | 0.621 | 0.614 | 0.608 | 0.601 | 0.594 | 0.588 | 0.581 | 0.575 | 0.568 | 0.561 |
| 100 | 0.555 | 0.549 | 0.542 | 0.536 | 0.529 | 0.523 | 0.517 | 0.511 | 0.505 | 0.499 |
| 110 | 0.493 | 0.487 | 0.481 | 0.475 | 0.470 | 0.464 | 0.458 | 0.453 | 0.447 | 0.442 |
| 120 | 0.437 | 0.432 | 0.426 | 0.421 | 0.416 | 0.411 | 0.406 | 0.402 | 0.397 | 0.392 |
| 130 | 0.387 | 0.383 | 0.378 | 0.374 | 0.370 | 0.365 | 0.361 | 0.357 | 0.353 | 0.349 |
| 140 | 0.345 | 0.341 | 0.337 | 0.333 | 0.329 | 0.326 | 0.322 | 0.318 | 0.315 | 0.311 |
| 150 | 0.308 | 0.304 | 0.301 | 0.298 | 0.295 | 0.291 | 0.288 | 0.285 | 0.282 | 0.279 |
| 160 | 0.276 | 0.273 | 0.270 | 0.267 | 0.265 | 0.262 | 0.259 | 0.256 | 0.254 | 0.251 |
| 170 | 0.249 | 0.246 | 0.244 | 0.241 | 0.239 | 0.236 | 0.234 | 0.232 | 0.229 | 0.227 |
| 180 | 0.225 | 0.223 | 0.220 | 0.218 | 0.216 | 0.214 | 0.212 | 0.210 | 0.208 | 0.206 |
| 190 | 0.204 | 0.202 | 0.200 | 0.198 | 0.197 | 0.195 | 0.193 | 0.191 | 0.190 | 0.188 |
| 200 | 0.186 | 0.184 | 0.183 | 0.181 | 0.180 | 0.178 | 0.176 | 0.175 | 0.173 | 0.172 |
| 210 | 0.170 | 0.169 | 0.167 | 0.166 | 0.165 | 0.163 | 0.162 | 0.160 | 0.159 | 0.158 |
| 220 | 0.156 | 0.155 | 0.154 | 0.153 | 0.151 | 0.150 | 0.149 | 0.148 | 0.146 | 0.145 |
| 230 | 0.144 | 0.143 | 0.142 | 0.141 | 0.140 | 0.138 | 0.137 | 0.136 | 0.135 | 0.134 |
| 240 | 0.133 | 0.132 | 0.131 | 0.130 | 0.129 | 0.128 | 0.127 | 0.126 | 0.125 | 0.124 |
| 250 | 0.123 | — | | | | | | | | |

树种强度等级为 TC13、TC11、TB17、TB15、TB13 及 TB11：

$$\left. \begin{array}{l} \text{当柔度}\ \lambda \leqslant 91\ \text{时} \quad \varphi = \dfrac{1}{1+\left(\dfrac{\lambda}{65}\right)^2} \\ \text{当柔度}\ \lambda > 91\ \text{时} \quad \varphi = \dfrac{2800}{\lambda^2} \end{array} \right\} \quad (18\text{-}13)$$

在稳定计算中，当遇到压杆局部截面被削弱的情况（例如钉孔、沟槽等）时，仍按没有被削弱的截面尺寸进行计算。这是因为压杆的临界力是由压杆整体的弯曲变形决定的，局部截面的削弱对整体弯曲变形的影响很小，也就是说对压杆临界力的影响很小，故可以忽略。但是，对这类压杆，除了进行稳定计算外，还应针对削弱了的横截面进行强度校核。

【**例 18-3**】 图 18-7 所示木屋架中 AB 杆的截面为边长 $a=110\text{mm}$ 的正方形，杆

长 $l=3.6\text{m}$，承受的轴向压力 $F=25\text{kN}$。木材的强度等级为 TC13，许用应力 $[\sigma]=10\text{MPa}$。试校核 $AB$ 杆的稳定性（只考虑在桁架平面内的失稳）。

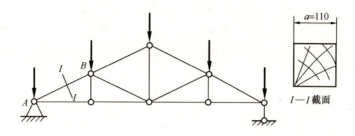

图 18-7

**【解】**

正方形截面的惯性半径为

$$i=\frac{a}{\sqrt{12}}=\frac{110}{\sqrt{12}}\text{mm}=31.75\text{mm}$$

由于在桁架平面内 $AB$ 杆两端为铰支，故 $\mu=1$。$AB$ 杆的柔度为

$$\lambda=\frac{\mu l}{i}=\frac{1\times 3.6\times 10^3}{31.75}=113.4$$

利用式（18-13）算得折减因数 $\varphi$ 为

$$\varphi=\frac{2800}{\lambda^2}=0.218$$

$AB$ 杆的工作应力为

$$\sigma=\frac{F}{A}=\frac{25\times 10^3\text{N}}{110^2\times 10^{-6}\text{m}^2}=2.066\text{MPa}<\varphi[\sigma]=2.18\text{MPa}$$

满足稳定条件式（18-11），因此，$AB$ 杆是稳定的。

**【例 18-4】** 钢柱由两根 10 号槽钢组成，长 $l=4\text{m}$，两端固定。材料为 Q235 钢，许用应力 $[\sigma]=160\text{MPa}$。现用两种方式组合：一种是将两根槽钢结合成为一个工字形（图 18-8$a$），一种是使用缀板将两根槽钢结合成图 18-8（$b$）所示形式，图中间距 $a=44\text{mm}$。试计算两种情况下钢柱的许用荷载（提示：按 b 类截面计算）。

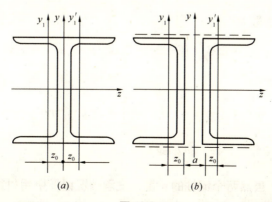

图 18-8

**【解】**

由型钢规格表查得 10 号槽钢截面的面积、形心位置和惯性矩分别为

$$A = 12.74\text{cm}^2, z_0 = 1.52\text{cm}$$
$$I_z = 198.3\text{cm}^4, I_y = 25.6\text{cm}^4$$

(1) 求图 18-8 ($a$) 情况中钢柱的许用荷载。组合截面对 $z$ 轴的惯性矩为

$$I_z = 2 \times 198.3\text{cm}^4 = 396.6\text{cm}^4$$

由型钢规格表查得 10 号槽钢对其侧边的惯性矩为 54.9cm$^4$，故组合截面对 $y$ 轴的惯性矩为

$$I_y = 2 \times 54.9\text{cm}^4 = 109.8\text{cm}^4$$

因为杆端约束为两端固定，所以失稳将发生在弯曲刚度 $EI$ 最小的 $xz$ 平面内（柱轴线为 $x$ 轴）。该平面内钢柱的柔度为

$$\lambda_y = \frac{\mu l}{i_y} = \mu l \sqrt{\frac{A}{I_y}} = 0.5 \times 4 \times 10^2 \times \sqrt{\frac{2 \times 12.74}{109.8}} = 96.3$$

由表 18-3 并利用直线插值法得到折减因数 $\varphi$ 为

$$\varphi = 0.581 - (0.581 - 0.575) \times \frac{3}{10} = 0.579$$

根据稳定条件式（18-11），钢柱的许用荷载为

$$[F]_{st} = A\varphi[\sigma] = 2 \times 12.74 \times 10^{-4}\text{m}^2 \times 0.579 \times 160 \times 10^6\text{Pa}$$
$$= 236047\text{N} = 236.05\text{kN}$$

(2) 求图 18-8 ($b$) 情况中钢柱的许用荷载。组合截面对 $z$ 轴的惯性矩为

$$I_z = 2 \times 198.3\text{cm}^4 = 396.6\text{cm}^4$$

利用惯性矩的平行移轴公式（见附录Ⅰ），求得组合截面对 $y$ 轴的惯性矩为

$$I_y = 2\left[I_{y1} + \left(z_0 + \frac{a}{2}\right)^2 A\right]$$
$$= 2 \times \left[25.6 + \left(1.52 + \frac{4.4}{2}\right)^2 \times 12.74\right]\text{cm}^4 = 403.8\text{cm}^4$$

可见失稳平面为 $xy$ 平面，该平面内钢柱的柔度为

$$\lambda_z = \frac{\mu l}{i_z} = \mu l\sqrt{\frac{A}{I_z}} = 0.5 \times 4 \times 10^2 \times \sqrt{\frac{2 \times 12.74}{396.6}} = 50.7$$

由表 18-3 查得折减因数为

$$\varphi = 0.856 - (0.856 - 0.852) \times \frac{7}{10} = 0.853$$

因此钢柱的许用荷载为

$$[F]_{st} = A\varphi[\sigma] = 2 \times 12.74 \times 10^{-4}\text{m}^2 \times 0.853 \times 160 \times 10^6\text{Pa}$$
$$= 347751\text{N} = 347.8\text{kN}$$

由本例题可知，虽然两个钢柱的长度、支承情况以及所用材料的数量均相同，但当采用不同的截面形状时，钢柱的许用荷载有很大差别。显然，采用图 18-8 ($b$) 所

示截面比采用 18-8（a）所示截面好。

## 18.4 提高压杆稳定性的措施

提高压杆的稳定性就是增大压杆的临界力或临界应力。可以从影响临界力或临界应力的诸种因素出发，采取下列一些措施。

1. 合理地选择材料

对于大柔度压杆，临界应力 $\sigma_{cr}=\dfrac{\pi^2 E}{\lambda^2}$，故采用 $E$ 值较大的材料能够增大其临界应力，也就能提高其稳定性。由于各种钢材的 $E$ 值大致相同，所以对大柔度钢压杆不宜选用优质钢材，以避免造成浪费。

对于中、小柔度压杆，从计算临界应力的抛物线公式可以看出，采用强度较高的材料能够提高其临界应力，即能提高其稳定性。

2. 减小压杆的柔度

从压杆的临界应力总图得知，压杆的柔度 $\lambda=\dfrac{\mu l}{i}$ 越小，其临界应力越大，压杆的稳定性越好。为了减小柔度，可以采取如下措施。

(1) 加强杆端约束

压杆的杆端约束越强，$\mu$ 值就越小，$\lambda$ 也就越小。例如将两端铰支的细长压杆的杆端约束增强为两端固定，那么由欧拉公式可知其临界力将变为原来的四倍。

(2) 减小杆的长度

杆长 $l$ 越小，则柔度 $\lambda$ 越小。在工程中，通常用增设中间支撑的方法来达到减小杆长。例如两端铰支的细长压杆，在杆中点处增设一个铰支座（图 18-9），则其相当长度 $\mu l$ 为原来的一半，而由欧拉公式算得的临界应力或临界力却是原来的四倍。当然增设支座也相应地增加了工程造价，故设计时应综合加以考虑。

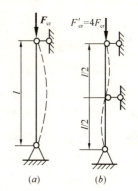

图 18-9

(3) 选择合理的截面

在截面积相同的情况下，采用空心截面或组合截面比采用实心截面的抗稳能力高，如图 18-10（b）比图 18-10（a）合理；在抗稳能力相同的情况下，则采用空心截面或组合截面比采用实心截面的用料省。这是由于空心截面或组合截面的材料分布在离中性轴较远的地方，故 $i$ 较大，$\lambda$ 较小，临界力较大。

此外，还应使压杆在两个纵向对称平面内的柔度大致相等，使其抵抗失稳的能力得以充分发挥。当压杆在各纵向平面内的约束相同时，宜采用圆形、圆环形、正方形等截面，这一类截面对任一形心轴的惯性半径相等，从而使压杆在各纵向平面内的柔度相等。当压杆仅在两个纵向对称面内的约束相同时，宜采用图 18-10 ($c$) 所示 $i_y = i_z$ 的一类截面。当压杆在两个纵向对称面内的约束不同时，宜采用矩形、工字形或图 18-10 ($d$) 所示一类截面，并在确定截面尺寸时，尽量使 $\lambda_y = \lambda_z$。

应当注意，对于组合截面压杆要用缀板将其牢固地连成一个整体，否则压杆将变成为几个单独分散的压杆，严重地降低稳定性。对于组合截面压杆还要考虑其局部失稳的问题，应对其局部的稳定性进行计算，包括局部稳定性的校核和由局部稳定条件确定缀板的间距等，详见有关书籍，这里不再细述。

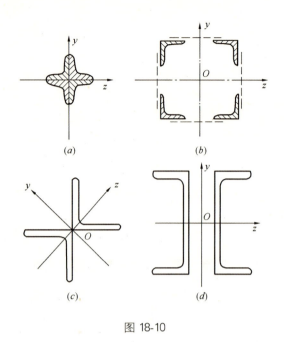

图 18-10

# 单元小结

1. 理解压杆稳定的概念

(1) 稳定平衡状态

杆件在轴向压力作用下，若给杆一微小的横向干扰，使杆发生微小的弯曲变形，在干扰撤去后，杆经若干次振动后仍会回到它原来的直线形状的平衡状态，我们把杆件原来处于的直线形状的平衡状态称为稳定平衡状态。

(2) 不稳定平衡状态

杆件在轴向压力作用下，如果在经微小的横向干扰后杆件不能回到它原来的直线形状平衡状态，而是停留在一个新的位置上维持微弯形状下的平衡或者发生弯折破坏，我们把杆件原来的直线形状平衡状态称为不稳定平衡状态。

(3) 失稳

压杆丧失其直线形状平衡的现象称为失稳。

(4) 临界平衡状态和临界力、临界应力

若压杆由直线形状平衡状态经干扰后变为微弯形状平衡状态,则把受干扰前杆的直线形状平衡状态称为临界平衡状态。

压杆的临界力 $F_{cr}$ 就是使压杆处于微弯形状平衡状态所需的最小压力。

临界力 $F_{cr}$ 也是压杆保持直线形状平衡状态所能承受的最大压力,此时杆内的应力称为临界应力。

$$\sigma_{cr} = \frac{F_{cr}}{A}$$

2. 掌握压杆的柔度计算、失稳平面的判别、压杆的分类和临界力、临界应力计算公式。

(1) 大柔度压杆或细长压杆 ($\lambda \geqslant \lambda_p$),其临界力、临界应力用欧拉公式计算,分别为

$$F_{cr} = \frac{\pi^2 EI}{(\mu l)^2}$$

$$\sigma_{cr} = \frac{\pi^2 E}{\lambda^2}$$

(2) 中、小柔度压杆或中长、粗短压杆 ($\lambda < \lambda_p$),其临界应力用抛物线经验公式计算,为

$$\sigma_{cr} = \sigma_s - a\lambda^2$$

3. 掌握用折减因数法对压杆进行稳定计算。

折减因数法的稳定条件

$$\sigma = \frac{F}{A} \leqslant \varphi [\sigma]$$

4. 了解提高压杆稳定性的主要措施。

①合理选材;②加强杆端约束;③减小压杆长度;④选择合理截面。

# 思考题

18-1 以压杆为例,说明什么是稳定平衡和不稳定平衡?什么叫失稳?

18-2 何谓压杆的临界力和临界应力?

18-3 有人说临界力是使压杆丧失稳定所需的最小荷载,又有人说临界力是使压杆维持直轴线形状平衡状态所能承受的最大荷载。这两种说法对吗?两种说法一致吗?

18-4 对于两端铰支、由 Q235 钢制成的圆形截面压杆,杆长 $l$ 应比直径 $d$ 大多少倍时,才能用欧拉公式计算临界力?

18-5  若在计算中、小柔度压杆的临界力时，使用了欧拉公式；或在计算大柔度压杆的临界力时，使用了经验公式，则后果将会怎样？试用临界应力总图加以说明。

18-6  如何判断压杆的失稳平面？有根一端固定、一端自由的压杆，如有图示形式的横截面，试指出失稳平面？失稳时横截面绕哪个轴转动？

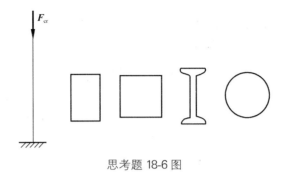

思考题 18-6 图

# 习题

18-1  图示两端铰支的细长压杆，材料的弹性模量 $E=200\text{GPa}$，试用欧拉公式计算其临界力 $F_{cr}$。(1) 圆形截面 $d=25\text{mm}$，$l=1.0\text{m}$；(2) 矩形截面 $h=2b=40\text{mm}$，$l=1.0\text{m}$；(3) 22a 号工字钢，$l=5.0\text{m}$。

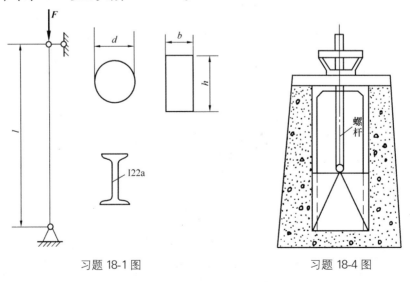

习题 18-1 图　　　　习题 18-4 图

18-2 直径 $d=25\text{mm}$、长为 $l$ 的细长钢压杆,材料的弹性模量 $E=200\text{GPa}$,试用欧拉公式计算其临界力 $F_{cr}$。(1) 两端铰支,$l=600\text{mm}$;(2) 两端固定,$l=1500\text{mm}$;(3) 一端固定、一端铰支,$l=1000\text{mm}$。

18-3 三根两端铰支的圆形截面压杆,直径均为 $d=160\text{mm}$,长度分别为 $l_1$、$l_2$ 和 $l_3$,且 $l_1=2l_2=4l_3=5\text{m}$,材料为 Q235 钢,弹性模量 $E=200\text{GPa}$ 求三杆的临界力 $F_{cr}$。

18-4 图示一闸门的螺杆式启闭机。已知螺杆的长度为 3m,外径为 60mm,内径为 51mm,材料为 Q235 钢,设计压力 $F=50\text{kN}$,许用应力 $[\sigma]=120\text{MPa}$,杆端支承情况可认为一端固定、另一端铰接。试按内径尺寸对此杆进行稳定校核(提示:按 a 类截面计算)。

18-5 试对图示木柱进行强度和稳定校核。已知木材的强度等级为 TC13,许用应力 $[\sigma]=10\text{MPa}$。

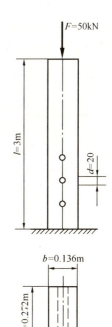

18-6 一两端铰支的钢管柱,长 $l=3\text{m}$,截面外径 $D=100\text{mm}$,内径 $d=70\text{mm}$。材料为 Q235 钢,许用应力 $[\sigma]=160\text{MPa}$,求此柱的许用荷载(提示:按 a 类截面计算)。

习题 18-5 图

18-7 起重机的起重臂由两个不等边角钢 $100\times 80\times 8$ 组成,二角钢用缀板连成整体。杆在 $xz$ 平面内,两端可看作铰支;在 $xy$ 平面内,可看作弹性约束,取 $\mu=0.75$。材料为 Q235 钢,许用应力 $[\sigma]=160\text{MPa}$。求起重臂的最大轴向压力(提示:按 b 类截面计算)。

18-8 图示桁架,$F=100\text{kN}$,二杆均为用 Q235 钢制成的圆形截面杆,许用应力 $[\sigma]=180\text{MPa}$,杆 $AC$ 的直径 $d_{AC}=26\text{mm}$,杆 $BC$ 的直径 $d_{BC}=36\text{mm}$。问此桁架是否安全?(提示:圆形截面属 a 类截面)。

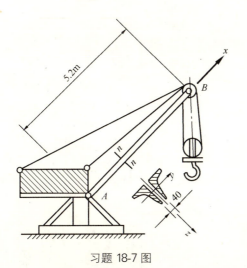

习题 18-7 图

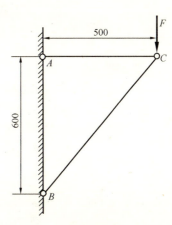

习题 18-8 图

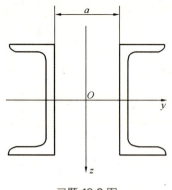

习题 18-9 图

18-9 压杆由两根 20a 号槽钢用缀板结合而成，长 $l=4\text{m}$，两端都为铰支，承受的轴向压力 $F=800\text{kN}$，材料为 Q235 钢，许用应力 $[\sigma]=170\text{MPa}$。图中两槽钢间的距离 $a$ 是为了使截面的 $I_y=I_z$，求 $a$ 的值，并校核压杆的稳定性（提示：按 b 类截面计算）。

18-10 结构如图所示。已知 $F=25\text{kN}$，$\alpha=30°$，$a=1.25\text{m}$，$l=0.55\text{m}$，$d=20\text{mm}$，材料为 Q235 钢，许用应力 $[\sigma]=160\text{MPa}$。问此结构是否安全（提示：柱按 a 类截面计算）？

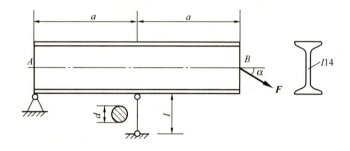

习题 18-10 图

# 附录Ⅰ 截面的几何性质

计算构件的强度、刚度和稳定性问题时，都要涉及到与构件截面形状和尺寸有关的几何量。附录Ⅰ主要介绍这些几何量的定义、性质及计算方法。

## Ⅰ.1 静矩与形心

### Ⅰ.1.1 静矩

设有一代表任意截面的平面图形，其面积为 $A$，在图形平面内建立直角坐标系 $oxy$ (图Ⅰ-1)。在该截面上任取一微面积 $dA$，设微面积 $dA$ 的坐标为 $x$、$y$，则把乘积 $ydA$ 和 $xdA$ 分别称为微面积 $dA$ 对 $x$ 轴和 $y$ 轴的**静矩** (或面积矩)。而把积分 $\int_A ydA$ 和 $\int_A xdA$ 分别定义为该截面对 $x$ 轴和 $y$ 轴的**静矩**，分别用 $S_x$ 和 $S_y$ 表示，即

$$\left. \begin{array}{l} S_x = \int_A y dA \\ S_y = \int_A x dA \end{array} \right\} \qquad (\text{Ⅰ-1})$$

由定义知，静矩与所选坐标轴的位置有关，同一截面对不同坐标轴有不同的静矩。静矩是一个代数量，其值可为正、为负、或为零。静矩的常用单位是 $mm^3$ 或 $m^3$。

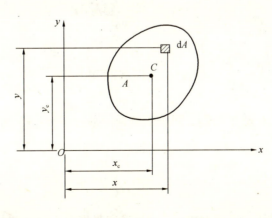

图Ⅰ-1

## Ⅰ.1.2 形心

对于平面图形（以下都称为截面），如取截面所在的平面为 $Oxy$ 坐标面（图Ⅰ-1），则由式（4-31），截面的形心 $C$ 的坐标为

$$\left. \begin{array}{l} x_C = \dfrac{\int_A x \mathrm{d}A}{A} \\[2mm] y_C = \dfrac{\int_A y \mathrm{d}A}{A} \end{array} \right\} \qquad (\text{Ⅰ-2})$$

式中 $A$——截面面积。

利用式（Ⅰ-2）容易证明：若截面对称于某轴，则形心必在该对称轴上；若截面有两个对称轴，则形心必为该两对称轴的交点。在确定形心位置时，常常利用这个性质，以减少计算工作量。

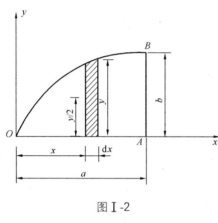

图Ⅰ-2

【例Ⅰ-1】 如图Ⅰ-2 所示截面 $OAB$ 是由顶点在坐标原点 $O$ 的抛物线与 $x$ 轴围成，设抛物线的方程为 $x = \dfrac{a}{b^2} y^2$，求其形心位置。

【解】

将截面分成许多宽为 $\mathrm{d}x$，高为 $y$ 的微面积，如图Ⅰ-2 所示，$\mathrm{d}A = y\mathrm{d}x = \dfrac{b}{\sqrt{a}}\sqrt{x}\,\mathrm{d}x$，形心坐标为 $\left(x, \dfrac{1}{2}y\right)$。由式（Ⅰ-2），截面 $OAB$ 的形心坐标为

$$x_C = \dfrac{\int_A x \mathrm{d}A}{\int_A \mathrm{d}A} = \dfrac{\int_0^a x \dfrac{b}{\sqrt{a}}\sqrt{x}\,\mathrm{d}x}{\int_0^a \dfrac{b}{\sqrt{a}}\sqrt{x}\,\mathrm{d}x} = \dfrac{3}{5}a$$

$$y_C = \dfrac{\int_A y \mathrm{d}A}{\int_A \mathrm{d}A} = \dfrac{\int_0^a \dfrac{1}{2}y \dfrac{b}{\sqrt{a}}\sqrt{x}\,\mathrm{d}x}{\int_0^a \dfrac{b}{\sqrt{a}}\sqrt{x}\,\mathrm{d}x} = \dfrac{\int_0^a \dfrac{1}{2}\dfrac{b^2}{a}\sqrt{x}\,\mathrm{d}x}{\int_0^a \dfrac{b}{\sqrt{a}}\sqrt{x}\,\mathrm{d}x} = \dfrac{3}{8}b$$

将式（Ⅰ-1）代入式（Ⅰ-2），可得到截面的形心坐标与静矩间的关系为

$$\left. \begin{array}{l} S_x = A y_C \\ S_y = A x_C \end{array} \right\} \qquad (\text{Ⅰ-3})$$

若已知截面的静矩，则可由式（Ⅰ-3）确定截面形心的位置；反之，若已知截面形心位置，则可由式（Ⅰ-3）求得截面的静矩。

由式（Ⅰ-3）可以看出，若截面对某轴（例如 $x$ 轴）的静矩为零（$S_x=0$），则该轴一定通过此截面的形心（$y_C=0$）。通过截面形心的轴称为截面的**形心轴**。反之，截面对其形心轴的静矩一定为零。

### Ⅰ.1.3 组合截面的静矩与形心

在工程中经常遇到这样的一些截面，它们是由若干个简单截面（例如矩形、三角形、半圆形等）所组成，称为**组合截面**。根据静矩的定义，组合截面对某轴的静矩应等于其各组成部分对该轴静矩之和，即

$$\left.\begin{aligned} S_x &= \Sigma S_{xi} = \Sigma A_i y_{Ci} \\ S_y &= \Sigma S_{yi} = \Sigma A_i x_{Ci} \end{aligned}\right\} \quad (Ⅰ\text{-}4)$$

由式（Ⅰ-3），组合截面形心的计算公式为

$$\left.\begin{aligned} x_C &= \frac{S_y}{A} = \frac{\Sigma A_i x_{Ci}}{\Sigma A_i} \\ y_C &= \frac{S_x}{A} = \frac{\Sigma A_i y_{Ci}}{\Sigma A_i} \end{aligned}\right\} \quad (Ⅰ\text{-}5)$$

上两式中：$A_i$、$x_{Ci}$、$y_{Ci}$——各个简单截面的面积及形心坐标。

**【例Ⅰ-2】** 求图Ⅰ-3所示直角梯形截面的形心位置。

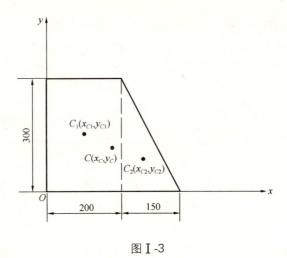

图Ⅰ-3

**【解】**

如图Ⅰ-3所示建立坐标系 $Oxy$。将截面看作由矩形和三角形组成的组合截面，它们的面积及形心 $C_1$、$C_2$ 的坐标分别为

矩形　　$A_1=60000\text{mm}^2$，$x_{C1}=100\text{mm}$，$y_{C1}=150\text{mm}$

三角形　　$A_2=22500\text{mm}^2$，$x_{C2}=250\text{mm}$，$y_{C2}=100\text{mm}$

由式（Ⅰ-5），截面形心 $C$ 的坐标为

$$x_C = \frac{A_1 x_{C1} + A_2 x_{C2}}{A_1 + A_2} = \frac{60000 \times 100 + 22500 \times 250}{60000 + 22500} \text{mm} = 140.9 \text{mm}$$

$$y_C = \frac{A_1 y_{C1} + A_2 y_{C2}}{A_1 + A_2} = \frac{60000 \times 150 + 22500 \times 100}{60000 + 22500} \text{mm} = 136.4 \text{mm}$$

## Ⅰ.2 惯性矩与惯性积

### Ⅰ.2.1 惯性矩

设有一代表任意截面的平面图形，其面积为 $A$，在图形平面内建立直角坐标系 $Oxy$（图Ⅰ-4）。在截面上任取一微面积 $dA$，设微面积 $dA$ 的坐标分别为 $x$ 和 $y$，则把乘积 $y^2 dA$ 和 $x^2 dA$ 分别称为微面积 $dA$ 对 $x$ 轴和 $y$ 轴的惯性矩。而把积分 $\int_A y^2 dA$ 和 $\int_A x^2 dA$ 分别定义为截面对 $x$ 轴和 $y$ 轴的**惯性矩**，分别用 $I_x$ 与 $I_y$ 表示，即

$$\left. \begin{array}{l} I_x = \int_A y^2 dA \\ I_y = \int_A x^2 dA \end{array} \right\} \quad (\text{Ⅰ-6})$$

由定义可知，惯性矩恒为正值，其常用单位是 $\text{mm}^4$ 或 $\text{m}^4$。

【**例Ⅰ-3**】 求图Ⅰ-5 所示矩形截面对其形心轴 $x$、$y$ 的惯性矩 $I_x$ 和 $I_y$。

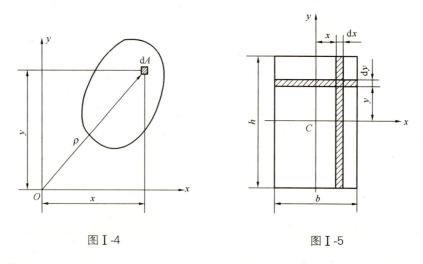

图Ⅰ-4　　　　　图Ⅰ-5

【**解**】

取平行于 $x$ 轴的狭长条（图中阴影部分）作为微面积 $dA$，则有 $dA = b dy$。由式（Ⅰ-6），得

$$I_x = \int_A y^2 \mathrm{d}A = \int_{-\frac{h}{2}}^{\frac{h}{2}} by^2 \mathrm{d}y = \frac{bh^3}{12}$$

同理有

$$I_y = \int_A x^2 \mathrm{d}A = \int_{-\frac{b}{2}}^{\frac{b}{2}} hx^2 \mathrm{d}x = \frac{hb^3}{12}$$

【例Ⅰ-4】 求图Ⅰ-6所示圆截面对于其形心轴的惯性矩。

【解】

建立坐标系 $Oxy$ 如图所示。取平行于 $x$ 轴的狭长条（图中阴影部分）为微面积 $\mathrm{d}A$，则 $\mathrm{d}A = 2\sqrt{R^2-y^2}\mathrm{d}y$。由式（Ⅰ-6），得

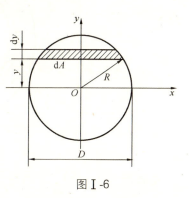

图Ⅰ-6

$$I_x = \int_A y^2 \mathrm{d}A = \int_{-R}^{R} y^2 2\sqrt{R^2-y^2}\mathrm{d}y$$
$$= \frac{\pi R^4}{4} = \frac{\pi D^4}{64}$$

根据对称性，截面对 $x$ 和 $y$ 轴的惯性矩相等，即

$$I_y = I_x = \frac{\pi D^4}{64}$$

### Ⅰ.2.2 极惯性矩

在图Ⅰ-4中，若以 $\rho$ 表示微面积 $\mathrm{d}A$ 到坐标原点 $O$ 的距离，则把 $\rho^2 \mathrm{d}A$ 称为微面积 $\mathrm{d}A$ 对 $O$ 点的极惯性矩。而把积分 $\int_A \rho^2 \mathrm{d}A$ 定义为截面对 $O$ 点的**极惯性矩**，用 $I_\mathrm{p}$ 表示，即

$$I_\mathrm{p} = \int_A \rho^2 \mathrm{d}A \qquad (\text{Ⅰ-7})$$

由定义可知，极惯性矩恒为正值，其常用单位是 $\mathrm{mm}^4$ 或 $\mathrm{m}^4$。

由图Ⅰ-4可知，$\rho^2 = x^2 + y^2$，代入上式，得

$$I_\mathrm{p} = \int_A \rho^2 \mathrm{d}A = \int_A (x^2+y^2)\mathrm{d}A = \int_A x^2 \mathrm{d}A + \int_A y^2 \mathrm{d}A$$

利用式（Ⅰ-6），即得惯性矩与极惯性矩的关系为

$$I_\mathrm{p} = I_x + I_y \qquad (\text{Ⅰ-8})$$

上式表明，截面对某点的极惯性矩等于截面对通过该点的两个正交轴的惯性矩之和。有时，利用式（Ⅰ-8）计算截面的极惯性矩或惯性矩比较方便。

【例Ⅰ-5】 求图Ⅰ-7所示圆形截面对圆心的极惯性矩。

【解】

建立直角坐标系 $Oxy$ 如图所示。选取图示环形微面积 $\mathrm{d}A$（图中阴影部分），则 $\mathrm{d}A = 2\pi\rho \cdot \mathrm{d}\rho$。由式（Ⅰ-7），得

$$I_\mathrm{p} = \int_A \rho^2 \mathrm{d}A = \int_0^{\frac{D}{2}} \rho^2 2\pi\rho \mathrm{d}\rho = \frac{\pi D^4}{32}$$

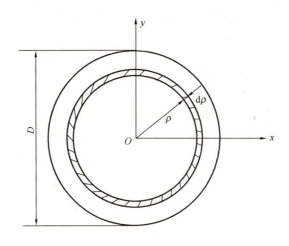

图 I-7

若利用式（I-8），则同样可得

$$I_p = I_x + I_y = 2 \times \frac{\pi D^4}{64} = \frac{\pi D^4}{32}$$

### I.2.3 惯性积

在图 I-4 中，我们把微面积 dA 与其坐标 $x$、$y$ 的乘积 $xy\mathrm{d}A$ 称为微面积 dA 对 $x$、$y$ 两轴的惯性积。而把积分 $\int_A xy\mathrm{d}A$ 定义为截面对 $x$、$y$ 两轴的**惯性积**，用 $I_{xy}$ 表示，即

$$I_{xy} = \int_A xy\,\mathrm{d}A \qquad (\text{I-9})$$

由定义可知，惯性积可为正、为负、或为零，其常用单位是 $\mathrm{mm}^4$ 或 $\mathrm{m}^4$。

由式（I-9）可知，截面的惯性积有如下重要性质：

若截面具有一个对称轴，则截面对包括该对称轴在内的一对正交轴的惯性积恒等于零。

由此性质可知，图 I-8 所示各截面对坐标轴 $x$、$y$ 的惯性积 $I_{xy}$ 均等于零。

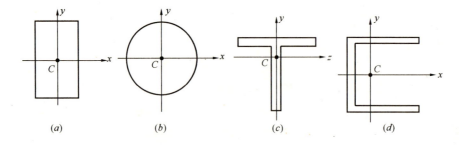

图 I-8

### I.2.4 惯性半径

在工程实际应用中，为方便起见，有时也将惯性矩表示成某一长度平方与截面面

积 $A$ 的乘积，即

$$\left.\begin{array}{l}I_x = i_x^2 A \\ I_y = i_y^2 A\end{array}\right\} \quad (\text{I}\text{-10}a)$$

或

$$\left.\begin{array}{l}i_x = \sqrt{\dfrac{I_x}{A}} \\ i_y = \sqrt{\dfrac{I_y}{A}}\end{array}\right\} \quad (\text{I}\text{-10}b)$$

式中　$i_x$、$i_y$——截面对 $x$、$y$ 轴的**惯性半径**。其常用单位是 mm 或 m。

## I.3　平行移轴公式

### I.3.1　平行移轴公式

图 I-9 所示截面的面积为 $A$，$x_C$、$y_C$ 轴为其形心轴，$x$、$y$ 轴为一对与形心轴平行的正交坐标轴，两组坐标轴的间距分别为 $a$、$b$，微面积 $dA$ 在两个坐标系 $Ox_Cy_C$ 和 $Oxy$ 中的坐标分别为 $x_C$、$y_C$ 和 $x$、$y$。由式（I-6），截面对 $x$ 轴的惯性矩为

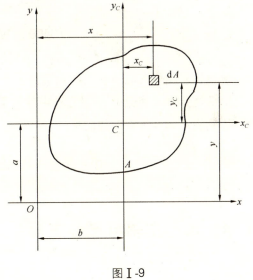

图 I-9

$$\begin{aligned}I_x &= \int_A y^2 dA = \int_A (y_C + a)^2 dA \\ &= \int_A y_C^2 dA + 2a\int_A y_C + a^2\int_A dA \\ &= I_{x_C} + 2aS_{x_C} + a^2 A\end{aligned}$$

式中　$S_{x_C}$——截面对形心轴 $x_C$ 的静矩，其值为零。因此有

同理　$$\left.\begin{array}{l}I_x = I_{x_C} + a^2 A \\ I_y = I_{y_C} + b^2 A \\ I_{xy} = I_{x_C y_C} + abA\end{array}\right\} \quad (\text{I}\text{-11})$$

式中　$I_x$、$I_y$、$I_{xy}$——截面对 $x$、$y$ 轴的惯性矩和惯性积；
　　　$I_{x_C}$、$I_{y_C}$、$I_{x_C y_C}$——截面对形心轴 $x_C$、$y_C$ 的惯性矩和惯性积。

式（I-11）称为惯性矩和惯性积的**平行移轴公式**。利用它可以计算截面对与形

心轴平行的轴之惯性矩和惯性积。

### I.3.2 组合截面的惯性矩和惯性积

设组合截面由 $n$ 个简单截面组成,根据惯性矩和惯性积的定义,组合截面对 $x$、$y$ 轴的惯性矩和惯性积为

$$\left.\begin{array}{l} I_x = \Sigma I_{xi} \\ I_y = \Sigma I_{yi} \\ I_{xy} = \Sigma I_{xyi} \end{array}\right\} \quad (\text{I-12})$$

式中 $I_{xi}$、$I_{yi}$、$I_{xyi}$——各个简单截面对 $x$、$y$ 轴的惯性矩和惯性积。

**【例 I-6】** 求图 I-10 所示截面对其形心轴 $x$ 的惯性矩。

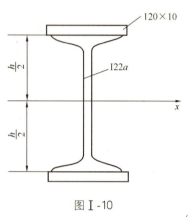

图 I-10

**【解】**
图 I-10 所示截面是在工字钢上下加焊两块钢板形成的梁的截面。在求上下两个矩形对 $x$ 轴的惯性矩时,先求它们对各自形心轴的惯性矩,然后再利用平行移轴公式求对 $x$ 轴的惯性矩。

查型钢规格表,22a 号工字钢的有关几何参数为

$$I_x = 3400 \times 10^4 \text{mm}^4$$
$$h = 220 \text{mm}$$

则整个截面对形心轴 $x$ 的惯性矩为

$$I_x = \left\{ 3400 \times 10^4 + 2\left[\frac{120 \times 10^3}{12} + (110+5)^2 \times 120 \times 10\right]\right\} \text{mm}^4$$
$$= 6576 \times 10^4 \text{mm}^4$$

上述计算结果表明,在工字钢截面上下增加很小的面积却能使整个组合截面对形心轴的惯性矩增大将近一倍。工程中常常采用这样的组合截面,来增大截面的惯性矩,达到提高构件承载能力的目的。

## I.4 形心主轴与形心主矩

由惯性积的定义可知,当坐标轴 $x$、$y$ 绕 $O$ 点转动时(图 I-11),截面对 $x_1$、$y_1$ 轴的惯性积将是转角 $\alpha$ 的函数。可以证明,总能找到一个角度 $\alpha_0$,使截面对于相应的 $x_0$、$y_0$ 轴的惯性积等于零,则 $x_0$、$y_0$ 轴称为 $O$ 点处的**主惯性轴**。截面对一点处主惯性轴的惯性矩称为该点处的**主惯性矩**。

还可以证明,一点处的主惯性矩,是截面对通过该点的所有轴的惯性矩中的最大值和最小值。

截面形心处的主惯性轴称为**形心主惯性轴**，简称**形心主轴**。截面对形心主轴的惯性矩称为**形心主惯性矩**，简称**形心主矩**。

在计算组合截面的形心主惯性轴和形心主惯性矩时，首先应确定其形心的位置，然后视其有无对称轴而采用不同的方法。若组合截面有一个或一个以上的对称轴，则通过形心且包括对称轴在内的两正交轴就是形心主惯性轴，再按 I-3 中的方法计算形心主惯性矩。若组合截面无对称轴，则要利用公式确定形心主惯性轴的位置和计算形心主惯性矩，此处不再细述。

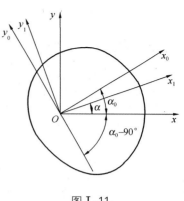

图 I-11

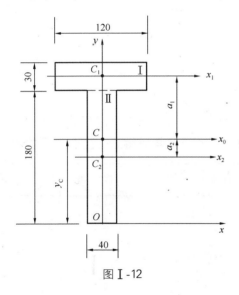

图 I-12

**【例 I-7】** 求图 I-12 所示 T 形截面的形心主惯性矩。

**【解】**

(1) 求形心的位置。建立如图所示坐标系 $Oxy$，因截面关于 $y$ 轴对称，所以 $x_C=0$，只需求形心 $C$ 的纵坐标 $y_C$ 的值。将截面看作由两个矩形组成的组合截面，则有

矩形 I　$A_1 = 120 \times 30 = 3600 \text{mm}^2$，

　　　　$y_1 = 105\text{mm}$

矩形 II　$A_2 = 180 \times 40 = 7200 \text{mm}^2$，

　　　　$y_2 = 90\text{mm}$

形心 $C$ 的坐标为

$$y_C = \frac{A_1 y_1 + A_2 y_2}{A_1 + A_2}$$

$$= \frac{3600 \times 105 + 7200 \times 90}{3600 + 7200} \text{mm}$$

$$= 95\text{mm}$$

(2) 求形心主惯性矩。因 $y$ 轴为截面的对称轴，故截面对过形心 $C$ 的 $x_0$、$y$ 轴的惯性积等于零，即 $x_0$、$y$ 轴为形心主轴，截面对 $x_0$、$y$ 轴的惯性矩 $I_{x_0}$、$I_y$ 即为所求形心主惯性矩。由图 I-12 可知，$a_1 = 100\text{mm}$，$a_2 = 5\text{mm}$，则形心主惯性矩 $I_{x_0}$、$I_y$ 为

$$I_{x_0} = I_{x_1}^{\text{I}} + a_1^2 A_1 + I_{x_2}^{\text{II}} + a_2^2 A_2$$

$$= \left\{ \frac{120 \times 30^3}{12} + 100^2 \times 120 \times 30 + \frac{40 \times 180^3}{12} + 5^2 \times 180 \times 40 \right\} \text{mm}^4$$

$$= 5589 \times 10^4 \text{ mm}^4$$

$$I_y = I_y^{\text{I}} + I_y^{\text{II}} = \left\{ \frac{30 \times 120^3}{12} + \frac{180 \times 40^3}{12} \right\} \text{mm}^4 = 528 \times 10^4 \text{ mm}^4$$

## 单元小结

1. 理解静矩,形心;惯性矩,惯性半径,极惯性矩,惯性积;形心主惯性轴和形心主惯性矩等概念。

2. 掌握组合截面的静矩和形心的计算。

在计算组合截面的形心时,首先将组合截面分割为若干个简单截面,然后按式(Ⅰ-5)进行计算。

3. 掌握简单截面的惯性矩和极惯性矩的计算。

简单截面的惯性矩和极惯性矩是利用公式进行积分运算而得到。应熟记下表。

| 截 面 | 惯 性 矩 | 惯 性 半 径 | 极 惯 性 矩 |
|---|---|---|---|
| 矩形 | $I_x = \dfrac{bh^3}{12}$<br>$I_y = \dfrac{hb^3}{12}$ | $i_x = \dfrac{\sqrt{3}}{6}h$<br>$i_y = \dfrac{\sqrt{3}}{6}b$ | |
| 圆形 | $I_x = I_y = \dfrac{\pi D^4}{64}$ | $i_x = i_y = \dfrac{D}{4}$ | $I_p = \dfrac{\pi D^4}{32}$ |
| 圆环 | $I_x = I_y = \dfrac{\pi}{64}(D^4 - d^4)$<br>$= \dfrac{\pi D^4}{64}(1 - \alpha^4)$<br>$\alpha = \dfrac{d}{D}$ | $i_x = i_y = \dfrac{D}{4}\sqrt{1 + \alpha^2}$<br>$\alpha = \dfrac{d}{D}$ | $I_p = \dfrac{\pi}{32}(D^4 - d^4)$<br>$= \dfrac{\pi D^4}{32}(1 - \alpha^4)$<br>$\alpha = \dfrac{d}{D}$ |

4. 了解平行移轴公式。会计算组合截面的惯性矩和惯性积。

在计算组合截面的惯性矩和惯性积时，首先将组合截面分割为若干个简单截面，然后计算各简单截面对其形心轴的惯性矩和惯性积，最后利用平行移轴公式计算组合截面的惯性矩和惯性积。

5. 会计算组合截面的形心主惯性轴和形心主惯性矩。

对于有一个或一个以上对称轴的组合截面，通过形心且包括对称轴在内的两正交轴就是形心主惯性轴，再利用平行移轴公式计算形心主惯性矩。对于一般的组合截面，须利用公式确定形心主惯性轴的位置和计算形心主惯性矩。

## 思考题

Ⅰ-1 静矩、惯性矩、惯性积、极惯性矩是如何定义的？

Ⅰ-2 静矩与形心坐标之间有什么关系？静矩为零的条件是什么？

Ⅰ-3 如何求组合截面的形心？

Ⅰ-4 为什么当截面具有一个对称轴时，截面对包括该对称轴在内的一对正交轴的惯性积等于零？

Ⅰ-5 平行移轴公式中的两组坐标轴是任意两组互相平行的坐标轴吗？

Ⅰ-6 如何求组合截面的惯性矩和惯性积？

Ⅰ-7 如何求组合截面的形心主惯性轴和形心主惯性矩？

## 习题

Ⅰ-1 求图形各截面的阴影线面积对 $x$ 轴的静矩。

Ⅰ-2 图示曲线 $OB$ 为一抛物线，其方程为 $y=\dfrac{b}{a^2}x^2$，求平面图形 $OAB$ 的形心坐标 $x_C$ 和 $y_C$。

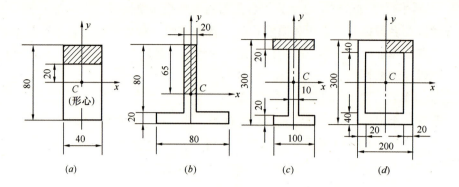

习题 I-1 图

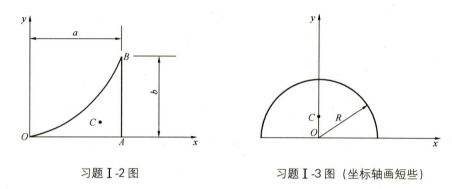

习题 I-2 图                习题 I-3 图（坐标轴画短些）

I-3　求图示半径为 $R$ 的半圆形的形心坐标 $y_C$。

I-4　求图示各截面的形心位置。

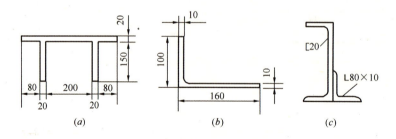

习题 I-4 图

I-5　图示直径 $D=200$mm 的圆形截面，在其上、下对称地切去两个高 $\delta=20$mm 的弓形，求余下阴影部分对其对称轴 $x$ 的惯性矩。

I-6　求图示正方形截面对其对角线的惯性矩。

I-7　求图示各组合截面对其形心轴 $x$ 的惯性矩。

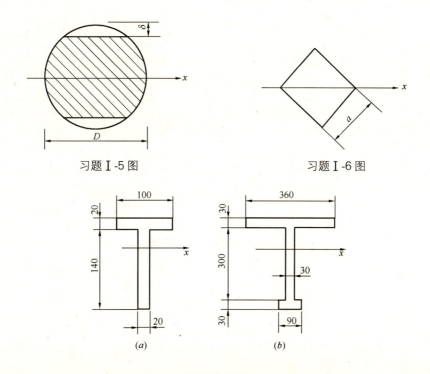

习题Ⅰ-5图　　　　习题Ⅰ-6图

习题Ⅰ-7图

Ⅰ-8　求图示各组合截面对其形心轴 $x$ 的惯性矩。

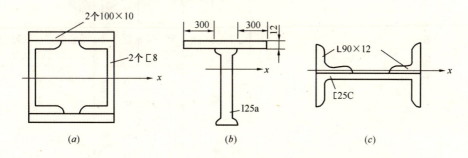

习题Ⅰ-8图

Ⅰ-9　图示由两个 20a 号槽钢组成的组合截面，如欲使此两截面对两对称轴的惯性矩 $I_x$ 和 $I_y$ 相等，则两槽钢的间距 $a$ 应为多少？

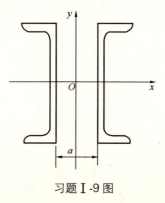

习题Ⅰ-9图

# 附录 Ⅱ 型钢规格表

## 热轧等边角钢 (GB 9787—88)

符号意义：
$b$——边宽度；
$d$——边厚度；
$r$——内圆弧半径；
$r_1$——边端内圆弧半径；
$I$——惯性矩；
$i$——惯性半径；
$W$——截面系数；
$z_0$——重心距离

表Ⅱ-1

| 角钢型号 | 尺寸 mm | | | 截面面积 $cm^2$ | 理论重量 kg/m | 外表面积 $m^2/m$ | 参 考 数 值 | | | | | | | | | | | |
|---|---|---|---|---|---|---|---|---|---|---|---|---|---|---|---|---|---|---|
| | | | | | | | $x-x$ | | | $x_0-x_0$ | | | $y_0-y_0$ | | | $x_1-x_1$ | $z_0$ |
| | $b$ | $d$ | $r$ | | | | $I_x$ $cm^4$ | $W_x$ $cm^3$ | $i_x$ cm | $I_{x0}$ $cm^4$ | $i_{x0}$ cm | $W_{x0}$ $cm^3$ | $I_{y0}$ $cm^4$ | $i_{y0}$ cm | $W_{y0}$ $cm^3$ | $I_{x1}$ $cm^4$ | cm |
| 2 | 20 | 3 | 3.5 | 1.132 | 0.889 | 0.078 | 0.40 | 0.29 | 0.59 | 0.63 | 0.75 | 0.45 | 0.17 | 0.39 | 0.20 | 0.81 | 0.60 |
| | 20 | 4 | | 1.459 | 1.145 | 0.077 | 0.50 | 0.36 | 0.58 | 0.78 | 0.73 | 0.55 | 0.22 | 0.38 | 0.24 | 1.09 | 0.64 |
| 2.5 | 25 | 3 | | 1.432 | 1.124 | 0.098 | 0.82 | 0.46 | 0.76 | 1.29 | 0.95 | 0.73 | 0.34 | 0.49 | 0.33 | 1.57 | 0.73 |
| | 25 | 4 | | 1.859 | 1.459 | 0.097 | 1.03 | 0.59 | 0.74 | 1.62 | 0.93 | 0.92 | 0.43 | 0.48 | 0.40 | 2.11 | 0.76 |
| 3.0 | 30 | 3 | 4.5 | 1.749 | 1.373 | 0.117 | 1.46 | 0.68 | 0.91 | 2.31 | 1.15 | 1.09 | 0.61 | 0.59 | 0.51 | 2.71 | 0.85 |
| | 30 | 4 | | 2.276 | 1.786 | 0.117 | 1.84 | 0.87 | 0.90 | 2.92 | 1.13 | 1.37 | 0.77 | 0.58 | 0.62 | 3.63 | 0.89 |
| 3.6 | 36 | 3 | | 2.109 | 1.656 | 0.141 | 2.58 | 0.99 | 1.11 | 4.09 | 1.39 | 1.61 | 1.07 | 0.71 | 0.76 | 4.68 | 1.00 |
| | 36 | 4 | | 2.756 | 2.163 | 0.141 | 3.29 | 1.28 | 1.09 | 5.22 | 1.38 | 2.05 | 1.37 | 0.70 | 0.93 | 6.25 | 1.04 |
| | 36 | 5 | | 3.382 | 2.654 | 0.141 | 3.95 | 1.56 | 1.08 | 6.24 | 1.36 | 2.45 | 1.65 | 0.70 | 1.09 | 7.84 | 1.07 |

续表

| 角钢型号 | 尺寸 mm | | | 截面面积 cm² | 理论重量 kg/m | 外表面积 m²/m | 参 考 数 值 | | | | | | | | | | |
|---|---|---|---|---|---|---|---|---|---|---|---|---|---|---|---|---|---|
| | | | | | | | $x-x$ | | | $x_0-x_0$ | | | | $y_0-y_0$ | | | $x_1-x_1$ | $z_0$ |
| | $b$ | $d$ | $r$ | | | | $I_x$ cm⁴ | $i_x$ cm | $W_x$ cm³ | $I_{x0}$ cm⁴ | $i_{x0}$ cm | $W_{x0}$ cm³ | $I_{y0}$ cm⁴ | $i_{y0}$ cm | $W_{y0}$ cm³ | $I_{x1}$ cm⁴ | cm |
| 4.0 | 40 | 3 | 5 | 2.359 | 1.852 | 0.157 | 3.59 | 1.23 | 1.23 | 5.69 | 1.55 | 2.01 | 1.49 | 0.79 | 0.96 | 6.41 | 1.09 |
| | | 4 | | 3.086 | 2.422 | 0.157 | 4.60 | 1.22 | 1.60 | 7.29 | 1.54 | 2.58 | 1.91 | 0.79 | 1.19 | 8.56 | 1.13 |
| | | 5 | | 3.791 | 2.976 | 0.156 | 5.53 | 1.21 | 1.96 | 8.76 | 1.52 | 3.10 | 2.30 | 0.78 | 1.39 | 10.74 | 1.17 |
| 4.5 | 45 | 3 | 5 | 2.659 | 2.088 | 0.177 | 5.17 | 1.40 | 1.58 | 8.20 | 1.76 | 2.58 | 2.14 | 0.90 | 1.24 | 9.12 | 1.22 |
| | | 4 | | 3.486 | 2.736 | 0.177 | 6.65 | 1.38 | 2.05 | 10.56 | 1.74 | 3.32 | 2.75 | 0.89 | 1.54 | 12.18 | 1.26 |
| | | 5 | | 4.292 | 3.369 | 0.176 | 8.04 | 1.37 | 2.51 | 12.74 | 1.72 | 4.00 | 3.33 | 0.88 | 1.81 | 15.25 | 1.30 |
| | | 6 | | 5.076 | 3.985 | 0.176 | 9.33 | 1.36 | 2.95 | 14.76 | 1.70 | 4.64 | 3.89 | 0.88 | 2.06 | 18.36 | 1.33 |
| 5 | 50 | 3 | 5.5 | 2.971 | 2.332 | 0.197 | 7.18 | 1.55 | 1.96 | 11.37 | 1.96 | 3.22 | 2.98 | 1.00 | 1.57 | 12.50 | 1.34 |
| | | 4 | | 3.897 | 3.059 | 0.197 | 9.26 | 1.54 | 2.56 | 14.70 | 1.94 | 4.16 | 3.82 | 0.99 | 1.96 | 16.69 | 1.38 |
| | | 5 | | 4.803 | 3.770 | 0.196 | 11.21 | 1.53 | 3.13 | 17.79 | 1.92 | 5.03 | 4.64 | 0.98 | 2.31 | 20.90 | 1.42 |
| | | 6 | | 5.688 | 4.465 | 0.196 | 13.05 | 1.52 | 3.68 | 20.68 | 1.91 | 5.85 | 5.42 | 0.98 | 2.63 | 25.14 | 1.46 |
| 5.6 | 56 | 3 | 6 | 3.343 | 2.624 | 0.221 | 10.19 | 1.75 | 2.48 | 16.14 | 2.20 | 4.08 | 4.24 | 1.13 | 2.02 | 17.56 | 1.48 |
| | | 4 | | 4.390 | 3.446 | 0.220 | 13.18 | 1.73 | 3.24 | 20.92 | 2.18 | 5.28 | 5.46 | 1.11 | 2.52 | 23.43 | 1.53 |
| | | 5 | | 5.415 | 4.251 | 0.220 | 16.02 | 1.72 | 3.97 | 25.42 | 2.17 | 6.42 | 6.61 | 1.10 | 2.98 | 29.33 | 1.57 |
| | | 8 | | 8.367 | 6.568 | 0.219 | 23.63 | 1.68 | 6.03 | 37.37 | 2.11 | 9.44 | 9.89 | 1.09 | 4.16 | 47.24 | 1.68 |
| 6.3 | 63 | 4 | 7 | 4.978 | 3.907 | 0.248 | 19.03 | 1.96 | 4.13 | 30.17 | 2.46 | 6.78 | 7.89 | 1.26 | 3.29 | 33.35 | 1.70 |
| | | 5 | | 6.143 | 4.822 | 0.248 | 23.17 | 1.94 | 5.08 | 36.77 | 2.45 | 8.25 | 9.57 | 1.25 | 3.90 | 41.73 | 1.74 |
| | | 6 | | 7.288 | 5.721 | 0.247 | 27.12 | 1.93 | 6.00 | 43.03 | 2.43 | 9.66 | 11.20 | 1.24 | 4.46 | 50.14 | 1.78 |
| | | 8 | | 9.515 | 7.469 | 0.247 | 34.46 | 1.90 | 7.75 | 54.56 | 2.40 | 12.25 | 14.33 | 1.23 | 5.47 | 67.11 | 1.85 |
| | | 10 | | 11.657 | 9.151 | 0.246 | 41.09 | 1.88 | 9.39 | 64.85 | 2.36 | 14.56 | 17.33 | 1.22 | 6.36 | 84.31 | 1.93 |
| 7 | 70 | 4 | 8 | 5.570 | 4.372 | 0.275 | 26.39 | 2.18 | 5.14 | 41.80 | 2.74 | 8.44 | 10.99 | 1.40 | 4.17 | 45.74 | 1.86 |
| | | 5 | | 6.875 | 5.397 | 0.275 | 32.21 | 2.16 | 6.32 | 51.08 | 2.73 | 10.32 | 13.34 | 1.39 | 4.95 | 57.21 | 1.91 |
| | | 6 | | 8.160 | 6.406 | 0.275 | 37.77 | 2.15 | 7.48 | 59.93 | 2.71 | 12.11 | 15.61 | 1.38 | 5.67 | 68.73 | 1.95 |
| | | 7 | | 9.424 | 7.398 | 0.275 | 43.09 | 2.14 | 8.59 | 68.35 | 2.69 | 13.81 | 17.82 | 1.38 | 6.34 | 80.29 | 1.99 |
| | | 8 | | 10.667 | 8.373 | 0.274 | 48.17 | 2.12 | 9.68 | 76.37 | 2.68 | 15.43 | 19.98 | 1.37 | 6.98 | 91.92 | 2.03 |

续表

| 角钢型号 | 尺寸 mm | | | 截面面积 cm² | 理论重量 kg/m | 外表面积 m²/m | 参考数值 | | | | | | | | | | |
|---|---|---|---|---|---|---|---|---|---|---|---|---|---|---|---|---|---|
| | | | | | | | $x-x$ | | | $x_0-x_0$ | | | $y_0-y_0$ | | | $x_1-x_1$ | $z_0$ |
| | $b$ | $d$ | $r$ | | | | $I_x$ cm⁴ | $i_x$ cm | $W_x$ cm³ | $I_{x0}$ cm⁴ | $i_{x0}$ cm | $W_{x0}$ cm³ | $I_{y0}$ cm⁴ | $i_{y0}$ cm | $W_{y0}$ cm³ | $I_{x1}$ cm⁴ | cm |
| 7.5 | 75 | 5 | 9 | 7.367 | 5.818 | 0.295 | 39.97 | 2.33 | 7.32 | 63.30 | 2.92 | 11.94 | 16.63 | 1.50 | 5.77 | 70.56 | 2.04 |
| | | 6 | | 8.797 | 6.905 | 0.294 | 46.95 | 2.31 | 8.64 | 74.38 | 2.90 | 14.02 | 19.51 | 1.49 | 6.67 | 84.55 | 2.07 |
| | | 7 | | 10.160 | 7.976 | 0.294 | 53.57 | 2.30 | 9.93 | 84.96 | 2.89 | 16.02 | 22.18 | 1.48 | 7.44 | 98.71 | 2.11 |
| | | 8 | | 11.503 | 9.030 | 0.294 | 59.96 | 2.28 | 11.20 | 95.07 | 2.88 | 17.93 | 24.86 | 1.47 | 8.19 | 112.97 | 2.15 |
| | | 10 | | 14.126 | 11.089 | 0.293 | 71.98 | 2.26 | 13.64 | 113.92 | 2.84 | 21.48 | 30.05 | 1.46 | 9.56 | 141.71 | 2.22 |
| 8 | 80 | 5 | 9 | 7.912 | 6.211 | 0.315 | 48.79 | 2.48 | 8.34 | 77.33 | 3.13 | 13.67 | 20.25 | 1.60 | 6.66 | 85.36 | 2.15 |
| | | 6 | | 9.397 | 7.376 | 0.314 | 57.35 | 2.47 | 9.87 | 90.98 | 3.11 | 16.08 | 23.72 | 1.59 | 7.65 | 102.50 | 2.19 |
| | | 7 | | 10.860 | 8.525 | 0.314 | 65.58 | 2.46 | 11.37 | 104.07 | 3.10 | 18.40 | 27.09 | 1.58 | 8.58 | 119.70 | 2.23 |
| | | 8 | | 12.303 | 9.658 | 0.314 | 73.49 | 2.44 | 12.83 | 116.60 | 3.08 | 20.61 | 30.39 | 1.57 | 9.46 | 136.97 | 2.27 |
| | | 10 | | 15.126 | 11.874 | 0.313 | 88.43 | 2.42 | 15.64 | 140.09 | 3.04 | 24.76 | 36.77 | 1.56 | 11.08 | 171.74 | 2.35 |
| 9 | 90 | 6 | 10 | 10.637 | 8.350 | 0.354 | 82.77 | 2.79 | 12.61 | 131.26 | 3.51 | 20.63 | 34.28 | 1.80 | 9.95 | 145.87 | 2.44 |
| | | 7 | | 12.301 | 9.656 | 0.354 | 94.83 | 2.78 | 14.54 | 150.47 | 3.50 | 23.64 | 39.18 | 1.78 | 11.19 | 170.30 | 2.48 |
| | | 8 | | 13.944 | 10.946 | 0.353 | 106.47 | 2.76 | 16.42 | 168.97 | 3.48 | 26.55 | 43.97 | 1.78 | 12.35 | 194.80 | 2.52 |
| | | 10 | | 17.167 | 13.476 | 0.353 | 128.58 | 2.74 | 20.07 | 203.90 | 3.45 | 32.04 | 53.26 | 1.76 | 14.52 | 244.07 | 2.59 |
| | | 12 | | 20.306 | 15.940 | 0.352 | 149.22 | 2.71 | 23.57 | 236.21 | 3.41 | 37.12 | 62.22 | 1.75 | 16.49 | 293.76 | 2.67 |
| 10 | 100 | 6 | 12 | 11.932 | 9.366 | 0.393 | 114.95 | 3.01 | 15.68 | 181.98 | 3.90 | 25.74 | 47.92 | 2.00 | 12.69 | 200.07 | 2.67 |
| | | 7 | | 13.796 | 10.830 | 0.393 | 131.86 | 3.09 | 18.10 | 208.97 | 3.89 | 29.55 | 54.74 | 1.99 | 14.26 | 233.54 | 2.71 |
| | | 8 | | 15.638 | 12.276 | 0.393 | 148.24 | 3.08 | 20.47 | 235.07 | 3.88 | 33.24 | 61.41 | 1.98 | 15.75 | 267.09 | 2.76 |
| | | 10 | | 19.261 | 15.120 | 0.392 | 179.51 | 3.05 | 25.06 | 284.68 | 3.84 | 40.26 | 74.35 | 1.96 | 18.54 | 334.48 | 2.84 |
| | | 12 | | 22.800 | 17.898 | 0.391 | 208.90 | 3.03 | 29.48 | 330.95 | 3.81 | 46.80 | 86.84 | 1.95 | 21.08 | 402.34 | 2.91 |
| | | 14 | | 26.256 | 20.611 | 0.391 | 236.53 | 3.00 | 33.73 | 374.06 | 3.77 | 52.90 | 99.00 | 1.94 | 23.44 | 470.75 | 2.99 |
| | | 16 | | 29.627 | 23.257 | 0.390 | 262.53 | 2.98 | 37.82 | 414.16 | 3.74 | 58.57 | 110.89 | 1.94 | 25.63 | 539.80 | 3.06 |
| 11 | 110 | 7 | 12 | 15.196 | 11.928 | 0.433 | 177.16 | 3.41 | 22.05 | 280.94 | 4.30 | 36.12 | 73.38 | 2.20 | 17.51 | 310.64 | 2.96 |
| | | 8 | | 17.238 | 13.532 | 0.433 | 199.46 | 3.40 | 24.95 | 316.49 | 4.28 | 40.69 | 82.42 | 2.19 | 19.39 | 355.20 | 3.01 |
| | | 10 | | 21.261 | 16.690 | 0.432 | 242.19 | 3.38 | 30.60 | 384.39 | 4.25 | 49.42 | 99.98 | 2.17 | 22.91 | 444.65 | 3.09 |

续表

| 角钢型号 | 尺寸 mm b | d | r | 截面面积 cm² | 理论重量 kg/m | 外表面积 m²/m | 参 考 数 值 ||||||||||| |
|---|---|---|---|---|---|---|---|---|---|---|---|---|---|---|---|---|---|
| | | | | | | | $x-x$ ||| $x_0-x_0$ ||| $y_0-y_0$ ||| $x_1-x_1$ | $z_0$ |
| | | | | | | | $I_x$ cm⁴ | $i_x$ cm | $W_x$ cm³ | $I_{x0}$ cm⁴ | $i_{x0}$ cm | $W_{x0}$ cm³ | $I_{y0}$ cm⁴ | $i_{y0}$ cm | $W_{y0}$ cm³ | $I_{x1}$ cm⁴ | cm |
| 11 | 110 | 12 | 12 | 25.200 | 19.782 | 0.431 | 282.55 | 3.35 | 36.05 | 448.17 | 4.22 | 57.62 | 116.93 | 2.15 | 26.15 | 534.60 | 3.16 |
| | | 14 | | 29.056 | 22.809 | 0.431 | 320.71 | 3.32 | 41.31 | 508.01 | 4.18 | 65.31 | 133.40 | 2.14 | 29.14 | 625.16 | 3.24 |
| 12.5 | 125 | 8 | 14 | 19.750 | 15.504 | 0.492 | 297.03 | 3.88 | 32.52 | 470.89 | 4.88 | 53.28 | 123.16 | 2.50 | 25.86 | 521.01 | 3.37 |
| | | 10 | | 24.373 | 19.133 | 0.491 | 361.67 | 3.85 | 39.97 | 573.89 | 4.85 | 64.93 | 149.46 | 2.48 | 30.62 | 651.93 | 3.45 |
| | | 12 | | 28.912 | 22.696 | 0.491 | 423.16 | 3.83 | 41.17 | 671.44 | 4.82 | 75.96 | 174.88 | 2.46 | 35.03 | 783.42 | 3.53 |
| | | 14 | | 38.367 | 26.193 | 0.490 | 481.65 | 3.80 | 54.16 | 763.73 | 4.78 | 86.41 | 199.57 | 2.45 | 39.13 | 915.61 | 3.61 |
| 14 | 140 | 10 | 14 | 27.373 | 21.488 | 0.551 | 514.65 | 4.34 | 50.58 | 817.27 | 5.46 | 82.56 | 212.04 | 2.78 | 39.20 | 915.11 | 3.82 |
| | | 12 | | 32.512 | 25.522 | 0.551 | 603.68 | 4.31 | 59.80 | 958.79 | 5.43 | 96.85 | 248.57 | 2.76 | 45.02 | 1099.28 | 3.90 |
| | | 14 | | 37.567 | 29.490 | 0.550 | 688.81 | 4.28 | 68.75 | 1093.56 | 5.40 | 110.47 | 284.06 | 2.75 | 50.45 | 1284.22 | 3.98 |
| | | 16 | | 42.539 | 33.393 | 0.549 | 770.24 | 4.26 | 77.46 | 1221.81 | 5.36 | 123.42 | 318.67 | 2.74 | 55.55 | 1470.07 | 4.06 |
| 16 | 160 | 10 | 16 | 31.502 | 24.729 | 0.630 | 779.53 | 4.98 | 66.70 | 1237.30 | 6.27 | 109.36 | 321.76 | 3.20 | 52.76 | 1365.33 | 4.31 |
| | | 12 | | 37.441 | 29.391 | 0.630 | 916.58 | 4.95 | 78.98 | 1455.68 | 6.24 | 128.67 | 377.49 | 3.18 | 60.74 | 1639.57 | 4.39 |
| | | 14 | | 43.296 | 33.987 | 0.629 | 1048.36 | 4.92 | 90.95 | 1665.02 | 6.20 | 147.17 | 431.70 | 3.16 | 68.24 | 1914.68 | 4.47 |
| | | 16 | | 49.067 | 38.518 | 0.629 | 1175.08 | 4.89 | 102.63 | 1865.57 | 6.17 | 164.89 | 484.59 | 3.14 | 75.31 | 2190.82 | 4.55 |
| 18 | 180 | 12 | 16 | 42.241 | 33.159 | 0.710 | 1321.35 | 5.59 | 100.82 | 2100.10 | 7.05 | 165.00 | 542.61 | 3.58 | 78.41 | 2332.80 | 4.89 |
| | | 14 | | 48.896 | 38.388 | 0.709 | 1514.48 | 5.56 | 116.25 | 2407.42 | 7.02 | 189.14 | 621.53 | 3.56 | 88.38 | 2723.48 | 4.97 |
| | | 16 | | 55.467 | 43.542 | 0.709 | 1700.99 | 5.54 | 131.13 | 2703.37 | 6.98 | 212.40 | 698.60 | 3.55 | 97.83 | 3115.29 | 5.05 |
| | | 18 | | 61.955 | 48.634 | 0.708 | 1875.12 | 5.50 | 145.64 | 2988.24 | 6.94 | 234.78 | 762.01 | 3.51 | 105.14 | 3502.43 | 5.13 |
| 20 | 200 | 14 | 18 | 54.642 | 42.894 | 0.788 | 2103.55 | 6.20 | 144.70 | 3343.26 | 7.82 | 236.40 | 863.83 | 3.98 | 111.82 | 3734.10 | 5.46 |
| | | 16 | | 62.013 | 48.680 | 0.788 | 2366.15 | 6.18 | 163.65 | 3760.89 | 7.79 | 265.93 | 971.41 | 3.96 | 123.96 | 4270.39 | 5.54 |
| | | 18 | | 69.301 | 54.401 | 0.787 | 2620.64 | 6.15 | 182.22 | 4164.54 | 7.75 | 294.48 | 1076.74 | 3.94 | 135.52 | 4808.13 | 5.62 |
| | | 20 | | 76.505 | 60.056 | 0.787 | 2867.30 | 6.12 | 200.42 | 4554.55 | 7.72 | 322.06 | 1180.04 | 3.93 | 146.55 | 5347.51 | 5.69 |
| | | 24 | | 90.661 | 71.168 | 0.785 | 2338.25 | 6.07 | 236.17 | 5294.97 | 7.64 | 374.41 | 1381.53 | 3.90 | 166.55 | 6457.16 | 5.87 |

注：截面图中的 $r_1 = \frac{1}{3}d$ 及表中 $r$ 值的数据用于孔型设计，不作交货条件。

## 热轧不等边角钢（GB 9788—88）

表 Ⅱ-2

符号意义：
B——长边宽度；
b——短边宽度；
d——边厚度；
r——内圆弧半径；
$r_1$——边端内圆弧半径；
I——惯性矩；
i——惯性半径；
W——截面系数；
$x_0$——重心距离；
$y_0$——重心距离。

| 角钢型号 | 尺寸 mm | | | | 截面面积 $cm^2$ | 理论重量 kg/m | 外表面积 $m^2/m$ | 参 考 数 值 | | | | | | | | | | | | | |
|---|---|---|---|---|---|---|---|---|---|---|---|---|---|---|---|---|---|---|---|---|---|
| | B | b | d | r | | | | $x-x$ | | | $y-y$ | | | $x_1-x_1$ | | $y_1-y_1$ | | $u-u$ | | | |
| | | | | | | | | $I_x$ $cm^4$ | $i_x$ cm | $W_x$ $cm^3$ | $I_y$ $cm^4$ | $i_y$ cm | $W_y$ $cm^3$ | $I_{x1}$ $cm^4$ | $y_0$ cm | $I_{y1}$ $cm^4$ | $x_0$ cm | $I_u$ $cm^4$ | $i_u$ cm | $W_u$ $cm^3$ | tanα |
| 2.5/1.6 | 25 | 16 | 3 | 3.5 | 1.162 | 0.912 | 0.080 | 0.70 | 0.78 | 0.43 | 0.22 | 0.44 | 0.19 | 1.56 | 0.86 | 0.43 | 0.42 | 0.14 | 0.34 | 0.16 | 0.392 |
| | | | 4 | | 1.499 | 1.176 | 0.079 | 0.88 | 0.77 | 0.55 | 0.27 | 0.43 | 0.24 | 2.09 | 0.90 | 0.59 | 0.46 | 0.17 | 0.34 | 0.20 | 0.381 |
| 3.2/2 | 32 | 20 | 3 | | 1.492 | 1.171 | 0.102 | 1.53 | 1.01 | 0.72 | 0.46 | 0.55 | 0.30 | 3.27 | 1.08 | 0.82 | 0.49 | 0.28 | 0.43 | 0.25 | 0.382 |
| | | | 4 | | 1.939 | 1.522 | 0.101 | 1.93 | 1.00 | 0.93 | 0.57 | 0.54 | 0.39 | 4.37 | 1.12 | 1.12 | 0.53 | 0.35 | 0.42 | 0.32 | 0.374 |
| 4/2.5 | 40 | 25 | 3 | 4 | 1.890 | 1.484 | 0.127 | 3.08 | 1.28 | 1.15 | 0.93 | 0.70 | 0.49 | 6.39 | 1.32 | 1.59 | 0.59 | 0.56 | 0.54 | 0.40 | 0.386 |
| | | | 4 | | 2.467 | 1.936 | 0.127 | 3.93 | 1.26 | 1.49 | 1.18 | 0.69 | 0.63 | 8.53 | 1.37 | 2.14 | 0.63 | 0.71 | 0.54 | 0.52 | 0.381 |
| 4.5/2.8 | 45 | 28 | 3 | 5 | 2.149 | 1.687 | 0.143 | 4.45 | 1.44 | 1.47 | 1.34 | 0.79 | 0.62 | 9.10 | 1.47 | 2.23 | 0.64 | 0.80 | 0.61 | 0.51 | 0.383 |
| | | | 4 | | 2.806 | 2.203 | 0.143 | 5.69 | 1.42 | 1.91 | 1.70 | 0.78 | 0.80 | 12.13 | 1.51 | 3.00 | 0.68 | 1.02 | 0.60 | 0.66 | 0.380 |

附录Ⅱ 型钢规格表 / 439

续表

| 角钢型号 | 尺寸 mm | | | | 截面面积 cm² | 理论重量 kg/m | 外表面积 m²/m | 参 考 数 值 | | | | | | | | | | | | |
|---|---|---|---|---|---|---|---|---|---|---|---|---|---|---|---|---|---|---|---|---|
| | | | | | | | | $x-x$ | | | $y-y$ | | | $x_1-x_1$ | | $y_1-y_1$ | | $u-u$ | | |
| | $B$ | $b$ | $d$ | $r$ | | | | $I_x$ cm⁴ | $i_x$ cm | $W_x$ cm³ | $I_y$ cm⁴ | $i_y$ cm | $W_y$ cm³ | $I_{x1}$ cm⁴ | $y_0$ cm | $I_{y1}$ cm⁴ | $x_0$ cm | $I_u$ cm⁴ | $i_u$ cm | $W_u$ cm³ | tanα |
| 5/3.2 | 50 | 32 | 3 | 5.5 | 2.431 | 1.908 | 0.161 | 6.24 | 1.60 | 1.84 | 2.02 | 0.91 | 0.82 | 12.49 | 1.60 | 3.31 | 0.73 | 1.20 | 0.70 | 0.68 | 0.404 |
| | | | 4 | | 3.177 | 2.494 | 0.160 | 8.02 | 1.59 | 2.39 | 2.58 | 0.90 | 1.06 | 16.65 | 1.65 | 4.45 | 0.77 | 1.53 | 0.69 | 0.87 | 0.402 |
| 5.6/3.6 | 56 | 36 | 3 | 6 | 2.743 | 2.153 | 0.181 | 8.88 | 1.80 | 2.32 | 2.92 | 1.03 | 1.05 | 17.54 | 1.78 | 4.70 | 0.80 | 1.73 | 0.79 | 0.87 | 0.408 |
| | | | 4 | | 3.590 | 2.818 | 0.180 | 11.45 | 1.79 | 3.03 | 3.76 | 1.02 | 1.37 | 23.39 | 1.82 | 6.33 | 0.85 | 2.23 | 0.79 | 1.13 | 0.408 |
| | | | 5 | | 4.415 | 3.466 | 0.180 | 13.86 | 1.77 | 3.71 | 4.49 | 1.01 | 1.65 | 29.25 | 1.87 | 7.94 | 0.88 | 2.67 | 0.78 | 1.36 | 0.404 |
| 6.3/4 | 63 | 40 | 4 | 7 | 4.058 | 3.185 | 0.202 | 16.49 | 2.02 | 3.87 | 5.23 | 1.14 | 1.70 | 33.30 | 2.04 | 8.63 | 0.92 | 3.12 | 0.88 | 1.40 | 0.398 |
| | | | 5 | | 4.993 | 3.920 | 0.202 | 20.02 | 2.00 | 4.74 | 6.31 | 1.12 | 2.71 | 41.63 | 2.08 | 10.86 | 0.95 | 3.76 | 0.87 | 1.71 | 0.396 |
| | | | 6 | | 5.908 | 4.638 | 0.201 | 23.36 | 1.96 | 5.59 | 7.29 | 1.11 | 2.43 | 49.98 | 2.12 | 13.12 | 0.99 | 4.34 | 0.86 | 1.99 | 0.393 |
| | | | 7 | | 6.802 | 5.339 | 0.201 | 26.53 | 1.98 | 6.40 | 8.24 | 1.10 | 2.78 | 58.07 | 2.15 | 15.47 | 1.03 | 4.97 | 0.86 | 2.29 | 0.389 |
| 7/4.5 | 70 | 45 | 4 | 7.5 | 4.547 | 3.570 | 0.226 | 23.17 | 2.26 | 4.86 | 7.55 | 1.29 | 2.17 | 45.92 | 2.24 | 12.26 | 1.02 | 4.40 | 0.98 | 1.77 | 0.410 |
| | | | 5 | | 5.609 | 4.403 | 0.225 | 27.95 | 2.23 | 5.92 | 9.13 | 1.28 | 2.65 | 57.10 | 2.28 | 15.39 | 1.06 | 5.40 | 0.98 | 2.19 | 0.407 |
| | | | 6 | | 6.647 | 5.218 | 0.225 | 32.54 | 2.21 | 6.95 | 10.62 | 1.26 | 3.12 | 68.35 | 2.32 | 18.58 | 1.09 | 6.35 | 0.98 | 2.59 | 0.404 |
| | | | 7 | | 7.657 | 6.011 | 0.225 | 37.22 | 2.20 | 8.03 | 12.01 | 1.25 | 3.57 | 79.99 | 2.36 | 21.84 | 1.13 | 7.16 | 0.97 | 2.94 | 0.402 |
| (7.5/5) | 75 | 50 | 5 | 8 | 6.125 | 4.808 | 0.245 | 34.86 | 2.39 | 6.83 | 12.61 | 1.44 | 3.30 | 70.00 | 2.40 | 21.04 | 1.17 | 7.41 | 1.10 | 2.74 | 0.435 |
| | | | 6 | | 7.260 | 5.699 | 0.245 | 41.12 | 2.38 | 8.12 | 14.70 | 1.42 | 3.88 | 84.30 | 2.44 | 25.37 | 1.21 | 8.54 | 1.08 | 3.19 | 0.435 |
| | | | 8 | | 9.467 | 7.431 | 0.244 | 52.39 | 2.35 | 10.52 | 18.53 | 1.40 | 4.99 | 112.50 | 2.52 | 34.23 | 1.29 | 10.87 | 1.07 | 4.10 | 0.429 |
| | | | 10 | | 11.590 | 9.098 | 0.244 | 62.71 | 2.33 | 12.79 | 21.96 | 1.38 | 6.04 | 140.80 | 2.60 | 43.43 | 1.36 | 13.10 | 1.06 | 4.99 | 0.423 |
| 8/5 | 80 | 50 | 5 | 8 | 6.375 | 5.005 | 0.255 | 41.96 | 2.56 | 7.78 | 12.82 | 1.42 | 3.32 | 85.21 | 2.60 | 21.06 | 1.14 | 7.66 | 1.10 | 2.74 | 0.388 |
| | | | 6 | | 7.560 | 5.935 | 0.255 | 49.49 | 2.56 | 9.25 | 14.95 | 1.41 | 3.91 | 102.53 | 2.65 | 25.41 | 1.18 | 8.85 | 1.08 | 3.20 | 0.387 |
| | | | 7 | | 8.724 | 6.848 | 0.255 | 56.16 | 2.54 | 10.58 | 16.96 | 1.39 | 4.48 | 119.33 | 2.69 | 29.82 | 1.21 | 10.18 | 1.08 | 3.70 | 0.384 |
| | | | 8 | | 9.867 | 7.745 | 0.254 | 62.83 | 2.52 | 11.92 | 18.85 | 1.38 | 5.03 | 136.41 | 2.73 | 34.32 | 1.25 | 11.38 | 1.07 | 4.16 | 0.381 |

续表

| 角钢型号 | 尺寸 mm | | | | 截面面积 cm² | 理论重量 kg/m | 外表面积 m²/m | 参考数值 | | | | | | | | | | | | |
|---|---|---|---|---|---|---|---|---|---|---|---|---|---|---|---|---|---|---|---|---|
| | B | b | d | r | | | | $x-x$ | | | $y-y$ | | | $x_1-x_1$ | | $y_1-y_1$ | | $u-u$ | | |
| | | | | | | | | $I_x$ cm⁴ | $i_x$ cm | $W_x$ cm³ | $I_y$ cm⁴ | $i_y$ cm | $W_y$ cm³ | $I_{x1}$ cm⁴ | $y_0$ cm | $I_{y1}$ cm⁴ | $x_0$ cm | $I_u$ cm⁴ | $i_u$ cm | $W_u$ cm³ | tan α |
| 9/5.6 | 90 | 56 | 5 | 9 | 7.212 | 5.661 | 0.287 | 60.45 | 2.90 | 9.92 | 18.32 | 1.59 | 4.21 | 121.32 | 2.91 | 29.53 | 1.25 | 10.98 | 1.23 | 3.49 | 0.385 |
| | | | 6 | | 8.557 | 6.717 | 0.286 | 71.03 | 2.88 | 11.74 | 21.42 | 1.58 | 4.96 | 145.59 | 2.95 | 35.58 | 1.29 | 12.90 | 1.23 | 4.18 | 0.384 |
| | | | 7 | | 9.880 | 7.756 | 0.286 | 81.01 | 2.86 | 13.49 | 24.36 | 1.57 | 5.70 | 169.66 | 3.00 | 41.71 | 1.33 | 14.67 | 1.22 | 4.72 | 0.382 |
| | | | 8 | | 11.183 | 8.779 | 0.286 | 91.03 | 2.85 | 15.27 | 27.15 | 1.56 | 6.41 | 194.17 | 3.04 | 47.93 | 1.36 | 16.34 | 1.21 | 5.29 | 0.380 |
| 10/6.3 | 100 | 63 | 6 | 10 | 9.617 | 7.550 | 0.320 | 99.06 | 3.21 | 14.64 | 30.94 | 1.79 | 6.35 | 199.71 | 3.24 | 50.50 | 1.43 | 18.42 | 1.38 | 5.25 | 0.394 |
| | | | 7 | | 11.111 | 8.722 | 0.320 | 113.45 | 3.20 | 16.88 | 35.26 | 1.78 | 7.29 | 233.00 | 3.28 | 59.14 | 1.47 | 21.00 | 1.38 | 6.02 | 0.393 |
| | | | 8 | | 12.584 | 9.878 | 0.319 | 127.37 | 3.18 | 19.08 | 39.39 | 1.77 | 8.21 | 266.32 | 3.32 | 67.88 | 1.50 | 23.50 | 1.37 | 6.78 | 0.391 |
| | | | 10 | | 15.467 | 12.142 | 0.319 | 153.81 | 3.15 | 23.32 | 47.12 | 1.74 | 9.98 | 333.06 | 3.40 | 85.73 | 1.58 | 28.33 | 1.35 | 8.24 | 0.387 |
| 10/8 | 100 | 80 | 6 | 10 | 10.637 | 8.350 | 0.354 | 107.04 | 3.17 | 15.19 | 61.24 | 2.40 | 10.16 | 199.83 | 2.95 | 102.68 | 1.97 | 31.65 | 1.72 | 8.37 | 0.627 |
| | | | 7 | | 12.301 | 9.656 | 0.354 | 122.73 | 3.16 | 17.52 | 70.08 | 2.39 | 11.71 | 233.20 | 3.00 | 119.98 | 2.01 | 36.17 | 1.72 | 9.60 | 0.626 |
| | | | 8 | | 13.944 | 10.946 | 0.353 | 137.92 | 3.14 | 19.81 | 78.58 | 2.37 | 13.21 | 266.61 | 3.04 | 137.37 | 2.05 | 40.58 | 1.71 | 10.80 | 0.625 |
| | | | 10 | | 17.167 | 13.476 | 0.353 | 166.87 | 3.12 | 24.24 | 94.65 | 2.35 | 16.12 | 333.63 | 3.12 | 172.48 | 2.13 | 49.10 | 1.69 | 13.12 | 0.622 |
| 11/7 | 110 | 70 | 6 | 10 | 10.637 | 8.350 | 0.354 | 133.37 | 3.54 | 17.85 | 42.92 | 2.01 | 7.90 | 265.78 | 3.53 | 69.08 | 1.57 | 25.36 | 1.54 | 6.53 | 0.403 |
| | | | 7 | | 12.301 | 9.656 | 0.354 | 153.00 | 3.53 | 20.60 | 49.01 | 2.00 | 9.09 | 310.07 | 3.57 | 80.82 | 1.61 | 28.95 | 1.53 | 7.50 | 0.402 |
| | | | 8 | | 13.944 | 10.946 | 0.353 | 172.04 | 3.51 | 23.30 | 54.87 | 1.98 | 10.25 | 354.39 | 3.62 | 92.70 | 1.65 | 32.45 | 1.53 | 8.45 | 0.401 |
| | | | 10 | | 17.167 | 13.476 | 0.353 | 208.39 | 3.48 | 28.54 | 65.88 | 1.96 | 12.48 | 443.13 | 3.70 | 116.83 | 1.72 | 39.20 | 1.51 | 10.29 | 0.397 |

续表

| 角钢型号 | 尺寸 mm | | | | 截面面积 $cm^2$ | 理论重量 kg/m | 外表面积 $m^2/m$ | 参 考 数 值 | | | | | | | | | | | | |
|---|---|---|---|---|---|---|---|---|---|---|---|---|---|---|---|---|---|---|---|---|
| | $B$ | $b$ | $d$ | $r$ | | | | $x-x$ | | | | $y-y$ | | | | $x_1-x_1$ | | $y_1-y_1$ | | $u-u$ | | | |
| | | | | | | | | $I_x$ $cm^4$ | $i_x$ cm | $W_x$ $cm^3$ | | $I_y$ $cm^4$ | $i_y$ cm | $W_y$ $cm^3$ | | $I_{x1}$ $cm^4$ | $y_0$ cm | $I_{y1}$ $cm^4$ | $x_0$ cm | $I_u$ $cm^4$ | $i_u$ cm | $W_u$ $cm^3$ | $\tan\alpha$ |
| 12.5/8 | 125 | 80 | 7 | 11 | 14.096 | 11.066 | 0.403 | 277.98 | 4.02 | 26.86 | | 74.42 | 2.30 | 12.01 | | 454.99 | 4.01 | 120.32 | 1.80 | 43.81 | 1.76 | 9.92 | 0.408 |
| | | | 8 | | 15.989 | 12.551 | 0.403 | 256.77 | 4.01 | 30.41 | | 83.49 | 2.28 | 13.56 | | 519.99 | 4.06 | 137.85 | 1.84 | 49.15 | 1.75 | 11.18 | 0.407 |
| | | | 10 | | 19.712 | 15.474 | 0.402 | 312.04 | 3.98 | 37.33 | | 100.67 | 2.26 | 16.56 | | 650.09 | 4.14 | 173.40 | 1.92 | 59.45 | 1.74 | 13.64 | 0.404 |
| | | | 12 | | 23.351 | 18.330 | 0.402 | 364.41 | 3.95 | 44.01 | | 116.67 | 2.24 | 19.43 | | 780.39 | 4.22 | 209.67 | 2.00 | 69.35 | 1.72 | 16.01 | 0.400 |
| 14/9 | 140 | 90 | 8 | 12 | 18.038 | 14.160 | 0.453 | 365.64 | 4.50 | 38.48 | | 120.69 | 2.59 | 17.34 | | 730.53 | 4.50 | 195.79 | 2.04 | 70.83 | 1.98 | 14.31 | 0.411 |
| | | | 10 | | 22.261 | 17.475 | 0.452 | 445.50 | 4.47 | 47.31 | | 146.03 | 2.56 | 21.22 | | 913.20 | 4.58 | 245.92 | 2.12 | 85.82 | 1.96 | 17.48 | 0.409 |
| | | | 12 | | 26.400 | 20.724 | 0.451 | 521.59 | 4.44 | 55.87 | | 169.79 | 2.54 | 24.95 | | 1096.09 | 4.66 | 296.89 | 2.19 | 100.21 | 1.95 | 20.54 | 0.406 |
| | | | 14 | | 30.456 | 23.908 | 0.451 | 594.10 | 4.42 | 64.18 | | 192.10 | 2.51 | 28.54 | | 1279.26 | 4.74 | 348.82 | 2.27 | 114.13 | 1.94 | 23.52 | 0.403 |
| 16/10 | 160 | 100 | 10 | 13 | 25.315 | 19.872 | 0.512 | 668.69 | 5.14 | 62.13 | | 205.03 | 2.85 | 26.56 | | 1362.89 | 5.24 | 336.59 | 2.28 | 121.74 | 2.19 | 21.92 | 0.390 |
| | | | 12 | | 30.054 | 23.592 | 0.511 | 784.91 | 5.11 | 73.49 | | 239.06 | 2.82 | 31.28 | | 1635.56 | 5.32 | 405.94 | 2.36 | 142.33 | 2.17 | 25.79 | 0.388 |
| | | | 14 | | 34.709 | 27.247 | 0.510 | 896.30 | 5.08 | 84.56 | | 271.20 | 2.80 | 35.83 | | 1908.50 | 5.40 | 476.42 | 2.43 | 162.23 | 2.16 | 29.56 | 0.385 |
| | | | 16 | | 39.281 | 30.835 | 0.510 | 1003.04 | 5.05 | 95.33 | | 301.60 | 2.77 | 40.24 | | 2181.79 | 5.48 | 548.22 | 2.51 | 182.57 | 2.16 | 33.44 | 0.382 |
| 18/11 | 180 | 110 | 10 | 14 | 28.373 | 22.273 | 0.571 | 956.25 | 5.80 | 78.96 | | 278.11 | 3.13 | 32.49 | | 1940.40 | 5.89 | 447.22 | 2.44 | 166.50 | 2.42 | 26.88 | 0.376 |
| | | | 12 | | 33.712 | 26.464 | 0.571 | 1124.72 | 5.78 | 93.53 | | 325.03 | 3.10 | 38.32 | | 2328.38 | 5.98 | 538.94 | 2.52 | 194.87 | 2.40 | 31.66 | 0.374 |
| | | | 14 | | 38.967 | 30.589 | 0.570 | 1286.91 | 5.75 | 107.76 | | 369.55 | 3.08 | 43.97 | | 2716.60 | 6.06 | 631.95 | 2.59 | 222.30 | 2.39 | 36.32 | 0.372 |
| | | | 16 | | 44.139 | 34.649 | 0.569 | 1443.06 | 5.72 | 121.64 | | 411.85 | 3.06 | 49.44 | | 3105.15 | 6.14 | 726.46 | 2.67 | 248.94 | 2.38 | 40.87 | 0.369 |
| 20/12.5 | 200 | 125 | 12 | 14 | 37.912 | 29.761 | 0.641 | 1570.90 | 6.44 | 116.73 | | 483.16 | 3.57 | 49.99 | | 3193.85 | 6.54 | 787.74 | 2.83 | 285.79 | 2.74 | 41.23 | 0.392 |
| | | | 14 | | 43.867 | 34.436 | 0.640 | 1800.97 | 6.41 | 134.65 | | 550.83 | 3.54 | 57.44 | | 3726.17 | 6.62 | 922.47 | 2.91 | 326.58 | 2.73 | 47.34 | 0.390 |
| | | | 16 | | 49.739 | 39.045 | 0.639 | 2023.35 | 6.38 | 152.18 | | 615.44 | 3.52 | 64.69 | | 4258.86 | 6.70 | 1058.86 | 2.99 | 366.21 | 2.71 | 53.32 | 0.388 |
| | | | 18 | | 55.526 | 43.588 | 0.639 | 2238.30 | 6.35 | 169.33 | | 677.19 | 3.49 | 71.74 | | 4792.00 | 6.78 | 1197.13 | 3.06 | 404.83 | 2.70 | 59.18 | 0.385 |

注: 1. 括号内型号不推荐使用。
2. 截面图中的 $r_1=1/3d$ 及表中 $r$ 的数据用于孔型设计，不作交货条件。

## 热轧工字钢 (GB 706—88)

表 Ⅱ-3

符号意义：
$h$——高度；
$b$——腿宽度；
$d$——腰厚度；
$t$——平均腿厚度；
$r$——内圆弧半径；
$r_1$——腿端圆弧半径；
$I$——惯性矩；
$W$——截面系数；
$i$——惯性半径；
$S$——半截面的静矩。

| 型号 | 尺寸 mm | | | | | | 截面面积 cm² | 理论重量 kg/m | 参考数值 | | | | | | | |
|---|---|---|---|---|---|---|---|---|---|---|---|---|---|---|---|---|
| | | | | | | | | | $x-x$ | | | | $y-y$ | | | |
| | $h$ | $b$ | $d$ | $t$ | $r$ | $r_1$ | | | $I_x$ cm⁴ | $W_x$ cm³ | $i_x$ cm | $I_x:S_x$ cm | $I_y$ cm⁴ | $W_y$ cm³ | $i_y$ cm |
| 10 | 100 | 68 | 4.5 | 7.6 | 6.5 | 3.3 | 14.3 | 11.2 | 245 | 49 | 4.14 | 8.59 | 33 | 9.72 | 1.52 |
| 12.6 | 126 | 74 | 5 | 8.4 | 7 | 3.5 | 18.1 | 14.2 | 488.43 | 77.529 | 5.195 | 10.85 | 46.906 | 12.677 | 1.609 |
| 14 | 140 | 80 | 5.5 | 9.1 | 7.5 | 3.8 | 21.5 | 16.9 | 712 | 102 | 5.76 | 12 | 64.4 | 16.1 | 1.73 |
| 16 | 160 | 88 | 6 | 9.9 | 8 | 4 | 26.1 | 20.5 | 1130 | 141 | 6.58 | 13.8 | 93.1 | 21.2 | 1.89 |
| 18 | 180 | 94 | 6.5 | 10.7 | 8.5 | 4.3 | 30.6 | 24.1 | 1660 | 185 | 7.36 | 15.4 | 122 | 26 | 2 |
| 20a | 200 | 100 | 7 | 11.4 | 9 | 4.5 | 35.5 | 27.9 | 2370 | 237 | 8.15 | 17.2 | 158 | 31.5 | 2.12 |
| 20b | 200 | 102 | 9 | 11.4 | 9 | 4.5 | 39.5 | 31.1 | 2500 | 250 | 7.96 | 16.9 | 169 | 33.1 | 2.06 |
| 22a | 220 | 110 | 7.5 | 12.3 | 9.5 | 4.8 | 42 | 33 | 3400 | 309 | 8.99 | 18.9 | 225 | 40.9 | 2.31 |
| 22b | 220 | 112 | 9.5 | 12.3 | 9.5 | 4.8 | 46.4 | 36.4 | 3570 | 325 | 8.78 | 18.7 | 239 | 42.7 | 2.27 |
| 25a | 250 | 116 | 8 | 13 | 10 | 5 | 48.5 | 38.1 | 5023.54 | 401.88 | 10.18 | 21.58 | 280.046 | 48.283 | 2.403 |
| 25b | 250 | 118 | 10 | 13 | 10 | 5 | 53.5 | 42 | 5283.96 | 422.72 | 9.938 | 21.27 | 309.297 | 52.423 | 2.404 |
| 28a | 280 | 122 | 8.5 | 13.7 | 10.5 | 5.3 | 55.45 | 43.4 | 7114.14 | 508.15 | 11.32 | 24.62 | 345.051 | 56.565 | 2.495 |
| 28b | 280 | 124 | 10.5 | 13.7 | 10.5 | 5.3 | 61.05 | 47.9 | 7480 | 534.29 | 11.08 | 24.24 | 379.496 | 61.209 | 2.493 |
| 32a | 320 | 130 | 9.5 | 15 | 11.5 | 5.8 | 67.05 | 52.7 | 11075.5 | 692.2 | 12.84 | 27.46 | 459.93 | 70.758 | 2.619 |

续表

| 型号 | 尺寸 mm | | | | | | 截面面积 cm² | 理论重量 kg/m | 参考数值 | | | | | | |
|---|---|---|---|---|---|---|---|---|---|---|---|---|---|---|---|
| | | | | | | | | | $x-x$ | | | | $y-y$ | | |
| | $h$ | $b$ | $d$ | $t$ | $r$ | $r_1$ | | | $I_x$ cm⁴ | $W_x$ cm³ | $i_x$ cm | $I_x:S_x$ cm | $I_y$ cm⁴ | $W_y$ cm³ | $i_y$ cm |
| 32b | 320 | 132 | 11.5 | 15 | 11.5 | 5.8 | 73.45 | 57.7 | 11621.4 | 726.33 | 12.58 | 27.09 | 501.53 | 75.989 | 2.614 |
| 32c | 320 | 134 | 13.5 | 15 | 11.5 | 5.8 | 79.95 | 62.8 | 12167.5 | 760.47 | 12.34 | 26.77 | 543.81 | 81.166 | 2.608 |
| 36a | 360 | 136 | 10 | 15.8 | 12 | 6 | 76.3 | 59.9 | 15760 | 875 | 14.4 | 30.7 | 552 | 81.2 | 2.69 |
| 36b | 360 | 138 | 12 | 15.8 | 12 | 6 | 83.5 | 65.6 | 16530 | 919 | 14.1 | 30.3 | 582 | 84.3 | 2.64 |
| 36c | 360 | 140 | 14 | 15.8 | 12 | 6 | 90.7 | 71.2 | 17310 | 962 | 13.8 | 29.9 | 612 | 87.4 | 2.6 |
| 40a | 400 | 142 | 10.5 | 16.5 | 12.5 | 6.3 | 86.1 | 67.6 | 21720 | 1090 | 15.9 | 34.1 | 660 | 93.2 | 2.77 |
| 40b | 400 | 144 | 12.5 | 16.5 | 12.5 | 6.3 | 94.1 | 73.8 | 22780 | 1140 | 15.6 | 33.6 | 692 | 96.2 | 2.71 |
| 40c | 400 | 146 | 14.5 | 16.5 | 12.5 | 6.3 | 102 | 80.1 | 23850 | 1190 | 15.2 | 33.2 | 727 | 99.6 | 2.65 |
| 45a | 450 | 150 | 11.5 | 18 | 13.5 | 6.8 | 102 | 80.4 | 32240 | 1430 | 17.7 | 38.6 | 855 | 114 | 2.89 |
| 45b | 450 | 152 | 13.5 | 18 | 13.5 | 6.8 | 111 | 87.4 | 33760 | 1500 | 17.4 | 38 | 894 | 118 | 2.84 |
| 45c | 450 | 154 | 15.5 | 18 | 13.5 | 6.8 | 120 | 94.5 | 35280 | 1570 | 17.1 | 37.6 | 938 | 122 | 2.79 |
| 50a | 500 | 158 | 12 | 20 | 14 | 7 | 119 | 93.6 | 46470 | 1860 | 19.7 | 42.8 | 1120 | 142 | 3.07 |
| 50b | 500 | 160 | 14 | 20 | 14 | 7 | 129 | 101 | 48560 | 1940 | 19.4 | 42.4 | 1170 | 146 | 3.01 |
| 50c | 500 | 162 | 16 | 20 | 14 | 7 | 139 | 109 | 50640 | 2030 | 19 | 41.8 | 1220 | 151 | 2.96 |
| 56a | 560 | 166 | 12.5 | 21 | 14.5 | 7.3 | 135.25 | 106.2 | 65585.6 | 2342.31 | 22.02 | 47.73 | 1370.16 | 165.08 | 3.182 |
| 56b | 560 | 168 | 14.5 | 21 | 14.5 | 7.3 | 146.45 | 115 | 68512.5 | 2446.69 | 21.63 | 47.17 | 1486.75 | 174.25 | 3.162 |
| 56c | 560 | 170 | 16.5 | 21 | 14.5 | 7.3 | 157.85 | 123.9 | 71439.4 | 2551.41 | 21.27 | 46.66 | 1558.39 | 183.34 | 3.158 |
| 63a | 630 | 176 | 13 | 22 | 15 | 7.5 | 154.9 | 121.6 | 93916.2 | 2981.47 | 24.62 | 54.17 | 1700.55 | 193.24 | 3.314 |
| 63b | 630 | 178 | 15 | 22 | 15 | 7.5 | 167.5 | 131.5 | 98083.6 | 3163.38 | 24.2 | 53.51 | 1812.07 | 203.6 | 3.289 |
| 63c | 630 | 180 | 17 | 22 | 15 | 7.5 | 180.1 | 141 | 102251.1 | 3298.42 | 23.82 | 52.92 | 1924.91 | 213.88 | 3.268 |

注：截面图和表中标注的圆弧半径 $r、r_1$ 的数据用于孔型设计，不作交货条件。

## 热轧槽钢（GB 707—88） 表Ⅱ-4

符号意义：
$h$——高度；
$b$——腿宽度；
$d$——腰厚度；
$t$——平均腿厚度；
$r$——内圆弧半径；
$r_1$——腿端圆弧半径；
$I$——惯性矩；
$W$——截面系数；
$i$——惯性半径；
$z_0$——$y-y$轴与$y_1-y_1$轴间距。

| 型号 | 尺寸 mm | | | | | | 截面面积 cm² | 理论重量 kg/m | 参考数值 | | | | | | | | |
|---|---|---|---|---|---|---|---|---|---|---|---|---|---|---|---|---|---|
| | | | | | | | | | $x-x$ | | | $y-y$ | | | $y_1-y_1$ | $z_0$ cm |
| | $h$ | $b$ | $d$ | $t$ | $r$ | $r_1$ | | | $W_x$ cm³ | $I_x$ cm⁴ | $i_x$ cm | $W_y$ cm³ | $I_y$ cm⁴ | $i_y$ cm | $I_{y1}$ cm⁴ | |
| 5 | 50 | 37 | 4.5 | 7 | 7 | 3.5 | 6.93 | 5.44 | 10.4 | 26 | 1.94 | 3.55 | 8.3 | 1.1 | 20.9 | 1.35 |
| 6.3 | 63 | 40 | 4.8 | 7.5 | 7.5 | 3.75 | 8.444 | 6.63 | 16.123 | 50.786 | 2.453 | 4.50 | 11.872 | 1.185 | 28.38 | 1.36 |
| 8 | 80 | 43 | 5 | 8 | 8 | 4 | 10.24 | 8.04 | 25.3 | 101.3 | 3.15 | 5.79 | 16.6 | 1.27 | 37.4 | 1.43 |
| 10 | 100 | 48 | 5.3 | 8.5 | 8.5 | 4.25 | 12.74 | 10 | 39.7 | 198.3 | 3.95 | 7.8 | 25.6 | 1.41 | 54.9 | 1.52 |
| 12.6 | 126 | 53 | 5.5 | 9 | 9 | 4.5 | 15.69 | 12.37 | 62.137 | 391.466 | 4.953 | 10.242 | 37.99 | 1.567 | 77.09 | 1.59 |
| 14a | 140 | 58 | 6 | 9.5 | 9.5 | 4.75 | 18.51 | 14.53 | 80.5 | 563.7 | 5.52 | 13.01 | 53.2 | 1.7 | 107.1 | 1.71 |
| 14b | 140 | 60 | 8 | 9.5 | 9.5 | 4.75 | 21.31 | 16.73 | 87.1 | 609.4 | 5.35 | 14.12 | 61.1 | 1.69 | 120.6 | 1.67 |
| 16a | 160 | 63 | 6.5 | 10 | 10 | 5 | 21.95 | 17.23 | 108.3 | 866.2 | 6.28 | 16.3 | 73.3 | 1.83 | 144.1 | 1.8 |
| 16 | 160 | 65 | 8.5 | 10 | 10 | 5 | 25.15 | 19.74 | 116.8 | 934.5 | 6.1 | 17.55 | 83.4 | 1.82 | 160.8 | 1.75 |
| 18a | 180 | 68 | 7 | 10.5 | 10.5 | 5.25 | 25.69 | 20.17 | 141.4 | 1272.7 | 7.04 | 20.03 | 98.6 | 1.96 | 189.7 | 1.88 |
| 18 | 180 | 70 | 9 | 10.5 | 10.5 | 5.25 | 29.29 | 22.99 | 152.2 | 1369.9 | 6.84 | 21.52 | 111 | 1.95 | 210.1 | 1.84 |
| 20a | 200 | 73 | 7 | 11 | 11 | 5.5 | 28.83 | 22.63 | 178 | 1780.4 | 7.86 | 24.2 | 128 | 2.11 | 244 | 2.01 |

续表

| 型号 | 尺寸(mm) | | | | | | 截面面积 (cm²) | 理论质量 (kg/m) | 参 考 数 值 | | | | | | | |
|---|---|---|---|---|---|---|---|---|---|---|---|---|---|---|---|---|
| | | | | | | | | | $x-x$ | | | $y-y$ | | | $y_1-y_1$ | $z_0$ (cm) |
| | $h$ | $b$ | $d$ | $t$ | $r$ | $r_1$ | | | $W_x$ (cm³) | $I_x$ (cm⁴) | $i_x$ (cm) | $W_y$ (cm³) | $I_y$ (cm⁴) | $i_y$ (cm) | $I_{y1}$ (cm⁴) | |
| 20 | 200 | 75 | 9 | 11 | 11 | 5.5 | 32.83 | 25.77 | 191.4 | 1913.7 | 7.64 | 25.88 | 143.6 | 2.09 | 268.4 | 1.95 |
| 22a | 220 | 77 | 7 | 11.5 | 11.5 | 5.75 | 31.84 | 24.99 | 217.6 | 2393.9 | 8.67 | 28.17 | 157.8 | 2.23 | 298.2 | 2.1 |
| 22 | 220 | 79 | 9 | 11.5 | 11.5 | 5.75 | 36.24 | 28.45 | 233.8 | 2571.4 | 8.42 | 30.05 | 176.4 | 2.21 | 326.3 | 2.03 |
| a | 250 | 78 | 7 | 12 | 12 | 6 | 34.91 | 27.47 | 269.597 | 3369.62 | 9.823 | 30.607 | 175.529 | 2.243 | 322.256 | 2.065 |
| 25b | 250 | 80 | 9 | 12 | 12 | 6 | 39.91 | 31.39 | 282.402 | 3530.04 | 9.405 | 32.657 | 196.421 | 2.218 | 353.187 | 1.982 |
| c | 250 | 82 | 11 | 12 | 12 | 6 | 44.91 | 35.32 | 295.236 | 3690.45 | 9.065 | 35.926 | 218.415 | 2.206 | 384.133 | 1.921 |
| a | 280 | 82 | 7.5 | 12.5 | 12.5 | 6.25 | 40.02 | 31.42 | 340.328 | 4764.59 | 10.91 | 35.718 | 217.989 | 2.333 | 387.566 | 2.097 |
| 28b | 280 | 84 | 9.5 | 12.5 | 12.5 | 6.25 | 45.62 | 35.81 | 366.46 | 5130.45 | 10.6 | 37.929 | 242.144 | 2.304 | 427.589 | 2.016 |
| c | 280 | 86 | 11.5 | 12.5 | 12.5 | 6.25 | 51.22 | 40.21 | 392.594 | 5496.32 | 10.35 | 40.301 | 267.602 | 2.286 | 426.597 | 1.951 |
| a | 320 | 88 | 8 | 14 | 14 | 7 | 48.7 | 38.22 | 474.879 | 7598.06 | 12.49 | 46.473 | 304.787 | 2.502 | 552.31 | 2.242 |
| 32b | 320 | 90 | 10 | 14 | 14 | 7 | 55.1 | 43.25 | 509.012 | 8144.2 | 12.15 | 49.157 | 336.332 | 2.471 | 592.933 | 2.158 |
| c | 320 | 92 | 12 | 14 | 14 | 7 | 61.5 | 48.28 | 543.145 | 8690.33 | 11.88 | 52.642 | 374.175 | 2.467 | 643.299 | 2.092 |
| a | 360 | 96 | 9 | 16 | 16 | 8 | 60.89 | 47.8 | 659.7 | 11874.2 | 13.97 | 63.54 | 455 | 2.73 | 818.4 | 2.44 |
| 36b | 360 | 98 | 11 | 16 | 16 | 8 | 68.09 | 53.45 | 702.9 | 12651.8 | 13.63 | 66.85 | 496.7 | 2.7 | 880.4 | 2.37 |
| c | 360 | 100 | 13 | 16 | 16 | 8 | 75.29 | 50.1 | 746.1 | 13429.4 | 13.36 | 70.02 | 536.4 | 2.67 | 947.9 | 2.34 |
| a | 400 | 100 | 10.5 | 18 | 18 | 9 | 75.05 | 58.91 | 878.9 | 17577.9 | 15.30 | 78.83 | 592 | 2.81 | 1067.7 | 2.49 |
| 40b | 400 | 102 | 12.5 | 18 | 18 | 9 | 83.05 | 65.19 | 932.2 | 18644.5 | 14.98 | 82.52 | 640 | 2.78 | 1135.6 | 2.44 |
| c | 400 | 104 | 14.5 | 18 | 18 | 9 | 91.05 | 71.47 | 985.6 | 19711.2 | 14.71 | 86.19 | 687.8 | 2.75 | 1220.7 | 2.42 |

注：截面图和表中标注的圆弧半径 $r$、$r_1$ 的数据用于孔型设计，不作交货条件。

# 附录Ⅲ 习题参考答案

## 单元2 结构的计算简图

2-1 (a) $M_O=0$
(b) $M_O=Fl$
(c) $M_O=-Fb$
(d) $M_O=Fl\sin\theta$
(e) $M_O=F\sqrt{l^2+b^2}\sin\theta$
(f) $M_O=F(l+r)$

2-2 $M_A(\boldsymbol{W})=5.98\text{N}\cdot\text{m}$, $\varphi=36.9°$

2-3 不会倾倒

## 单元3 几何组成分析

3-1 无多余约束的几何不变体系
3-2 几何可变体系
3-3 无多余约束的几何不变体系
3-4 无多余约束的几何不变体系
3-5 几何可变体系
3-6 无多余约束的几何不变体系
3-7 几何可变体系
3-8 有两个多余约束的几何不变体系
3-9 瞬变体系
3-10 瞬变体系
3-11 无多余约束的几何不变体系
3-12 无多余约束的几何不变体系
3-13 瞬变体系
3-14 无多余约束的几何不变体系
3-15 有一个多余约束的几何不变体系
3-16 无多余约束的几何不变体系
3-17 无多余约束的几何不变体系
3-18 瞬变体系

## 单元4 力系的平衡

4-1 $X_1=-1732\text{N}$, $Y_1=-1000\text{N}$; $X_2=0$, $Y_2=150\text{N}$;

$X_3=141.4$N, $Y_3=141.4$N; $X_4=-100$N, $Y_4=173.2$N

4-2  $F_R=30$kN, $\alpha=0°$

4-3  $F_R=161.2$kN, $\angle(\boldsymbol{F}_R, \boldsymbol{F}_1)=29°44'$, $\angle(\boldsymbol{F}_R, \boldsymbol{F}_3)=60°16'$

4-4  $M=260$N·m

4-5  $F=710$kN, $\theta=-70°50'$, $x=3.51$m

4-6  $F_R=8027$kN, $\angle(\boldsymbol{F}_R, x)=-92°24'$, $M_O=6103.5$kN·m, $x=0.761$m（在 $O$ 点左边）

4-7  (a) $F_{AC}=1.155F$, $F_{AB}=0.577F$
     (b) $F_{AC}=F_{AB}=0.577F$

4-8  $F_A=F_B=1.5$kN

4-9  (a) $F_A=15.8$kN, $F_B=7.1$kN
     (b) $F_A=22.4$kN, $F_B=10$kN

4-10 (a) $F_A=200$kN, $F_B=150$kN
     (b) $F_A=192$kN, $F_B=288$kN
     (c) $F_A=3.75$kN, $F_B=-0.25$kN
     (d) $F_A=-45$kN, $F_B=85$kN
     (e) $F_A=80$kN, $M_A=195$kN·m
     (f) $F_A=24$kN, $F_B=12$kN

4-11 $F_B=\dfrac{M}{b}+\dfrac{q_0 a^2}{3b}$; $F_{Ax}=-\dfrac{q_0 a}{2}$, $F_{Ay}=-\left(\dfrac{M}{b}+\dfrac{q_0 a^2}{3b}\right)$

4-12 $F_{Ax}=0$, $F_{Ay}=17$kN, $M_A=43$kN·m

4-13 $F_{Ax}=-3$kN, $F_{Ay}=-0.25$kN; $F_B=4.25$kN

4-14 $F_{Ax}=-100$kN, $F_{Ay}=-50$kN; $F_C=141.4$kN

4-15 $F_A=55.6$kN, $F_B=24.4$kN; $W_{1\max}=46.7$kN

4-16 $F_{Ax}=-12$kN, $F_{Ay}=45$kN, $M_A=26.2$kN·m

4-17 $F_{Ax}=1303$N, $F_{Ay}=4357$N; $F=2359$N

4-18 (a) $F_{Ax}=34.64$kN, $F_{Ay}=60$kN, $M_A=220$kN·M; $F_{Bx}=-34.64$kN, $F_{By}=60$kN; $F_C=69.28$kN
     (b) $F_{Ay}=-2.5$kN, $F_B=15$kN, $F_C=2.5$kN, $F_D=2.5$kN

4-19 $F_A=\dfrac{3F}{4}$, $F_B=\dfrac{9F}{4}$, $F_C=\dfrac{5F}{4}+2qa$, $F_D=2qa-\dfrac{F}{4}$

4-20 $F_{Ax}=7.69$kN, $F_{Ay}=57.69$kN; $F_{Bx}=-57.69$kN, $F_{By}=142.3$kN; $F_{Cx}=-57.69$kN, $F_{Cy}=42.31$kN

4-21 $F_{Ax}=-60$kN, $F_{Ay}=20$kN, $M_A=120$kN·m; $F_C=20$kN

4-22 $F_A=0$, $F_B=5$kN; $F_{Dx}=50$kN, $F_{Dy}=55$kN

4-23 $F_{Ax}=\dfrac{5q_1 h}{6}-\dfrac{q_2 l^2}{8h}$, $F_{Ay}=\dfrac{q_2 l}{2}$; $F_{Bx}=\dfrac{q_2 l^2}{8h}-\dfrac{5q_1 h}{6}$, $F_{By}=\dfrac{q_2 l}{2}$

4-24 $X_1=-8.485$kN, $Y_1=0$, $Z_1=8.485$kN; $X_2=-7.07$kN, $Y_2=0.707$kN,

$Z_2=0$；$X_3=3.45$kN，$Y_3=-3.45$kN，$Z_3=3.45$kN

4-25　$M_x(F_1)=-\dfrac{\sqrt{2}}{2}F_1a$，$M_y(F_1)=-\dfrac{\sqrt{2}}{2}F_1a$，$M_z(F_1)=\dfrac{\sqrt{2}}{2}F_1a$

　　　$M_x(F_2)=-\dfrac{\sqrt{3}}{3}F_2a$，$M_y(F_2)=0$，$M_z(F_2)=\dfrac{\sqrt{3}}{3}F_2a$

4-26　$F_{AD}=F_{BD}=-31.55$kN，$F_{CD}=-1.55$kN

4-27　$F_A=F_B=F_C=166.7$kN

4-28　$F_{Ox}=-6$kN，$F_{Oy}=-4.8$kN，$F_{Oz}=0$

　　　$M_{Ox}=19.2$kN·m，$M_{Oy}=-36$kN·m，$M_{Oz}=24$kN·m

4-29　$x_C=1.47$m，$y_C=0.94$m

4-30　$x_C=2.02$m，$y_C=1.15$m，$z_C=0.716$m

## 单元5　静定杆件的内力

5-1　(a) $F_{N1}=F$，$F_{N2}=0$，$F_{N3}=F$

　　　(b) $F_{N1}=40$kN，$F_{N2}=10$kN，$F_{N3}=-10$kN

　　　(c) $F_{N1}=-2F$，$F_{N2}=0$，$F_{N3}=2F$

　　　(d) $F_{N1}=-10$kN，$F_{N2}=-30$kN，$F_{N3}=10$kN

5-2　(a) $T_1=3$kN·m，$T_2=-3$kN·m，$T_3=-1$kN·m

　　　(b) $T_1=6$kN·m，$T_2=1$kN·m，$T_3=-3$kN·m

5-3　$BA$ 段：$T_1=1.59$kN·m；$AC$ 段：$T_2=0.796$kN·m

5-4　(a) $F_{S1}=0$，$M_1=-2$kN·m；$F_{S2}=-5$kN，$M_2=-12$kN·m

　　　(b) $F_{S1}=M_1=0$；$F_{S2}=-qa$，$M_2=-\dfrac{qa^2}{2}$；$F_{S3}=-qa$，$M_3=-\dfrac{qa^2}{2}$

　　　(c) $F_{S1}=-F$，$M_1=-Fa$；$F_{S2}=-F$，$M_2=2Fa$；$F_{S3}=-F$，$M_3=Fa$

　　　(d) $F_{S1}=-qa$，$M_1=-\dfrac{qa^2}{2}$；$F_{S2}=-\dfrac{3}{2}qa$，$M_2=-2qa^2$

　　　(e) $F_{S1}=4$kN，$M_1=4$kN·m；$F_{S2}=4$kN，$M_2=-6$kN·m

　　　(f) $F_{S1}=-1$kN，$M_1=3$kN·m；$F_{S2}=-1$kN，$M_2=1.5$kN·m；
　　　　　$F_{S1}=-1$kN，$M_3=0$

5-5　(a) $F_{SA}=F$，$M_A=-Fl$

　　　(b) $F_{SA}=ql$，$M_A=-\dfrac{ql^2}{2}$

　　　(c) $F_{SA}=0$，$M_A=M_e$

　　　(d) $F_{SA}=-\dfrac{Fa}{l}$，$M_B=-Fa$

　　　(e) $F_{SA}=-\dfrac{qa^2}{2l}$，$M_B=-\dfrac{qa^2}{2}$

　　　(f) $F_{SA}=\dfrac{M_e}{l}$，$M_B=M_e$

5-6 (a) $F_{SA}=23$kN, $M_C=26$kN·m

(b) $F_{SC}=1.5qa$, $M_C^l=3qa^2$, $M_C^R=-qa^2$

(c) $M_{CB}=96$kN·m

(d) $M_{CB}=-190$kN·m

(e) $M_A=-\dfrac{3ql^2}{2}$

(f) $F_{SA}^R=28$kN, $M_A=-20$kN·m, $M_{max}=19.2$kN·m

(g) $M_{AB}=-20$kN·m

(h) $M_{BA}=30$kN·m

5-7 (a) $F_{Smin}=-F$, $M_{max}=Fa$

(b) $F_{Smax}=\dfrac{qa}{2}$, $F_{Smin}=-\dfrac{3qa}{2}$, $M_{max}=qa^2$

(c) $F_{Smax}=qa$, $F_{Smin}=-\dfrac{5qa}{4}$, $M_{min}=-\dfrac{3qa^2}{2}$

(d) $F_{Smax}=qa$, $F_{Smin}=-qa$, $M_{max}=\dfrac{qa^2}{2}$, $M_{min}=-\dfrac{qa^2}{2}$

(e) $F_{Smax}=8$kN, $M_{max}=10$kN·m

(f) $F_{Smax}=qa$, $M_{min}=-qa^2$

(g) $F_{Smax}=1.6$kN, $F_{Smin}=-2.4$kN; $M_{max}=2.8$kN·m

(h) $F_{Smax}=3qa$, $F_{Smin}=-9qa$; $M_{max}=5qa^2$, $M_{min}=-4qa^2$

(i) $F_{Smax}=9$kN, $F_{Smin}=-3$kN; $M_{max}=14.25$kN·m, $M_{min}=-4$kN·m

(j) $F_{Smax}=9$kN, $F_{Smin}=-7$kN; $M_{max}=16.25$kN·m, $M_{min}=-4$kN·m

5-8 (a) $F_{NAB}=-ql\sin\alpha$

(b) $F_{NBA}=6$kN, $F_{SBA}=8$kN

## 单元6 静定结构的内力

6-1 (a) $F_{By}=140$kN, $M_{BA}=-120$kN·m, $F_{SBA}=-60$kN

(b) $M_{AB}=-\dfrac{Fl}{4}$, $F_{SAB}=\dfrac{F}{4}$

(c) $M_{AB}=-80$kN·m, $M_{CD}=-80$kN·m, $M_{EF}=-40$kN·m, $F_{SAB}=80$kN
$F_{SBA}=-40$kN, $F_{SCB}=-40$kN, $F_{SCD}=40$kN, $F_{SDE}=20$kN

6-2 (a) $M_{AB}=30$kN·m（左侧受拉）

(b) $M_{CB}=40$kN·m, $F_{SBA}=-6$kN

(c) $M_{CB}=36$kN·m, $F_{SCB}=-4$kN, $F_{NCB}=-4$kN

(d) $M_{BA}=-12$kN·m, $F_{SBA}=-4$kN, $F_{NBA}=7.5$kN

(e) $M_{CB}=56$kN·m

(f) $M_{DC}=60$kN·m

(g) $M_{DC}=-64$kN·m, $F_{SDC}=52.5$kN

(h) $M_{BC} = 16$kN·m

(i) $M_{DA} = 120$kN·m, $F_{SDC} = 62.6$kN, $F_{NBA} = -53.7$kN

(j) $M_{DE} = -270$kN·m, $F_{SDE} = 93.8$kN, $F_{SED} = -26.3$kN, $F_{NDE} = -45$kN

6-3 (a) $F_{N56} = 40$kN

(b) $F_{N78} = 0$, $F_{N12} = 0$, $F_{N36} = 7.5$kN, $F_{N34} = -6$kN

(c) $F_{N35} = -15$kN, $F_{N34} = 6.3$kN

(d) $F_{N24} = -80$kN, $F_{N23} = 144.2$kN, $F_{N67} = 56.6$kN, $F_{N89} = 36.1$kN

6-4 (a) $F_{Nay} = 10$kN, $F_{Nby} = 30$kN

(b) $F_{Na} = 52.5$kN, $F_{Nby} = 10$kN, $F_{Ncy} = -10$kN

(c) $F_{Na} = 40$kN, $F_{Nb} = 20$kN, $F_{Nc} = -105.1$kN

(d) $F_{Na} = -16$kN, $F_{Nb} = -20$kN, $F_{Nc} = 32$kN

6-5 (a) $M_{DA} = 1.2Fa$ （左侧受拉）, $F_{NCF} = -\frac{\sqrt{2}}{2}F$, $F_{NDF} = -2F$

(b) $F_{NAD} = \frac{\sqrt{2}}{2}qa$, $M_{AC} = \frac{qa^2}{2}$ （上侧受拉）, $F_{SAC} = \frac{qa}{2}$

6-6 (a) $F_{NAD} = -12$kN, $F_{SAC} = 3$kN

(b) $F_{NDE} = 225$kN, $M_{GB} = 67.5$kN·m

6-7 $M_E = -0.5F$, $F_{SE} = 0$, $F_{NE} = 0.559F$

6-8 $M_K = -29$kN·m, $F_{SK} = 18.3$kN, $F_{NK} = 68.3$kN

## 单元 7 静定结构的位移

7-1 (a) $\varphi_B = \frac{ql^3}{6EI}$ ($\curvearrowright$), $\Delta_{BV} = \frac{ql^4}{8EI}$ ($\downarrow$)

(b) $\Delta_{CV} = \frac{Fl^3}{24EI}$ ($\downarrow$)

(c) $\Delta_{DH} = \frac{15l^3}{EI}$ ($\leftarrow$)

(d) $\Delta_{CV} = \frac{ql^4}{6EI}$ ($\downarrow$)

7-2 (a) $\Delta_{CV} = \frac{6.828Fa}{EA}$ ($\downarrow$)

(b) $\Delta_{CH} = \frac{3.828Fa}{EA}$ ($\rightarrow$)

7-3 $\varphi_K = \frac{60}{EI}$ ($\curvearrowleft$)

7-4 (a) $\Delta_{CV} = \frac{5qa^4}{24EI}$ ($\downarrow$), $\varphi_B = \frac{qa^3}{3EI}$ ($\curvearrowright$)

(b) $\Delta_{CV} = \frac{23Fl^3}{684EI}$ ($\downarrow$)

(c) $\Delta_{CV} = \frac{293.3}{EI}$ ($\downarrow$)

7-5　(a) $\Delta_{BV}=\dfrac{7Fl^3}{3EI}$ ($\downarrow$)，$\varphi_B=\dfrac{5Fl^2}{2EI}$ ($\curvearrowright$)

(b) $\Delta_{CV}=\dfrac{3ql^4}{8EI}$ ($\downarrow$)，$\Delta_{CH}=\dfrac{ql^4}{8EI}$ ($\rightarrow$)

(c) $\varphi_B=-\dfrac{60}{EI}$ ($\curvearrowleft$)，$\Delta_{BH}=\dfrac{120}{EI}$ ($\rightarrow$)

(d) $\varphi_A=\dfrac{9ql^3}{16EI}$ ($\curvearrowleft$)，$\varphi_B=\dfrac{11ql^3}{48EI}$ ($\curvearrowleft$)

(e) $\Delta_{BH}=\dfrac{11ql^4}{12EI}$ ($\rightarrow$)，$\varphi_{CD}=\dfrac{7ql^3}{12EI}$ ($\curvearrowright$)

(f) $\Delta\varphi_C=\dfrac{105}{EI}$ ($\curvearrowright$)

7-6　$\Delta_{BH}=\dfrac{11ql^4}{24EI}$ ($\rightarrow$)

7-7　$\Delta_{BH}=a-h\varphi$，$\Delta_{BV}=b+l\varphi$ ($\downarrow$)

7-8　$\Delta_{CV}=15l\alpha_l$ ($\uparrow$)

7-9　$\Delta_{CV}=-5\alpha_l l\left(1+\dfrac{3l}{h}\right)$ ($\uparrow$)

7-10　$\Delta_{CV}=12\text{mm}$ ($\uparrow$)

7-11　$\lambda=-7.5\text{mm}$

## 单元8　力法与位移法

8-1　(a) 1；(b) 1；(c) 3；(d) 2；(e) 6；(f) 21；(g) 4；(h) 3

8-2　(a) $M_{AB}=\dfrac{Fl}{6}$（下侧受拉）

(b) $M_{BA}=\dfrac{ql^2}{12}$（上侧受拉）

(c) $M_{AB}=\dfrac{3Fl}{16}$（上侧受拉）

(d) $M_{AB}=66\text{kN}\cdot\text{m}$（上侧受拉）

8-3　(a) $M_{BC}=\dfrac{3}{112}Fl$（上侧受拉）

(b) $M_{CD}=\dfrac{ql^2}{20}$（上侧受拉）

(c) $M_{BC}=16\text{kN}\cdot\text{m}$（下侧受拉）

(d) $M_{CB}=\dfrac{Fl}{2}$（上侧受拉），$M_{CD}=\dfrac{Fl}{4}$（上侧受拉）

(e) $M_{DA}=51.43\text{kN}\cdot\text{m}$（上侧受拉），$M_{DB}=12.86\text{kN}\cdot\text{m}$（右侧受拉）

(f) $M_{CB}=\dfrac{ql^2}{20}$（上侧受拉），$M_{AC}=\dfrac{ql^2}{10}$（左侧受拉）

(g) $M_{AD}=86.79\text{kN}\cdot\text{m}$（左侧受拉），$M_{EB}=25.71\text{kN}\cdot\text{m}$（右侧受拉）

(h) $M_{CD}=2.18\text{kN}\cdot\text{m}$（左侧受拉），$M_{DC}=30.58\text{kN}\cdot\text{m}$（上侧受拉）

$M_{DB}=2.18\text{kN}\cdot\text{m}$（右侧受拉），$M_{DE}=28.4\text{kN}\cdot\text{m}$（上侧受拉）

8-4 (a) $M_{AC}=86.9\text{kN}\cdot\text{m}$（右侧受拉），$M_{BD}=53.1\text{kN}\cdot\text{m}$（右侧受拉）

(b) $M_{AD}=299.89\text{kN}\cdot\text{m}$（左侧受拉），$M_{BE}=40.35\text{kN}\cdot\text{m}$（左侧受拉）

$M_{CF}=9.455\text{kN}\cdot\text{m}$（左侧受拉）

8-5 (a) $F_{NAB}=0.415F$

(b) $F_{NCD}=0.896F$

8-6 $F_{NAD}=1.31\text{kN}$，$M_{CA}=38.86\text{kN}\cdot\text{m}$

8-7 $F_{NEF}=67.19\text{kN}$，$M_{CA}=14.39\text{kN}\cdot\text{m}$（上侧受拉）

8-8 (a) $M_{AD}=17.51\text{kN}\cdot\text{m}$（右侧受拉）

(b) $M_{DC}=\dfrac{3}{28}Fl$（上侧受拉），$M_{DB}=\dfrac{9}{112}Fl$（上侧受拉）

(c) $M_{DE}=0.0453ql^2$（上侧受拉）

(d) $M_{EC}=1.8F$（内侧受拉），$M_{CE}=1.2F$（外侧受拉）

$M_{CA}=3F$（内侧受拉），$M_{CD}=4.2F$（下侧受拉）

(e) $M_{AB}=\dfrac{ql^2}{24}$（外侧受拉）

(f) $M_{AB}=\dfrac{9}{112}ql^2$（外侧受拉）

8-9 (a) $M_{AB}=\dfrac{3EI}{l}$，$F_{SBA}=-\dfrac{3EI}{l^2}$

(b) $M_{AB}=-\dfrac{6EI}{l^2}$，$F_{SBA}=\dfrac{12EI}{l^3}$

8-10 $M_{AC}=\dfrac{6EI\varphi}{7l}$（内侧受拉）

8-11 $M_{CA}=\dfrac{3750\alpha_l EI}{7l}$

8-12 $M_{CD}=\dfrac{3045}{52}EI\alpha_l$（上侧受拉）

8-13 (a) 2; (b) 3; (c) 5; (d) 7; (e) 9; (f) 6

8-14 (a) $M_{CB}=\dfrac{5ql^2}{48}$

(b) $M_{BC}=-20.67\text{kN}\cdot\text{m}$

8-15 (a) $M_{DC}=-\dfrac{7ql^2}{24}$

(b) $M_{CA}=24\text{kN}\cdot\text{m}$

(c) $M_{DA}=-8.57\text{kN}\cdot\text{m}$，$M_{DE}=-14.29\text{kN}\cdot\text{m}$，$M_{EB}=2.86\text{kN}\cdot\text{m}$

(d) $M_{AD}=-\dfrac{Fl}{4}$，$M_{CF}=-\dfrac{Fl}{2}$

(e) $M_{AD}=-\dfrac{11}{56}ql^2$，$M_{BE}=-\dfrac{1}{8}ql^2$

(f) $M_{DC} = 50.52 \text{kN} \cdot \text{m}$

8-16　$M_{AD} = \dfrac{ql^2}{48}$

## 单元 9　渐近法与近似法

9-1　(a) $M_{AB} = -83.75 \text{kN} \cdot \text{m}$, $M_{BA} = 72.5 \text{kN} \cdot \text{m}$; $F_B = 115.6 \text{kN}$

(b) $M_{BA} = -5 \text{kN} \cdot \text{m}$, $M_{BC} = -50 \text{kN} \cdot \text{m}$

(c) $M_{AB} = -105.58 \text{kN} \cdot \text{m}$, $M_{BC} = -76.8 \text{kN} \cdot \text{m}$; $F_B = 106.49 \text{kN}$

(d) $M_{BA} = 59.21 \text{kN} \cdot \text{m}$, $M_{CB} = -32.63 \text{kN} \cdot \text{m}$

9-2　(a) $M_{CA} = 5 \text{kN} \cdot \text{m}$, $M_{DC} = 10 \text{kN} \cdot \text{m}$, $M_{CD} = -35 \text{kN} \cdot \text{m}$

(b) $M_{BA} = 124.92 \text{kN} \cdot \text{m}$, $M_{BC} = -142.37 \text{kN} \cdot \text{m}$, $M_{CD} = -124.45 \text{kN} \cdot \text{m}$

9-3　(a) $M_{AD} = \dfrac{Fl}{32}$, $M_{ED} = \dfrac{5Fl}{32}$

(b) $M_{AB} = -61.3 \text{kN} \cdot \text{m}$

9-4　$M_A = 31 \text{kN} \cdot \text{m}$, $M_B = -6.99 \text{kN} \cdot \text{m}$, $M_C = -8.98 \text{kN} \cdot \text{m}$

9-5　$M_A = -67.16 \text{kN} \cdot \text{m}$, $M_B = -67.16 \text{kN} \cdot \text{m}$, $M_C = -53.68 \text{kN} \cdot \text{m}$

## 单元 10　用 PKPM 软件计算平面杆件结构

10-1　$M_{AB} = 86.52 \text{N.m}$, $F_{NAB} = 0.18 \text{kN}$, $F_{SAB} = 61.52 \text{kN}$

10-2　$M_{AD} = 40.74 \text{kN.m}$, $F_{NAD} = 23.91 \text{kN}$, $F_{SAD} = 25.81 \text{kN}$

10-3　$M_{AC} = 30.06 \text{kN.m}$, $F_{NAC} = 15 \text{kN}$, $F_{SAC} = 19.51 \text{kN}$

## 单元 11　影　响　线

11-3　(a) $M_C = 80 \text{kN} \cdot \text{m}$, $F_{SC} = 70 \text{kN}$

(b) $F_{Cy} = 140 \text{kN}$, $M_E = 40 \text{kN} \cdot \text{m}$, $F_{SC}^l = -60 \text{kN}$

11-4　$M_{C\max} = 1912.2 \text{kN} \cdot \text{m}$, $F_{SC\max} = 637.4 \text{kN}$, $F_{SC\min} = -81.1 \text{kN}$

11-5　(a) $M_{\max} = 1248 \text{kN} \cdot \text{m}$

(b) $M_{\max} = 426.7 \text{kN} \cdot \text{m}$

## 单元 12　拉压杆的强度

12-1　(a) $\sigma_{\max} = -191 \text{MPa}$

(b) $\sigma_{\max} = -132.6 \text{MPa}$

12-2　$\Delta l = 0.5 \text{mm}$

12-3　$E = 208 \text{GPa}$, $\nu = 0.317$

12-4　$F = 19.99 \text{kN}$

12-5　$\sigma = 5.63 \text{MPa} < [\sigma]$

12-6　$\sigma = 125 \text{MPa} < [\sigma]$

12-7　$a = 397 \text{mm}^2$

12-8　AB 杆 2 ∟ 100×10，AD 杆 2 ∟ 80×6

12-9　$F_{\max} = 33.3 \text{kN}$

12-10　$F_{\max} = 420 \text{kN}$

12-11　习题中所给"有人说"的解法不对，因为保持平衡时，两杆内应力并不是正好都同时达到许用应力。

12-12　$h = 118 \text{mm}$，$b = 35.4 \text{mm}$

## 单元 13　连接件的强度

13-1　$\tau = 50 \text{MPa}$，$\sigma_c = 150 \text{MPa}$，安全

13-2　$[F] = 16 \text{kN}$

13-3　(1) $\sigma_c = -0.84 \text{MPa}$

　　　(2) $b \geqslant 525 \text{mm}$

13-4　安全

13-5　$l = 113.1 \text{mm}$，加上 $2\delta$ 后取 $l = 138 \text{mm}$

## 单元 14　受扭杆的强度和刚度

14-1　$\tau_{\max} = 162 \text{MPa}$，$\theta_{\max} = 0.0815 \text{rad/m}$，$\varphi_{\max} = 0.0194 \text{rad}$（方向同 BC 段扭矩）

14-2　$\tau_{\max} = 60.0 \text{MPa}$

14-3　$[P] = 50.7 \text{kW}$

14-4　(1) $d = 38.4 \text{mm}$

　　　(2) $d_2 = 46.7 \text{mm}$，$d_1 = 37.4 \text{mm}$

14-5　$\tau_{\max} = 58.5 \text{MPa}$，$\theta_{\max} = 0.838°/\text{m}$

14-6　$D = 87.3 \text{mm}$

14-7　$\tau_{\max} = 18.86 \text{MPa} < [\tau]$

14-8　$\tau_{\max} = 1.07 \text{MPa}$，$\theta_{\max} = 2.188°/\text{m}$

## 单元 15　梁的强度和刚度

15-1　$\sigma_a = 140.7 \text{MPa}(拉)$，$\sigma_b = 78.2 \text{MPa}(拉)$，$\sigma_c = 0$，$\sigma_d = -140.7 \text{MPa}(压)$

15-2　$\sigma_{t\max} = \sigma_{c\max} = 40.7 \text{MPa}$

15-3　$\tau_{\max} = 1.39 \text{MPa}$

15-4　$\tau_{\max} = 38.9 \text{MPa}$

15-5　16 号工字钢

15-6　$h = 240 \text{mm}$，$b = 180 \text{mm}$

15-7　(1) $d = 133.8 \text{mm}$；(2) $a = 112.2 \text{mm}$；(3) $b = 70.6 \text{mm}$；(4) 20a 号工字钢，耗费材料之比为 1 : 0.895 : 0.711 : 0.252

15-8  $F = 25.3\text{kN}$

15-9  (a) $\varphi_A = \dfrac{Fl^2}{48EI}$ (↻)  $w_C = \dfrac{Fl^3}{48EI}$ (↓)

(b) $w_B = \dfrac{41qa^4}{24EI}$ (↑)  $\varphi_B = \dfrac{7qa^3}{6EI}$ (↻)

15-10  $\dfrac{w_{\max}}{l} = 3.64 \times 10^{-3} \leqslant \left[\dfrac{w}{l}\right] = \dfrac{1}{200}$

## 单元 16  应力状态与强度理论

16-1  (a) $\sigma_{60°} = 17.5\text{MPa}$, $\tau_{60°} = 30.31\text{MPa}$

(b) $\sigma_{45°} = -80\text{MPa}$, $\tau_{45°} = 0$

(c) $\sigma_{30°} = 30\text{MPa}$, $\tau_{30°} = 0$

(d) $\sigma_{120°} = -12.5\text{MPa}$, $\tau_{30°} = -21.65\text{MPa}$

(e) $\sigma_{45°} = -15\text{MPa}$, $\tau_{45°} = -5\text{MPa}$

(f) $\sigma_{60°} = -89.64\text{MPa}$, $\tau_{60°} = -11.34\text{MPa}$

(g) $\sigma_{15°} = 103.12\text{MPa}$, $\tau_{15°} = -3.97\text{MPa}$

(h) $\sigma_{-30°} = -4.69\text{MPa}$, $\tau_{-30°} = 25.8\text{MPa}$

16-2  (a) $\sigma_1 = 30\text{MPa}$, $\sigma_2 = 0$, $\sigma_3 = -20\text{MPa}$; $\alpha_0 = -26.6°$, $\alpha_0' = 63.4°$

(b) $\sigma_1 = 11.23\text{MPa}$, $\sigma_2 = 0$, $\sigma_3 = -71.23\text{MPa}$; $\alpha_0 = 52°$, $\alpha_0' = -38°$

(c) $\sigma_1 = 64.09\text{MPa}$, $\sigma_2 = 0$, $\sigma_3 = -14.05\text{MPa}$; $\alpha_0 = -15.5°$, $\alpha_0' = 71.5°$

(d) $\sigma_1 = 0$, $\sigma_2 = -20\text{MPa}$, $\sigma_3 = -80\text{MPa}$; $\alpha_0 = -73.16°$, $\alpha_0' = 16.84°$

(e) $\sigma_1 = 0$, $\sigma_2 = -60\text{MPa}$, $\sigma_3 = -80\text{MPa}$; $\alpha_0 = 0°$, $\alpha_0' = 90°$

(f) $\sigma_1 = 10\text{MPa}$, $\sigma_2 = 0$, $\sigma_3 = -10\text{MPa}$; $\alpha_0 = 45°$, $\alpha_0' = -45°$

(g) $\sigma_1 = 0$, $\sigma_2 = 0$, $\sigma_3 = -90\text{MPa}$; $\alpha_0 = -90°$, $\alpha_0' = 0°$

(h) $\sigma_1 = 44.14\text{MPa}$, $\sigma_2 = 15.86\text{MPa}$, $\sigma_3 = 0$; $\alpha_0 = -22.5°$, $\alpha_0' = 67.5°$

16-3  $\sigma_1 = 150.5\text{MPa}$, $\sigma_2 = 0$, $\sigma_3 = -0.5\text{MPa}$

16-4  $\sigma_1 = 9.45\text{MPa}$, $\sigma_2 = 0$, $\sigma_3 = -100\text{MPa}$

16-5  1 点：$\sigma_1 = 0$, $\sigma_2 = 0$, $\sigma_3 = -142.3\text{MPa}$

2 点：$\sigma_1 = 30\text{MPa}$, $\sigma_2 = 0$, $\sigma_3 = -30\text{MPa}$

3 点：$\sigma_1 = 58.8\text{MPa}$, $\sigma_2 = 0$, $\sigma_3 = -8.8\text{MPa}$

4 点：$\sigma_1 = 100\text{MPa}$, $\sigma_2 = 0$, $\sigma_3 = 0$

16-6  (a) $\sigma_1 = 46\text{MPa}$, $\sigma_2 = 20\text{MPa}$, $\sigma_3 = -26\text{MPa}$, $\tau_{\max} = 36\text{MPa}$

(b) $\sigma_1 = 60\text{MPa}$, $\sigma_2 = 31.23\text{MPa}$, $\sigma_3 = -51.23\text{MPa}$, $\tau_{\max} = 55.6\text{MPa}$

(c) $\sigma_1 = 290\text{MPa}$, $\sigma_2 = -50\text{MPa}$, $\sigma_3 = -90\text{MPa}$, $\tau_{\max} = 190\text{MPa}$

16-7  (1) 安全

(2) 安全

(3) 用第一强度理论校核安全，用第二强度理论校核不安全。

16-8  (1) 安全

　　　　(2) 安全
　　　　(3) 安全
16-9　安全

## 单元 17　组合变形杆件的强度和刚度

17-1　$\sigma_{max}=156\text{MPa}$，安全

17-2　$\sigma_a=0.2\text{MPa}$，$\sigma_b=10.2\text{MPa}$，$w_z=11.2\text{mm}$，$w_y=6.9\text{mm}$

17-4　$\sigma_{max}=6.37\text{MPa}$，$\sigma_{min}=-6.62\text{MPa}$

17-5　(1) $\sigma=119.7\text{MPa}$
　　　(2) $\sigma=122.2\text{MPa}$，受压

17-6　安全

17-7　(1) $\sigma_{cmax}=\dfrac{8}{3}\times\dfrac{F}{a^2}$

　　　(2) $\sigma_c=2\dfrac{F}{a^2}=2\sigma$

17-8　$h=372\text{mm}$，$\sigma_{cmax}=4.33\text{MPa}$

17-9　(1) $\sigma_{max}=0.113\text{MPa}$，$\sigma_{min}=0.833\text{MPa}$，不符合要求
　　　(2) $B=19.4\text{m}$

## 单元 18　压杆稳定

18-1　(1) $F_{cr}=37\text{kN}$
　　　(2) $F_{cr}=52.6\text{kN}$
　　　(3) $F_{cr}=178\text{kN}$

18-2　(1) $F_{cr}=105\text{kN}$
　　　(2) $F_{cr}=67.3\text{kN}$
　　　(3) $F_{cr}=77.2\text{kN}$

18-3　$F_{cr1}=2540\text{kN}$，$F_{cr2}=4200.1\text{kN}$，$F_{cr3}=4593.6\text{kN}$

18-4　$\sigma=24.5\text{MPa}$，$\varphi[\sigma]=34.34\text{MPa}$

18-5　$\sigma_{max}=1.58\text{MPa}$；$\sigma=1.35\text{MPa}$，$\varphi[\sigma]=1.2\text{MPa}$

18-6　$[F]_{st}=417.2\text{kN}$

18-7　$F_{max}=116\text{kN}$

18-8　杆 $AC$：$\sigma=160\text{MPa}$；杆 $BC$：$\sigma=160\text{MPa}$，$\varphi[\sigma]=132.8\text{MPa}$

18-9　$a=111\text{mm}$；$\sigma=138.7\text{MPa}$，$\varphi[\sigma]=144.8\text{MPa}$

18-10　梁 $\sigma_{max}=163\text{MPa}$；柱 $\sigma=79.6\text{MPa}$，$\varphi[\sigma]=90.1\text{MPa}$

## 附录 I　截面的几何性质

I-1　(a) $S_x=24\times10^3\text{mm}^3$

(b) $S_x = 42.25 \times 10^3 \text{mm}^3$

(c) $S_x = 280 \times 10^3 \text{mm}^3$

(d) $S_x = 520 \times 10^3 \text{mm}^3$

I-2 $x_C = \dfrac{3}{4}a$, $y_C = \dfrac{3}{10}b$

I-3 $y_C = \dfrac{4R}{3\pi}$

I-4 (a) 距上边 $y_C = 46.4 \text{mm}$

(b) 距下边 $y_C = 23 \text{mm}$，距左边 $x_C = 53 \text{mm}$

(c) 距下边 $y_C = 76 \text{mm}$，自槽钢腹板右边缘向左 6mm

I-5 $I_x = 5.32 \times 10^7 \text{mm}^4$

I-6 $I_x = \dfrac{a^4}{12}$

I-7 (a) $I_x = 12.1 \times 10^6 \text{mm}^4$

(b) $I_x = 3.57 \times 10^8 \text{mm}^4$

I-8 (a) $I_x = 609 \times 10^4 \text{mm}^4$

(b) $I_x = 10.3 \times 10^7 \text{mm}^4$

(c) $I_x = 967 \times 10^4 \text{mm}^4$

I-9 $a = 111 \text{mm}$

# 主 要 参 考 文 献

[1] 重庆建筑大学．建筑力学第一分册：理论力学．第三版．北京：高等教育出版社，1999．

[2] 华东水利学院工程力学教研室《理论力学》编写组．理论力学(上册)．北京：高等教育出版社，1985．

[3] 孙训方，方孝淑，关来泰．材料力学(上、下册)．北京：高等教育出版社，1987．

[4] 粟一凡．材料力学(上、下册)．第二版．北京：高等教育出版社，1983．

[5] 干光瑜，秦惠民．建筑力学第二分册：材料力学．第三版．北京：高等教育出版社，1999．

[6] 顾玉林，沈养中．材料力学．北京：高等教育出版社，1993．

[7] 龙驭球，包世华．结构力学(上册)．第二版．北京：高等教育出版社，1996．

[8] 李廉锟．结构力学．北京：人民教育出版社，1979．

[9] 李家宝．建筑力学第三分册：结构力学．第三版．北京：高等教育出版社，1999．

[10] 薛光瑾，李世昌，陈国杰．结构力学．北京：高等教育出版社，1994．

[11] 武汉水利学院建筑力学教研室．建筑力学(上、中册)．北京：高等教育出版社，1980．

[12] 沈养中．建筑力学．第三版．北京：科学出版社，2009．

[13] 虞季森．建筑力学．北京：中国建筑工业出版社，1995．

[14] 穆能伶，陈栩．新编力学教程．北京：机械工业出版社，2007．

[15] 胡兴福，杜绍堂．土木工程结构．北京：科学出版社，2004．

[16] 陈伯望．混凝土结构设计．北京：高等教育出版社，2004．

[17] 董卫华．钢结构．北京：高等教育出版社，2003．

[18] 易富民，李学进，李旭鹏．PKPM建筑结构设计—快速入门与使用技巧．大连：大连理工大学出版社，2008．

[19] 杨星．PKPM结构软件从入门到精通．第二版．北京：中国建筑工业出版社，2009．